普通高等教育“十三五”系列教材

工程地质及水文地质

（第4版）

左建　温庆博　孔庆瑞 等　主编

中国水利水电出版社
www.waterpub.com.cn
·北京·

内 容 提 要

本教材共十四章，主要内容包括：地球的宇宙环境，岩石及其工程地质性质，构造运动及其形迹，自然地质作用系统，地下水的地质作用及水质评价，地下水运动的基本规律，坝的工程地质分析，边坡的工程地质分析，地下工程围岩稳定性的工程地质条件，水库的工程地质分析，环境地质系统，数字地球简介，工程地质及水文地质勘察，遥感技术在工程地质测绘中的应用。

本教材涉及知识较广、内容比较丰富、图文并茂、通俗易懂，可作为农业水利工程、水文水资源、水利水电工程、土木建筑工程等专业的教材，也可供从事相关专业的工程技术人员参考。

图书在版编目（CIP）数据

工程地质及水文地质 / 左建等主编. -- 4版. -- 北京：中国水利水电出版社，2020.8
普通高等教育“十三五”系列教材
ISBN 978-7-5170-8766-3

Ⅰ. ①工… Ⅱ. ①左… Ⅲ. ①工程地质－高等学校－教材②水文地质－高等学校－教材 Ⅳ. ①P64

中国版本图书馆CIP数据核字(2020)第149508号

书　　名	普通高等教育“十三五”系列教材 **工程地质及水文地质**（第4版） GONGCHENG DIZHI JI SHUIWEN DIZHI
作　　者	左建　温庆博　孔庆瑞　等 主编
出版发行	中国水利水电出版社 （北京市海淀区玉渊潭南路1号D座　100038） 网址：www.waterpub.com.cn E-mail：sales@waterpub.com.cn 电话：（010）68367658（营销中心）
经　　售	北京科水图书销售中心（零售） 电话：（010）88383994、63202643、68545874 全国各地新华书店和相关出版物销售网点
排　　版	中国水利水电出版社微机排版中心
印　　刷	北京瑞斯通印务发展有限公司
规　　格	184mm×260mm　16开本　17.5印张　426千字
版　　次	2004年2月第1版第1次印刷 2020年8月第4版　2020年8月第1次印刷
印　　数	0001—3000册
定　　价	**46.00**元

编写人员名单

主　编　左　建（沈阳农业大学）
温庆博（清华大学）
孔庆瑞（沈阳农业大学）
靳铁群（沈阳农业大学）
高贵全（云南农业大学）
杨武成（沈阳农业大学）
周林飞（沈阳农业大学）
王　鑫（南京航空航天大学）

副主编　左　青（沈阳工程学院）
王忠霞（沈阳农业大学）
张良松（北京菲美得机械有限公司）
左　莎（辽宁电视大学）
汪　雪（辽宁大学）
张婉慧（沈阳大学）

参　编　张　勇（河北建筑大学）
王　鹿（北京工业大学）

第4版前言

为适应新时代人才培养的需要，编者对本教材的内容做了一些改动，主要集中在以下几方面的内容：

(1) 扩充了“断裂构造”的内容，增加了区域地壳稳定性研究的发展方向。

(2) 扩充了“水库浸没”的内容。

(3) 增加了第十四章，即“遥感技术在工程地质测绘中的应用”，包括应用原理、应用实例的内容。

本版主要编写人员有：沈阳农业大学左建、孔庆瑞、靳轶群、杨武成、周林飞、王忠霞，清华大学温庆博，云南农业大学高贵全，南京航空航天大学王鑫，沈阳工程学院左青，北京菲美得机械有限公司张良松，辽宁电视大学左莎，辽宁大学汪雪，沈阳大学张婉慧，河北建筑大学张勇，北京工业大学王鹿。

本教材在编写过程中，曾广泛征求兄弟院校有关专家、教授的意见，许多单位，如北京大学、清华大学、中国地质大学、吉林大学、河海大学、郑州大学、中国矿业大学、石家庄经济学院等都提出了许多宝贵意见和建议。另外，中国水利水电出版社朱双林、魏素洁二位编辑也给予了大力支持。在此，我们对他们一并表示衷心的感谢。

鉴于编者水平有限，时间仓促，书中不当之处，恳请读者批评指正。

编者

2020年2月

第一版前言

本教材是根据教育部在1998年颁布的《普通高等学校本科专业目录和专业介绍》中，《工程地质及水文地质》为农业水利工程专业、水利水电工程专业的主要课程而编写的。

本教材可作农水、水电、水工、施工、水资源、建筑管理等专业的必修课教材，也可供水利水电类及土木等专业师生及工程技术人员参考。

本教材由沈阳农业大学左建等主编，参加编写人员分工如下：沈阳农业大学左建（绪论、第一章），黄河水利职业技术学院盛海洋（第二章），清华大学温庆博（第三章），沈阳农业大学杨武成（第四章），沈阳农业大学高等职业技术学院赵秀玲（第五章和第一章部分内容），沈阳农业大学周林飞（第六章、第十三章），西安理工大学陈蕴生（第七章），西北农林科技大学刘俊民（第八章），西北农林科技大学严宝文（第九章），华北水利水电学院张勇（第十章），石河子大学李进云（第十一章），云南农业大学高贵全（第十二章），沈阳农业大学孔庆瑞（第十四章），沈阳石油化工厂左莎、辽宁省义县农业技术推广中心龙云程（图稿和第十四章部分内容），东北农业大学张忠学（第十五章）。全书由左建统稿。

本教材在编写过程中，曾广泛征求兄弟院校的意见，许多单位，如吉林大学、河海大学、西安地质学院、石家庄经济学院、四川大学、郑州工业大学、福建农林大学、重庆交通学院、河北农业大学、成都理工大学的有关教师都提出宝贵意见，经编写人员多次研究，确定编写大纲，又经多次反复修改后定稿出版。在此，谨向有关的老师表示衷心的感谢！

鉴于编者水平有限，时间仓促，教材中不当之处，请读者批评指正。

编者

2003年10月

第二版前言

根据教育部1998年颁布的普通高等学校专业目录，“工程地质及水文地质”是水利水电专业、农业水利工程专业、土木建筑工程专业的主要课程，本教材为此而编写。

地球科学自20世纪五六十年代以来发生了重大变化。工程地质及水文地质的任务也从较简单地保障社会生存和发展对各种资源的需求，转变到为社会可持续发展的更多方面服务的轨道上来。地球科学本身和任务的变化，决定工程地质及水文地质教学内容必须更新和调整。

为满足21世纪人才培养的需要，本教材在内容上也做了较大的改动。

(1) 以往在内外动力地质作用教学中一般遵循三段式：即现象—机理—实例的模式，侧重于知识本身的传授。本教材在此基础上加强了资源与环境、地质灾害与防护等与人类可持续发展密切相关的内容。

(2) 地球系统的未来，很大程度上取决于人类活动作为一种地质因素对地球系统的叠加效应。因此，本教材从地球的变迁，人类与地球系统的关系，人类在地球系统中的作用等方面介绍人—地关系，使读者认识到人类只有一个地球，从而树立环境意识，并肩负起保护地球、保护环境的任务。

此外，本教材大量使用国内外典型地质现象和工程实例，增强了读者的直观认识；更重要的是本教材采用四维空间思维研究地质、地貌特征，便于学生对理论的理解，提高实际应用能力。

本教材由沈阳农业大学左建等主编，参加编写人员如下：

沈阳农业大学左建、杨武成、孔庆瑞、靳轶群、周林飞、韩春兰、钮旭光、赵秀玲，清华大学温庆博，云南农业大学高贵全，华北水利水电学院张勇，辽宁省农业科学院葛维德，沈阳石油化工厂左莎，辽宁省农业技术学校张剑波，辽宁省义县农业技术推广中心龙云程，辽宁省农业展览馆杨宏。全书由左建统稿。

本教材在编写过程中，曾广泛征求兄弟院校有关专家、教授的意见，许多单位，如北京大学、清华大学、中国地质大学、吉林大学、石家庄经济学院、郑州大学、河海大学、中国矿业大学等都提出了许多宝贵意见和建议。在此，谨向有关人员表示衷心的感谢！

鉴于编写者水平有限，时间仓促，书中不当之处，恳请读者批评指正。

编者

2009 年 2 月

第三版前言

根据教育部1998年颁布的普通高等学校专业目录“工程地质及水文地质”是水利水电专业、农业水利工程专业、土木建筑工程专业的主要课程。

经过四十多年的实践与总结，研究的深入与成果的积累，“工程地质及水文地质”已形成了自己的理论体系，概括为以工程地质条件研究为基础、以工程地质问题分析为核心、以工程地质评价为目的、以工程地质勘察为手段。《工程地质及水文地质》一书就是按照这一理论体系编写的。

新中国成立以来，我国在各方面开展了史无前例的大规模工程建设，包括能源、交通、工业、矿山、水利以及国防工程和城市建设等。改革开放将工程建设推向了新的高潮。20世纪80年代以来建成和正在兴建的若干举世瞩目的巨型工程，如长江三峡水利枢纽工程、小浪底水利枢纽工程、大亚湾核电站、京九铁路、内昆铁路、金川镍矿、山西煤化工基地、长江大桥工程等，不胜枚举。这些工程对地质条件要求高，技术难度大，遇到严重的地质灾害和工程地质问题，工程地质学家为它们的勘测、论证和设计、施工提供了重要的技术保障。同时，通过这些重大工程的实践，也使工程地质工作发展到新的水平，从工程地质条件的勘测、评价走向定量预测和地质工程的实施。

在解决工程建设关键地质问题的同时，工程地质的科研、教学和技术都得到快速的发展。针对我国地质构造复杂性、活动性及地质环境的特殊性，中国工程地质研究取得若干举世瞩目的成就，丰富了国际工程地质学的宝库。我国区域地壳稳定性研究取得丰硕的成果；工程地质力学理论，密切了地质和力学及工程的结合；黄土及岩溶地区工程地质做出了富有我国特色的研究；在地质环境和灾害领域的研究正在开拓和突破；现代科学的系统论、非线性理论、不确定性广泛地受到工程地质学家的重视和应用，出现了若干新的生长点和理论进展。

地球科学自20世纪50—60年代以来发生了重大变化；工程地质及水文地质的任务也从较简单地保障社会生存和发展对各种资源的需求，转变为社会可持续发展的更多方面服务的轨道上来。地球科学本身和任务的变化，决定“工程地质及水文地质”教学内容必须更新和调整。为面向21世纪人才培养的需要，《工程地质及水文地质（第三版）》在前两版基础上做了较大的改动。

（1）对当前人们关注的人类活动与环境地貌地质灾害和资源等问题在新教材中作了补充，增添了“人类活动形成的地貌”和“地质灾害”等章节。

（2）本教材注重吸收最新的前沿科学成果，如变质岩的转化、区域地壳稳定、海底的淡水开发、截雾取水、环境地质问题、数字地球、地球的能量系统等。

本教材在编写过程中，曾广泛征求兄弟院校有关专家、教授的意见，许多单位，如北京大学、清华大学、中国地质大学、吉林大学、石家庄经济学院、郑州大学、河海大学、中国矿业大学等都提出了许多宝贵意见和建议。全书由左建统稿，又经多次反复修改后定稿出版。在此，谨向有关的老师表示衷心的感谢！

鉴于编写者水平有限，时间仓促，书中不当之处，恳请读者批评指正。

编者

2013年9月

目 录

绪　论

一、工程地质学及水文地质学在水利水电工程建设中的作用和任务

工程地质学及水文地质学是从地质学发展起来的两门新兴学科。工程地质学主要研究与工程建设有关的地质问题；水文地质学主要研究地下水。这两门学科都是以地质学为基础，而且互相关联、相互渗透，并各有特色。下面分别简要介绍一下它们在水利水电工程建设方面的作用和任务。

水利水电工程是国民经济建设中的重要组成部分，具有广泛的经济、社会和环境效益，如供水、灌溉、防洪、发电、航运、林业、渔业、畜牧业、旅游业及改善环境等。

工程地质在修建水工建筑物过程当中的作用和任务如下：

（1）勘察建筑地区的工程地质条件，为选点、规划、设计及施工提供工程地质资料，作为工程的依据。

（2）根据工程地质条件论证、评价并选定最优的建筑地点或线路方案。

（3）预测在工程修建时及建成后的工程管理运行中，可能发生的工程地质问题，提出防治不良的工程地质条件的措施。

生产实践证明：工程地质在工程建设中的作用，已不仅仅是完成为建筑物的修建提供必要的地质资料，而且贯穿在整个工程建设的规划、设计、施工及管理运行的全部过程之中。工程地质工作质量的好坏，直接或间接地关系着工程建筑的安全可靠性、技术可能性及经济合理性。历史经验表明：工程建筑，特别是水工建筑，不怕工程地质条件复杂，也不怕工程地质问题繁多，就怕对工程地质条件的勘察研究不重视、不充分，这样会给工程建筑带来严重的后果。

我国从1949年以来，由于党和政府非常重视工程地质工作，因此，直接由于地质问题而产生的垮坝事故极为罕见。然而，由于对工程地质条件研究不够，或对工程地质问题处理不当，因此而造成的水库或坝基漏水、水库淤积及边岸滑塌、隧洞塌方等工程事故还是屡见不鲜。

水文地质在水利水电工程建设中的主要任务是调查研究以下要素：

（1）地下水的形成、埋藏、分布、运动以及循环转化的规律。

（2）地下水的物理、化学性质，成分以及水质的变化规律。

（3）解决合理开发、利用、管理地下水资源以及有效地消除地下水的危害等实际问题。

水文地质工作，不仅要配合上述工程地质工作，提供有关水文地质条件方面的资料，而且还要在农田灌溉、抗旱、防涝、治碱以及环境保护工作等方面，起先决和主导作用。

据有关部门估算，我国的水资源总量为约3万亿 m^3，其中地下水资源约0.8万亿 m^3

(约占 1/4 强)。但水资源的分布是极不均匀的，如干旱少雨的北方地区，土地资源十分丰富，而水资源十分贫乏。水土资源的组合也极不均衡，尤以海河、辽河、淮河流域最为突出。这 3 个流域的耕地面积占全国耕地总数的 33.2%，而水资源却只占全国水资源总数的 7.4%，每亩耕地平均占有水资源量，只有全国平均数的 14%～33%，因而缺水十分严重，所以有的地区仍然是“十年九旱，靠天吃饭”。又如我国南方地区，虽然降雨量和地表径流量比较丰沛，但分布也极不均匀，特别是云南、广西、贵州等省，石灰岩分布广泛，喀斯特（岩溶）十分发育。“一场大雨千弄涝，天晴三日万山焦”“修塘不蓄水，筑坝不拦洪”，大量的地表水漏至地下，因而地表缺水现象也很严重。农田灌溉是“旬日不雨，即成旱象”“米如珍珠水如油”。在我国无论是北方地区，还是南方地区，水利工程建设不仅需要开发利用地表水，还需要开采、利用地下水资源，这就需要进行大量的水文地质工作。

1949 年以后，我国对淮河、黄河、海河、黑龙江、辽河、珠江及长江等进行了综合治理和流域性的开发利用，兴建了一大批大、中、小型水利工程。在开采地下水方面，为寻找地下水资源，我国开展了全国性的水文地质普查工作，并用汇泉、打井、截潜流等多种形式开采地下水资源，这些对我国的社会主义建设事业起了巨大的推动作用。为实现我国社会主义的四个现代化，同时也为我国的水利水电建设事业以及工程、水文地质科学的进一步发展，展现了无限广阔的前景。

二、本课程的主要内容及教学要求

本课程是水利水电相关专业的一门专业基础课，根据“教学大纲”，本课程的基本教学要求是通过 3 个教学环节：讲课、实习实验课与作业以及地质教学实习，掌握工程地质及水文地质的基本知识；学会分析水工建筑物的工程地质条件和问题的基本方法；能阅读和分析水工建筑中常用的地质图件和资料，为今后学习农业水利工程及水利水电工程等专业课打下基础。

以上教学内容可概括为 3 个组成部分。

(1) 地质学基础部分。介绍地球的基本知识，包括地球的形态、表面特征及地球的分层构造。介绍岩石及其工程地质性质，认识与区别 3 大类岩石——火成岩、沉积岩及变质岩的特征地质构造。应用地壳运动的理论，阐述当今地球表层（地壳）仍然是在不断地运动和发展着的。介绍自然（物理）地质作用，主要是与水利水电工程密切相关的几种自然地质作用，如风化、河流地质作用、喀斯特（岩溶）、滑坡与崩塌、泥石流与地震等。

(2) 水文地质部分。地下水概述，主要阐述自然界水的循环规律，地下水的生成和类型，岩石的水理性质，含水层及隔水层，地下水的埋藏和储存规律，地下水的物理性质及化学成分以及水质分析和评价标准。地下水运动，介绍线性及非线性的渗透定律，地下水完整井稳定流运动方程中的应用。

(3) 工程地质部分。坝的工程地质研究，主要介绍坝的设计和施工中出现的各种地质问题。边坡的工程地质研究，主要介绍在水工建筑中对坝址、坝型选择的重要意义。隧洞的工程地质研究，隧洞在水利水电工程中的应用和作用。水库的工程地质研究，包括水库的渗漏、浸没。环境地质问题，如地面沉降、地裂缝、地面塌陷、海水入侵等，以及地下水污染，洪水灾害以及环境地质的研究现状等。水利水电工程地质勘察，主要介绍勘察的目的与任务，勘察设计阶段的划分和勘察程序，工程地质测绘、勘探、试验及长期观测工作的基本内容。遥感技术在工程地质测控的应用，包括其原理和应用实例。

这3个部分是相互关联并逐步联系专业实际的，在教与学过程中应运用辩证唯物主义的观点和方法，理论联系实际，地质联系工程，由浅入深，循序渐进。本课程是一门实践性比较强的专业基础课，除课堂教学外，还要进行地质实习及实验课，课外做一定量的作业，才能不断巩固所学内容。此外，在暑期还要进行野外地质实习，以扩大地质实际知识，增强工程地质及水文地质勘察的概念。

三、本课程的特点和学习要求

本课程在课堂教学以外，常用的仪器有等离子质谱仪（图0－1)、X射线衍射仪、电子探针等（图0－2)。室内研究工作通常还会使用大量的辅助工具，用来扩大人类的观

图0－1　ICP－MS多通道高分辨率等离子质谱仪

图0－2　电子探针X射线显微分析仪

察能力，如偏光显微镜、电子显微镜以及被广泛使用的电子计算机。野外教学实习及电化教学（幻灯、录像）等，是本课程的重要教学环节。尤其是野外教学实习，在本课程中占有重要的特殊地位，与其说是野外教学实习，不如称其为“现场教学”更为恰当。因为它不只是印证、巩固、加深课堂教学内容的问题，而是还有相当多的内容是课堂无法讲授或学生在课堂上无法掌握的知识和内容，而这些知识又是必须由教师在野外现场讲解、引导、观察、分析和实际操作才能学到手的。野外教学实习是培养学生独立观察、思考、分析和实际操作能力的一个重要环节。如果缺少和削弱了这个重要的实践性教学环节，那么水文地质及工程地质教学就是不完整的。所以在教与学的过程中，以及在制订教学计划、教学大纲时，对野外教学实习均应给予足够的重视。

第一章　地球的宇宙环境

地球科学是认识行星地球的形成、演化以及与人类自身生存和发展休戚相关的气候、环境、资源、灾害、可居住性、可持续发展等的一门自然科学，是人类社会发展的支柱性、基础性科学，与人类社会的发展进步息息相关。

第一节　地球在宇宙中的位置

在广阔无限的宇宙中，地球属于太阳系的一颗行星，而太阳又是银河系中无数恒星之一，宇宙则由很多个像银河系甚至更庞大的恒星集团所组成。

一、太阳系

太阳系以太阳为中心，周围有8个大行星携带着绕行自己旋转的卫星环绕着太阳旋转，此外还有许多小行星、彗星、流星等小天体环绕太阳转动（图1-1）。

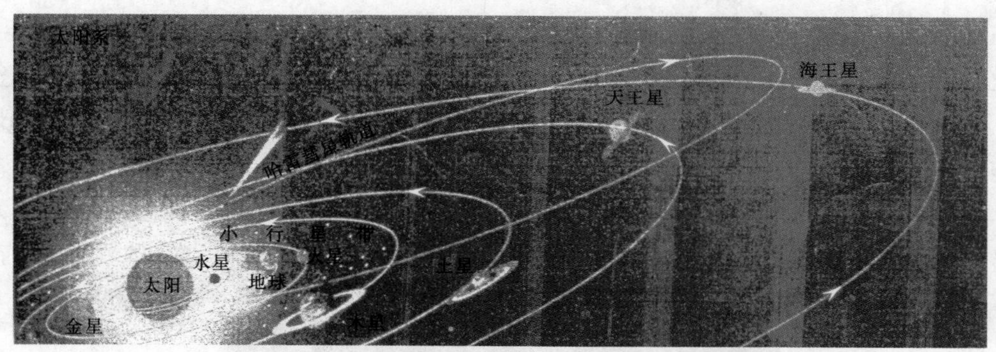

图1-1　太阳系（行星轨道位置按比例表示）

8大行星体积大小相差很大（图1-2）。按特征把8大行星分两类：离太阳较近的4个行星（水星、金星、地球、火星），物理特征近似地球，称为类地行星，它们的体积较小，

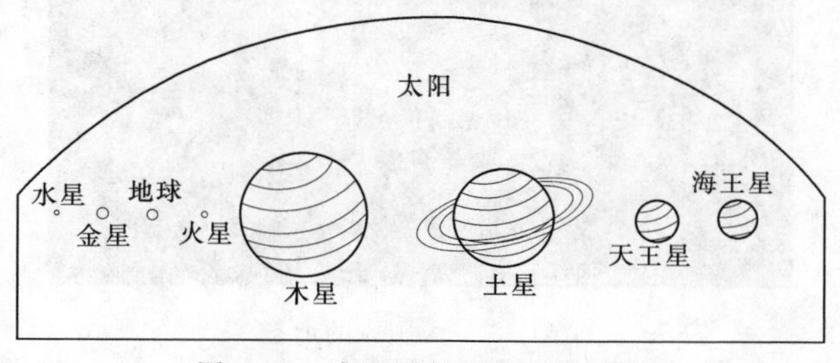

图1-2　太阳系行星大小的比较

密度较大，卫星少，为固体表面，重元素较多；离太阳较远的4个行星（木星、土星、天王星、海王星），物理特征近似木星，称为类木行星，它们体积较大，密度较小，卫星多，没有固体表面，轻元素特别是气体多。太阳系各星体的运行数据和物理要素见表1-1。

表1-1　太阳系各星体的运行数据和物理要素

星体	距日平均距离		轨道面与黄道面交角	运转周期		运转速度/(km/s)		逃逸速度/(km/s)	平均半径		扁率
	10^6km	天文单位		公转	自转	公转	自转（赤道）		km	与地球比	
太阳	—	—	—	2亿年	25d（赤道）	250.0	2.06	617.23	695990	109.23	0.002
水星	57.9	0.39	7°0′17″	88d	59d	47.9	0.003	4.17	2433	0.38	0.029
金星	108.2	0.72	3°24′0″	224.7d	224d 8h（逆转）	35.0	0.002	10.36	6053	0.95	0.000
地球	149.6	1.00	—	365.25d	23h56min	29.8	0.465	11.18	6371	1.00	0.0034
月球	距地球 0.384	距地球 0.0026	5°9′0″	27.32d	27.32d	1.0	0.005	2.37	1738	0.27	0.006
火星	227.9	1.52	1°51′0″	1.88年	24h37min	24.1	0.240	5.03	3380	0.53	0.005
木星	778.3	5.20	1°18′54″	11.86年	9h50min	13.1	12.66	60.24	69758	10.95	0.066
土星	1427.0	9.54	2°29′58″	29.46年	10h14min	9.6	10.30	36.06	58219	9.14	0.103
海王星	4496.6	30.06	1°47′14″	164.8年	15h48min	5.4	2.52	24.54	22716	3.57	0.079

太阳系的中心是太阳——一颗炽热的恒星。太阳的内部温度达到$10\times10^6\sim15\times10^6$K，其能源来自内部的热核反应。组成太阳的物质主要是氢（70%）和氦（27%），其他元素只占2.5%左右。太阳的最外部是由日冕组成的太阳大气，从日冕中升起的粒子流构成了太阳风（图1-3）向宇宙空间辐射，并带走了太阳热核反应的大部分能量、太阳风暴指太阳在黑子活动高峰阶段产生的剧烈爆发活动，爆发时释放大量带电粒子所形成的高速粒子流

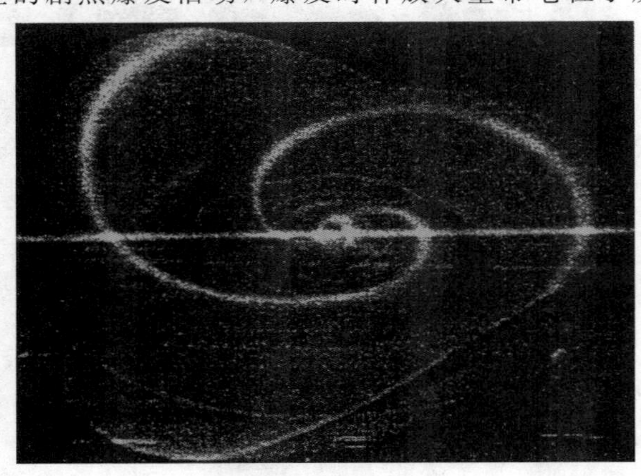

图1-3　太阳风的形态

（图 1-4）。太阳质量大约是太阳系全部质量的 99.866%，行星的质量在太阳系中可以说是微不足道的。不可思议的是，太阳的转动惯量只占太阳系总转动惯量的 2%，与它所具有的质量很不相称。

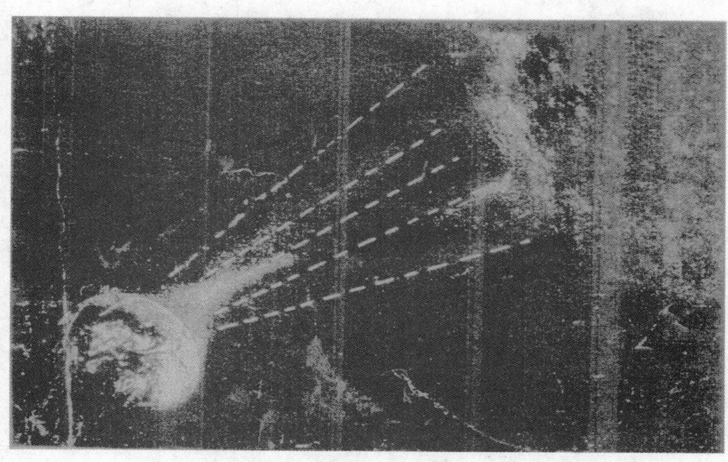

图 1-4　太阳风暴

地球稍大于金星，与其他类地行星所不同的是地球拥有液态外核和较快的自转速度，形成了很强的磁场。地球活动的外圈使外动力地质作用强烈地改造着地壳的面貌，使地球的表面形态变得丰富多彩。

土星（图 1-5）自转一周为 10h14min。土星长期被当作太阳系的边界，直到 1781 年发现天王星以后，太阳系才得以扩大。土星大小仅次于木星，与木星有许多相似之处。其直径约 1.2×10^5km，是地球的 9.5 倍，体积是地球的 730 倍。但它的平均密度却比水还要小，仅有 0.7g/cm^3。假如将土星放入水中，它会浮在水面上。土星最引人注目的是它的光环，其厚度只有 15～20km，宽度却达 2.0×10^5km，主要物质是石块和冰块。

天王星在太阳系中的位置排行第七，距太阳约 2.9×10^9km，它的体积也很大，是地球的 65 倍，仅次于木星和土星，在太阳系中位居第三；直径约为 5×10^4km，是地球的 4 陪，质量约为地球的 14.5 倍。其特点是自转轴与公转轨道平面平行，被称为“躺着的行星”。天王星（图 1-6）表面温度在-200℃以下，有 9 条光环。

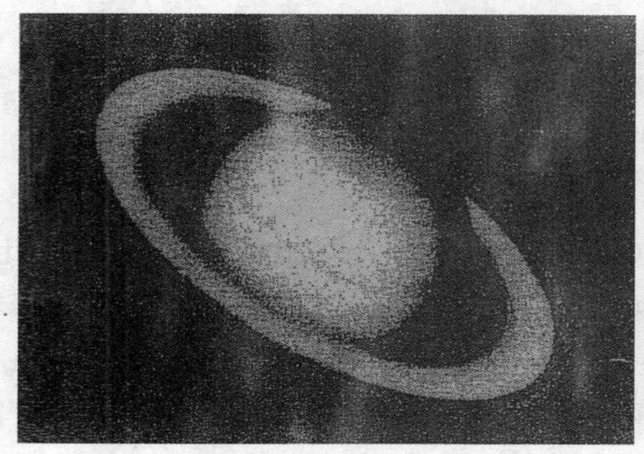

图 1-5　土星

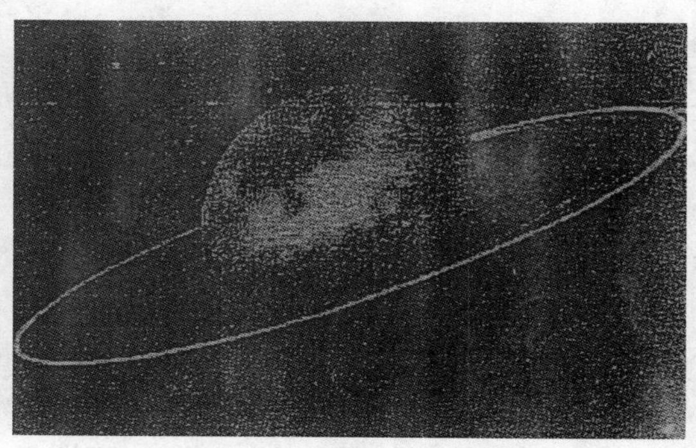

图 1-6　天王星

半个世纪以来，人类共进行了253次太阳系探测（表1-2）。

表1-2　太阳系探测概况（至2007年12月，共253次）

开始探测年份	探测对象	探测次数	新增探测领域
1958	月球	116	月球与临近地球的行星，太阳与太阳活动
1961	火星	41	
1961	金星	40	
1962	太阳	15	
1966	太阳风	6	
1972	木星与土星	11	太阳系其他行星，太阳系观测
1973	水星	2	
1977	天王星与海王星	1	
1978	全太阳系观测	4	
1984	彗星	9	太阳系小天体
1988	火卫一	2	
1996	小行星	4	
1997	土卫六	1	
2006	冥王星	1	

资料来源：McFadden et al. 2007；欧阳自远，1989；欧阳自远，2005。

人类对于太阳系的探测：起始于20世纪50年代末，从探测地球的天然卫星——月球开始，逐渐开展邻近的行星——火星与金星的探测，太阳和行星际空间太阳风的探测。

70年代，逐步开展了太阳系其他行星——木星与土星、水星、天王星与海王星的探测以及全太阳系的空间观测。

80年代开始探测太阳系的各类小天体——彗星、火卫一、小行星、土卫六和冥王星等。人类的空间探测，由近至远，由易到难，经历了近半个世纪，实现了对太阳系的初步探测。因此，21世纪是人类全面与精细探测太阳系各层次天体与行星际空间的新时代，是为人类社会的可持续发展提供支撑与服务的新世纪。

二、银河系

银河系是一个庞大的恒星集团，估计有1300亿颗以上的恒星，其中包括太阳，此外还有许多由气体、星际物质组成的星云。银河系里的恒星都绕银河系中心转动，但各部分运动速度是不同的，太阳及其附近的恒星绕银河系中心运动的速度约为230km/s，太阳绕银河系中心运行一周约需2亿年。银河系里的恒星绕银河系中心转动就相当于银河系的自转。银河系不但自转，还携带着成员以200km/s以上的速度朝着麒麟星座的方向运行着。

三、总星系

就目前天文工具能观测到的范围半径约达100亿光年，可以观测到10亿个星系。全部观测到的星系的分布范围叫总星系。这是我们今天能够观测到的宇宙。

总星系以外还有其他总星系没有？肯定有的。因为在总星系范围内的星体密度没有减小的迹象，“天外有天”，只是今天的科学技术还观测不到。

第二节　地球的主要特征

一、地球的形状和大小

地球是一个绕着地轴高速旋转的球体，它的形态并不是理想的球形，而是椭球形，即为赤道部分略为膨大，两极略为收缩的扁球形（图1-7、图1-8）。它的数据如下：

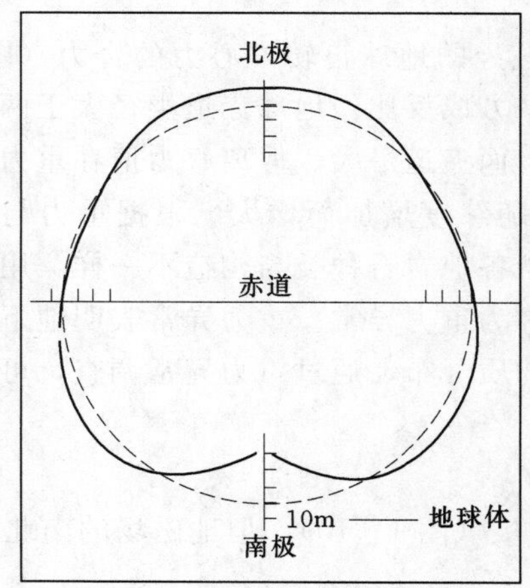

图1-7　地球体形态示意

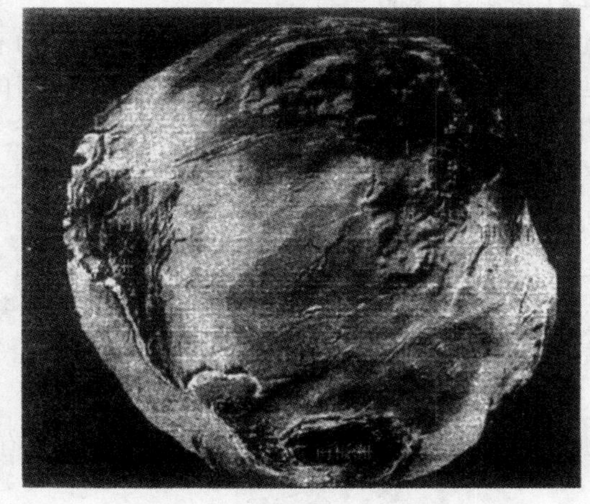

图1-8　将固体表面高差扩大5倍的地球形态

赤道半径（a）：6378.137km；

极半径（b）：6356.752km；

平均半径$\left(\frac{2a+b}{3}\right)$：6371km；

地球扁度$\left(\frac{a-b}{a}\right)$：$\frac{1}{298.3}$；

赤道圆周长：40076.6km；

表面积：5.1亿km^2；

质量：5.98×10^{19}t；

平均密度：$5.517g/cm^3$；

体积：$108\times10^{10}km^3$。

二、地球的物理性质

地球的主要物理性质包括地球的密度、压力、重力、磁性、电性、地热、放射性和弹性等。现将地球的主要物理性质简述如下。

（一）密度和压力

据计算，地球的平均密度为 5.517g/cm^3，而实际测得地壳物质的平均密度为 2.7～2.9g/cm^3。因此，可以推测地球内部深处物质的密度是随深度递增的。根据地震资料可知，地球内部物质的密度确实是随着深度的增加而逐渐增加的，并且分别在深度 984km、2898km 和 5125km 的地方做跳跃式增加。这表明地球内部物质是不均匀的，而地核的物质可能处于高密度状态。

地球内部的压力受上覆物质质量的影响，随着深度的增加而递增。它的变化情况为，自地表到地深处约 33km 处是随深度增加而均匀增加的；从 33km 到 984km 深度范围内压力从 9000×10^5 Pa 很快增加到 38.2×10^9 Pa；然后随着深度的增加又缓慢地增加，在 2898km 深度可增加到 136×10^9 Pa；最后向着地心做缓慢的递增，地心压力可达 360×10^9 Pa。

（二）地球的重力

地球表面的重力是指地面处所受的地心引力和该处的地球自转离心力的合力（图 1－9）。地心引力与物体质量成正比，与距地心距离的平方成反比。地球赤道半径大于两极半径，引力在两极比赤道大，离心力在两极接近于零，而赤道最大。但离心力值在重力值中所占的比例极小（仅为 1/300），因此，地球的重力随纬度增加而增大。根据重力与纬度关系所计算出的各地重力值，称为正常重力值。由于各地岩石种类与构造不一样，用重力仪测定的重力值与正常重力值常不符合，这种偏差称为重力异常。重力异常表明地下有密度较大的金属矿物或者有密度较小的石油、岩盐等物质分布，通过重力异常调查，可以研究地壳构造与寻找地下矿产。

（三）地球的磁性和电性

地球具有磁性，好像是一个巨大的磁体，也有两极（图 1－10），但地磁场的南北极与

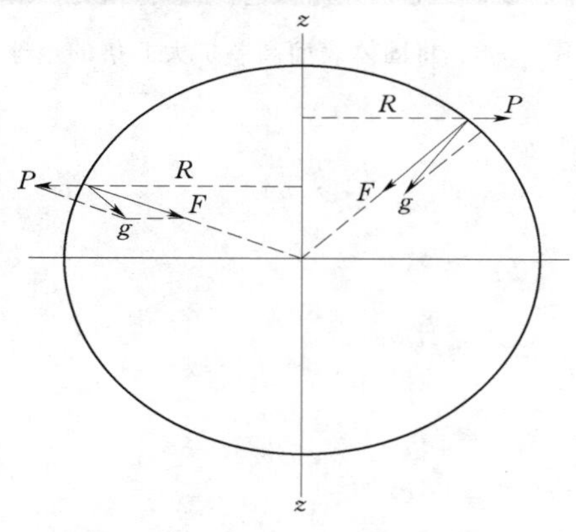

图 1－9　重力与地心引力和离心力的关系

zz—地球自转轴；g—重力；F—地心引力；P—离心力；R—纬度圆半径

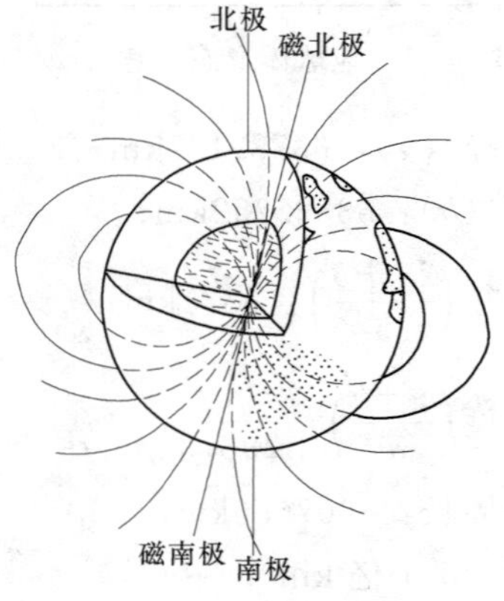

图 1－10　地磁场

地理的南北极的位置不重合。同时地磁极的位置也在不断改变，1970 年测出磁北极在北纬 76°、西经 101°，磁南极在南纬 66°、东经 140°。而地磁子午线与地理子午线间有一夹角，称为磁偏角。磁针只有在地磁赤道附近才是水平的，磁针越移向磁两极，倾斜程度越大。在磁极区，磁针直立，磁针与水平面的夹角称磁倾角，地球某一点所受的磁力大小称为该点磁场强度。磁偏角、磁倾角、磁场强度称为地磁三要素。根据地磁在地球上的分布磁异常，对矿产资源、构造格局、地震预报等方面的研究都具有重要的意义。

地球既然存在磁场，则必然存在电场。大面积的地磁场感应，就可以形成大地电流，大地电流的平均密度约为 2A/km^2。

地球的电磁场构成了地球的第一个保护层，可以有效地保护地球生命免受太阳风和外太空的各种电磁辐射的威胁（图 1－11）。极光的形成就是太阳风沿地球两极磁场的薄弱处进入地球所引起的现象（图 1－12）。

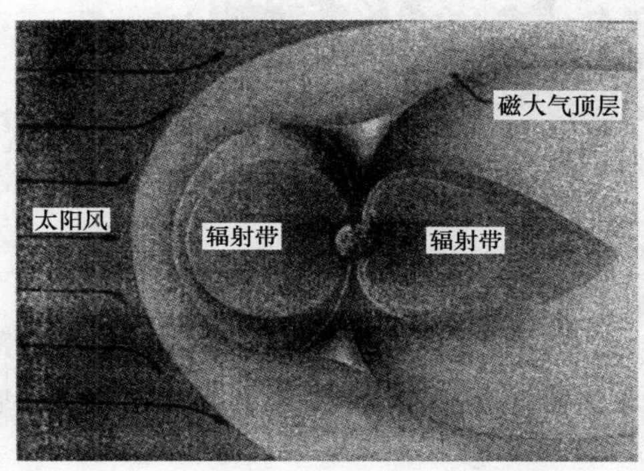

图 1－11　电磁层

图 1－12　神秘的北极光

（四）地热

地球表面温度受太阳辐射热的影响而变化很大，在－70～70℃之间。温度随季节、纬度高低和海陆分布情况而有所差异。这种温度变化只影响地表不深的地方，平均约为 15m。再往深处 20～25m 的地段，由于太阳辐射热影响不到，且保持当地常年平均温度，因此称为常温层。

钻探资料表明，常温层以下的地层温度随深度的增加而有规律地增加，增加情况各地不同。地温每升高 1℃而往下增加的深度称为地温增加级。地温增加级一般平均为 33m，例如在亚洲大致为 40m（我国大庆为 20m）。但地温也并非每加深 33m 就升高 1℃，因为地球内部深处的物质密度、压力和状态各不相同，故温度增加到一定深度时，越深升温越慢，推测地心温度不会超过 5000℃。

地热的来源，除来自地表太阳辐射外，还主要来自地球内部。地球内部热源，主要是由放射性元素蜕变释放出来的，其次是重力能、化学反应能、结晶能和地球转动能等。

地球是一个庞大的热库，地热能（图 1－13）是最廉价的能源之一，对它的开发利用已成为地质科学和综合科学技术之间的一个新领域。

地球除上述性质外，还有放射性、弹性等。

图 1-13　位于喜马拉雅造山带的西藏羊八井地热喷泉

第三节　地球的结构

地球物质的成分和分布是不均匀的，具有层圈结构。地表及以上的各层圈为外部结构，地表以下的各层圈为内部结构。

一、地球的外部结构

地球的外部结构包括大气圈、水圈、生物圈和土壤岩石圈（图 1-14）。现将各圈的特征简述如下。

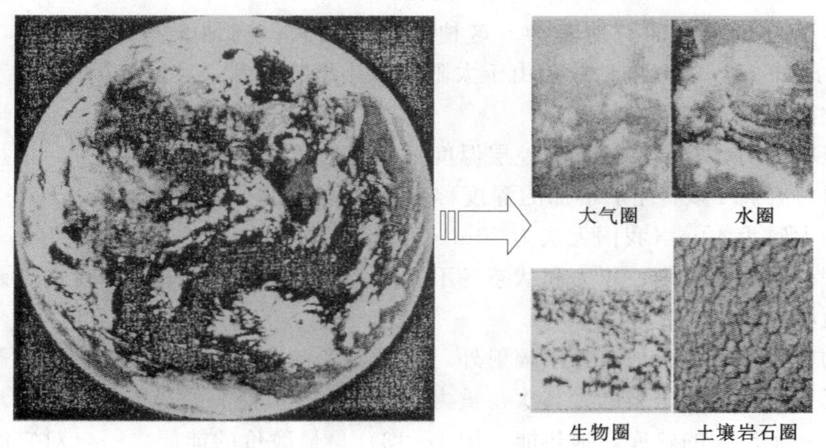

图 1-14　地球的圈层

（一）大气圈

大气圈是由包围在地球最外面的气态物质所组成的层圈。这一层圈的分布在地面往上至少高达2000km的范围。此圈自下向上又分为对流层、平流层、电离层和扩散层，大气圈中的主要成分为氮、氧、氩、碳、氦和氢等元素。大气的总质量约为513×10^{13}t，虽然约为地球的百万分之一，但对地面的物理情况和生活环境却有决定性的影响。大气的结构、成分和性质主要随着高度而变化。大气分布极不均匀，受地球引力作用，约有79%的质量集中在平均厚度11km范围内的对流层中。在对流层中，温度、湿度和压力等分布很不均匀，故气体常发生强烈的对流，产生风、云、雨、雪等，从而调节和促进水圈的循环，大气的垂直分层见图1-15。

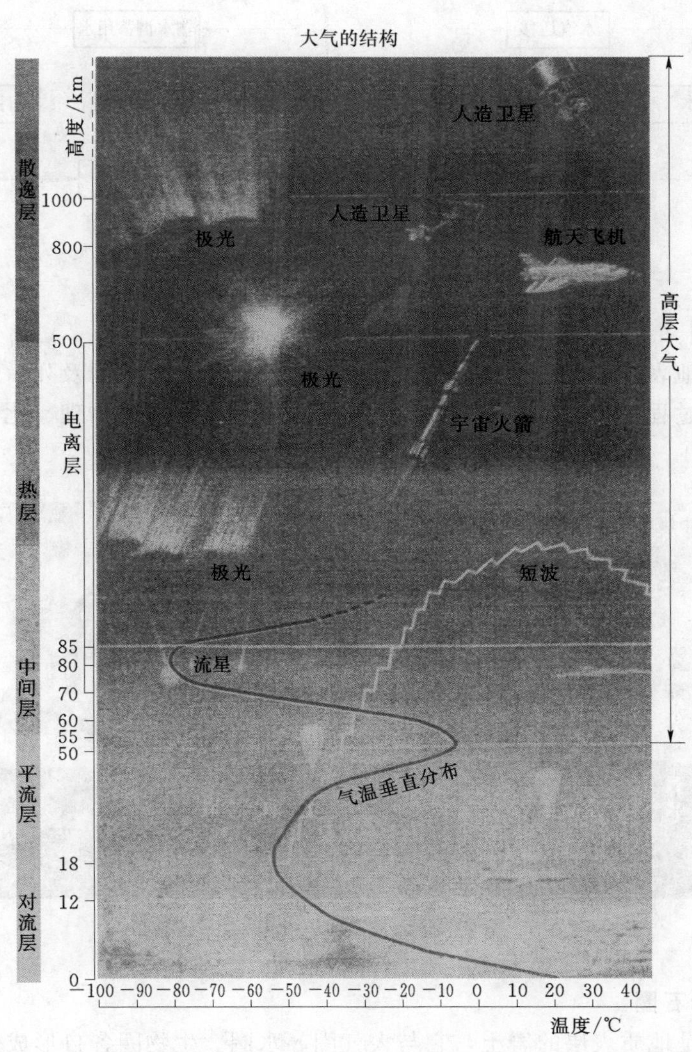

图1-15　大气的垂直分层

(二) 水圈

水圈由地球表层分布于海洋和陆地上的水和冰所构成。水的总体积约为 14 亿 km^3，其中海洋水占总体积的 98.1%，陆地水只占 1.9%。可见，水在地表分布是很不均匀的，主要集中在海洋。水圈中各部分水的成分和物理性质有所不同，其成分除作为主体的水外，尚含有各种盐类。例如，海水含盐度高，平均为 35%，以氯化物（如 NaCl、$MgCl_2$ 等）为主；陆地水含盐度低，平均小于 1%，以碳酸盐［如 $Ca(HCO_3)_2$］为主。水受太阳热的影响，可不停地循环。由于水的循环，形成了外力地质作用的动力，它们在运动过程中可不断产生动能，对地球表面进行改造，自然水循环与社会水循环的耦合如图 1-16 所示。

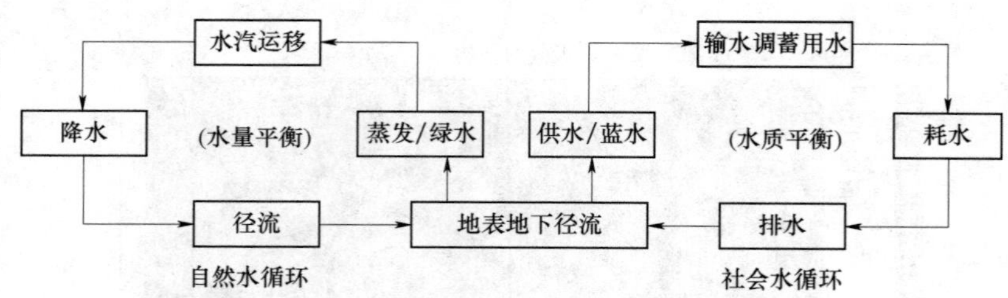

图 1-16 自然水循环与社会水循环的耦合

(三) 生物圈

生物圈是由地表各种生物构成的。它们在生活活动、新陈代谢及死后遗体分解出各种气体和有机酸等过程中，可与地表的物质直接或间接地发生各种物理、化学作用，从而改造地表物质（图 1-17）。

图 1-17 自然界的生物循环

(四) 土壤岩石圈

土壤岩石圈是地质表层的岩土，它与大气圈、水圈、生物圈各自形成连续的圈层。

这四者之间是相互关联的，它们与人类的活动特别是建设活动密切相关，更是各种地质作用的场所。

二、地球的内部结构

地球内部也具有层圈构造，包括地壳、地幔和地核等 3 个主要层圈，如图 1－18 所示。

对于地球内部，目前人们能够直接获得资料进行观察的深度是很小的，最深的钻孔也没超过 15km。分圈的依据主要是地震法。地震法是利用地震波（纵波与横波）在地球内传播速度的变化，从而间接地分析了解地球内部物质的分布情况（见图 1－19）。地震波在地球内部的传播速度是随深度而增加的，并在数处做跳跃式的变化；此外，横波不能通过地心。根据地震波在地球内部传播速度的变化，发现有两处极明显的分界面，称为地震分界面。第一地震分界面（又叫莫霍面），在平均深度 33km 处；第二地震分界面（又叫古登堡面），在地深 2898km 处，见表 1－3。

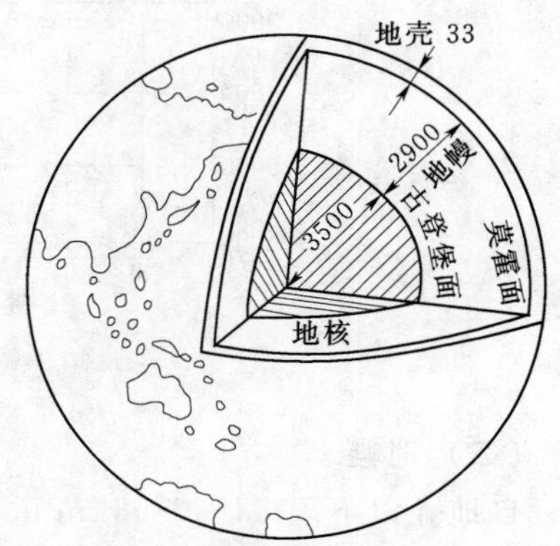

图 1－18　地球的内部结构（单位：km）

现将地壳、地幔和地核（依据地震波在地内的传播速度区分）3 个主要层圈（图1－19）的特征简述如下。

表 1-3　**地球内部层圈结构及有关数据**

分层		深度(半径)/km	纵波(P)速度/(km/s)	横波(S)速度/(km/s)	密度/(g/cm^3)	压力/Pa
地壳(大陆)		海平面(6371)	5.5 6.8	3.2 3.6	2.7 2.8 2.9	
莫霍面		33(6338)				9.11925×10^{8}
地幔	上地幔	70 250 低速度带	7.9～8.1	4.4	3.32	
		413(5958)	8.97		3.64	1.41855×10^{10}
		720(最深地震)				2.735775×10^{10}
		984(5387)	11.42		4.64	3.85035×10^{10}
	下地幔		13.64	7.3	5.56	
古登堡面		2898(3473)				1.386126×10^{11}
地核	外部地核	速度降低	8.10 9.7	通不过	9.71	
		4703(1668)			11.76	3.222135×10^{11}
	过渡层		10.31			
		5125(1246)		?	约 14	约 3.343725×10^{11}
	内部地核	6371(中心)	11.23		约 16	约 3.6477×10^{11}

（一）地壳

地壳是地球上部的一个层圈，厚度很不均匀，主要是由硅、铝、氧化物组成，呈结晶质固体岩石，密度 2.7～2.9g/cm^3。各种地质作用（如构造运动、岩浆作用、变质作用等）就发生在这里。但是地质作用和矿产的形成，在一定程度上还要受地壳以下物质的影响，特别是上地幔的影响。地壳占地球总质量的 1.5%。

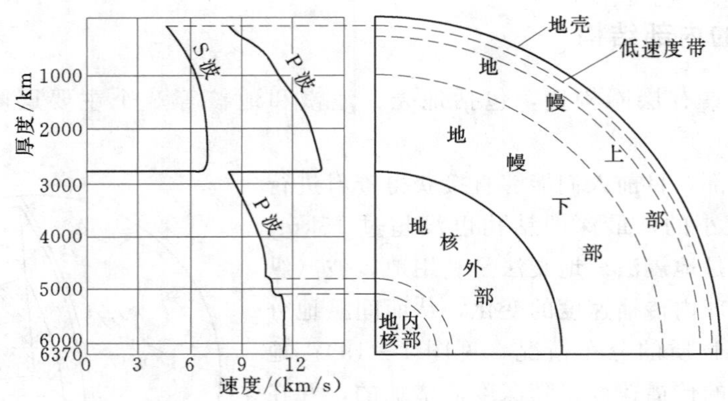

图 1-19　地球各层地震波传播速度

(二) 地幔

自地壳以下限 33～2898km 的层圈称为地幔，它占地球总质量的 66%。根据地震波传播速度的特征，又分为上地幔和下地幔两部分。

上地幔内地震波传播速度是不均匀的，从莫霍面到 50km 深处，地震波传播速度较快，这一地段是由结晶质固体岩石组成的，与地壳连接在一起构成地球的岩石圈。自 70～250km 深处地震波传播速度较慢，为低速带，这一带的物质可能呈熔融状，称为软流层。玄武岩质岩浆可能来源此带。250～984km 深处地震波传播速度较快，但变化很不均匀。上地幔的物质成分主要为镁铁硅酸盐，物质呈结晶质固体，塑性增大。物质的平均密度为 $3.8g/cm^3$，温度为 1200～1500℃，压力达到 $3.8\times10^{10}Pa$。

下地幔中地震波传播速度平缓地增加。物质成分除硅酸盐外，金属氧化物、硫化物等，特别是铁、镍成分明显增加。物质的平均密度为 $5.6g/cm^3$，温度 1500～2000℃，压力可达 $1.4\times10^{11}Pa$，物质呈非结晶质固体，塑性很大。

(三) 地核

地核是自第二地震面分界面（古登堡面）到地心的部分，占地球总质量的 32.5%。根据地震波的传播速度特征又分为外部地核、过渡层和内部地核三层。外部地核是液态，从 2898km 以下，纵波速度突然下降，横波消失，其深达 4703km 深处；此带往下到 5125km 深处，为过渡层；由此层到地心为内部地核，是固态。物质密度可达 $13g/cm^3$，温度为 2000～5000℃，压力可达 $3.6\times10^{11}Pa$。关于地核的物质成分目前说法不一，一般认为主要是由铁、镍组成，还含有少量的硅、硫等元素。

第四节　地壳及地质作用

地壳是地球最上面的一个固态层圈，以莫霍面为下限，地壳厚度很不均匀，最厚的大陆地壳（我国的青藏高原）厚度在 65km 以上，最薄的海洋地壳厚度仅有 5km。

一、地壳的表面形态

地壳表面高低起伏变化很大（图 1-20），基本上分为陆地和海洋两大部分。陆地面积为 1.49 亿 km^2，占地壳表面积的 29.2%；海洋面积约为 3.61 亿 km^2，占地壳表面积的 70.8%。海陆分布是不均匀的，陆地主要集中在北半球，占北半球总面积的 39%，而南半球陆地面积只占 19%。陆地最高点是在我国西藏的珠穆朗玛峰，海拔为 8844.43m；海洋最深处是在太平洋西部的马里亚纳群岛附近的海沟，深达 11033m。

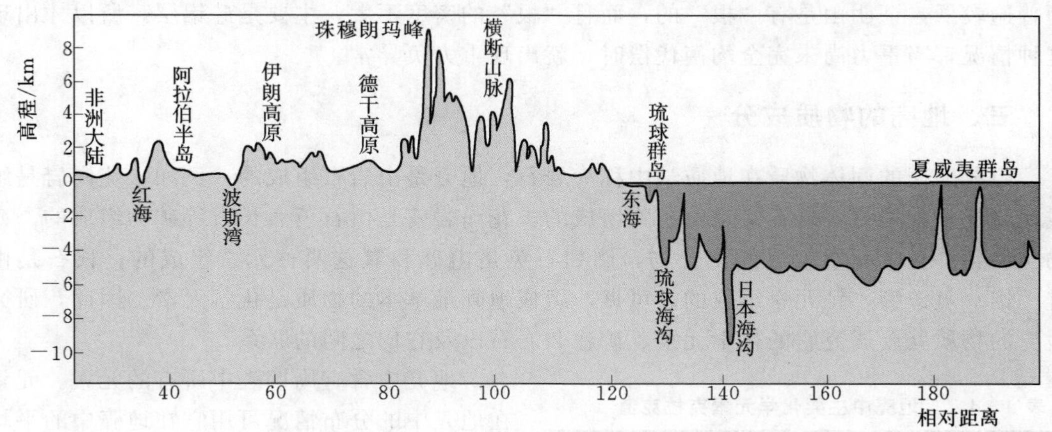

图 1-20　横切喜马拉雅山的东半球剖面

陆地地形按其起伏高度又分为山地、丘陵、高原、平原和盆地。

海底并不是平坦的，地形也有起伏变化，而且有的地方地形相当复杂。按海水深度和地形特点，海底地形可分为海岸带（滨海带）、浅海带（陆棚或大陆架）、半深海带（大陆坡）、深海带（洋床或洋盆）、深海沟和海岭等。

二、地壳的结构

根据地壳组成物质的差异，将地壳分为两层。

（一）花岗岩质层

花岗岩质层在地壳上部呈不连续分布，厚度为 0～22km。其在陆地上较厚，在海洋较薄或缺失。化学成分以硅、铝为主，故又称硅铝层。密度较小，平均为 2.7g/cm^3，压力小，放射性高。

（二）玄武岩质层

玄武岩质层是花岗岩质层下面连续分布的一层，以莫霍面为下限，深达 20～80km，各地不等，平均深 33km。化学成分除硅、铝外，铁、镁相对增多，故称为硅镁层。密度较大，约为 2.9g/cm^3，压力可达 9.11925×10^8Pa，温度在 1000℃以上。

地壳的物质，不仅在垂直方向上有显著差异，而且在水平方向上，陆地和海洋地区也有很大的差异，即陆地上层有很厚的花岗岩质层，而海洋区则主要是玄武岩质层，在太平洋底和某些内陆海底只有硅镁层而没有硅铝层。因此，地壳又可分为大陆地壳和海洋地壳两种类型。

地壳的总厚度在高山和高原区最大可达 50～60km，天山南部甚至超过 80km；平原地区多为 35～40km，大洋地区最薄，一般只有 4～7km。其总的规律是：地表越高的地区地壳越厚，特别是其中的硅铝层越厚。其高出的部分多出来的质量通过增加地壳厚度和减少地幔厚度抵消。在地表低部地区则正好与此相反。因此，在某一定深度以上，上覆岩石对地幔的压力处处相等，处于一种均衡状态，地质学家称之为"地壳均衡原理"。对高原及褶皱山区重力测量的结果发现，这些地区不仅未因高出一般地区而使重力值增高，反而普遍较低，证明山是有"根"的，而且"根"的密度不大，主要是硅铝层，所以才出现这种情况，当重力尚未完全均衡代偿时，就出现重力负异常。

三、地壳的物质成分

组成地壳的固体物质在地质学中称为岩石，地壳是由岩石组成的。例如，花岗岩是组成地壳的一种岩石，岩石又是由矿物组成的，花岗岩就是由石英、长石等矿物组成的。矿物是由各种化学元素组成的化合物，例如石英是由硅和氧这两种元素组成的；长石是由硅、铝、氧、钾、钙元素组成的。可见，组成地壳最基本的物质是化学元素。因此，研究地壳的物质就要研究它的化学元素、矿物和岩石以及它们之间的联系。

地壳中含有周期表中所有的元素。元素在地壳中的分布情况可用它在地壳中的平均质量百分比（克拉克值）来表示。地壳中主要化学元素的克拉克值，见表1-4。

表1-4 地壳中主要化学元素克拉克值

元素	克拉克值/%	元素	克拉克值/%	元素	克拉克值/%
O	49.13	Fe	4.20	Mg	2.35
Si	26.00	Ca	3.25	K	2.35
Al	7.45	Na	2.40	H	1.00

由表1-4可知，组成地壳最主要的9种化学元素占了地壳总质量的98.13%，其余90多种元素只占1.87%。可见，元素在地壳中分布是很不均匀的。工业上重要的金属元素除铁、铝外，其他如铜、铅、锌、锡、钼等在地壳中含量很低，但他们在自然界各种地质作用条件下，可以相对富集，当元素在局部地区富集，其含量达到工业要求时，就成为矿产。但有的元素，如铟、铪、锗、镓等，不易富集，呈分散状态存在于岩石和矿物中，称为分散元素。

地壳中的化学元素除少数呈单质出现外，绝大部分以各种化合物形式出现，其中以含氧的化合物最常见。地壳上部（深约16km）按氧化物折算的平均化学成分质量百分比，见表1-5。

表1-5 地壳上部平均化学成分含量

化学成分	质量百分比/%	化学成分	质量百分比/%
SiO_2	59.87	Na_2O	2.39
Al_2O_3	15.02	H_2O	1.86
Fe_2O_3 FeO	5.98	TiO_2	0.72
CaO	4.79	CO_2	0.52
MgO	4.06	P_2O_5	0.26
K_2O	2.93		

表1-5表明，地壳中分布最多的是硅和铝的氧化物，它们共约占总量的75%，其他只占约25%。

矿物在地壳中又形成有规律的集合体，称为岩石。组成地壳的岩石有三大类：岩浆岩（火成岩）、沉积岩和变质岩。

四、地质作用

（一）地质作用的概念

整个自然界，从最小的东西到最大的东西，从沙粒到太阳，从原始生物到人，都在不断地运动和变化中。地球自形成以来，一直处于变化之中，今天所看到的地球，只是它的全部运动和发展过程中的一个阶段。这种由于自然动力引起地壳的物质成分、构造和地面形态发生运动、变化和发展的各种作用，称为地质作用。地质作用是地壳形成以来极为普遍的自然现象。有的地质作用进行得很快，易于被人察觉，如火山喷发、地震、山崩、泥石流等。但更多的地质作用进行得非常缓慢，例如地壳升降运动，即使在相当剧烈的地区，每年升高也只不过几毫米，但经过长期发展变化，常常使地壳发生巨大的变化。大家熟知的喜马拉雅山地区在几千万年前却是一片汪洋，由于该地区地壳不断地上升，才形成今天这样雄伟的世界屋脊。

(二) 地球的能量系统

地球并不是一个封闭的体系，它每时每刻都在宇宙中运动着，同时也在宇宙中进行着能量与物质的交换。而且能量和物质总是紧密地联系在一起的，伴随着物质的获得或丧失，地球系统也同时获得或丧失能量。

一切地质作用都以能量为基础，地球的能量系统包括太阳能、放射能、物理能和其他能源。

太阳能是地球从太阳辐射中获得的能量，虽然地球从太阳辐射中所获得的太阳能只是太阳辐射能的 $1/(22\times10^{8})$，但地球平均每秒钟仍可获得 1.8×10^{17}J 的太阳能。

太阳的辐射使植物和依靠光合作用繁殖的藻类生物大量繁殖，构成生物链的基础。在一定条件下，太阳能通过有机界的参与可以转化成煤和石油储存起来。太阳能还可以使大气发生环流形成风能，使水蒸气上升构成水的势能。因此可以说太阳能是地球生物活动（包括人类在内）的主要能源。

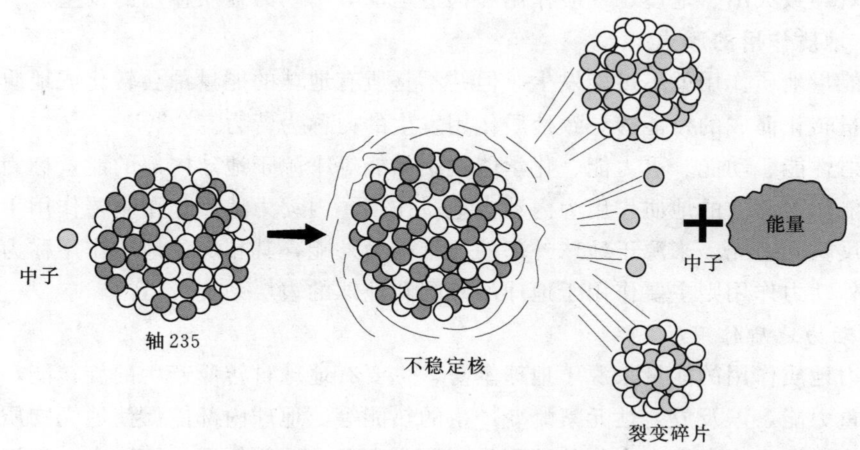

图 1-21　放射性元素裂变释放能量示意图

放射能是地球中的放射性物质在裂变过程中所产生的能量（图 1-21）。在地球形成的早期，短半衰期的放射性元素很多，这些放射性同位素大部分已经裂变成稳定元素。因此可以认为地球形成早期，应比现在具有更高的温度，很有可能在整个地球的表层都是岩浆的世界。由于地球仍然含有很多长半衰期的放射性元素，而且放射性物质的总量也很大，现今地球由放射性物质所产生的能量依然高达 1.2×10^{14}J/s。

物理能主要是地球的旋转动能（包括自转和公转）和引力能。地球的旋转能在一定的时间尺度中基本保持在一定的总量范围内。地球公转所具有的能量在太阳系中处于平衡的状态，只有在与其他天体相互作用时才发生改变，因此对地球本身的物质运动和平衡的影响要么是一种长周期的作用，要么是一种灾难性的作用。

据地球的自转速度计算，现今地球自转的总能量约为 2.14×10^{29}J，这样巨大的能量哪怕有亿分之一的变化，其能量变化就相当于 34000 次 8 级地震的能量变化，势必引起地球的剧烈变动。

地球的重力是地球物质产生的万有引力和自转离心力合力，构成了地球的重力场。重力能是一种势能，只有物质在重力场中发生位移时才产生能量的变化。地球获得的重力能主要在圈层分异的早期，而现今地球基本上已经是按物质的密度分层。因此，重力能的变化在现今地质作用中已经不起主导作用了。

引潮力是太阳和月亮的引力对地球共同构成的作用力，由于地球的自转和太阳、月亮与地球的相对位置会发生周期性的变化，引潮力也发生周期性的变化。引潮力在地球上最明显的结果是引起海水的潮汐变化，其功率大约为 1.4×10^{12}J/s。

除此以外，地球的能量系统中还有化学能、结晶能、生物能等其他的能量形式，并在地球的演化中起到一定的作用。

由于岩石圈主要由刚性岩石组成，热导率很低，根据地壳的平均热流值计算，地壳的平均散热量为 1.8×10^{13}J/s，因此仍有大量热能在地球内部积聚，构成了地球内动力地质作用的能量基础。地球内部的能量在积累到一定程度之后就会转化成物质运动的形式释放出来，这就导致火山、地震、变质作用和构造运动等内动力地质作用的发生。

（三）地质作用的形式

没有能量地质作用就不可能发生，但并不是所有地球的能量都会转化成地质作用的形式。由能量转化而成的，能够导致地质作用发生的力称为营力。

像放射性能、动能、重力能、化学能、结晶能等来源于地球内部的能量称为地球的内能，以内能作为营力的地质作用为内动力地质作用，内动力地质作用主要作用于地球的内圈并最终反映到地壳。来源于地球外部的能量称为外能，其相应的地质作用称为外动力地质作用，外动力作用则主要作用于地球的外圈和地球的表层系统。

1. 内动力地质作用

内动力地质作用的能量来源于地球本身，主要有地球自转所产生的旋转能，重力作用所形成的重力能，以及放射性元素蜕变产生的热能等。地球内部能促使地壳物质成分、地壳内部结构、地表形态发生变化的地质作用称为内动力地质作用（简称内力作用或内生作用），包括地壳运动、岩浆作用、变质作用和地震作用，如图 1－22 所示。

地球内部物质的机械运动表现为地壳的升降运动及水平运动，这两种运动又可以引起地壳上巨厚岩层的弯曲和破裂，从而改变地壳的构造，形成高山及平原。岩石破裂时释放出巨大能量会引起强烈地震。地壳运动的地区，形成地壳的脆弱地带，引起地球内部灼热岩浆上升活动，爆发火山，形成各种岩浆岩。地壳运动及岩浆活动可使早期形成的岩石发生变质作用，形成变质岩。

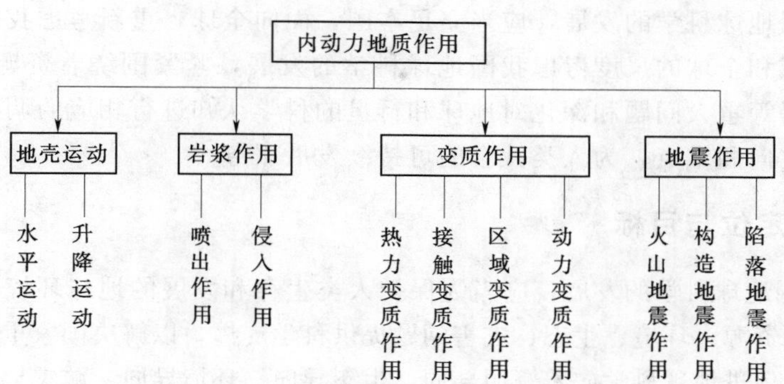

图 1-22　内动力地质作用

2. 外动力地质作用

由地球以外的能源，也就是由太阳辐射能和日月引力能所产生的动力（如风、地面流水、地下水、冰川、湖泊和海洋等），在地壳表部引起的各种地质作用称为外动力地质作用（简称外力作用或表生作用）。外动力地质作用有风化作用、剥蚀作用、搬运作用、沉积作用和硬结成岩作用等，如图 1-23 所示。

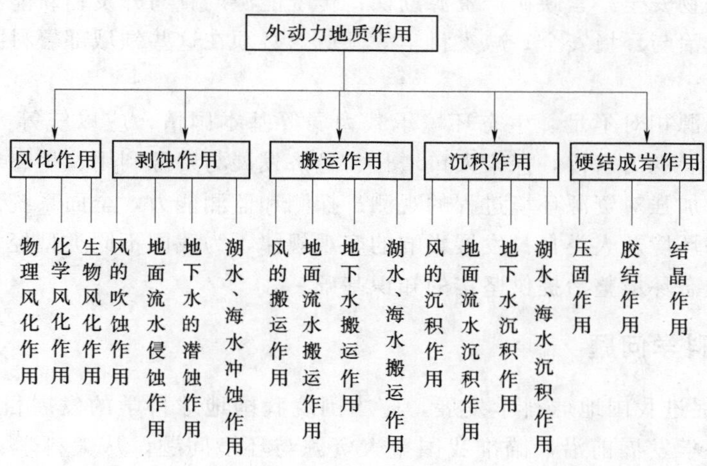

图 1-23　外动力地质作用

太阳辐射热除了直接作用于地壳岩石之外，更主要的是引起大气圈、水圈、生物圈的不断循环和运动。这些常年不断运动着的物质都对地壳产生影响，促使地表的矿物岩石发生变化；并且经过物质的搬运、沉积和硬结成岩，形成各种各样的沉积岩，同时改变了地壳外貌。

第五节　21 世纪我国地球科学发展的方向

21 世纪头 20 年，我国面临着优化经济结构、合理利用资源、保护生态环境，促进地区协调发展等一系列重大任务。这些重大的国家战略需求，促进了地球科学的发展。

当前，我国地球科学的发展，应当立足本国，面向全球，重新考虑我国地球科学的国际定位。从区域和全球的尺度考虑我国地球科学的发展，紧紧围绕着资源、生态、环境、灾害、社会发展等重大问题和深化对地球和行星的科学认知进行相应的调整，规划地球科学发展的未来方向和重点，为人类社会的可持续发展服务。

一、战略定位与目标

21 世纪我国地球科学的发展，应当为保护人类生存和发展的地球环境、为解决社会可持续发展面临的资源、环境、生态、灾害问题提供科学支撑，以解决国家重大战略需求和社会需求为己任，促进地球科学向着资源导向、生态导向、环境导向、减灾导向、社会目标导向的学科发展，使地球科学真正成为人类社会可持续发展的支柱性科学体系，迎接地球科学的大发展。因此，我国地球科学发展的目标与战略定位是：在 2020 年前达到国际先进水平乃至一流水平，引领国际地球科学一些领域的发展，使中国从地学大国走向地学强国。

当前和今后，我国社会可持续发展面临以下紧迫的重大地球科学问题：水资源安全；土地资源与土地利用；生态系统变化与生物多样性；生态安全；气候变化；碳循环；生物地球化学循环；海洋环境变化与海洋资源开发；全球环境变化与人类健康；全球环境变化与食物生产和食物安全；紧缺矿产资源勘探；传统能源勘查与开发；新能源研发与能源安全；环境污染防治与环境安全；减灾科学等领域。必须在这些领域部署科技资源大力开展持续研究。

针对我国资源相对不足、生态环境承载力弱等基本国情，应以统筹人与自然和谐发展、实践科学发展观为宗旨，探索人口增长、经济发展与资源利用、生态环境保护之间的相互作用关系，加强对资源环境过程的观测、探测和监测能力，全面系统认识自然过程和人的活动对生态环境及人类自身发展影响的客观规律，为我国不同类型经济发展区域的资源高效利用、生态环境整治提供坚实的知识基础。

二、重大科学问题

在 21 世纪促进我国地球科学发展，应当围绕我国地球科学的发展目标与战略定位，站在国际地球科学发展前沿，瞄准我国重大资源与环境问题，从大科学、全球化、跨学科、跨部门、国际化和日益重视在高层次上综合集成的研究特点出发，突出地球系统科学，关注全球变化与地球各圈层相互作用及其变化的研究以及人类活动引发的重大环境变化研究；突出地球变化的动力过程研究，关注气候系统动力学与气候预测、地球深部与大陆动力学、生态系统动力学与管理、海洋生态动力学与海岸问题等；突出地球信息科学，关注数字地球、3S 一体化、国内外数据资源共建共享和地球科学定量化的研究趋势；突出地球管理科学，关注减灾防灾、环境保护与治理、资源合理开发利用以及碳循环、水资源、食物与纤维、能源战略等问题；突出地球科学跨学科研究进展，关注经济社会发展对地球科学的影响与需求，地球科学在自然科学内部与其他学科的交叉融合以及高新技术在地球科学中的应用。

因此，综观国际地球科学发展态势及我国国情，21 世纪我国地球科学面临的重大科学问题主要归结为以下 8 个方面：

（1）行星地球的物理、化学、生物过程及其协同演化。

（2）海洋的物理和生物地球化学过程及其资源环境效应。

（3）陆面地表过程、资源环境、人类活动与可持续发展。

（4）天气、气候系统和空间天气的变化与趋势预测。

（5）全球变化与地球系统科学。

（6）矿产资源和能源的形成机制、勘查新技术与可利用性。

（7）水资源与可持续发展。

（8）自然灾害与防治。

第二章 岩石及其工程地质性质

岩石是组成地壳的主要物质成分，也是构成地壳的基本物质单位，它是地壳发展过程中各种地质作用的自然产物。

岩石是在地质作用下产生的、由一种矿物或多种矿物以一定的规律组成的自然集合体。由于地质作用的性质和所处环境不同，不同的岩石的矿物成分、化学成分、结构和构造等内部特征也有所不同。

岩石是建造各种工程结构物（包括水工结构）的地基、环境及天然建筑材料。因此，了解最主要类型岩石的特征和特性，对工程设计、施工或地质勘测人员都是十分必要的。

自然界岩石的种类很多，根据成因可分为三大类，即岩浆岩（火成岩）、沉积岩（水成岩）和变质岩。根据矿物组成将岩石分为单矿岩（主要由一种矿物组成的岩石）、复矿岩（由两种或两种以上的矿物组成的岩石）。矿物的成分、性质及其他各种因素的变化，都会对岩石的强度和稳定性发生影响。所以要认识岩石，分析岩石在各种自然条件下的变化，进而评价岩石的工程地质性质，为工程建设服务，就必须先了解矿物的有关知识。

第一节 造 岩 矿 物

一、矿物的概念及类型

矿物是指地壳中的化学元素在地质作用下形成的、具有一定化学成分和物理性质的单质或化合物。自然界中只有少数矿物是以自然元素形式出现的，如金刚石（C）、自然金（Au）、硫磺（S）等。而绝大多数矿物是由两种或两种以上元素组成的化合物，如石英（SiO_2）、方解石（$CaCO_3$）、石膏（$CaSO_4 \cdot 2H_2O$）等。矿物绝大多数呈固态。固体矿物按其内部构造的不同，分为晶质体和非晶质体两种。晶质体的内部质点（原子、离子、分子）呈有规律的排列，往往具有规则的几何外形，如图 2-1 所示的岩盐构造（但是矿物在岩石中受到许多条件和因素的控制，晶体常呈不规则几何形状）。非晶质体的内部质点的排列则是没有规律的，杂乱无章，因此不具有规则的几何外形，如蛋白石（$SiO_2 \cdot nH_2O$）、褐铁矿（$Fe_2O_3 \cdot nH_2O$），非晶质又可分为玻璃质和胶体质两种。地壳中的矿物绝大部分是晶质体。

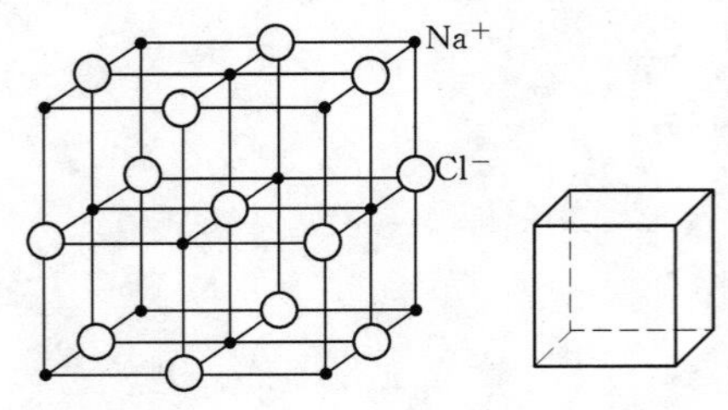

图 2-1 岩盐的内部构造和晶体

自然界的矿物按其成因可分为三大类型：

(1) 原生矿物。原生矿物指在成岩或成矿的时期内，从岩浆熔融体中经冷凝结晶过程中所形成的矿物，如石英、正长石等。

(2) 次生矿物。次生矿物指原生矿物遭受化学风化而形成的新矿物，如正长石经过水解作用后形成的高岭石。

(3) 变质矿物。变质矿物指在变质作用过程中形成的矿物，如区域变质的结晶片岩中的蓝晶石和十字石等。

对矿物的全面和详细的研究，是矿物学的内容。下面只介绍其中最主要的造岩矿物。目前已发现的矿物在3000种以上，但构成岩石的主要成分并对岩石性质起决定性影响的矿物不过30多种，它们占岩石成分的90%。一般把这些矿物称为造岩矿物，其中又以长石、石英、辉石、角闪石、橄榄石、黑云母、方解石、白云石、高岭土最为重要，它们的含量决定了岩石的名称及主要性质。

二、矿物的物理性质

正确识别和鉴定矿物，对于岩石命名，研究岩石的性质是非常重要的。鉴定矿物的方法很多。需要精确地鉴定矿物时，可以采用光学和化学的分析方法，如吹管分析、差热分析、光谱分析、偏光显微镜分析、电子显微镜扫描等。但这些方法需要较复杂的设备，不适宜野外工作。野外工作中一般是采用肉眼鉴定法。

矿物的肉眼鉴定，主要是根据矿物的一些显而易见的物理性质，用肉眼或仅借助于几种简单的工具（如小刀、条痕板、低倍放大镜等）和药品（如稀盐酸），在野外确定矿物的名称。这种鉴定方法简单、方便、迅速，是室内进一步鉴定的基础。

矿物的物理性质，决定于矿物的化学成分和内部构造。由于不同矿物的化学成分或内部构造不同，因而反映出不同的物理性质。所以矿物的物理性质是鉴别矿物的重要依据。

（一）矿物的单体形态

矿物的单体形态是指矿物单个晶体的外形，主要包括晶面聚合形态、晶体习性和晶面条纹3个方面。

1. 晶面聚合形态

理想晶体的晶面聚合体形态很多，可归纳为两类，一类是由形状相同、大小相等的晶面聚合而形成的形体，称为单形。晶体共有47种不同的单形，常见的有14种，例如六面体、八面体等（图2-2）。另一类是由两个或两个以上的单形聚合而成的形体，称为聚形。聚形的特点是在一个晶体上具有大小不等、形状不同的晶面。聚形的种类没有一定的数目。

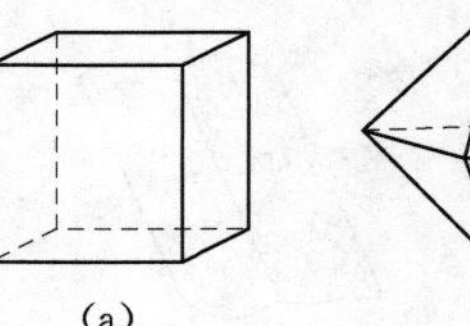
(a)

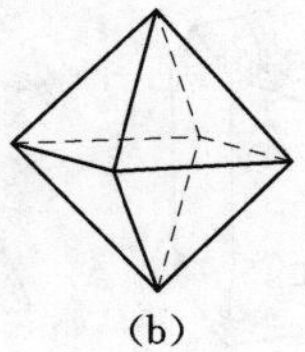
(b)

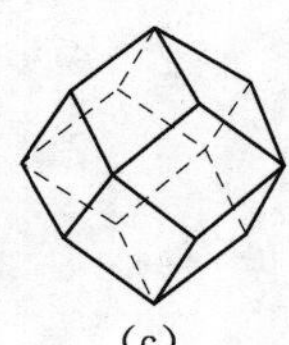
(c)

图2-2　矿物的几何外形

(a) 六面体；(b) 八面体；(c) 菱形十二面体

实际上，在内部结构和外部环境因素的相互制约下，晶体不一定都能发育成十分理想的形态，而往往形成不十分规则、不完全的、甚至扭曲的晶体。

2. 晶体习性

在相同良好生长条件下，同种矿物晶体往往具有常见的形态，称为晶体习性。根据各种晶体在三维空间上发育的相对程度，可分为3种基本类型：

（1）一向延伸型。晶体沿一个方向发育，包括柱状、针状和纤维状，例如普通角闪石、石棉和辉锑矿等。

（2）二向延伸型。晶体沿两个方向发育，即沿平面方向发育，包括板状、片状和鳞片状，如黑钨矿、云母和石墨等。

（3）三向延伸型。晶体沿三个方向大致相等发育，包括粒状和等轴状，如石榴子石和黄铁矿等。

3. 晶面条纹

矿物晶体的晶面有时不是理想的平面，而且常常出现某些细微的，具有规则形状的凹凸条纹，称为晶面条纹。晶面条纹是在晶体生长过程中，由两种单形晶面交替发育长出的若干狭小晶面合成的。晶面条纹在某些矿物中是极为固定的，因此可作为某些矿物的鉴定特征。例如黄铁矿六面体晶面上有彼此垂直的三组条纹，石英柱面上的横纹，电气石柱面上的纵纹等。

（二）矿物的集合体形态

矿物集合体是指同种矿物的多个单体聚集在一起所形成的整体。大多数矿物是以集合体的形式出现。矿物集合体形态很多，根据矿物颗粒结晶程度，可分为显晶集合体、隐晶质和胶态集合体两类。

1. 显晶集合体

用肉眼或放大镜可以辨别出矿物颗粒界限的集合体，称为显晶集合体。显晶集合体的形态取决于单体形态和集合方式。一般有以下几种类型：

（1）双晶。两个或两个以上的同种晶体有规律地连在一起的称为双晶，如长石双晶（图2-3）。最常见的双晶有以下几种：

1）接触双晶：由两个相同的晶体以一个简单平面接触而成。

2）穿插双晶：由两个相同的晶体按一定角度互相穿插而成。

3）聚片双晶：由两个以上的晶体按同一规律彼此平行重复连在一起而成。

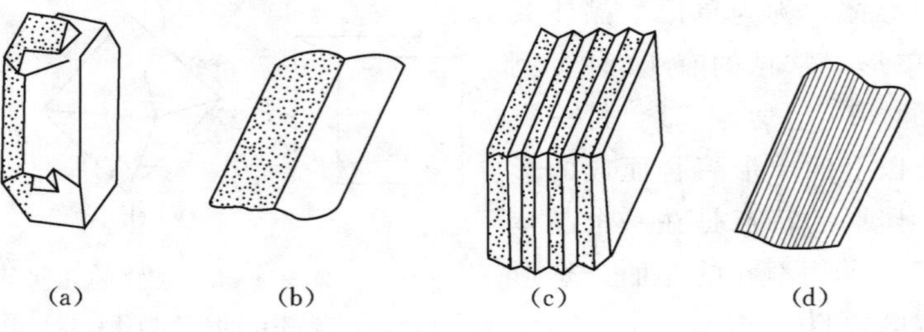

图2-3　长石双晶

(a) 正长石卡氏双晶的外形；(b) 正长石卡氏双晶在解理面上的表现；
(c) 斜长石聚片双晶的外形；(d) 斜长石聚片双晶在解理面上的表现

（2）粒状集合体。由各方向发育大致相等的矿物颗粒所组成的矿物集合体称为粒状集合体，如橄榄石、石榴子石等。

(3) 板状、片状、鳞片状集合体。由具有两向延长型习性的矿物单体集合而成，如云母、石膏、绿泥石等。

(4) 柱状、针状、纤维状、放射状集合体。由具有一向延伸型习性的矿物单体聚合而成的，如石英、角闪石、绿帘石、红柱石等。

(5) 致密块状体。指极细粒矿物晶体所组成的集合体，表面致密均匀，肉眼不能辨别颗粒彼此界限。矿物大部分属于此种类型。

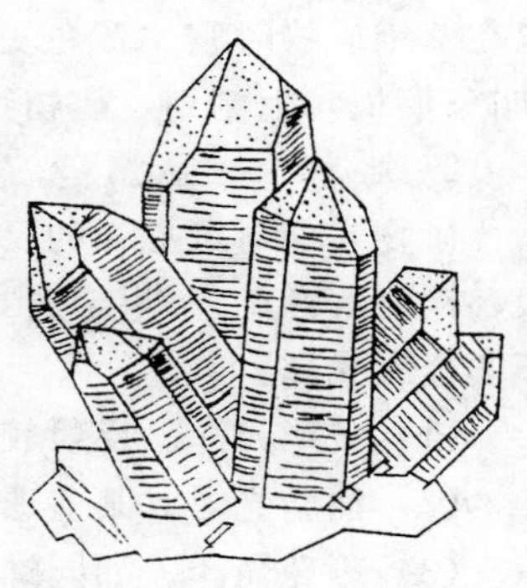

图 2-4 石英晶簇

(6) 晶簇。是一群发育良好的晶体，以洞壁或裂隙为共同基底，另一端向空间自由发育成簇状的集合体，如石英晶簇（图 2-4）。

2. 隐晶质和胶态集合体的形态

隐晶质集合体的单晶颗粒小，肉眼不能辨别，只能通过高倍显微镜才能观察到它的形态。而胶态集合体不存在单体，故一般只笼统地称之为集合体。常见的有：

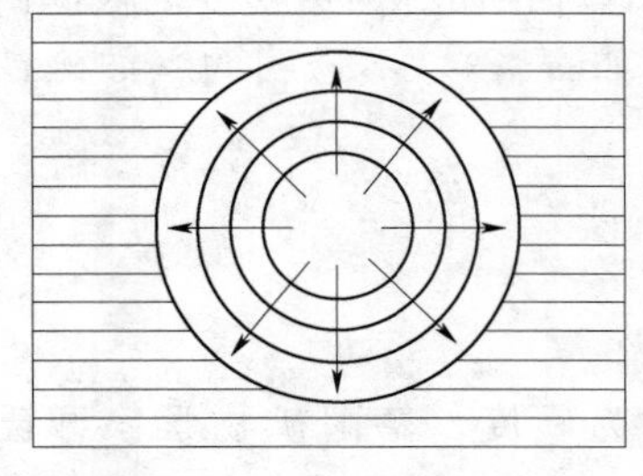

图 2-5 结核体由内向外的发育顺序示意图

(1) 结核和鲕状。结核是矿物质点围绕某一中心，自内向外生长成球状、凸镜状、团块状、不规则状的集合体（图 2-5）。如钙结核、锰结核、黄铁矿等结核。大小和形状如鱼卵的结核集合在一起称为鲕状体，如鲕状赤铁矿。

(2) 钟乳状和葡萄状。通常由胶体物质凝聚或溶液蒸发逐层沉积而形成圆锥状、圆柱状等矿物集合体。按其形状称为钟乳状体（如钟乳石、石笋）、葡萄状体（如硬锰矿）、肾状体（如肾状赤铁矿）等。它们一船形成干岩石洞穴或裂隙之中。

(三) 矿物的光学性质

矿物的光学性质是指矿物对自然光的吸收、反射和折射所表现出的各种性质。

1. 颜色

矿物的颜色指矿物对可见光中不同光波选择吸收和反射后映入人眼的颜色。根据成色原因分为：

(1) 自色。自色是指由于矿物本身的化学成分中含有带色的元素而呈现的颜色，即矿物本身所固有的颜色，如赤铁矿多呈红色、黄铁矿多呈铜黄色等。

(2) 他色。他色是指当矿物中含有杂质时所出现的其他颜色。如石英，一般为无色或白色，含杂质时可呈黄、红、棕、绿等色。一般无鉴定意义。

(3) 假色。假色是指矿物内部的某些物理原因所引起的颜色，比如光的干涉、内散射等。

有些矿物粉末的颜色与它呈块状时的颜色不同，且前者一般比较固定，如赤铁矿，整块的颜色可呈暗红褐、黑、钢灰等色，但其粉末只是樱红色；黄铁矿的颜色为铜黄色，粉末为黑绿色。这种矿物粉末的颜色称为条痕色，简称为条痕。由于矿物的条痕较固定，所以在鉴定矿物时它比颜色更可靠。观察矿物的条痕时，应将矿物放在白色无釉的素磁板（叫条痕板）上刻划，矿物留在素磁板上的颜色即为它的条痕色。

2. 光泽

矿物表面对可见光的反射能力称为光泽。依据反射的强弱可以分为金属光泽（如金、银、铜、辉锑矿）、半金属光泽（如赤铁矿、褐铁矿）和非金属光泽。造岩矿物一般呈如下非金属光泽：

（1）玻璃光泽。反射较弱，如同玻璃表面所呈现的光泽（如水晶）。

（2）油脂光泽。某些透明矿物（如石英）断口上所呈现的，如同油脂的光泽。

（3）珍珠光泽。如同蚌壳内表面珍珠层上所呈现的光泽。具极完全片状解理的浅色透明矿物，如云母等常具有这种光泽。

（4）丝绢光泽。丝绢光泽是一种较强的非金属光泽，纤维石膏及石棉等表面的光泽最为典型。

此外还有金刚光泽（闪锌矿）、脂肪光泽（滑石）、蜡状光泽（叶蜡石）、无光泽（石髓）。

3. 透明度

由于矿物透光的能力不同，而表现出不同的明暗程度，这种性质称为透明度。根据矿物的透明度可分为透明的（如水晶、冰洲石）、半透明的（如石膏）、不透明的（如磁铁矿）等。一般规定以 0.03mm 的厚度作为标准进行对比。

（四）矿物的力学性质

矿物的力学性质是指矿物在受力后表现的物理性质。

1. 硬度

矿物抵抗机械作用（如刻划、压入、研磨）的能力称为硬度。德国矿物学家摩氏（F. Mohs）取自然界常见的10种矿物作为标准，将硬度分为1～10度10个等级，此即摩氏硬度（表2-1）。有的同种元素，但结构不同，硬度也不同，如金刚石和石墨（图2-6、图2-7）。

表2-1　　摩氏硬度

相对硬度等级	1	2	3	4	5	6	7	8	9	10
标准矿物	滑石	石膏	方解石	萤石	磷灰石	正长石	石英	黄玉	刚玉	金刚石

注　为记忆这10种矿物，可用顺口溜方法，即只记矿物的第一个汉字："滑石方萤磷；长石黄刚金"，或"滑石方、萤石长、石英黄玉、刚金刚"。

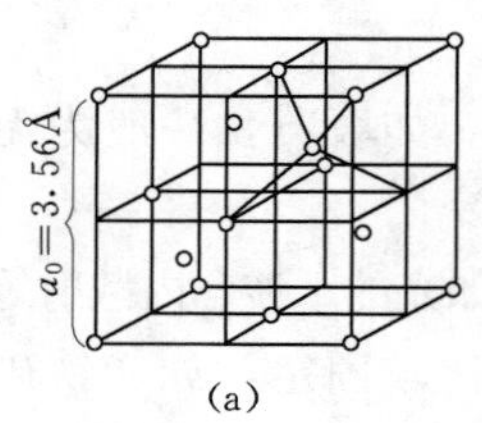

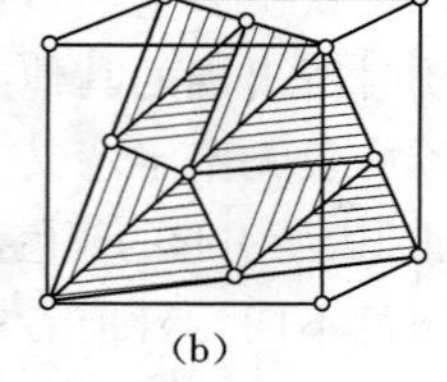

图2-6　金刚石的晶体结构

（a）以原子中心表示的；（b）以四面体表示的

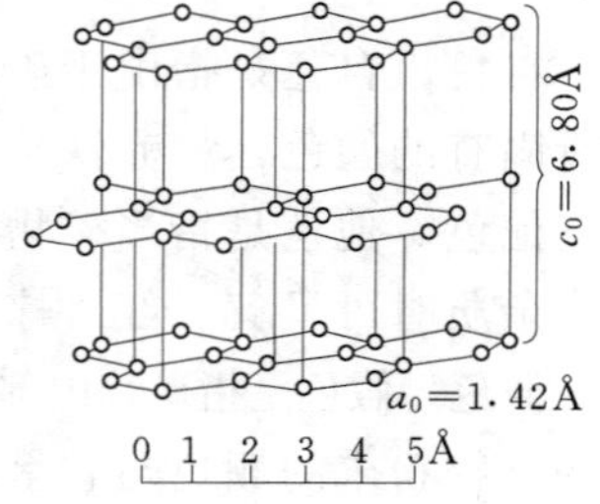

图2-7　石墨的晶体结构

在野外工作中，常用随身携带的物品简便地确定矿物的相对硬度。这些物品相应的硬度等级分别为：软铅笔（1度）；指甲（2.5度）；小刀、铁钉（3～4度）；玻璃棱（5～5.5度）；钢刀刃（6～7度）。

2. 解理和断口

矿物受敲击后，常沿一定方向裂开成光滑平面，这种特性称为解理。裂开的光滑平面称为解理面。根据解理面方向的数目，分为一组解理（如云母）、二组解理（如长石）、三组解理［如方解石（图2-8）］及多组解理等。根据解理面发育的完善程度，解理又可分为：极完全解理（云母）、完全解理（如方解石）、中等解理（正长石）、不完全解理（磷灰石）等。若矿物受敲击后，裂开面无一定方向，呈各种凹凸不平的形状，如锯齿状（石膏）、贝壳状（石英）、平坦状（正长石）、土状（铝土矿）、粒状（大理石）等，则称为断口。

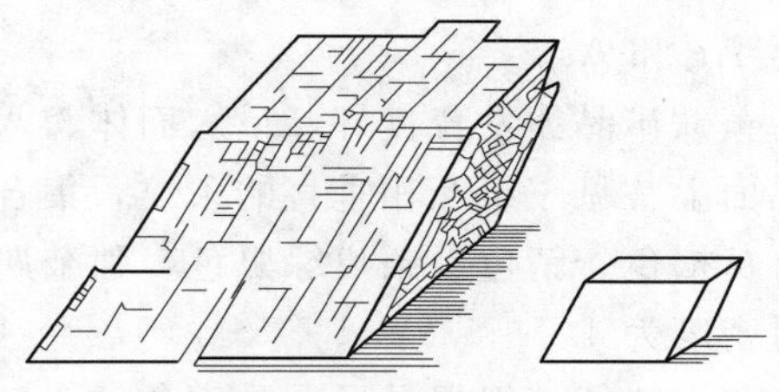

图2-8 方解石的解理

三、主要矿物简述

（一）自然元素

1. 金刚石（C）

金刚石无色透明，由纯碳组成，多呈八面体、菱形十二面体以及它们的聚形等。含有杂质可呈现不同颜色，如黄、褐、紫、蓝、绿、黑等，具有金刚光泽。硬度为10，八面体完全解理，性脆，相对密度3.47～3.56，紫外线下发荧光。

鉴定特征：最大硬度和典型金刚光泽。

主要用途：无色或色泽俱佳，晶形完好而透明者为高档宝石，即俗称之“钻石”或“金刚钻”。工业上利用其高硬度制造研磨和切削工具。在尖端技术方面用作人造卫星的窗口材料，也是高温半导体、高导热、红外线光谱仪的原材料。20世纪50年代以来，全世界有十几个国家，包括我国在内已采用石墨做原料人工造出金刚石。

天然金刚石产于超基性岩（金伯利岩）中，南非是世界著名的金刚石产地。我国山东、辽宁、湖南、西藏等省（自治区）也有原生金刚石或金刚石砂。

2. 石墨（C）

石墨纯净者极少，常含有各种杂质，如SiO_2、Al_2O_3、FeB、MgO等，还有的含有H_2O、沥青、黏土等。晶体完整极少，常呈鳞片状、粒状、块状集合体。铁黑色或钢灰色，弱金属光泽，不透明。硬度为1～2，一组完全解理。相对密度为2.09～2.53。易污手，有滑腻感。良导体，耐高温，不溶于酸。

鉴定特征：钢灰色、黑色、染手，有滑腻感。

主要用途：因化学性质稳定，冶金工业中用作坩埚铸件。机械工业中用作润滑剂，电池工业中用作电极，原子能工业中用作中子减速剂。

（二）硫化物

硫化物除H_2S外，都是金属与硫的化合物，共有300多种，经常富集成有色金属矿石，具有很高的工业价值。

黄铁矿有两种同质多象的变体，一种是等轴晶系的黄铁矿，另一种为斜方晶系的白铁矿。

黄铁矿化学组成中 Fe 为 46.55%，S 为 53.45%，最常见的混入物有 Co、Ni、Cu、Au、Ag 和 As。

黄铁矿晶体发育良好，呈六面体、八面体、五角十二面体及其聚形（图 2-9）。六面体晶面上常见三组互相垂直的条纹，集合体为柱状、致密块状或结核状。浅黄铜色，表面常有黄褐色、锖色、条痕绿黑色，强金属光泽，不透明，硬度为 6～6.5，无解理，性脆，相对密度为 4.9～5.2。

鉴定特征：根据晶形、晶面条纹、颜色和硬度，可与黄铜矿、毒砂区别。

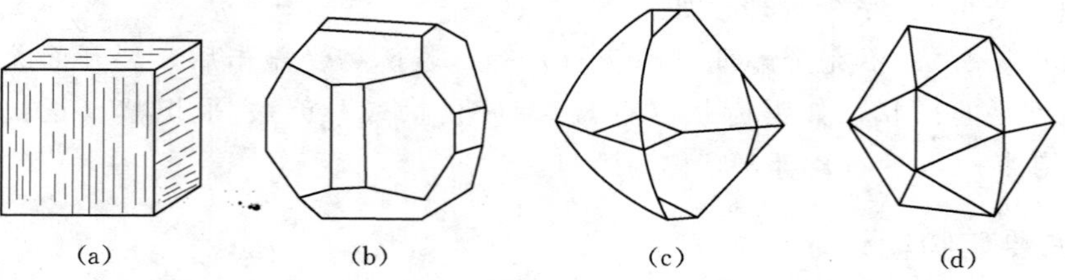

图 2-9　黄铁矿的晶形及晶面条纹

(a) 立方体晶形及晶面条纹；(b) 立方体与五角十二面体的聚晶；(c)、(d) 五角十二面体与八面体的聚晶

(三) 卤化物

卤化物包括 K、Na、Ca、Mg 等与 F、Cl、Br、I 的化合物，约有 100 多种。多为无色透明。硬度低、密度小。除氟石等外，易溶于水。

1. 氟石（又名萤石，CaF_2）

氟石晶体呈六面体、八面体等，或六面体穿插双晶（图 2-10），集合体呈粒状或块状。颜色为浅绿、浅紫或白色，有时为玫瑰红色、条痕白色，玻璃光泽，透明至半透明。硬度为 4，八面体解理完全。相对密度为 3.0～3.25。在紫外线、阴极射线照射下或加热时，会发出蓝色或紫色荧光。

鉴定特征：立方体晶形，鲜明颜色，中等硬度，完全解理。

氟石在冶金工业可做助熔剂，在化学工业是制造氢氟酸的原料，在火箭推进燃料中可做氧化剂，又可做农药。

我国氟石产于浙江、山东、辽宁、河北等省，而以浙江省的最著名。

图 2-10　萤石的穿插双晶

2. 石盐（NaCl）和钾盐（KCl）

单晶体呈六面体，集合体常呈粒状或块状。无色透明，含杂质时呈浅灰、浅蓝、红色等，玻璃光泽。石盐硬度为 2～2.5，钾盐硬度为 1.5～2，三组立方体完全解理。石盐相对密度为 2.1～2.6，钾盐相对密度为 1.97～1.99，易溶于水。

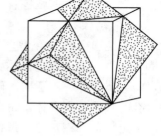

鉴定特征：石盐和钾盐性质极相似。但钾盐味苦咸而涩，火焰为紫色，而石盐味咸，火焰为黄色。

石盐可作为食料和防腐剂，是制取纯碱（Na_2CO_3）、烧碱（NaOH）、盐酸、氯气等化工原料；钾盐可用于制造钾肥和化学工业中钾的化合物。

我国石盐储量丰富，分布很广。青海省察尔汗盐湖是我国储量最大的钾盐产地。

（四）氧化物和氢氧化物

氧化物和氢氧化物约有280种，分布相当广泛。组成氧化物的元素达41种，以Si、Al、Fe、Mn、Sn、Cr、Ti等为主，是冶炼黑色金属及铝、锡等的主要工业矿物。

1. *石英*（SiO_2）*和蛋白石*（$SiO_2 \cdot nH_2O$）

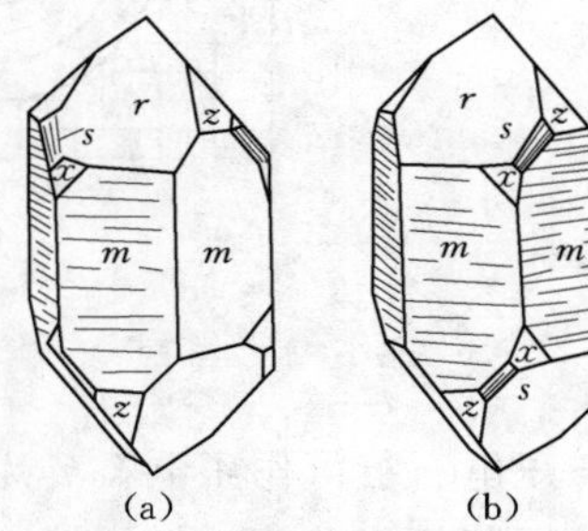

图2-11　石英的左形和右形

$m\{10\bar{1}0\}$；$r\{10\bar{1}1\}$；$z(01\bar{1}1)$ $s\{11\bar{2}1\}$ 或 $\{2\bar{1}\bar{1}0\}$；$x\{51\bar{6}1\}$ 或 $\{6\bar{1}\bar{5}1\}$

(a) 左形；(b) 右形

石英有多种同质多象变体。其中最常见的是α-石英（低温石英），其次是β-石英（高温石英）。这两种石英性质基本相同，通常所称的石英多泛指α-石英。

石英晶体多为六方柱及菱面体的聚形，柱面上常有明显的晶纹，集合体多呈粒状、致密块状或晶簇。颜色多种多样，如无色透明（水晶）、紫色（紫水晶）、烟黄及烟褐色（烟水晶）、黑色（墨晶）、淡红色至蔷薇红色（蔷薇石英）、乳白色（脉石英）等，有典型的玻璃光泽，断口脂肪光泽、透明至半透明。硬度为7，无解理，贝壳状断口。相对密度为2.5～2.8，质纯者为2.65。性脆，纯净的石英单晶有压电性（图2-11、图2-12）。

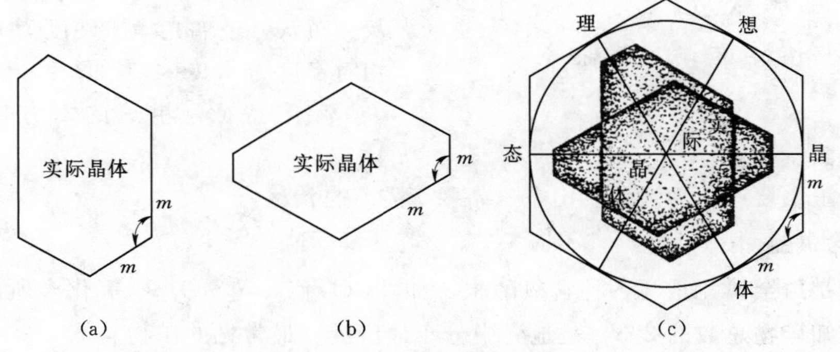

图2-12　石英晶体的横断面，被歪曲的六边形（实际晶体）及正六边形（理想晶体形态）的晶面夹角不变（120°）

隐晶质石英为白色、乳白色。呈钟乳状者称为玉髓（石髓），颜色较深；呈结核状者称为燧石；有不同颜色的同心层或平行条带状构造者称为玛瑙（图2-13）；不纯净、半透明、呈红绿各色的块状者称碧玉。蛋白石为含水的二氧化硅的胶体矿物。呈致密块状、钟乳状，多为乳白色，有珍珠或蜡状光泽，硬度为5～5.5，贝壳状断口。

鉴定特征：石英晶体呈六方柱状，晶面有横纹，典型的玻璃光泽，硬度很大，无解理。

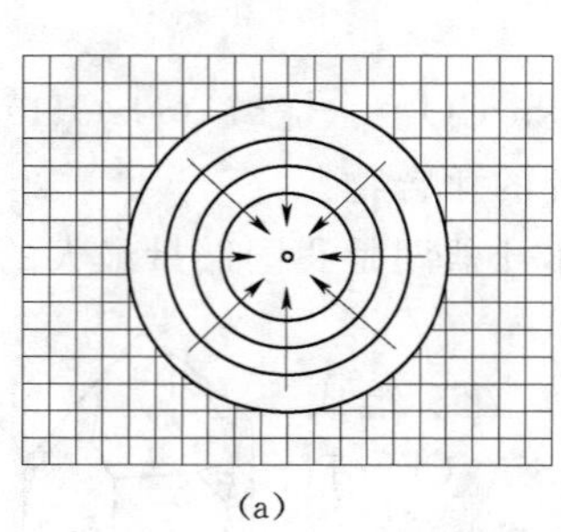

(a)

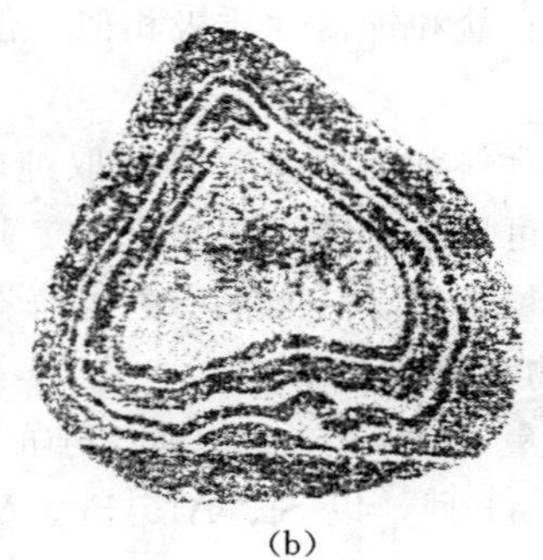

(b)

图 2－13　分泌体

(a) 分泌体发育程序示意图；(b) 玛瑙

压电石英可作压电石英片和化学材料，用于无线电工业、超声波技术、光学仪器等。一般石英可作玻璃材料及精密仪器轴承，色美者可作宝石（如虎眼石、猫眼石、贵蛋白石等），石英也是土壤中砂粒的重要组成。

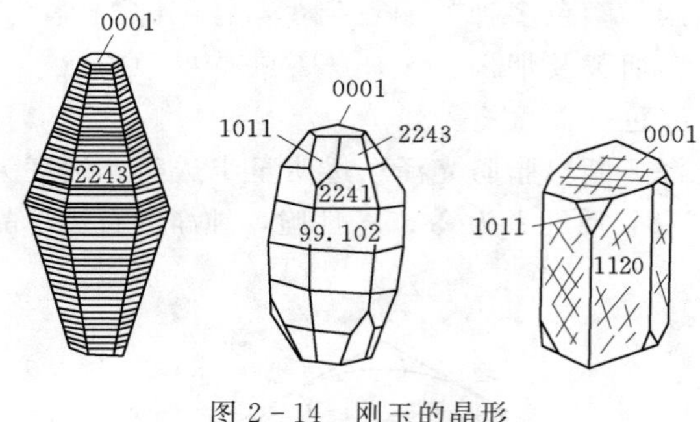

图 2－14　刚玉的晶形

我国的水晶产地主要有海南、青海、江苏、广西、云南、内蒙古等省（自治区）。

2. *刚玉*（Al_2O_3）

刚玉晶体多呈六方柱状、桶状，晶面有粗糙条纹，集合体呈粒状，无色透明，因含杂质而具有各种颜色，常见色为蓝灰、黄灰，玻璃光泽。硬度为 9，无解理，相对密度为 3.9～4.1（图 2－14）。

鉴定特征：粗短的六方柱状，蓝灰色，硬度很大。

我国刚玉主要产地为河北、山东、新疆等省（自治区）。

（五）含氧盐

含氧盐是由金属元素与各种含氧酸根，如 $[CO_3]^{2-}$、$[SiO_4]^{4-}$ 等化合所成的盐。含氧盐约占已知矿物总数的 2/3，是地壳中分布最广泛、最常见的矿物。

1. *橄榄石*（（Mg、Fe）$[SiO_4]$）

橄榄石晶体为扁柱状，多呈粒状集合体。橄榄绿色，随铁含量的增多，可由浅黄绿至深绿色，玻璃光泽，透明至半透明。硬度为 6.5～7，解理中等或不完全，常有贝壳状断口，性脆。相对密度为 3.3～3.5。

鉴定特征：橄榄绿色，玻璃光泽，硬度较大。

富镁的橄榄石可作耐火材料，透明色美丽的橄榄石可作宝石（称为贵橄榄石）。

2. *红柱石*（$Al_2[SiO_4]O$ 或 $Al_2O_3 \cdot SiO_2$）

红柱石晶体呈长柱状，横截面近正方形，集合体呈柱状或放射状（形似菊花，俗名菊花石）。灰白色，有时呈浅红色，弱玻璃光泽，半透明。硬度为6.5～7.5，柱面解理中等（图2-15）。相对密度为3.16～3.2。有时晶体中心有碳质充填，横断面中呈十字形，故称空晶石。

鉴定特征：放射状集合体，长柱状晶体，或有碳质黑心。

3. *正长石*（$K[AlSi_3O_8]$或$K_2O \cdot Al_2O_3 \cdot 6SiO_2$）

正长石属于钾长石（$K[AlSi_3O_8]$）和钠长石（$Na[AlSi_3O_8]$）的不完全类质同象系列。

短柱状或厚板状晶体（图2-16），集合体为致密块状。

图2-15　红柱石

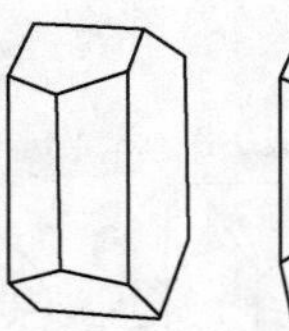
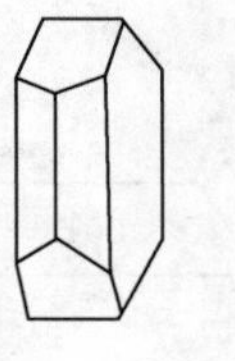
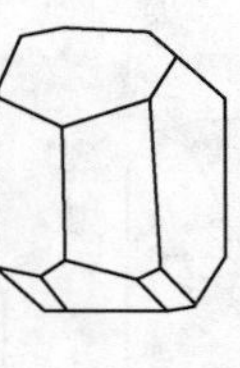
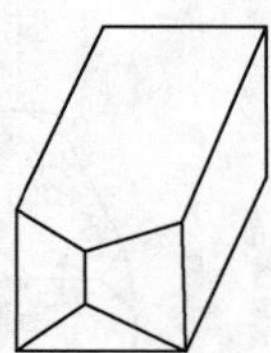

图2-16　正长石晶形

肉红色或浅黄色、浅黄白色，玻璃光泽，解理面为珍珠光泽，半透明。硬度为6，两组解理（一组完全、一组中等）相交成90°，正长石由此得名。相对密度为2.56～2.58。900℃以上生成的无色透明长石为透长石。

鉴定特征：以粗短柱状晶体，卡氏双晶，肉红色或带黄的浅色，两组解理交角为直角，硬度较大为重要特征。

正长石是陶瓷业和玻璃业的主要原料，还可用以制取钾肥，是土壤中钾元素的重要来源。

4. *普通辉石* $NaCa_2(Mg,Fe,Al)_5[(SiAl)_4O_{11}]_2(OH)_2$

普通辉石晶体常呈短柱状、三向等长状，横断面为八边形。两组解理呈87°和93°交角。多为绿黑色或黑色，少数为褐色。硬度为5.5～6。相对密度为3.2～3.5，玻璃光泽，解理完全或中等。常见于各种基性喷出岩及其凝灰岩中，并且可见到很好的晶体。与橄榄石、斜长石共生。普通辉石也是基性岩及超基性岩的主要造岩矿物。此外，还出现在变质岩及接触交代岩中（图2-17、图2-18）。

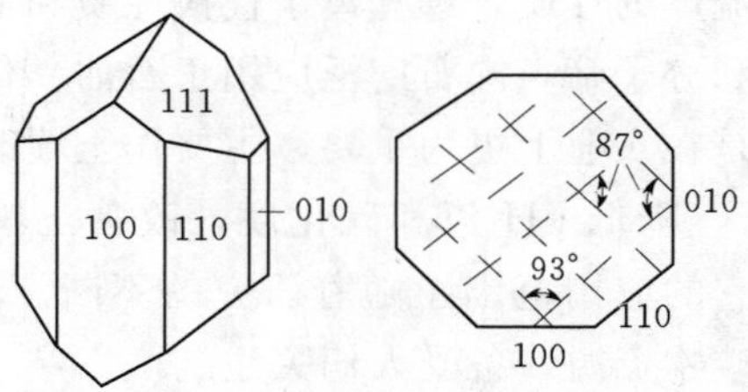

图2-17　普通辉石晶形及其断面

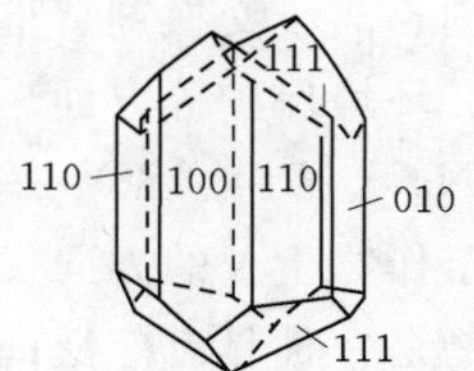

图2-18　普通辉石双晶

鉴定特征：以绿黑色、短柱状晶形及解理等为特征。与普通角闪石的区别在于解理交角。在与同族其他矿物区别时，需借光性测定。

5．沸石

沸石主要含 Na 和 Ca，部分为 Sr、Ba、K、Mg 等金属离子的含水架状硅铝酸盐。沸石族矿物很多，常见的有钙沸石、钠沸石、斜发沸石、毛沸石、丝光沸石、片沸石（图 2-19）和菱沸石（图 2-20）等。其区别除含水量外，主要在各阳离子之间的比例不同，一般化学式可表示为：

$$A_mX_pO_{2p}\cdot nH_2O$$

其中　　A 为 Na、Ca、Sr、Ba、K、Mg、…

X 为 Si、Al

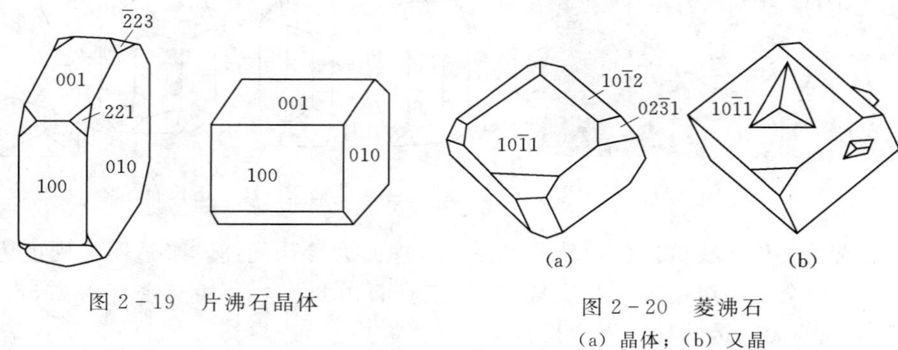

图 2-19　片沸石晶体

图 2-20　菱沸石
(a) 晶体；(b) 双晶

部分 Al 可被 Fe 置换。

与其他架状铝硅酸盐相比，沸石族矿物的架状骨干中具有宽阔的“孔道”。孔道中常被中性水分子和可交换性的阳离子（平衡电荷的阳离子）所占据。

本族矿物具有下列特点：

（1）当加热时，这些水分子可以逐渐逸出，而不破坏晶体构造。当外界条件改变时，又可重新吸水或吸附其他物质分子（酒精、氨气等），晶体构造不破坏。存在沸石矿物中的这种形式的水叫“沸石水”。

（2）晶体构造中平衡电荷的阳离子 Na、K 等能被周围水溶液中的阳离子所置换，而不破坏其构造。

因此，沸石族矿物具有吸附、分离流体的性质，选择离子代换性质和催化性质等，故为极好的吸附剂、离子交换剂、催化剂和分子筛。沸石广泛应用于石油、化工、纺织，处理放射性物质、环境保护等方面。特别是在农业上更为重要，主要作土壤改良剂。沸石能吸收土壤中的 Na^+、Cl^-、SO_4^{2-} 等离子，降低 pH 值和碱化度，改善土壤结构状况，使土壤向着有利于作物生长的方向发展。它的应用范围正随着研究的不断深入而日趋扩大。总之，沸石矿物是一种具有广泛前景的矿物资源，备受人们关注。

沸石矿物受热失水时，有沸腾现象，因而得名。沸石呈纤维状或束状集合体，或呈柱状、板状和菱面体状。硬度为 3.5～5.5，比重为 2.2～2.5。

在内力作用下，沸石生成于低温热液阶段，与方解石、石英共生。在热液变质岩浆岩中，喷出岩气孔中可见到沸石。

沸石分布很广。在土壤和近代沉积岩中都分布有沸石。肉眼鉴定沸石很难，通常用X射线分析、差热分析、红外线光谱、偏光显微镜等。

第二节　岩　浆　岩

一、岩浆岩的概念及产状

岩浆岩，又称火成岩，是由岩浆侵入地壳上部或喷出地表凝固而成的岩石，也是最壮观的自然现象之一。岩浆位于地壳深部和上地幔中，是以硅酸盐为主和一部分金属硫化物、氧化物、水蒸气及其他挥发性物质（F、Cl、CO_2 等）组成的高温、高压熔融体。

岩浆是熔融体，具有流动性。岩浆流动是地球物质运动的一种重要形式，常与构造运动相伴发生。当地壳运动出现大断裂带或者岩浆高度流动性和膨胀力超过了上覆岩层压力时，破坏了均衡条件，则岩浆向压力低的地方运动，沿断裂带或地壳薄弱地带侵入地壳上部岩层中称为侵入作用；若岩浆沿一定通道直至喷出地表，称为喷出作用。因此，在地壳较深的地方（一般是距地表3km以下）由于侵入作用形成的岩石称为深成岩；在地表由于喷出作用形成的岩石称为喷出岩；在地壳浅处（通常是地表以下3km以内）形成的岩石称为浅成岩。

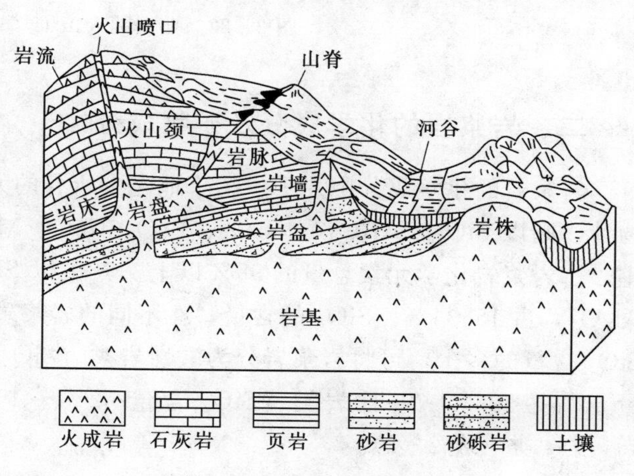

图2-21　岩浆岩体的产状

按照岩浆活动和冷凝成岩的情况，岩浆岩体可具有各种复杂的产状（图2-21）。

1. 深成侵入岩体的产状——岩基、岩株

岩基是一种规模宏大的深成侵入岩体，下部直接与岩浆相连，分布面积可达几百至几千平方千米。如三峡坝址区就是选定在面积约200多km^2的花岗岩-闪长岩岩基的南部，岩石结晶好、性质均一、强度高，是良好的建筑地基。岩株出露面积小于100km^2，平面形状多呈浑圆形，其下与岩基相连，也常是岩性均一的良好地基。

2. 浅成侵入岩体的产状——岩脉、岩墙、岩床、岩盘

岩浆沿着围岩裂隙侵入并切断岩层所形成的厚度较小的脉状岩体，称为岩脉；厚度较大且近于直立的称为岩墙。岩浆沿着围岩的层面侵入而形成的板状侵入岩体称为岩床。若岩浆顺岩层侵入，使岩层隆起而成的蘑菇状的岩体，则称为岩盘（又称岩盖）。

3. 喷出岩体的产状——火山锥、熔岩流

岩浆沿火山颈喷出地表形成圆锥状的岩体，称为火山锥（图 2－22）。岩浆喷出地表后，沿着倾斜地面流动时而形成的岩石，称为熔岩流。

图 2－22　典型的火山锥（日本富士山）

二、岩浆岩的化学成分及矿物成分

岩浆岩的化学成分中几乎包括了地壳中所有的元素，但其含量却差别很大。若以氧化物计，则以 SiO_2、Al_2O_3、Fe_2O_3、FeO、CaO、MgO、Na_2O、K_2O、H_2O、TiO_2 等为主，占岩浆岩化学元素总量的 99%以上。其中以 SiO_2 含量最大，约占 59.14%；其次是 Al_2O_3，占 15.34%。SiO_2 的含量，在不同的岩浆岩中有多有少，很有规律。因此，根据 SiO_2 含量的多少，可将岩浆岩分为酸性岩类（SiO_2 含量大于 65%）、中性岩类（SiO_2 含量 65%～52%）、基性岩类（SiO_2 含量 52%～45%）和超基性岩类（SiO_2 含量小于 45%）4 类（表 2－2）。

表 2－2　　**常见岩浆岩分类及肉眼鉴定表**

<table>
<tr><td colspan="2">岩石类型</td><td>酸性岩</td><td colspan="2">中性岩</td><td>基性岩</td><td>超基性岩</td></tr>
<tr><td colspan="2">SiO_2 含量/%</td><td>>65</td><td colspan="2">65～52</td><td>52～45</td><td><45</td></tr>
<tr><td colspan="2">颜色</td><td>肉红、灰白</td><td>灰红、肉红</td><td>灰、灰绿</td><td>灰黑、黑绿</td><td>黑、绿黑</td></tr>
<tr><td rowspan="2">矿物成分</td><td>主要矿物</td><td>石英
正长石</td><td>正长石</td><td>角闪石
斜长石</td><td>辉石
斜长石</td><td>橄榄石
辉石</td></tr>
<tr><td>次要矿物</td><td>黑云母
角闪石</td><td>角闪石
黑云母</td><td>辉石
黑云母</td><td>角闪石
橄榄石</td><td>角闪石</td></tr>
<tr><td colspan="2" rowspan="2">其他矿物特征</td><td colspan="2">正长石多于斜长石</td><td colspan="2">斜长石多于正长石</td><td>无长石</td></tr>
<tr><td>石英多
（>20%）</td><td>石英极少</td><td>石英少
（<5%）</td><td>无石英
或极少</td><td>无石英</td></tr>
</table>

续表

<table>
<tr><th colspan="2">成 因</th><th>产状</th><th>构造</th><th>结构</th><th colspan="5">岩 石 名 称</th></tr>
<tr><td colspan="2" rowspan="2">喷出岩</td><td rowspan="2">火山锥
熔岩流</td><td rowspan="2">气孔状
杏仁状
流纹状
块 状</td><td>玻璃质</td><td colspan="5">浮岩，松脂岩，珍珠岩，黑曜岩</td></tr>
<tr><td>隐晶质
斑 状</td><td>流纹岩</td><td>粗面岩</td><td>安山岩</td><td>玄武岩</td><td>少 见</td></tr>
<tr><td rowspan="2">侵入岩</td><td>浅成岩</td><td>岩 脉
岩 墙
岩 盘
岩 床</td><td>气孔状
块 状</td><td>斑状细粒</td><td>花岗斑岩</td><td>正长斑岩</td><td>闪长玢岩</td><td>辉绿岩</td><td>少见</td></tr>
<tr><td>深成岩</td><td>岩 株
岩 基</td><td>块 状</td><td>全晶质等粒状或似斑 状</td><td>花岗岩</td><td>正长岩</td><td>闪长岩</td><td>辉长岩</td><td>橄榄岩
辉 岩</td></tr>
</table>

注 斑岩和玢岩都是具斑状结构的浅成侵入岩或部分喷出岩，长石类斑晶以斜长石为主称为玢岩，以正长石为主称为斑岩。

组成岩浆岩的矿物大约有30多种，其中主要是硅酸盐类矿物，含量最多的有石英、长石类、云母、角闪石、辉石和橄榄石等10余种。按照矿物在岩石中的相对含量及其在分类中所起的作用，分为主要矿物、次要矿物和副矿物3类。

（1）主要矿物。主要矿物是指岩石中那些含量多（一般超过10%），并对岩石大类命名起决定性作用的矿物。

（2）次要矿物。次要矿物在岩石中含量较少，一般为1%～10%。次要矿物对岩石大类的划分不起决定性作用，但在进一步给岩石详细命名时是有意义的。

（3）副矿物。副矿物在岩石中含量极少，通常小于1%。副矿物对岩石定名不起作用，常见的副矿物有磷灰石、磁铁矿、木屑石等。

岩浆岩中的矿物还可以按其颜色及化学成分的特点分为浅色矿物和暗色矿物两类。浅色矿物富含硅、铝，如正长石、斜长石、石英、白云母等；暗色矿物富含铁、镁，如黑云母、辉石、角闪石、橄榄石等。但是，对具体岩石来讲，并不是这些矿物都同时存在，而通常是仅由两三种主要矿物组成，如花岗岩的主要矿物是石英、正长石和黑云母；辉长岩的主要矿物是基性斜长石和辉石。

三、岩浆岩的结构和构造

在研究岩浆岩时，除了要鉴定其矿物成分外，还必须了解这些矿物是以什么样的方式组合构成岩石的。成分相同的岩浆，在不同的冷凝条件下，可以形成结构、构造不同的岩浆岩。即岩浆岩的结构和构造，反映了岩石形成环境和物质成分变化的规律性，与矿物成分一样，是区分、鉴定岩浆岩的重要标志，也是岩石分类和定名的重要依据之一，同时它还是直接影响岩石强度高低的主要特征。

（一）岩浆岩的结构

1. 根据岩石中矿物的结晶程度分类（图2-23）

（1）全晶质结构。全晶质结构是指岩石全部由结晶的矿物组成。这种结构是岩浆在温度缓慢降低的情况下形成的，通常是侵入岩特有的结构。

（2）半晶质结构。半晶质结构是指岩石由结晶的矿物和非晶质矿物组成。这种结构主要为浅成岩具有的结构，有时在喷出岩中也能见到。

（3）非晶质结构。非晶质结构是指岩石全部由非晶质矿物组成，又称玻璃质结构。这种结构是岩浆喷出地表迅速冷凝来不及结晶的情况下形成的，为喷出岩特有的结构。

2. 根据岩石中矿物的晶粒大小分类

（1）显晶质结构。显晶质结构是指岩石全部由结晶较大的矿物组成，用肉眼或放大镜即可辨认。

（2）隐晶质结构。隐晶质结构是指岩石全部由结晶微小的矿物组成，用肉眼和放大镜均看不见晶粒，只有在显微镜下可识别。

（3）玻璃质结构。玻璃质结构是指岩石全部由非晶质矿物组成，均匀致密似玻璃。

3. 根据岩石中矿物颗粒的相对大小分类（图 2-24）

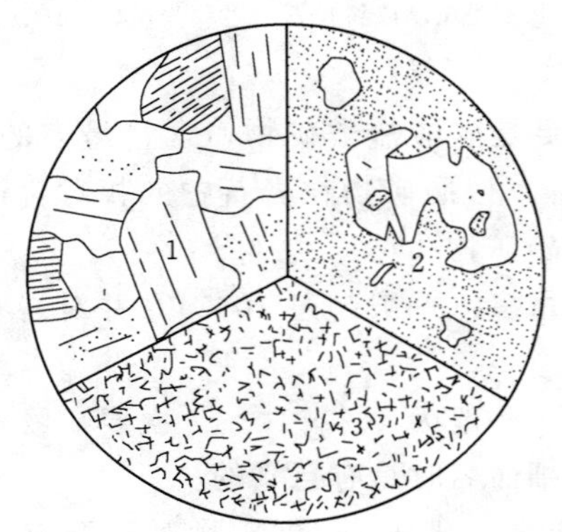

图 2-23　根据结晶程度划分的 3 种结构

1—全晶体结构；2—半晶质结构；3—玻璃质结构

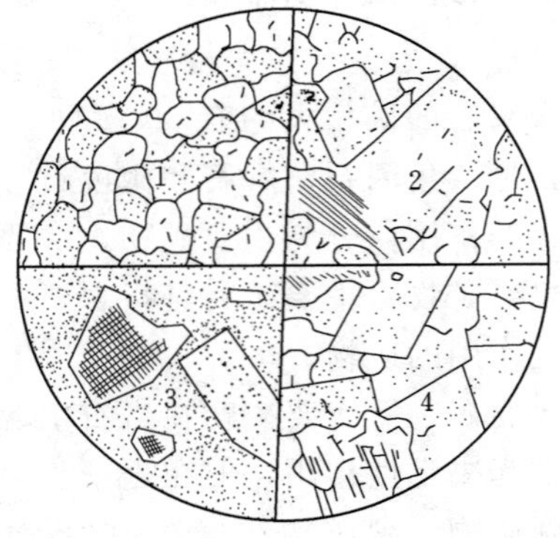

图 2-24　根据颗粒的相对大小划分的结构类型

1—等粒结构；2—不等粒结构；3—斑状结构；4—似斑状结构

（1）等粒结构。等粒结构是指岩石中的矿物全部是显晶质粒状，同种主要矿物结晶颗粒大小大致相等。等粒结构是深成岩特有的结构。按矿物结晶颗粒大小可进一步划分为：粗粒结构（矿物结晶颗粒平均直径大于 5mm）、中粒结构（矿物结晶颗粒平均直径 5～1mm）、细粒结构（矿物结晶颗粒平均直径小于 1mm）。

（2）不等粒结构。不等粒结构是指岩石中同种主要矿物结晶颗粒大小不等，相差悬殊。其中较大的晶体矿物称为斑晶，细粒的微小晶粒或隐晶质、玻璃质称为石基。按其颗粒相对大小又可分为：①斑状结构石基为隐晶质或玻璃质，此种结构是浅成岩或喷出岩的重要特征；②似斑状结构石基为显晶质，此种结构多见于深成岩体的边缘或浅成岩中。

一般侵入岩多为全晶质等粒结构。喷出岩多为隐晶质致密结构和玻璃质结构，有时为斑状结构。

（二）岩浆岩的构造

常见的岩浆岩构造有以下几种：

（1）块状构造。岩石中矿物分布比较均匀，无定向排列，称为块状构造。这种构造在侵入岩中最为常见。

（2）流纹状构造。流纹状构造是因岩浆边流动边冷凝，而在岩石中形成的不同颜色和拉长的气孔呈定向排列的现象。这种构造多出现在喷出岩中，如流纹岩就具有典型的流纹状构造。

（3）气孔状构造。气孔状构造指岩石中有很多气孔，由岩浆中的气体成分挥发而成。这种构造多出现在玄武岩等喷出岩中。

（4）杏仁状构造。岩石中的气孔被后来的物质，如方解石、石英、蛋白石等所充填，形成形似杏仁状的构造。如某些玄武岩和安山岩的构造。

四、岩浆岩的分类

岩浆岩的分类方法甚多，最基本的是按组成物质中 SiO_2 的含量多少将其分为酸性岩、中性岩、基性岩和超基性岩等 4 大类。然后再按岩石的结构、构造和产状将每类岩石划分为深成岩、浅成岩和喷出岩等不同类型，并赋予相应的名称，所以是一种纵向与横向的双向分类法，见表 2-2。

五、常见的岩浆岩

1. 花岗岩

花岗岩（图 2-25）为酸性深成岩，分布非常广泛。常为肉红色或灰白色，全晶质细粒、中粒或粗粒结构，块状构造。花岗岩含有大量石英，约占 30%，正长石多于斜长石，暗色矿物以黑云母为主，并有少量的角闪石，总计不超过 10%。花岗岩的产状常呈巨大的岩基或岩株。花岗岩性质均一、坚硬，岩块抗压强度可达 120～200MPa，是良好的建筑物地基和天然建筑材料。但易风化，风化深度可达 50～100m。

2. 花岗斑岩

花岗斑岩成分与花岗岩相同，为酸性浅成岩，斑状结构，斑晶由长石、石英组成，石基多为细小的长石、石英及其他矿物构成，块状构造。若斑晶以石英为主时称为石英斑岩。

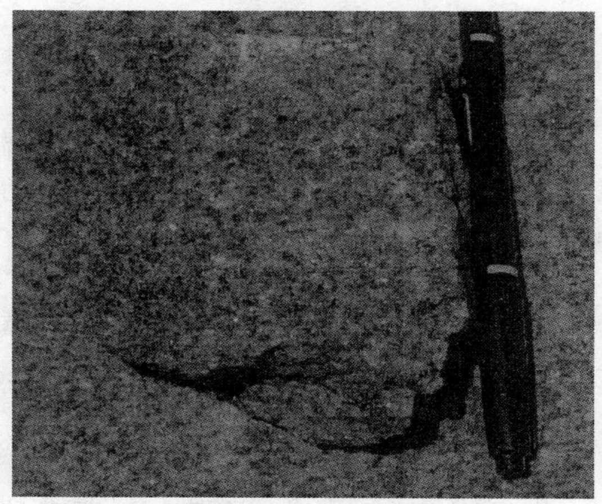

图 2-25　花岗岩

3. 流纹岩

流纹岩是酸性喷出岩，呈岩流状产出。颜色一般较浅，大多是灰、灰白、浅红、浅黄褐等色。常具有流纹构造，斑状结构，细小的斑晶由长石和石英等矿物组成，石基多由隐晶质和玻璃质的矿物所组成。流纹岩性质坚硬，强度高，可作为良好的建筑材料，但若作为建筑物地基时需要注意下伏岩层和接触带的性质。

4. 正长岩

正长岩多为微红色、浅黄或灰白色。中粒、等粒结构，块状构造，主要矿物成分为正长石，其次为黑云母、角闪石等；有时含少量的斜长石和辉石，一般石英含量极少；其物理力学性质与花岗岩类似，但不如花岗岩坚硬，且易风化，常呈岩株产出。

5. 安山岩

安山岩为中性喷出岩，矿物成分与闪长岩相当，常呈深灰、黄绿、紫红等色。斑状结构，斑晶以斜长石和角闪石为主，有时为黑云母，无石英斑晶，基质为隐晶质或玻璃质。块状构造，有时具杏仁状构造，常以熔岩流产出。

6. 玄武岩

玄武岩是岩浆岩中分布广泛的基性喷出岩。岩石呈黑色、褐色或深灰色。其主要矿物成分与辉长岩相同。但常含有橄榄石颗粒，呈隐晶质细粒或斑状结构，具有气孔状构造，当气孔中为方解石、绿泥石等所充填时，即构成杏仁状构造。岩石致密坚硬、性脆。岩块抗压强度为200～290MPa，具有抗磨损、耐酸性强的特点。

第三节 沉 积 岩

沉积岩是指在地表或接近于地表的岩石遭受风化剥蚀破坏的产物，经搬运、沉积和固结成岩作用而形成的岩石。

沉积岩在地表分布极广，出露面积约占陆地表面积的75%。分布的厚度各处不一，且深度有限，一般不过几百米，仅在局部地区才有巨厚的沉积（数千米甚至上万米）。尽管沉积岩在地壳中的总量并不多，但各种工程建筑如水坝、道路、桥梁、矿山等几乎都以沉积岩为地基，同时沉积岩本身也是建筑材料的重要来源。因此，研究沉积岩的形成条件、组成成分、结构和构造等特征，有很大的实际意义。

一、沉积岩的形成

沉积岩的形成过程是一个长期而复杂的外力地质作用过程，一般可分为4个阶段。

1. 风化破坏阶段

地表或接近于地表的各种先成岩石，在温度变化、大气、水及生物长期的作用下，使原来坚硬完整的岩石，逐步破碎成大小不同的碎屑，甚至改变了原来岩石的矿物成分和化学成分，形成一种新的风化产物。

2. 搬运作用阶段

岩石风化作用的产物，除少数部分残留原地堆积外，大部分被剥离原地经流水、风及重力作用等，搬运到低地。在搬运过程中，不稳定成分继续受到风化破碎，破碎物质经受磨蚀，棱角不断磨圆，颗粒逐渐变细。

3. 沉积作用阶段

当搬运力逐渐减弱时，被携带的物质便陆续沉积下来。在沉积过程中，大的、重的颗粒先沉积，小的、轻的颗粒后沉积。因此，具有明显的分选性。最初沉积的物质呈松散状态，称为松散沉积物。

4. 固结成岩阶段

固结成岩阶段即松散沉积物转变成坚硬沉积岩的阶段。固结成岩作用主要有3种：

①压实，即上覆沉积物的重力压固，导致下伏沉积物孔隙减小，水分挤出，从而变得紧密坚硬；②胶结，其他物质充填到碎屑沉积物粒间孔隙中，使其胶结变硬；③重结晶作用，新成长的矿物产生结晶质间的联结。

二、沉积岩的物质组成

沉积岩的物质成分主要来源于先成的各种岩石的碎屑、造岩矿物和溶解物质。其中组成沉积岩的矿物，最常见的有20种左右，而每种沉积岩一般由1～3种主要矿物组成。组成沉积岩的物质按成因可分为4类。

1. *碎屑物质*

原岩经风化破碎而生成的呈碎屑状态的物质，其中主要有矿物碎屑（如石英、长石、白云母等一些抵抗风化能力较强、较稳定的矿物颗粒）、岩石碎块、火山碎屑等。岩浆岩中常见的橄榄石、辉石、角闪石、黑云母、基性斜长石等形成于高温高压环境，在常温常压表生条件下是不稳定的。岩浆岩中的石英，大部分形成于岩浆结晶的晚期，在表生条件下稳定性较大，一般以碎屑物形式出现于沉积岩中。

2. *黏土矿物*

黏土矿物主要是一些原生矿物经化学风化作用分解后所产生的次生矿物。它们是在常温常压下，在富含二氧化碳和水的表生环境条件下形成的，如高岭石、蒙脱石、水云母等。这些矿物粒径小于0.005mm，具有很大的亲水性、可塑性及膨胀性。

3. *化学沉积矿物*

化学沉积矿物是从真溶液或胶体溶液中沉淀出来的或生物化学沉积作用形成的矿物。如方解石、白云石、石膏、岩盐、铁和锰的氧化物或氢氧化物等。

4. *有机质及生物残骸*

有机物及生物残骸是由生物残骸或经有机化学变化而形成的矿物，如贝壳、珊瑚礁、硅藻土、泥炭、石油等。

三、沉积岩的结构

沉积岩的结构随其成因类型的不同而各具特点，沉积岩的结构主要有以下几种。

1. *碎屑结构*

碎屑结构即岩石由粗粒的碎屑和细粒的胶结物胶结而成的一种结构。其特征有以下3方面：

（1）按碎屑颗粒大小分为砾状结构（粒径大于2mm）、砂状结构（粒径为2～0.05mm。其中粗砂结构，粒径为2～0.5mm；中砂结构，粒径为0.50～0.25mm；细砂结构，粒径为0.25～0.05mm）、粉砂状结构（粒径为0.05～0.005mm）。

（2）根据颗粒外形分为棱角状结构、次棱角状结构、次圆状结构和滚圆状结构（图2-26）。

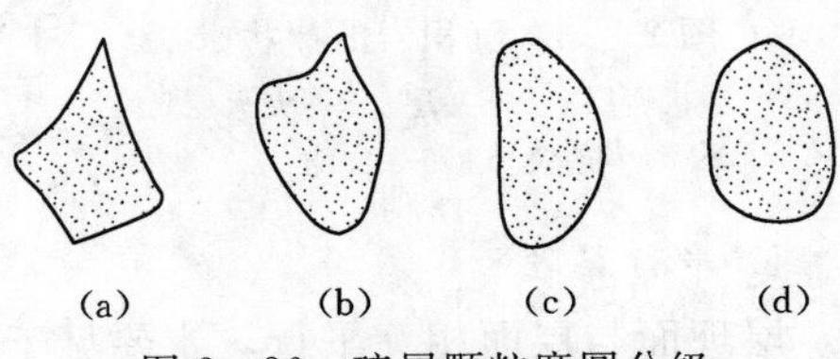

图2-26　碎屑颗粒磨圆分级
（a）棱角状；（b）次棱角状；（c）次圆状；（d）滚圆状

碎屑颗粒磨圆程度受颗粒硬度、相对密度大小及搬运距离等因素的影响。

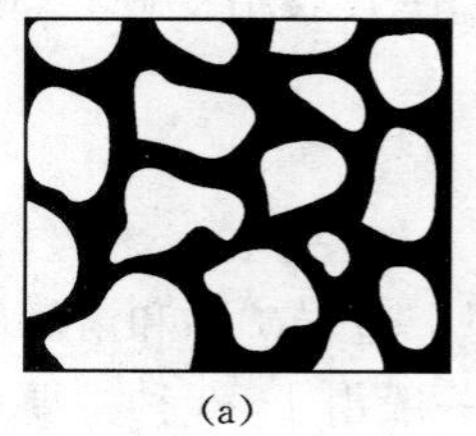

(a)

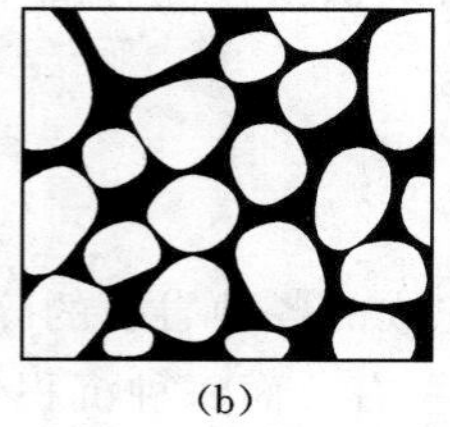

(b)

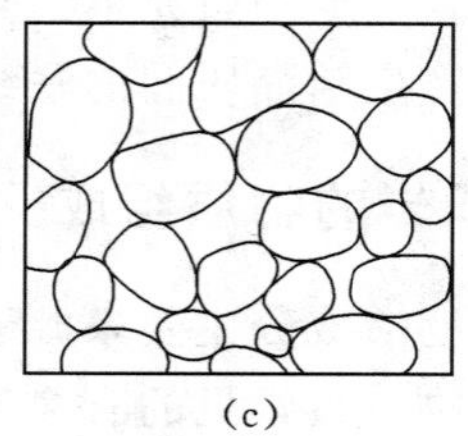

(c)

图 2-27 沉积岩的胶结类型
(a) 基底胶结；(b) 孔隙胶结；(c) 接触胶结

(3) 按胶结类型可分为 3 种：基底胶结、孔隙胶结和接触胶结（图 2-27）。当胶结物含量较多时，碎屑颗粒孤立地分散在胶结物之中，互不接触，且距离较大，碎屑颗粒好像是散布在胶结物的基底之上，故称基底式胶结。当胶结物含量不多时，碎屑颗粒互相接触，胶结物充填在颗粒之间的孔隙中，称为孔隙式胶结。如果只在颗粒接触处才有胶结物，颗粒间的孔隙仍大都是空洞，称为接触式胶结。

2. 泥质结构

这种岩石几乎全部（大都在 95% 以上）是由极细小的黏土颗粒（粒径小于 0.005mm）所组成的结构。这种结构是黏土岩的主要特征。

3. 晶粒结构

晶粒结构是由岩石中的颗粒在水溶液中结晶（如方解石、白云石等）或呈胶体形态凝结沉淀（如燧石等）而成的。可分为鲕状、结核状、纤维状、致密块状和晶粒结构等。

4. 生物结构

生物结构几乎全部是由生物遗体与碎片所组成的，如生物碎屑结构、贝壳结构、珊瑚结构等。

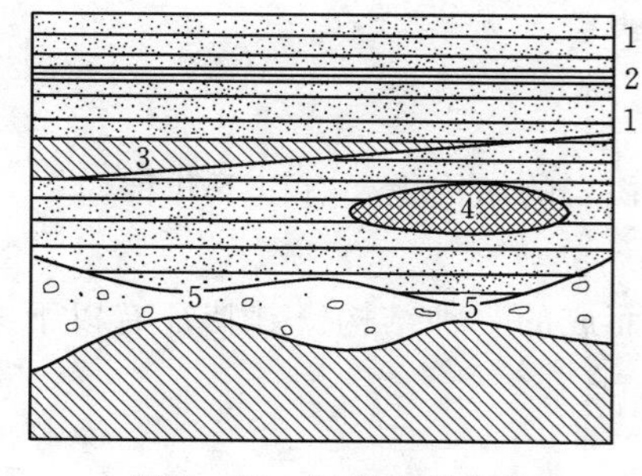

图 2-28 沉积岩的产状
1—层状岩层；2—夹层；3—尖灭层；4—透镜体；5—狭缩

四、沉积岩的构造和特征

（一）层理构造

层理是沉积岩在形成过程中，由于沉积环境的改变所引起的沉积物质的成分、颗粒大小、形状或颜色在垂直方向发生变化而显示成层的现象（图 2-28）。层理是沉积岩最重要的一种构造特征，是沉积岩区别于岩浆岩和变质岩的最主要标志。

根据层理的形态，可将层理分为下列几种类型（图 2-29）。

1. 平行层理

层理面与层面相互平行，主要见于细粒岩石（黏土岩、粉细砂岩等）中。这说明岩石是在沉积环境比较稳定的条件下（比如广阔的海洋和湖底、河流的堤岸带等），从悬浮物或溶液中缓慢沉积而成的。

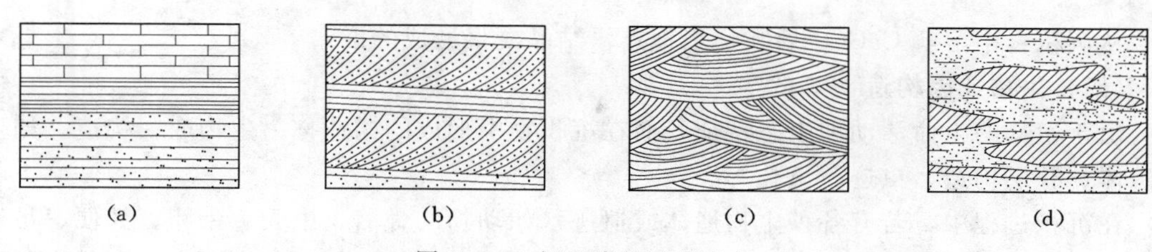

图 2-29　沉积岩的层理形态

(a) 平行层理；(b) 斜交层理；(c) 交错层理；(d) 透镜体及尖灭层

2. 斜交层理

层理面向一个方向与层面斜交，这种斜交层理在河流及滨海三角洲沉积物中均可见到，主要是由单向水流所造成的。

3. 交错层理

层理面以多组不同方向与层面斜交，交错层理经常出现在风成沉积（如沙丘）或浅海沉积物中，是由于风向或水流动方向变化而形成的。

4. 透镜体交尖灭层

有些岩层一端厚、另一端逐渐变薄以致消失，这种现象称为尖灭层。若岩层中间厚，向两端不远处的距离内尖灭，则称为透镜体。

(二) 层面构造

层面构造指岩层层面上由于水流、风、生物活动等作用留下的痕迹，如波痕（图 2-30)、泥裂（图 2-31)、雨痕等。

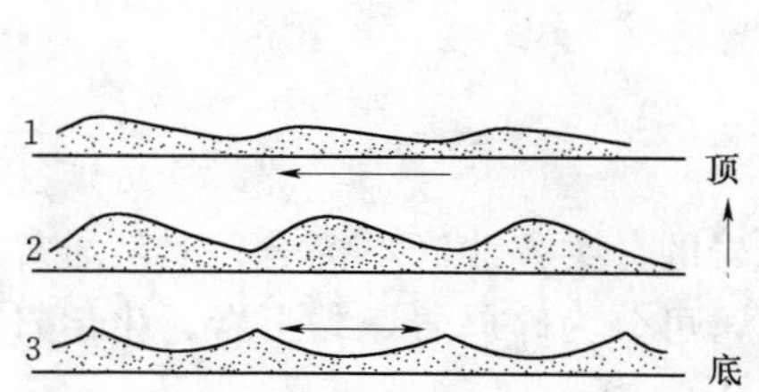

图 2-30　各种不同成因的波痕

1—风成波痕；2—水流波痕；3—浪成波痕

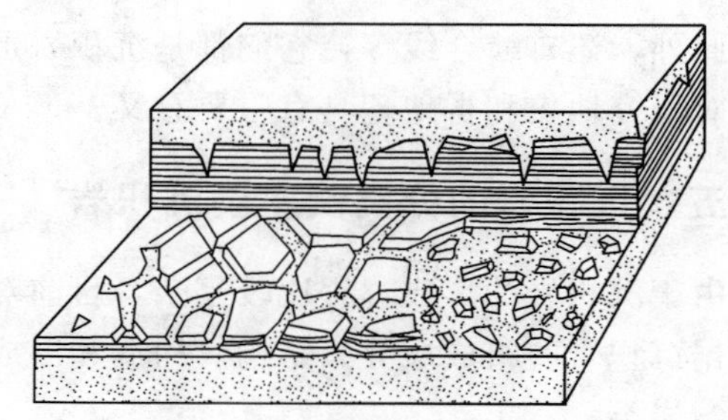

图 2-31　泥裂生成、掩埋示意图

(1) 波痕。沉积物在沉积过程中，由于风力、流水或海浪等的作用，使沉积岩层面上保留下来的波浪痕迹。

(2) 泥裂。黏土沉积物表面，由于失水收缩而开裂成不规则的多边形裂隙，称为泥裂。裂缝上宽下合，常被泥沙等物质充填。

(3) 雨痕。雨痕是指在沉积物表面经受雨滴打击遗留下来的痕迹。

(三) 结核

在沉积岩中，含有一些在成分上与围岩有明显差别的物质团块，称为结核。结核是由某些物质集中凝聚而成的，外形常呈球形、扁豆状及不规则形状。如石灰岩中的燧石结核，主要是 SiO_2 在沉积物沉积的同时以胶体凝聚方式形成的。黄土中的钙质结核，是地下水从沉积物中溶解 $CaCO_3$ 后在适当地点再结晶凝聚形成的。

（四）生物成因构造

由于生物的生命活动和生态特征，而在沉积物中形成的构造称为生物成因构造。如生物礁体、叠层构造、虫迹、虫孔等。

在沉积过程中，若有各种生物遗体或遗迹（如动物的骨骼、甲壳、蛋卵、粪便、足迹及植物的根、茎、叶等）埋藏于沉积物中，后经石化交代作用保留在岩石中，则称为化石（图 2-32）。根据化石种类可以确定岩石形成的环境和地质年代。

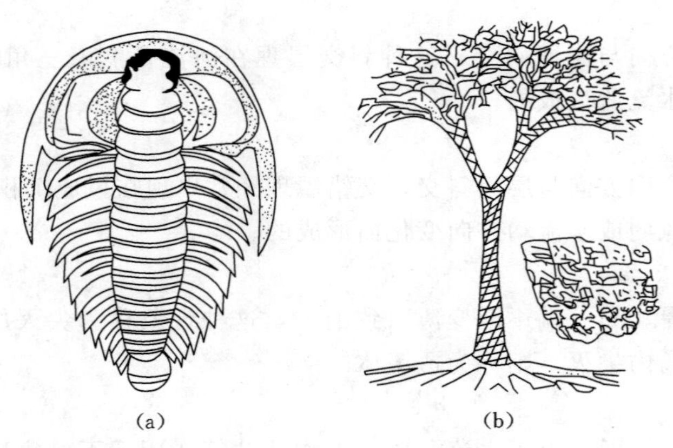

图 2-32　典型化石

(a) 雷氏三叶虫；(b) 鳞木

此外，还有缝合线等，它们都是沉积岩形成条件的反映，不仅对研究沉积岩很重要，而且对研究地史和古地理具有重要意义。

五、沉积岩的分类及主要沉积岩

由于沉积岩的形成过程比较复杂，目前对沉积岩的分类方法尚不统一。但是通常主要是依据沉积岩的组成成分、结构、构造和形成条件，可分为碎屑岩、黏土岩、化学岩和生物化学岩类。

（一）碎屑岩类

1. *砾岩和角砾岩*

碎屑岩中大于 2mm 的碎屑颗粒，称为砾石或角砾。圆状和次圆状砾石含量大于 50% 的岩石，称为砾岩。如果砾石为棱角状或次棱角状，则称为角砾岩。两者主要由岩屑组成，矿物成分多为石英、燧石，胶结物有硅质（成分为 SiO_2）、泥质（成分为黏土矿物）、钙质（成分为 Ca、Mg 的碳酸盐）或其他化学沉淀物。胶结物的成分与胶结类型对砾岩的物理力学性质有很大影响，若基底胶结类型，胶结物为硅质或铁质的砾岩，抗压强度可达 200MPa 以上，是良好的水工建筑物地基。

2. *砂岩*

砂岩是由 50%以上的砂粒胶结而成的岩石。根据颗粒大小、含量不同，可分为粗粒、中粒、细粒及粉粒砂岩。按颗粒主要矿物成分可分为石英砂岩、长石砂岩、硬砂岩和粉砂岩等。砂岩中胶结物成分和胶结类型不同，抗压强度也不同。硅质砂岩抗压强度为 80～200MPa；泥质砂岩抗压强度较低，为 40～50MPa 或更小。由于多数砂岩岩性坚硬，性脆，在地质构造作用下张性裂隙发育，所以在修建水工建筑物时，应注意通过裂隙、破碎带产生渗漏问题。

（二）黏土岩类

黏土岩主要是由粒径小于 0.005mm 的颗粒组成的，并含大量黏土矿物的岩石。此外，还含有少量的石英、长石、云母。黏土岩一般都具有可塑性、吸水性、耐火性等，有重要的工程意义，主要的黏土岩有两种，即泥岩和页岩。

1. *泥岩*

泥岩是固结程度较高的一种黏土岩，以层厚和页状构造不发育为特征。泥岩一般为土黄色，常因混入钙质、铁质等，岩石颜色发生变化。

2. *页岩*

页岩以具页片状构造为特征，很容易沿页片剥开，岩性致密均一，强度小，不透水，有滑感。颜色多为土黄色或黄绿色。如含较多的炭质或铁质，则岩石相应呈黑色或褐红色。页岩由于基本不透水，通常被作为隔水层。但性质软弱，抗压强度一般为 20～70MPa 或更低。浸水后强度显著降低，抗滑稳定性差。

（三）化学岩和生物化学岩类

1. *石灰岩*

石灰岩简称灰岩，主要化学成分为碳酸钙，矿物成分以结晶的细粒方解石为主，其次含少量白云石等矿物。颜色多为深灰、浅灰，质纯灰岩呈白色；形状为致密状、鲕状、竹叶状等，如紫红色竹叶状灰岩（图 2－33）。石灰岩一般遇酸起泡剧烈，硅质、泥质较差。含硅质、白云质和纯石灰岩强度高，含泥质、炭质和贝壳状灰岩强度低。一般抗压强度为 40～80MPa。石灰岩具有可溶性，易被地下水溶蚀，形成宽大的裂隙和溶洞，是地下水的良好通道，对工程建筑地基渗漏和稳定影响较大。因此，在石灰岩地区兴建水利工程时，必须进行详细的地质勘探。

图 2－33 紫红色竹叶状灰岩

2. 白云岩

白云岩主要由白云石组成，常含有少量的方解石、石膏、燧石、黏土等矿物。颜色多为灰白、浅灰色，含泥质时呈浅黄色。隐晶质或细晶粒状结构。白云岩与石灰岩的外貌很相似，但加冷稀盐酸不起泡或微弱起泡，在野外露头上常以许多纵横交叉似刀砍状溶沟为其特征。

3. 泥灰岩

石灰岩中均含有一定数量的黏土矿物，若含量达30%～50%，则称为泥灰岩。颜色有灰色、黄色、褐色、红色等。它与石灰岩的区别是滴盐酸起泡后留有泥质斑点。致密结构，易风化，抗压强度低，一般为6～30MPa。较好的泥灰岩可做水泥原料。

第四节　变　质　岩

地壳中先成岩石，由于构造运动和岩浆活动等所造成的物理、化学条件的变化，使原来岩石的成分、结构、构造等发生一系列改变而形成的新岩石，称为变质岩。这种使岩石发生质的变化的过程，称为变质作用。

一、变质作用的因素及类型

引起变质作用的因素有温度、压力及化学活动性流体。变质温度的基本来源包括地壳深处的高温、岩浆及地壳岩石断裂错动产生的高温等。引起岩石变质的压力包括上覆岩石重量引起的静压力、侵入于岩体空隙中的流体所形成的压力，以及地壳运动或岩浆活动产生的定向压力。化学活动性流体则是以岩浆、H_2O、CO_2为主，并含有其他一些易挥发、易流动的物质。

根据变质作用的地质成因和变质作用因素，将变质作用分为以下几种类型，不同作用对应的岩石类型见图2-34。

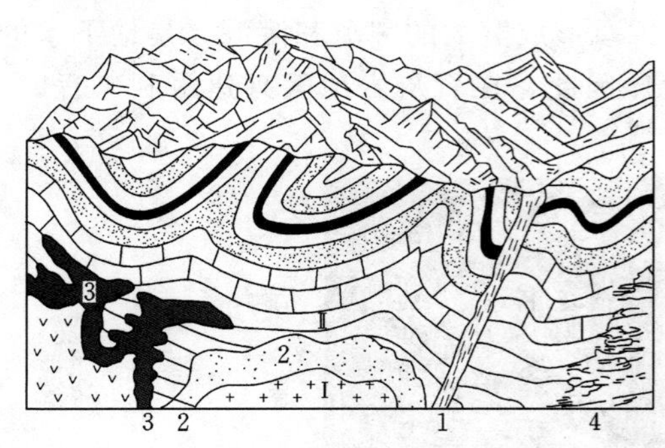

图2-34　变质岩类型示意图
Ⅰ—岩浆岩；Ⅱ—沉积岩；1—动力变质岩；2—热接触变质岩；3—接触交代变质岩；4—区域变质岩

1. 接触变质作用

接触变质作用是由岩浆活动的侵入，在岩浆高温的影响下，使接触带的围岩发生重结晶或产生新矿物的作用。当地壳深处的岩浆上升侵入围岩时，围岩受岩浆高温的影响，或受岩浆中分异出来的挥发分及热液的影响，而产生变质，所以它仅局限在侵入体与围岩的接触带内，距侵入体越远，围岩变质程度越浅。

根据变质过程中侵入体与围岩间有无化学成分的相互交代，接触变质作用可分为热接触变质作用和接触交代变质作用两种类型。

(1) 热接触变质作用。热接触变质作用也称热力变质作用，是由于岩浆侵入体释放的热能，使接触带附近围岩的矿物成分和结构、构造等发生变化的一种变质作用。其主要表现为原岩成分的重结晶，产生新的矿物组合和新的结构、构造，而化学成分基本上没有发生变化，如石灰岩变为大理岩，砂岩变为石英砂岩等。

(2) 接触交代变质作用。接触交代变质作用是由于岩浆成分结晶晚期析出的大量挥发分和热液，通过交代作用使接触带附近的侵入体与围岩，在岩性和化学成分上均发生变化的一种变质作用。其与热接触变质作用的区别在于围岩温度升高的同时，还有化学成分的进入和带出。接触交代变质作用主要发生在酸性、中性侵入体与石灰岩的接触带，往往形成矽卡岩。

2. 动力变质作用

动力变质作用也称碎裂变质作用，是在构造运动产生的强应力作用下，使原岩及其组成矿物发生变形、机械破碎及轻微的重结晶现象的一种变质作用。由于应力性质和强度的不同，可形成断层角砾岩、糜棱岩等，并可有蛇纹石、叶蜡石、绿帘石等变质矿物产生。动力变质作用主要发生在岩层的强烈褶皱带或沿断裂带呈条带状分布（岩石因构造应力作用而产生的变质作用）。

3. 区域变质作用

区域变质作用是指由于大规模地壳运动和岩浆活动引起的高温高压作用下，使地下深处岩石发生的变质作用。如黏土质岩石可变为片岩或片麻岩。山东泰山、山西五台山、河南嵩山等地的古老变质岩都是区域变质作用形成的。区域变质岩的岩性在很大范围内比较均一，其强度决定于岩石本身的结构、构造和矿物成分。

变质作用一般不改变原生岩石的产状，因此产状不能作为变质岩的特征。但是由于受到强烈的挤压，原生岩石的产状也可能发生某些变化，例如原生岩体在压力作用方向上受到强烈的压缩等。

如果把原始的泥质沉积物的成岩作用划分成标志性的演化系列，则变质作用的演进过程如图 2-35 所示。

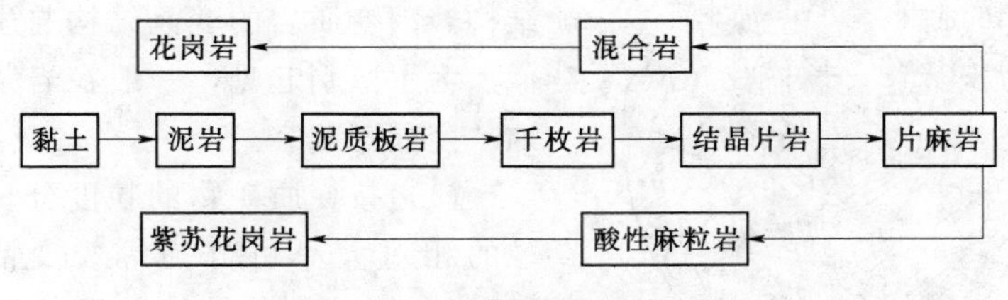

图 2-35 变质作用的演进过程

4. 冲击变质作用

冲击变质作用较为少见，是因巨大的陨石冲击地球所形成的。在地球的大陆表面（不包括南极大陆），已经确定的陨石坑在 200 个以上，其中有一半确认有冲击变质作用。世界上最大的陨石坑在西伯利亚的帕皮卡依斯克，直径达 100km，大多数的陨石坑直径为 2～50km 不等。

陨石的冲击作用在短时间里释放出巨大的能量，这些能量以机械的（挤压、破碎）和热的（熔融、蒸发）形式改造被冲击岩石。从陨石冲击中心向外缘可以观测到依次更替的冲击变质带：

（1）蒸发带，压力达到 $10^5 \sim 10^6$ MPa，温度 10℃。

（2）熔融带，外缘界面处的压力大约为 6×10^4 MPa，温度为 1500℃。

（3）多型过渡带，外缘界面处的压力大约为 10^4 MPa，温度为 100℃。

（4）岩石强烈破碎带。

由冲击变质作用形成的变质岩（后 3 个带中的岩石）称为冲击岩。

对冲击成因的变质作用研究最重要的意义在于冲击变质作用可能形成一些新的矿物种类，因为冲击作用产生的超高压在地壳环境中是不存在的。如斯石英的形成压力高于 10^4 MPa，温度超过 1000℃，仅见于陨石坑的岩石中。

二、变质岩的矿物成分

变质岩矿物成分的最大特征是具有变质矿物——变质作用中形成的矿物。它是鉴定变质岩的可靠依据。常见的变质矿物有滑石、石榴子石、十字石、蓝晶石、硅线石、红柱石等。除变质矿物外，变质岩的主要造岩矿物是长石、石英、云母、辉石和角闪石等。有时，绿泥石、绢云母、刚玉、蛇纹石和石墨等矿物能在变质岩中大量出现，这也是变质岩的一个鉴定特征。同时，这些矿物具有变质分带指示作用，如绿泥石、绢云母多出现在浅变质带，蓝晶石代表中变质带，而硅线石则存在于深变质带中。这类矿物称为标准变质矿物。

三、变质岩的结构

变质岩的结构按成因可分为变晶结构、变余结构、碎裂结构。

1. 变晶结构

变晶结构指原岩在固态条件下，岩石中的各种矿物同时发生重结晶或变质结晶所形成的结构。因变质岩的变晶结构与岩浆岩的结构相似。为了区别起见，一般在岩浆岩结构名称上加“变晶”二字。

（1）按变质矿物的粒度分。按变晶矿物颗粒的相对大小可分为等粒变晶结构（图 2-36）、不等粒变晶结构及斑状变晶结构；按变晶矿物颗粒的绝对大小可分为粗粒变晶结构（粒径大于 3mm）、中粒变晶结构（粒径 1～3mm）、细粒变晶结构（粒径小于 1mm）。

（2）按变晶矿物颗粒的形状分为粒状变晶结构、纤维状变晶结构和鳞片状变晶结构等。

图 2-36　等粒变晶结构

（黑云母斜长角闪岩，$d=2.5$mm）

1—黑云母；2—角闪石；

3—斜长石

2. 变余结构

当岩石变质轻微时，重结晶作用不完全，变质岩还可保留有母岩的结构特点，即称为变余结构。如泥质砂岩变质以后，泥质胶结物变成绢云母和绿泥石，而其中碎屑物质（如石英）不发生变化，便形成变余砂状结构。还有其他的变余结构，如与岩浆岩有关的变余斑状结构、变余花岗结构等。

3. 碎裂结构

局部岩石在定向压力作用下，引起矿物及岩石本身发生弯曲、破碎，而后又被黏结起来而形成新的结构，称为碎裂结构。常具条带和片理，是动力变质中常见的结构。根据破碎程度可分为碎裂结构、碎斑结构（图 2－37）、糜棱结构。

图 2－37 碎斑结构

（眼球状压碎片麻岩，辽宁，d＝8mm）

长石 1、石英 2 被压碎成眼球状斑点，

细粒部分为石英、绢云母

四、变质岩的构造

岩石经变质作用后常形成一些新的构造特征，它是区别于其他两类岩石的特有标志，是变质岩的最重要特征之一。

1. 片麻状构造

片麻状构造，又称片麻理。其特征是鳞片状、柱状或针状矿物呈大致平行排列，其间常夹着不规则的粒状矿物（石英、长石等），互相构成深色与浅色条带交互的状态。具有这种构造的岩石叫片麻岩。片麻岩通常矿物结晶程度高，颗粒较粗大。

2. 片状构造

片状构造指岩石中大量片状或柱状矿物（如云母、绿泥石、滑石、绢云母、石墨等）定向排列所形成的薄层状构造。片理薄而清晰，沿片理面易剥开成不规则的薄片。狭义的片理构造即指片状构造。具这种构造的岩石叫片岩。

3. 千枚状构造

千枚状构造的特点是片理面呈较强的丝绢光泽，有小的皱纹，由极薄的片组成，易沿片理面劈成薄片状。具这种构造的岩石称为千枚岩。

4. 板状构造

板状构造，又称板理，是指岩石中由显微片状矿物大致平行排列所成的具有平行板状劈理的构造。岩石一般变质程度较浅，呈厚板状，板面平整，沿板理极易劈成薄板状，板面微具光泽。具这种构造的岩石称为板岩。

5. 块状构造

当变质作用中没有定向、高压这一因素时，则形成的变质岩中，矿物排列无一定方向，结构均一，一般称块状构造。部分大理岩和石英岩具此种构造。

五、主要变质岩

1. 片麻岩

片麻岩具有明显的片麻状构造，主要矿物为长石、石英，两者含量大于 50%，且长石含量一般多于石英。片状或柱状矿物可以是云母、角闪石、辉石等，有时也含有硅线石、石榴子石、蓝晶石等特征变质矿物。中、粗粒鳞片状变晶结构，多呈肉红色、灰色、深灰色。

片麻岩（图2-38）为变质程度较深的区域变质岩。岩石的物理力学性质视所含矿物成分的不同而不同，一般抗压强度达120～200MPa。云母含量增多而且富集在一起的岩石，则强度大为降低。由于片理发育，故较易风化。

(a)

(b)

图2-38　片麻岩及其显微镜下的特征

(a) 片麻岩；(b) 显微镜下的片麻岩

2. 片岩

片岩具有典型的片状构造，主要由云母、石英矿物组成。其次为角闪石、绿泥石、滑石、石墨、石榴子石等。以不含长石区别于片麻岩。片岩依所含矿物成分不同可分为云母片岩、绿泥石片岩、角闪石片岩、滑石片岩等。片岩强度较低，且易风化，由于片理发育，易沿片理裂开。

3. 千枚岩

千枚岩是具典型千枚状构造的浅变质岩，多由黏土矿物、粉砂岩变质而成，主要由细小的绢云母、绿泥石、石英、斜长石等新生矿物组成。一般具细粒鳞片变晶结构，片理面上有明显的丝绢光泽和微细皱纹或小的挠曲构造。千枚岩性质软弱，易风化破碎，在荷载作用下容易产生蠕动变形和滑动破坏。

4. 板岩

板岩是页岩经浅变质而成的，多为深灰至黑灰色，也有绿色及紫色的。其主要由硅质和泥质矿物组成，肉眼不易辨别，结构致密均匀，具有板状构造，沿板状构造易于裂开成薄板状。击之则发出清脆声，可以此区别于页岩。能加工成各种尺寸的石板，可作为建筑材料。板岩透水性弱，可作隔水层加以利用，但在水的长期作用下软化、泥化形成软弱夹层。

5. 石英岩

石英岩由石英砂岩和硅质岩变质而成，矿物以石英为主，其次为云母、磁铁矿、角闪石。一般呈白色，油脂光泽，具有变余粒状结构，块状构造，是一种极坚硬、抗风化能力很强的岩石，岩块抗压强度可达300MPa以上，可作为良好的水工建筑物地基。但因性脆，较易产生密集性裂隙，形成渗漏通道，应采取必要的防渗措施。

6. 大理岩

大理岩由石灰岩重结晶而成，具有细粒、中粒和粗粒结构。其主要矿物为方解石和白云石，纯大理岩呈白色，又称为“汉白玉”。含有杂质时带有灰色、黄色、蔷薇色，具有美丽花纹，是贵重的雕刻和建筑石料。大理岩硬度小，滴盐酸起泡，所以很容易鉴别。具有可溶性，强度随其颗粒胶结性质及颗粒大小而异，抗压强度一般为 50～120MPa。

六、三大岩类的转化

三大类岩石都是在特定的地质条件下形成的，但是它们在成因上又是紧密联系的。追溯到遥远的年代，那时候岩浆活动十分强烈，地壳中首先出现的岩石是由岩浆凝固而成的。但是，自从地壳上出现了大气圈和水圈以来，各种外力因素对地表岩石一方面进行破坏，另一方面又进行建造，出现了沉积岩。然而，任何岩石都不能回避自然界的改造，因此在一定条件下又出现了变质岩。图 2-39 基本上表明了三大类岩石的相互转化关系。

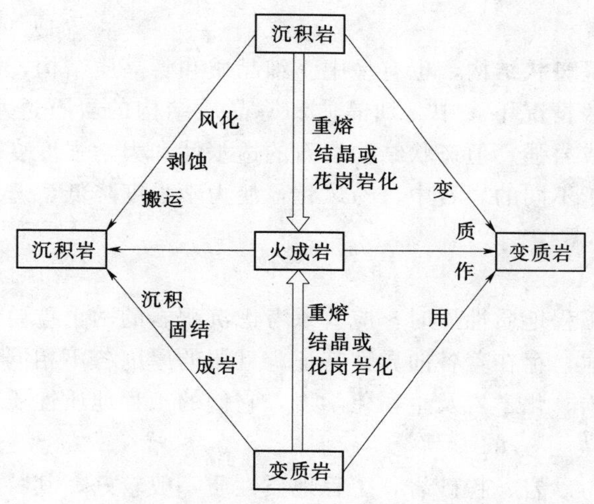

图 2-39　岩石的相互转化关系

新陈代谢是宇宙间普遍的永远不可抵抗的规律。依事物本身的性质和条件，经过不同的飞跃形式，一事物转化为他事物，就是新陈代谢的过程。在频繁的地壳运动和岩浆活动中，老的岩石不断在转化，新的岩石不断在产生，这也就是地壳岩石新陈代谢的过程。所以，任何岩石既不是自古就有的，也不是永远不变的。在一定时间和一定空间所形成的一定的岩石，都只代表地壳历史的一定阶段。任何岩石都忠实地记录了与它本身有关的那一阶段的地壳历史。

第五节　岩石的工程地质及水文地质评述

岩石是地质作用的产物，因此，各类岩石的工程地质性质，首先取决于岩石的成因类型，包括岩石产状、矿物组成、结构、构造等；其次是各种地质作用对岩石的影响，特别是岩石的风化作用对岩石性质的影响，这部分内容将在第四章第一节中介绍。下面按照岩石的成因类型，分别评述各类岩石的工程地质及水文地质特征。

一、火成岩

火成岩的特征主要取决于火成岩的形成环境和火成岩的成分，特别是形成环境，它控制着火成岩的结构、构造及矿物之间的联结能力，也决定了岩石的工程地质性质。一般来说，火成岩具有较高的力学强度，可作为各种建筑物良好的地基及天然建筑石料。但各类岩石的工程地质性质有所差异，也应注意。

1. 深成岩

深成岩具结晶联结，具有晶粒粗大均匀，孔隙率小、裂隙较不发育，透水性小，力学强度高的特点。此外，深成岩岩体大、整体稳定性好，是良好的建筑物地基，也是常用的建筑材料。但应注意这类岩石由多种矿物结晶组成，晶粒粗大，抗风化能力较差，特别含Fe、Mg质较多的基性岩，更易风化破碎，故应注意研究其风化程度及深度。

2. 浅成岩

浅成岩和脉岩常呈斑状结构，也有呈中、细晶质和隐晶质结构，所以这一类岩石的力学强度各不相同。一般情况下，中、细晶质和隐晶质结构的岩石透水性小，力学强度较高，抗风化性能较深成岩强。但斑状结构岩石的透水性和力学强度变化较大，特别是脉岩类，岩体小，且穿插于不同的岩石中，易风化，使力学强度降低、透水性增大。

二、沉积岩

在评述沉积岩的工程地质性质时，应着重考虑沉积岩的两个重要特点：一是各类沉积岩都具有成层分布规律，存在着各向异性特征，且层的厚度各不相同；二是沉积岩按成分可分为碎屑岩、黏土岩、化学岩及生物化学岩，它们的工程地质性质存在着很大的差异。

1. 碎屑岩

碎屑岩包括砾岩、砂岩、粉砂岩，工程地质性质一般较好，其特征主要取决于胶结物成分、胶结类型和碎屑颗粒成分。如硅质胶结的岩石，强度高、孔隙率小、透水性低；钙质、石膏质和泥质胶结的岩石，强度低，抗水性弱，在水的作用下，可溶解或软化。此外，基底式胶结的岩石，比较坚固，且强度高，透水性较弱；接触式胶结的岩石则强度较低，透水性较强；而孔隙式胶结的岩石，其强度和透水性介于两者之间。一般情况下，粉砂岩较砂砾岩差，其中硅质胶结的石英砂岩，强度比其他砂岩要高；而钙质、石膏质和泥质胶结的砂砾岩，尤其粉砂岩，强度极低，抗风化能力弱，遇水容易溶解或软化。我国南方各省的红色岩层多为钙质、泥质胶结的砂砾岩、粉砂岩和黏土岩互层，在这类红色岩层地区筑坝，应注意坝基是否会沿泥化夹层产生滑动。

多数凝灰岩及凝灰质砂岩结构疏松，强度低，极易风化成蒙脱石等黏土矿物，遇水后易吸水膨胀、软化，在水工建筑上应特别予以注意。

2. 黏土岩

黏土岩和页岩的性质相近，抗压强度和抗剪强度低，受力后变形量大，浸水后易软化和泥化。若含蒙脱石成分，还具有较大的膨胀性。这两种岩石对水工建筑物地基和建筑场地边坡的稳定都极为不利，但其透水性小，可作为隔水层和防渗层。

3. 化学岩及生物化学岩

化学岩和生物化学岩抗水性弱，常具有不同形态的可溶性。碳酸盐类岩石具中等强度，一般能满足水工设计要求，但存在于其中的各种不同形态的岩溶，往往成为集中渗漏的通道。易溶的石膏、岩盐等化学岩，往往以夹层形式存在于其他沉积岩中，质软，浸水易溶解，常常导致地基和边坡失稳。

此外，上述砂岩、砾岩、石灰岩的空隙率较大，往往储存有较丰富的地下水资源。

三、变质岩

变质岩一般情况下由于原岩矿物成分在高温高压下重结晶的缘故，岩石的力学强度较变质前相对增高。但是，如果在变质过程中形成某些变质矿物，如滑石、绿泥石、绢云母等，则其力学强度会相对降低，抗风化能力变差。

1. 动力变质岩

动力变质作用形成的变质岩，其岩石性质取决于碎屑矿物的成分、粒径大小和压密胶结程度。但通常胶结得不好，孔隙、裂隙发育，强度变低，抗水性差。

2. 接触变质岩

接触变质岩因经过重结晶，岩石的力学强度较变质前相对增高。但变质程度各处不一，距侵入体越近，越易变质，在很小的范围内变质程度就相差悬殊，岩性很不均一。接触变质的岩石，常因受地壳构造运动的影响而裂隙发育，加上有小岩脉穿插，岩性显得复杂多样，其工程地质性质变化较大。

3. 区域变质岩

区域变质的岩石分布范围广，厚度大，变质程度和岩性较均一，但因多数岩石具片理构造，使岩石具有各向异性特征。随着片理的发育，滑石、绿泥石、云母等含量的增加，岩石的强度显著降低。一般说来，板岩、千枚岩、滑石片岩、绿泥石片岩、云母片岩等岩石的工程地质性质较差；而片麻岩、石英岩及大理岩等岩石，致密坚硬，岩性比较均一，强度高，是建筑物的良好地基。但裂隙发育或有较大断裂带时，常常形成裂隙含水带和地下水渗漏的通道，也常是岩体滑动的较弱带，而使其工程地质性质变差。

综上所述，不同种类的岩石，由于其成因、成分、结构和构造不同，岩石的水文工程地质性质差异是很大的。同时，还应结合具体工程的要求来进行评价。例如黏土岩，力学强度低，作为大型建筑物地基就较差，但若分布在库区时，常成为良好的隔水层，可以防止水库渗漏。

第三章 构造运动及其形迹

第一节 地 壳 运 动

由于上地幔顶部附近（约 70～250km 深度）软流圈的存在，固体地球最外层的岩石圈是活动的。岩石圈的活动在地壳中造成挤压拉伸或水平错动。这种使地壳内岩体发生位移变形的作用，称为地壳运动。

人类居住在一个活动的大地上。人们可以从一些自然现象中认识到大地不是固定不变的。地壳运动按运动方向可分为升降（垂直）运动和水平运动。

一、地壳升降运动

有很多现象能直接说明地壳发生过升降运动。其中最有名的一个例子是意大利那不勒斯海岸的地狱神庙废墟上留下的遗迹。这座神庙建于公元前 105 年的古罗马帝国时期，如今只存留 3 根 12m 高的大理石柱（图 3－1）。

石柱上遗留的特征表明，2000 多年来这些石柱曾因地壳下沉而没入海水中至少 6m 多。

18 世纪中期（1742 年），这处古遗址刚挖出来时，全柱都在海面以上。柱子下部 3.6m，被火山灰（1533 年努渥火山、1979 年维苏威火山）掩埋。火山灰清理掉后，柱面光滑；其上 2.7m 因地壳下沉曾淹没在海水中，上面长满了各种海生附着动物的贝壳，被海生瓣腮类动物（石蜊和石蛭）凿了许多小孔；再向上 5.7m 一直未被水淹没，但在空气中遭受风化，不甚光滑。

图 3－1 意大利那不勒斯海岸的地狱神庙废墟

现今地壳的垂直运动可以通过大地测量来识别；地质历史中的垂直运动则依靠地质学家对岩石中的地质记录的分析完成，如研究地层剖面、鉴别不整合面、确定沉积相与古水深的关系等，不过这种分析基本上是定性的。

珊瑚的生活环境是温暖的浅海（小于 70m），但现在发现有的珊瑚礁沉没于数百米深的海底，而有的高出海面（西沙群岛，高出海面 15m），这是地壳升降造成的。

现在海拔数千米的高山上，经常可以找到含有海洋生物化石的沉积地层。这说明，在地质历史上这里曾经位于海平面之下，是地壳运动使之被抬升到了现在的高度。如青藏高原上，就有2500万年前的海相沉积地层。

二、地壳水平运动

水平运动现象不像升降运动那样可以直观简明地看到。

现代水平运动同样可以通过大地测量来完成。当今全球卫星定位系统的技术对水平分量的观测已经达到0.5cm的精度，可以满足大部分研究工作的需要。对地质历史中大规模的水平运动，通常采用古地层对比、生物群落与古地理之间的关系或古地磁等研究方法。

现代水平运动最典型的例子就是美国加利福尼亚的圣安德列斯断裂带。它形成于1.5亿年前的侏罗纪。19世纪末对它做了长时间的大地位移监测。1906年旧金山大地震前的16年中，测量到的断层两侧最大相对位移达7m之多。

古地层和古地磁研究表明，2亿年之前全球曾有一个统一的大陆，后来这个大陆分裂成为几块。其中印度板块自从泛大陆中分裂出来后，从南半球漂移数千公里到北半球。大西洋也是大陆分裂后形成的，两侧的北美和欧洲之间及南美和非洲之间，有很多古地层、古生物和古构造可以吻合。

水平挤压或拉伸会造成一个地区隆起或沉陷。因此有些地壳升降现象，是水平运动派生的结果。

三、构造运动的速率和幅度

地壳无时不在运动，但大部分情况下地壳运动速度缓慢，不易为人感觉。特殊情况下，地壳运动可表现快速而激烈，人们可以感觉到，如地震。

地壳运动的速率一般都在每年几厘米幅度以下。但这种人类难以察觉的构造运动却是岩石圈运动的主流，正是这种缓慢的构造运动，在数百万年乃至上亿年的累积作用中，使地球表面发生了翻天覆地的变化。如喜马拉雅山在距今4000万年之前还是一片汪洋大海，到2500万年前才开始升出海面，如今已成为世界最高山脉。大地测量表明，珠穆朗玛峰地区的平均上升速度为3.6mm/年(1966—1992年)，水平运动速度为51mm/年（1975—1992年)；珠穆朗玛峰本身的上升和水平运动速度比这还要大得多。洋底古地磁研究及现代GPS测量都表明，洋脊两侧的海底扩张运动速度可达10～15cm/年。

构造运动的幅度也有大有小，如果一个地区的构造运动方向保持长时间不变，则构造运动的幅度就会相当大。如珠穆朗玛峰的上升幅度已经超过万米，如今依然在上升；我国东部的郯庐断裂错动距离在150～200km；对比圣安德列斯断裂两侧的古地层，发现1.5亿年来，断层的总的水平错距达480km。规模最大的水平运动是大陆漂移，大西洋两侧的大陆漂移距离在数千公里以上。

四、地壳运动的空间分布

由于地壳运动主要与板块间的相对运动（挤压、拉伸和相对错动）有关，因此全球地壳运动的分布是很不均匀的，主要集中在以下几个板块边界带上：

(1) 环太平洋带。从西太平洋的新西兰向北新喀里多尼亚、伊里安、菲律宾、中国台湾、日本、千岛群岛，到阿留申群岛，再沿北美西侧的海岸山脉到南美的安第斯山脉。

(2) 地中海—印度尼西亚带。从地中海诸山脉（阿尔卑斯、喀尔巴阡山脉、阿特拉斯山脉）往东经高加索山脉、兴都库什山脉、喜马拉雅山脉、横断山脉，在马来群岛和巽他群岛与环太平洋带相连。

(3) 大洋洋脊及大陆裂谷带。太平洋、印度洋和大西洋洋中脊，以及大陆裂谷如东非裂谷和红海裂谷。

中国的西部在地中海—印尼带上，中国东部沿海、中国台湾位于环太平洋带上。这些地区地壳运动剧烈，表现为地震活动比较发育。

五、地壳运动的周期性

古生代（6 亿年前）以来，地球出现过 3 次全球性的剧烈地壳运动（以水平运动为主的造山运动，形成巨大的褶皱山系），以 2 亿年为周期。

第二节 板块构造学说简介

一、活动论和固定论的争论

20 世纪前，人们对地壳活动的认识仅限于地壳的升降运动，没有认识到地壳会发生大规模长距离的水平运动。但到了 20 世纪初，活动观点逐渐萌芽。1912 年德国科学家魏格纳根据大西洋两岸弯曲形状的相似性，提出了大陆漂移的假说。活动论与固定论展开了 20 多年的激烈论战。大陆漂移学说的主要证据不只是大西洋两岸的海岸线相互对应，在大西洋两岸的美洲和非洲、欧洲在古生物地层、岩石、构造上，也有非常好的对应关系，表明地质历史上大西洋两侧的大陆曾相连接。固定论反对大陆漂移的主要论据，是对地壳发生漂移的地球物理学机制的质疑：长距离漂移的大陆，其轮廓保持不变表明大陆是在近于刚性的条件下发生漂移的，而刚性岩石之间的摩擦力之大是难于克服的。1936 年，魏格纳在地质考察中以身殉职，活动论就此沉寂了 20 多年。但这期间及其后地球物理和地质学的一些重大发现，逐渐给人们重新认识地壳运动提供了事实。

二、活动论的再兴起——板块构造学说的提出

软流圈的确认，使地质学家对地球的圈层结构有了一些新的认识。在 70～250km 深度的位置上有一个横波 S 波的低速层，科学家们因此推测该层物质的塑性程度较高，在动力的作用下可以发生缓慢流动，并称之为软流圈。在软流圈之上的上地幔的坚硬部分和地壳则合称之为岩石圈。软流圈的存在使得大陆以岩石圈板块的形式在软流圈上的漂移成为可能，原来的难以克服的摩阻力问题得到了解决。

洋底地形测量发现了分布于世界各大洋洋中脊体系，这里火山和地震活动频繁。洋底玄武岩的年代和古地磁研究发现，洋脊在不停地向两侧扩张。在太平洋四周远离洋脊的大陆边缘，同样发现一些剧烈的火山地震活动带。地震研究表明，在这里，大洋地壳俯冲到

大陆地壳之下，从而形成一个倾向大陆、深入地幔的发震带。岩石圈的大规模水平运动是客观存在的，这一事实在 20 世纪 60 年代已经得到了地质学家的普遍认同。

如果把环太平洋构造带、特提斯构造带、大洋中脊带这些全球规模的，也是地球上最活跃的火山、地震带表示到地图上，再辅以合适的转换断层，地球表面便被自然地划分为若干块体，即板块。岩石圈板块是刚性的，板块内部是相对稳定的。板块之间的相互作用主要集中在板块边界上，经常发生火山喷发、地震、岩层的挤压褶皱及断裂，这里是地壳运动剧烈的地带。

三、板块的边界类型

板块的边界有 3 种类型：离散型边界、汇聚型边界和转换型边界（图 3-2）。

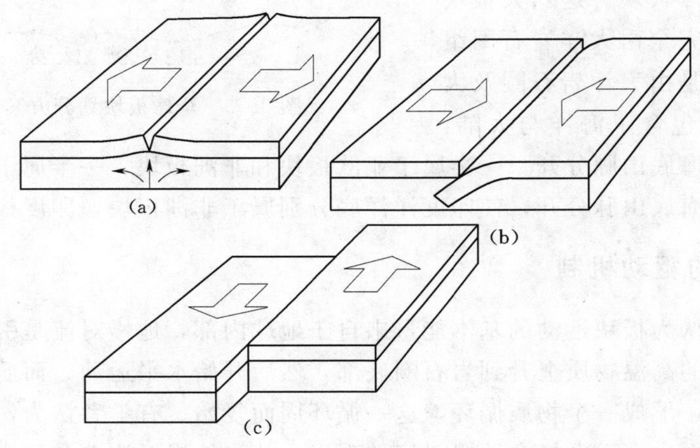

图 3-2　板块边界的类型

(a) 离散型边界；(b) 汇聚型边界；(c) 转换型边界

1. 离散型边界

在洋中脊及大陆裂谷地区，板块在这里向两侧分离，以拉张作用为特征，地幔的玄武质岩浆从这里上升沿着拉张裂隙侵入或喷出。这些岩浆冷却之后成为岩石圈板块的一部分。所以这里也是岩石圈新生（增生）的地方。

东非裂谷被认为是沿初期离散型板块边界形成的，以裂谷及火山活动为特点，进一步发展成为红海裂谷那样，红海裂谷几乎使沙特阿拉伯完全从非洲分离出去。

2. 汇聚型边界

汇聚型边界两侧的板块相向运动，形成强烈的挤压，它以岩浆作用和构造变形变质作用为特征，相向运动的结果表现为两种形式：俯冲型边界和碰撞型边界。

当大洋板块和大陆板块相遇时，通常密度较大的大洋板块会俯冲到密度较小的大陆板块之下，消减熔入软流圈。俯冲作用通常会形成海沟、岛弧、弧后盆地的地貌组合。环太平洋构造带是俯冲型边界的典型代表。

当两块大陆板块相遇时，两者相互挤压，以变形缩短和岩浆作用为主，并最终“焊接”在一起，在板块的结合处形成一系列的山脉。这里是原来分离的两块大陆缝合起来的地方，所以也称为缝合线。以喜马拉雅山为代表的特提斯构造带是碰撞型边界的代表。

3. *转换型边界*

转换型边界位于相邻板块相互错动的地方，表现为转换断层。转换型边界两侧板块相对运动的方向与边界平行，这里没有物质的增生和消减。

四、板块划分方案

根据全球规模的构造带分布所构成的自然边界，岩石圈中主要由六大板块（图3-3）构成：亚欧板块、非洲板块、印度洋板块、美洲板块、南极洲板块、太平洋板块。这六大板块中，太平洋板块完全由大洋岩石圈组成。其他板块都是由大洋岩石圈及大陆岩石圈组成，包含了海洋与大陆：大西洋由洋中央海底山脉分开，一半属于亚欧板块和非洲板块，一半属于美洲板块。印度洋也由人字形的海底山脉分开，使印度洋洋底分别属于非洲板块、印度板块和南极板块。

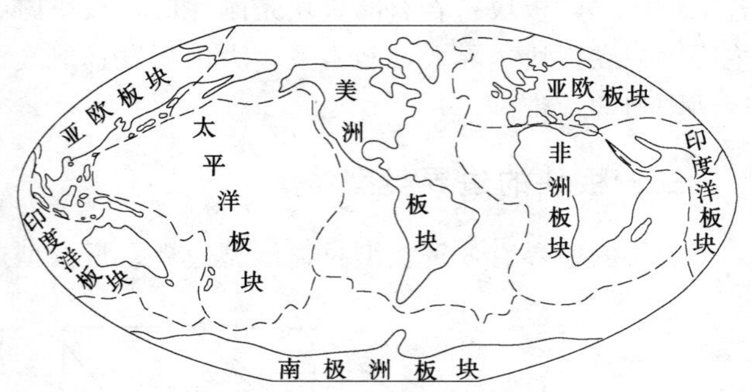

图3-3　全球板块划分方案示意图

五、板块的驱动机制

大多数学者认为板块运动的基本能量来自于地球内部，地幔对流是引起板块运动的根本原因。地幔内的高温物质上升到岩石圈底部，然后开始水平运动，而后冷却下沉到地幔深处再加热上升，形成一个物质循环，这一循环周而复始。有学者认为，地幔对流主要发生在地幔上部。而也有学者持全地幔对流的观点，认为地幔对流涉及整个地幔，其热源来自地球外核。

地幔对流引起岩石圈裂解，地幔热物质在洋中脊处上升。由于地幔的对流运动，使得漂浮在它上面的板块也被带动向洋中脊两侧各自做分离的运动。岩石圈板块被一直传送到地幔对流环下沉的海沟岛弧处，进而沿海沟带俯冲下沉，又回到高温的地幔层中消失。

第三节　地　层　年　代

人类很早就开始思索天地、宇宙的年龄，但长期以来，仅限于神话幻想。18世纪以来，人们才开始对地球年龄做了一些科学的探索。

有人根据地球原始炽热的假说，用试验和计算的方法，推断地球从原始炽热状态冷却到现在状态的时间；也有人根据地月潮汐假说，推算地月系统的年龄；还有人根据海洋中的含盐量和河流的输盐量来推算海洋的年龄。值得一提的是，1893年，Reede根据沉积速度来推算，寒武纪至今约6亿年（沉积速度1cm/1000年，寒武纪至今沉积物总厚度为60km）。

这些不同的方法得出的结论差异很大，同样的方法也会得出差异很大的结果。这是因为一些地球形成假说还有待于证实，有些相关的地质过程中的影响因素是变化的和未知的：如海洋中陆源的盐量，受气候影响很大；海底火山也携带大量盐类；另外海洋中的盐类也在时刻发生沉积。这些过程变化很大。所以需要一种影响因素少、可靠的时间量尺，如树木的生长纹理。

20世纪前，人们虽然对地球以及地球上某一地层或岩体的绝对年龄无法确定，却做了大量的工作确定地壳上地层或岩体的形成顺序，即它们的相对年龄或相对地质年代。这些工作的依据是一种“将今论古”的思想：以我们现在看到的地质现象和规律为依据，认识远古时的地质作用现象和规律。

一、相对地质年代的确定方法

1. 地层学方法

丹麦人斯坦诺以直观方法建立了地层学三定律：叠覆定律、原始连续定律和原始水平定律。其含义是：地层未经变动，则上新下老；呈连续体，逐渐减薄或尖灭；呈水平或大致水平状态。

依此原理，可以在同一地区确定不同地层的相对新老，也可追索地层到不同地区。从而确定不同地区间地层的同时性和相对新老。

这个方法不仅适用于沉积岩，也适用于喷出岩浆岩。

2. 古生物（地层）学方法

岩石地层自身会携带生命演化的信息：古生物化石。生命随着水来到地球，由简单到复杂、低级到高级演化。这个过程记录在各个地质时期从下到上的地层中，以生物遗体或遗迹的形式保存在其同时代的沉积物中，变成化石。地质学家发现，在从下到上的地层中，古生物在不可逆地演化，相同的物种生活在大体相同的时代里，主要物种在全球各地的地层中都保存了化石。

有了古生物化石，无需追索，便可以把全世界任何一处的地层纳入一个有先后次序的演化系列中。

二、绝对地质年代的确定方法

19世纪末，人类发现了放射性同位素。放射性同位素的蜕变过程极其稳定，不受物理化学环境的影响。根据岩石中某种放射性同位素及其蜕变产品的含量，确定的其形成至今的实际年龄，称之为绝对年代。

同位素地质年龄方法是一门很专业的学科。如果想知道一块岩石的年龄，可以采用同位素的方法。

迄今为止，人类在地壳中发现最古老的岩石约为42亿年。

三、地质年代表

地质学家（主要是欧洲和北美）经过大约100多年的岩石地层、古生物地层研究，建立了一个包含十几个系的地质演化系列。这些工作主要是在19世纪完成的，在20世纪继续得到补充和完善，尤其是对前寒武纪的认识，并通过同位素地层方法确定了其相应的绝对年龄，形成一个地质年代表，见表3-1。表中，宙、代、纪、世是年代地层单位，宇、

表 3-1　地质年代表

宙（宇）	代（界）	纪（系）	世（统）	纪起始时间/百万年	主要生物及地质演化
显生宙	新生代 Kz	第四纪 Q	全新世 Q_4		哺乳动物仍占主导地位，人类出现；北半球多次冰川活动
			更新世 Q_3 Q_2 Q_1	2.4	
		新第三纪 N	上新世 N_2		陆地上哺乳动物为主，昆虫和鸟类都大大发展。被子植物兴盛； 印度板块于始新世碰撞到亚洲大陆上，非洲板块也靠向欧洲板块。渐新世开始全球造山运动，逐渐形成现代山系
			中新世 N_1	23	
		老第三纪 E	渐新世 E_3		
			始新世 E_2		
			古新世 E_1	65	
	中生代 Mz	白垩纪 K	晚白垩世 K_2		脊椎动物鱼类、两栖类和爬行类得到大发展。晚三叠世出现哺乳类，侏罗纪出现始祖鸟。白垩纪末恐龙灭绝； 裸子植物松柏、苏铁和银杏为主。被子植物出现； 晚三叠世，统一大陆分裂。古特提斯洋、古大西洋和古印度洋开始发育。印度大陆从南半球漂向亚洲大陆
			早白垩世 K_1	135	
		侏罗纪 J	晚侏罗世 J_3		
			中侏罗世 J_2		
			早侏罗世 J_1	205	
		三叠纪 T	晚三叠世 T_3		
			中三叠世 T_2		
			早三叠世 T_1	250	
	古生代 Pz　晚古生代 Pz_2	二叠纪 P	晚二叠世 P_2		脊椎动物在泥盆纪开始迅速发展。石炭纪开始出现两栖类和爬行类。陆上植物迅速发展，裸蕨类极度繁荣，还有少量石松类、楔叶类及原始的真蕨类植物。昆虫出现； 二叠纪末期发生了生物大量灭绝事件； 古生代末，南半球冈瓦纳大陆和北半球各大陆联合而成的劳亚大陆连接，形成称为潘加亚的统一大陆
			早二叠世 P_1	290	
		石炭纪 C	晚石炭世 C_3		
			中石炭世 C_2		
			早石炭世 C_1	350	
		泥盆纪 D	晚泥盆世 D_3		
			中泥盆世 D_2		
			早泥盆世 D_1	405	
	古生代 Pz　早古生代 Pz_1	志留纪 S	晚志留世 S_3		寒武纪开始出现带骨骼的生物：三叶虫、笔石和腕足类等；中奥陶纪出现珊瑚；志留纪出现原始的鱼类——棘鱼。植物主要是海洋中的藻类，志留纪末期陆地上出现裸蕨类。南半球各大陆加上印度半岛联合形成冈瓦纳大陆，北半球几个分开的大陆板块发生着碰撞和合并。北美板块与欧洲板块合并；古西伯利亚和古中国之间逐渐接近。奥陶纪晚期，又出现一次大冰期
			中志留世 S_2		
			早志留世 S_1	435	
		奥陶纪 O	晚奥陶世 O_3		
			中奥陶世 O_2		
			早奥陶世 O_1	480	
		寒武纪 ∈	晚寒武世 $\in_3$		
			中寒武世 $\in_2$		
			早寒武世 $\in_1$	570	
元古宙	新元古代 Pt_3	震旦纪 Pt_3（Z）			藻类大量发育，生物更多样化。震旦纪出现放射虫、海绵、水母、环节动物、节肢动物等； 古元古代后，所有的陆壳聚集在一起形成的大陆开始解体。震旦纪发生全球性冰期
		青白口纪 Pt_3q		1000	
	中元古代 Pt_2	蓟县纪 Pt_2j			
		长城纪 Pt_2ch		1700	
	古元古代	Pt_1		2600	
太古宙	新太古代	Ar_2		>3800	出现藻类和菌类，最古老的生物遗迹为 32 亿年
	古太古代	Ar_1			

界、系、统是相对应的岩石地层单位。

四、地层接触关系

由于地壳运动和岩浆作用，在地质历史上各种地质体的形成，有时连续，有时间断，有依次叠置，也有变动穿插。相互接触的两个不同地质体之间不但具有先后关系，还存在着特定的地质作用过程将它们联系起来，称之为接触关系。

1. 沉积岩之间的接触形式

(1) 整合。整合是指上下两套沉积地层产状一致，且是连续沉积的，即在空间上和时间上都是连续的。

(2) 假整合。假整合又称平行不整合。上、下两套岩层之间产状一致或基本一致，但两者之间有一明显的沉积间断（图 3－4）。这表明在较老的下伏地层沉积后，该地区的地壳曾经上升，经受侵蚀后又下降重新接受沉积。有时在两套地层之间发育有一个风化壳，或在上覆底层的底部发育有含下伏岩石碎屑的底砾岩。岩层中的沉积间断面称为平行不整合面或假整合面，如我国华北地区中石炭系砂页岩直接覆盖在中奥陶系石灰岩之上，中间缺失上奥陶系、志留系、泥盆系和下石炭系。

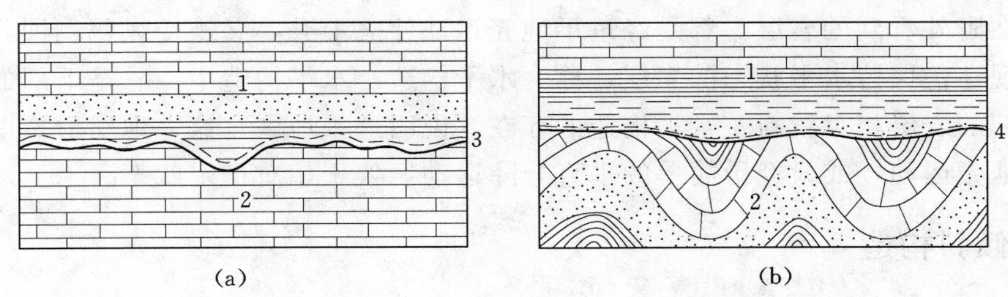

图 3－4　地层假整合和不整合

(a) 假整合；(b) 不整合

1—上覆地层；2—下伏地层；3—假整合面；4—不整合面

(3) 不整合。不整合又称角度不整合。下伏地层与上覆地层底面呈一定角度相交，两套岩层之间有明显的沉积间断面（不整合面）（图 3－4）。两套地层在空间上不协调，在时间上不连续。这表明在时代较老的地层形成后，曾发生过强烈的地壳运动，使得这部分地层的原始水平状态发生了改变。后来地壳重新下降接受沉积，新地层水平地沉积在倾斜的下伏老地层之上。如我国华北长城系底部石英砂岩与下伏的太古界片麻岩之间，普遍存在角度不整合。

2. 岩浆岩的地层接触关系

(1) 侵入接触。如图 3－5 所示，老岩体形成后，岩浆岩侵入其中，在围岩中冷凝，同时对围岩烘烤。岩浆岩和围岩之间的这种接触关系称为侵入接触。侵入岩浆岩体的时代晚于围层。

(2) 沉积接触。如图 3－5 所示，侵入岩已先形成（在围岩中），后地壳上升，地表遭受剥蚀使得侵入岩浆岩（和围岩一起）被揭露于地壳表面，此后地壳重又下降，新的沉积层将其覆盖，两者时间的接触关系称为沉积接触。在这里，岩浆岩的时代早于上覆岩层。

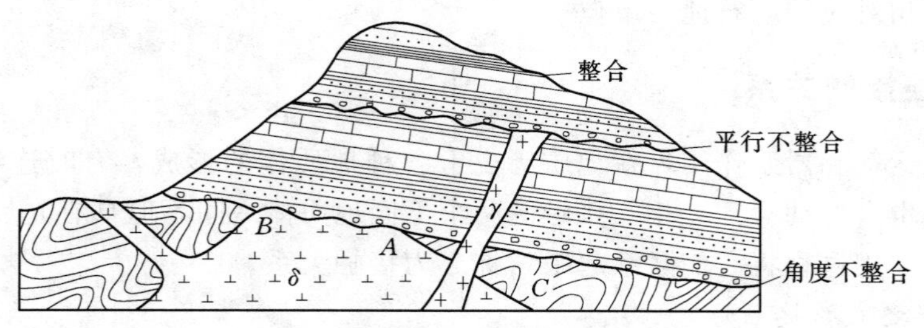

图 3-5　地层接触关系示意图

AB—沉积接触面；*AC*—侵入接触面；δ—侵入岩体；γ—岩脉

第四节　水平构造、倾斜构造、褶皱构造和断裂构造

一、水平构造

从远古的地球地质历史早期，直到现在，海洋、湖泊及低洼盆地上一直发生着沉积作用，沉积物从下向上一层一层地叠置形成。沉积层的原始状态都是水平或近于水平的。

我们在野外看到的岩层，都是经过了地壳运动使之上升，又遭受风化剥蚀，才出露在山上的。现在仍保持水平状态的岩层，称为水平构造。水平构造中，总是下部的岩层相对较老，上部的岩层相对较新。水平构造的存在，说明这一地区自这一地层形成以来，未发生剧烈的地壳运动，或只经历简单的垂直升降运动，处于相对稳定状态。

二、倾斜构造

原来水平状态的岩层，在地壳运动的作用下，发生倾斜，造成岩层层面与水平面之间具有一定的夹角，称为倾斜构造。倾斜构造可能是地壳不均匀升降造成的，大部分是水平挤压使岩层弯曲而在局部表现出倾斜现象。

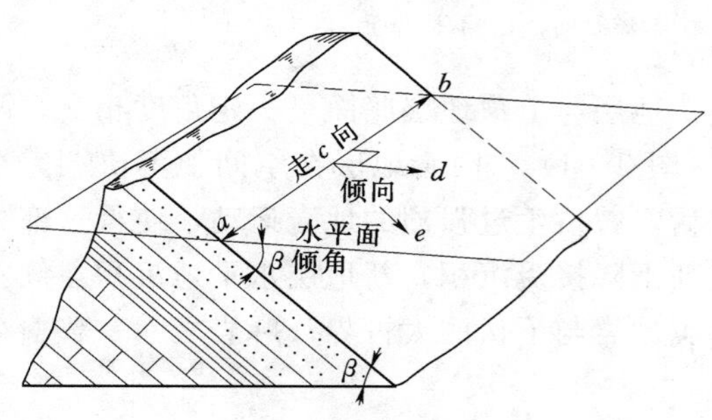

图 3-6　岩层的产状要素

ab—走向；*cd*—倾向；β—倾角

岩层层面的空间状态称为产状，产状是以走向、倾向和倾角三要素来表示的（图 3-6）。

（1）走向。倾斜岩层层面与任一假想水平面的交线称为走向线，走向线两端的延伸方向即为走向，因此走向总是有两个方向。习惯上用方位角表示走向，如 NE30°或 SW210°。走向表示岩层出露地表的延伸方向。

（2）倾向。岩层面上垂直于走向线并沿层面向下的直线称为倾斜线，倾斜线在水平面上的投影所指的方向即为倾向。倾向也用方位角表示，但倾向方位角只有一个（且与走向垂直）。如上述走向的岩层若向南东倾，则可表达为倾向南东（SE）120°，若向北西侧，则可写作倾向北西（NW）300°。

（3）倾角。倾斜的层面与水平面的夹角称为倾角。

岩层层面的产状要素可以用地质罗盘测得，常见的产状表达格式为：走向 NE30°（或SW210°）、倾向 SE，倾角 70°。

三、褶皱构造

褶皱构造是地壳上广泛发育的地质构造形态之一。它在层状沉积岩中最为明显，在片状、板状岩层中也有存在，而在块状岩体中则很难看到。

（一）褶皱构造的类型及特征

1. 褶皱构造的基本类型

岩层褶皱构造的形态是多种多样的，有的舒缓、有的紧密、有的对称、有的不对称。但其基本的形式只有两种：背斜和向斜，如图 3－7 所示。一般说来，背斜是向上拱起的弯曲，两翼岩层相背倾斜；向斜是向下凹的弯曲，两翼岩层相向倾斜。在一系列连续的褶皱中，背斜与向斜常常是并存相依的。

2. 褶皱要素及形态分类

为了描述一个褶皱的形态和产状特征，需要区分褶皱各个组成部分，称为褶皱要素（图 3－8）：核——褶皱的中心部分；翼——核部两侧的岩层；转折端——褶皱岩层两翼相互过渡的弯曲部分；枢纽——转折端弯曲的最大曲率处称为枢纽；轴面——褶皱中各岩层的枢纽经常位于同一个平面，称为轴面。

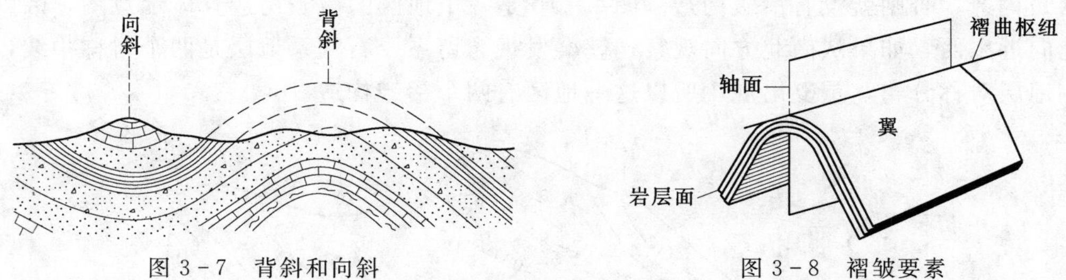

图 3－7　背斜和向斜　　　图 3－8　褶皱要素

褶皱的分类方案很多，其中最常见的是根据褶皱轴面产状的分类（图 3－9）：

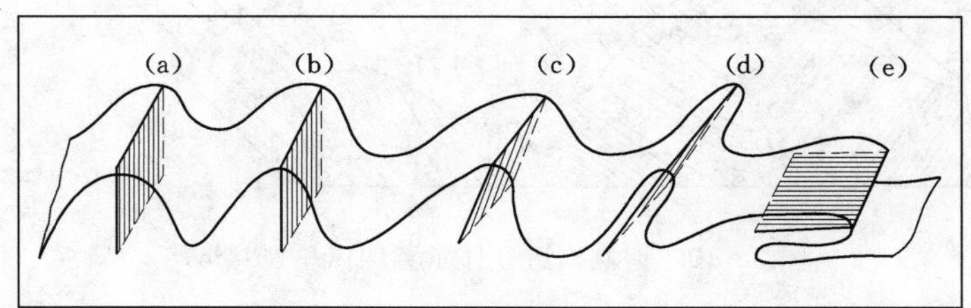

图 3－9　褶皱根据轴面产状的分类

（a）对称褶皱；（b）不对称褶皱；（c）倾斜褶皱；（d）倒转褶皱；（e）平卧褶皱

（1）对称褶皱。褶皱轴面直立，两翼岩层的形态成对称分布。

（2）不对称褶皱。褶皱轴面直立，两翼岩层的形态呈不对称分布。

（3）倾斜褶皱。褶皱轴面倾斜。

(4) 倒转褶皱。褶皱中有一翼岩层发生倒转。

(5) 平卧褶皱。褶皱的轴面呈近水平状态。

褶皱的弯曲形态与地形的起伏不一定是一致的，背斜的位置未必是山，向斜的位置未必是谷。陆地地表的高低起伏是风化、剥蚀作用的产物，岩体内部的薄弱带是控制地形细部格局的主要因素，而地表水则在漫长的地质历史中完成着雕刻地形的工作。通常一系列的背斜和向斜对地形起伏并不产生明显的影响，有时还能见到向斜成山，背斜成谷。

当在褶皱的冀部有许多次一级的小背斜和向小斜组成的复杂大背斜或大向斜时，它们则分别称为复背斜或复向斜。

(二) 褶皱构造的野外识别

在野外识别褶皱构造时，不要把褶皱构造和现代地形混同起来，即不能把高山看作为背斜，又不能把河谷低地看作为向斜。因为褶皱在形成以后，一般要遭受风化剥蚀作用，背斜轴部由于张裂隙发育，易于风化剥蚀，因此，这里反面可能形成河谷低地，面和斜轴部则可能形成高山。

在野外，除了一些岩层出露良好的小型褶皱，可以直接观察到它的完整形态外，多数褶皱则因其分布广泛，外形遭到破坏，或因岩石出露情况不好，无法看到它的完整形态，这时应按下述方法进行观察分析：

首先，应沿垂直岩层走向的方向进行观察。当岩层重复出现对称分布时，便可以肯定有褶皱构造，否则就没有褶皱构造。图 3-10 是一个地区的褶皱构造立体示意图，区内岩层走向近东西，如果从南北方向观察，就会发现志留系及石灰系地层是两个对称中线，其两侧地层对称分布，重复出现，所以这一地区有两个褶皱构造。

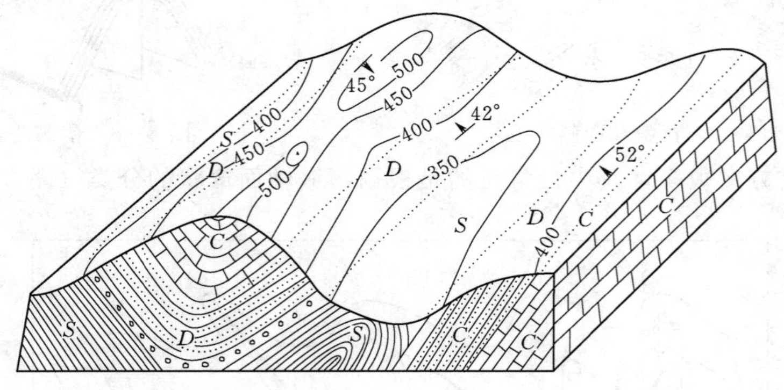

图 3-10 褶皱构造立体示意图（单位：m）

其次，再分析岩层新老组合关系。如果老岩层在中间，新岩层在两边是背斜；如果新岩层在中间，老岩层在两边则是向斜。上述地区中，南部那个褶皱构造，中间是老岩层（S），两边是新岩层（C 和 D），因此，是个背斜；北部的褶皱构造，中间是新岩层（C），两边对称分布的是老岩层（D 和 S），所以是个向斜。

最后，还要分析岩层产状。如果两翼岩层均向外倾斜或向内倾斜时，倾角大体相等者，为直立背斜或向斜；倾角不等者，则为倾斜背斜或倾斜向斜；若两翼岩层向同一方向倾斜者，则为倒转背斜或倒转向斜。上述地区中的向斜，两翼岩层向内倾斜，倾角相近，所以是一个直立向斜；背斜中两翼岩层产状均向北倾斜，因此，是一个倒转背斜。

四、断裂构造

岩体在地壳运动的力的作用下，会发生变形。但是岩石承受变形的能力是有限的，当变形超过岩石的变形极限（受力超过岩石的强度）时，岩石的连续性完整性将会遭到破坏，产生断裂。岩层断裂后，如果断裂面两侧岩体没有发生显著的相对位移，称为裂隙（节理）；如果断裂面两侧岩体发生了显著的相对位移，则称为断层。

即使是整体上连续变形，比如挤压作用形成褶皱，同时也必然发生局部的，细微的不连续变形，比如裂隙。

1. 裂隙（节理）

除疏松的现代沉积外，所有的岩石中都有裂隙，它们大多是地壳运动造成的，按照其力学性质可分为张裂隙、剪裂隙和劈理。

张裂隙：岩石受拉张应力破坏而产生的裂隙。它具有张开的裂口，裂隙面粗糙不平，延伸一般不远，产状不甚稳定。张裂隙如通过坚硬的砂岩砾岩，裂隙面往往绕过砾石和砂粒，呈现凹凸不平状。

张裂隙普遍存在于岩体中，如在褶皱构造曲率较大的转折端外缘往往有张裂隙伴生，分层显著的脆性沉积岩（如石灰岩）层及火成岩脉中常发育横向的张裂隙。有时张裂隙被方解石脉、石英脉所充填。

剪裂隙：岩石受剪切破坏产生的裂隙。它一般是闭合的，裂隙面平直光滑，延伸较远，产状稳定。砂岩和砾岩中的剪裂隙，裂隙面往往切穿砾石或砂粒。

常见数条产状一致、规模相当的剪裂隙成组出现，有时两组交叉呈 X 形。

生活环境中我们能够看到一些张裂隙，如木头上的裂缝、墙上的裂缝、大地上的裂缝；但在生活环境中一般看不到剪切裂隙。

在遭受强烈挤压的岩体中，还发育一种大致平行的细微而密集的构造裂隙，称为劈理。泥质沉积岩在强烈挤压作用下，形成细密的板状劈理，便变成了另外一种岩石——板岩。

在岩体中，裂隙是普遍存在的，比如每米范围出现几条裂隙是很普遍的现象。

岩石中的裂隙不全是因地壳运动而形成的构造裂隙。也有在岩石成岩时及在出露地表后受外动力地质作用形成，即原生（成岩）裂隙和次生裂隙。

原生（成岩）裂隙：岩石在形成过程中产生的裂隙。如玄武岩中的柱状节理，是玄武岩冷凝收缩产生的。沉积岩中的泥裂，是沉积物受日晒失水收缩形成。还有沉积岩的层理，是在沉积和成岩过程中形成的。

次生裂隙：地表岩石由于风化、边坡变形破坏等造成的裂隙。如大块花岗岩体上由于温度变化产生的层状剥离；岩坡变形下滑作用造成的拉张裂隙。人工爆破形成的裂隙。

2. 断层

岩体破裂，破裂面两侧岩体发生显著位移错动，形成断层。

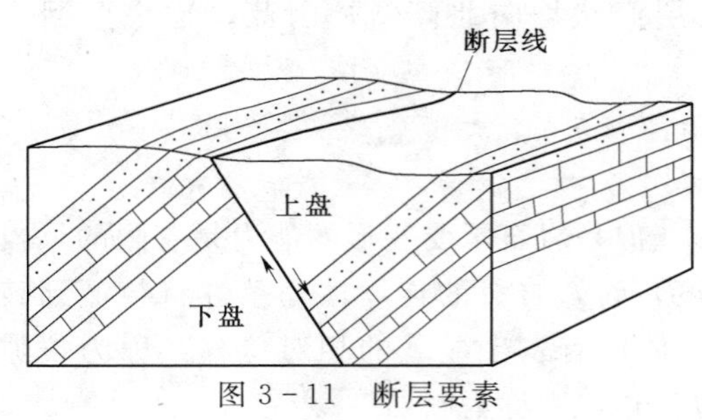

图 3-11 断层要素

断层各组成部分的名称叫断层要素（图 3-11），主要的断层要素有断层面、断层两盘（断盘）。

断层面为岩体发生断裂位移时相对滑动的断裂面。断层面在地表的出露迹线称为断层线。

有的断层面是比较规则的平面，但多数是波状起伏的曲面。有时，不是沿着一个简单的“面”发生破裂位移。而是沿着一个“带”。其中发育着一系列密集的破裂面，或者杂乱充填着由于断层的运动而破碎和碾细的两侧岩石的碎块和粉末，称为断层带或断层破碎带。断层破碎带的宽度有的几厘米、有的几米、几十米，甚至更宽。

断层两侧的岩体称为断盘。断层面如果是倾斜的，位于断层面上面的断盘称为上盘，位于断层面下面的断盘称为下盘。对于有相对上下移动的断层而言，相对上升的一盘称为上升盘，相对下降的一盘称为下降盘。

根据断层两盘岩体相对移动性质，可将断层分为正断层、逆断层和平移断层（图 3-12）。

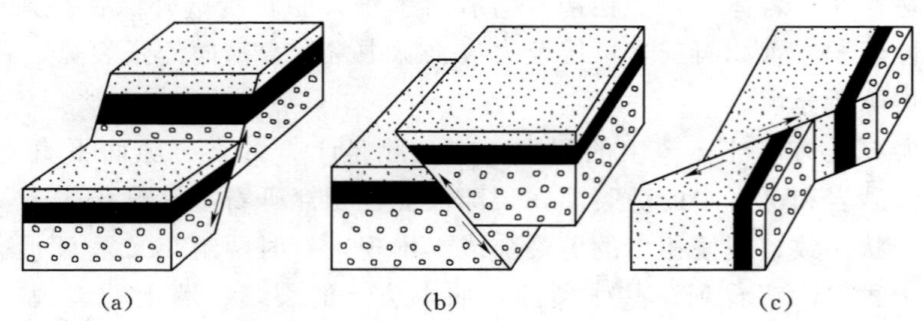

图 3-12 断层类型示意图

(a) 正断层；(b) 逆断层；(c) 平移断层

正断层：上盘相对下降、下盘相对上升的断层。

逆断层：上盘相对上升、下盘相对下降的断层。

平移断层：断层两盘沿断层面在走向上（水平方向）发生相对位移，而无明显上下位移的断层，也称走滑断层。

正断层主要是水平拉张作用形成的。正断层的断层面通常较陡，其倾角多大于 45°。断层面附近的岩石较少有由于挤压造成的变形及破坏现象，断层带一般不宽。逆断层主要是水平挤压作用形成的，常造成较宽的挤压破碎带。

正断层有时成组出现，构成一定的组合：如几条产状大致相同的正断层并列起来，上盘作阶梯状下降。形成阶梯状断层（图 3-13）；逆断层也可能平行重叠出现，形成一连串上盘依次上推的叠瓦式构造（图 3-14）。

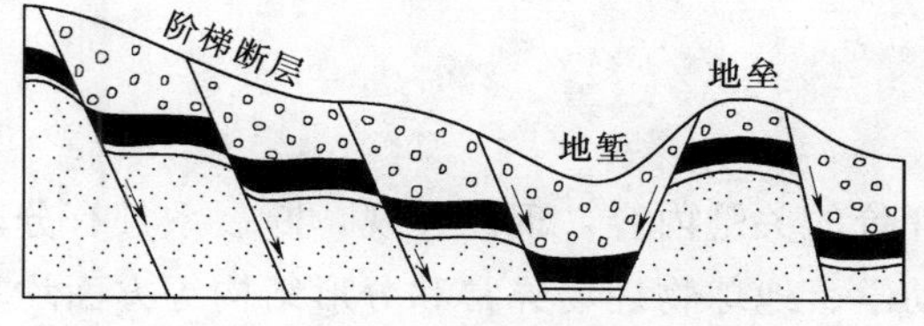

图 3-13　地垒、地堑及阶梯状断层

图 3-14　叠瓦式构造

若两条或两组走向大致平行的正断层，断层面相向倾斜，中间部分岩体相对下降，形成地堑（图 3-13）；如果两条成两组走向大致平行的正断层，断层面相背倾斜，中央部分岩体相对上升，则称为地垒（图 3-13）。地壳中的大型地堑常造成狭长的凹陷地带，如东非大地堑南北延伸长达 6000 多 km。大型地垒多构成块状山地，如天山、阿尔泰山都具有地垒式构造。

在野外，断层面上常见滑动摩擦留下的擦痕，断裂带内常见发育有动力变质岩。在地貌上，较新的断层有时会留下断层崖、断层三角面（图 3-15）。现代的许多沟谷是沿着大断裂发育的。

图 3-15　断层三角面

断层是一个极有意义的构造地质现象。工程应用上，断裂面（带）是岩体的不连续面，力学性质薄弱，也是地下水的活动通道。断裂破碎带也能够成储水空间。

第五节　区域地壳稳定性研究的发展方向

区域地壳稳定性研究的基本目的包括宏观和微观两个方面。前者为合理进行战略性的国土规划和利用地质环境服务，后者则为具体的重大工程场址的评价与优选服务，因此，它的发展主流可概括为几方面。

一、区域乃至全球活动构造和地壳动力学研究

自从全球板块的划分逐渐得到公认以来，20 世纪 70 年代末美国出版了全球构造活动图。结合 80 年代岩石圈和地球动力学计划的开展，我国也出版了 1：400 万的岩石圈动力学图。中、美、日、俄等国区域断裂活动特征的卫星影像解译已取得很大成绩，尤以日本的工作较为细致详尽。据活动方式和强度，中国的活动断裂系统可以划分为 6 个不同的区域。由此而论，在中国大陆乃至更大范围内总结区域地壳活动规律，建立健全区域地壳稳

定性理论正在成为现实。

二、活动断裂

活动断裂系统的研究是区域地壳稳定性评价的关键内容。现已发现，断裂系具有分段活动特征，同一条断裂的活动在几何学、运动学、地球物理场异常和分形结构等方面均呈现分段性，且不同地区的断裂分段作用特征也不大相同。断裂作用的方式不限于发震或蠕滑，而是具有多重性，它表现为孕震、减震（或称大震免疫性）、隔震和无震蠕滑。活动断裂系的分段性不但为次级块的边界确定提供了基础，更重要的是，不同地段活动性的强弱差异为工程选址奠定了客观基础。对于强震区及高震烈度区，活动断裂系上活动性相对低弱的地段也可能成为满足工程抗震要求的较好场区。

三、古地震学

古地震学方法为活动断裂的量化研究建立了理论基础，它使我们考查断裂的位移量、位移速率、活动年代和地震复发周期成为可能。古地震学（Palaeoseismology）一词是苏联地质学家 V. P. Solonenko（索洛年科）和 N. A. Florensov（弗罗林索夫）于 1956 年提出来的。20 世纪 60 年代他们在贝加尔、高加索、吉尔吉斯和阿尔泰等地区进行了系统的古地震研究，70 年代末就出版了奠基性的著作《大高加索古地震》。

古地震是指史前发生的地震。“史前”是指有人类活动到有文字记载以前，且与人类关系密切的这段时间间隔。虽然古地震的研究尚不能达到非常理想的效果，但它为人类探索地震规律，尤其在历史记载较短的国家（如美国）进行地预报和为工程寻找相对稳定的场址，提供了更有说服力的论据。80 年代以来，我国在这方面取得了可喜的成就。

四、工程观的强化

区域地壳稳定性面临的挑战使得工程地质学者和上部结构工程师必须把区域地壳环境性质与工程设施作为一个体系来考虑。选址和评价的关键问题是如何处理地质数据或结论与工程设计的结合问题。也就是说，工程地质学家和地震工程学家必须解决地质资料的合理量化问题，且量化的结果容易被上部结构工程师所采用。对于一个地区，究竟地壳稳定到何种程度，相应的工程设计原则是什么，将是区域地壳稳定学者追求的重要目标之一。

五、区域地壳稳定性研究的新观念

目前，从更广泛的领域和全新的观点来探讨制约区域地壳稳定性的因素已逐步兴起，如分数维理论可用于量化描述断裂和地震的分形结构，耗散、混沌和协同学等已开始成为描述地壳结构及其动态之自组织过程并探讨其内部相关性的有力工具。最终将为工程“安全岛”的确定开辟新的道路。

但是，问题仍是存在的，例如，分数维理论尚不能描述断裂的活动性质及其深部延展情况，其他非线性科学如突变理论等的应用也还停留在物理模式探索阶段。

第六节 活动断层工程地质

一、工程评价中的活断层的含义和特性

地质历史中多次地壳运动中在大地上形成了无数的断裂，其中大部分已经活动很微弱或者停止了活动。而在现代构造体系中，一些断裂仍在强烈活动着。现代地壳运动在全球表现出明显的不均匀性，集中发生在现在的板块交界地带。但大陆板块内部，并不是真正的没有变形的刚体，仍然发生着升降和水平活动。这种活动在大部分区域仍表现为缓慢平和的，而在局部地区则会表现为较快速的变形，甚至发生瞬间的急促活动，造成天然地震。

活动断层是指晚第四纪和现在正在活动，未来一定时期内仍可能发生活动的断层。研究表明，地震和许多地质灾害常与活动断层密切相关。活动断层产生的变形积累和应力集中是发生天然地震的重要原因之一。活动断层被认为是埋在地下的“不定时的炸弹”。

大量的震例表明，活动断层不但是地震孕育场所，而且地震时沿发震断层线的破坏最为严重。如：1976 年中国唐山地震、1995 年日本阪神地震的重灾带都集中在发震断层沿线。同时大地震又能诱发边坡失稳、地基变形和位移等次生地质灾害。

中国是一个多地震的国家，地震活动频度高、震级大，地震灾害严重，历史上有许多大、中城市，如北京、天津、西安、银川、唐山等，均遭遇过破坏性地震的袭击。22 个省会城市均位于地震基本烈度不小于Ⅶ度的高烈度区。很多大、中城市的城区范围内都已发现活断层存在的迹象。

活断层不但是天然地震的根源，活断层的缓慢活动还直接产生地表的压张和错断变形，破坏人工构筑物。活断层直接威胁工程设施和城市建设的安全。所以，在大型工程设施，如超高建筑，大型桥梁、隧道，大中型水库、核电站、高速公路、地下铁道、国际机场、重要广播电视发射台、重要通讯枢纽，大型化工厂等进行规划设计时，必须关注可能的活断层的存在，准确地探测和研究活断层位置及其活动性质。活断层的研究成为地震危险及工程安全性评价的重要内容，对工程建设和城市的防震减灾意义重大。

我国 GB 17741—1999《工程场地地震安全性评价技术规范》中，定义活动断层（active fault ）为晚第四纪以来有活动的断层。相当于晚更新世（Q_3）（10 万年）以来，特别是全新世（1 万年）以来有过位移活动。欧美在核电站选址中，把 3.5 万年以来仍在活动的断层称为活动断层，在地质年代中相当于第四系 Q_3 上。这些晚第四纪以来有过活动的断层，在未来工程使用期（100 年）内仍有可能活动。这类断层往往是沿袭先存断层面发生突然错动或缓慢蠕动使上覆第四纪新沉积物及其他地物标志发生相对位移。

这样的推断是基于这样的认识：我们认为一个地区、一个断裂的构造活动强度在地质演化历史中有相对的持续性，因此我们可以用工程使用年限 100 倍时间历史（10 万年）中断层活动的情况，来推测其未来工程使用年限中的活动性。

二、活动断层判别标志

通常情况下，活断层具地理地貌、地质地层标志、地震及地球物理等有关标志，这些

标志在活动断层带上表现得最为明显和集中。评价断层的活动性就是使用不同的方法寻找这些标志，并对其进行分析。在这些标志中，地质地层标志即第四系 Q_3 及以上地层内断层的存在，或者直接量测到断层的位移，是最可靠的标志。

活断层的地质研究包括：①断层出露的位置产状、规模；②断层运动性质及活动时代；③断层滑动速率；④在未来一定时期内断层可能位错量和潜在地震能力的判断的预测等方面。

1. *地球物理及遥感技术方法——地球物理标志*

这主要指航片卫片的分析、微重力测量和航空磁测及地震法等地球物理方法的利用。

（1）航片卫片分析。很多在地表局部用肉眼无法直接看出的地质和地貌现象，在航片中可以很容易识别。如一些清晰、平直线性影像，线性断崖，多条水系的直角转弯、山脊、洪积扇、阶地的被错断、断头河、滑坡分布线，窗棱脊构造等现象都可作为活动断裂可能存在的线索。

卫片解释除目视判读外，利用计算机数字图像处理技术，对卫片进行合成、增强和分类等的处理，可以大大提高分析精度和目视判释的水平，揭示隐伏断裂的存在。

（2）微重力测量和航空磁测。高精度微重力测量是近年来国际上兴起的一种新的测量技术，这主要依赖于重力仪精度的提高。现在微重力测量精度高达 $10nm/s^2$ 量级，可以分辨出微小差异的地下介质密度的变化，利用局部重力和航磁的高异常值带、密集梯度带、正负异常转换部位等资料，可以帮助确定活动断裂的可能位置。

（3）地震法。地震剖面上的清晰的断层图像，基岩陡变带（陡坎、坡折带），能查明基岩断层分布，并根据基岩断层向第四系地层的延伸，可研究断层的活动性。地震方法是评价断层活动性的主要手段之一。

2. *地质研究和槽探方法——地质地貌标志*

这是一种最直接的观测方法，也是对上述研究方法所得到的认识的一种检验手段。它可以了解活动断裂的实际走向、破碎带特性、活动幅度、所错断的最新沉积层，并提取含碳物质的样品以测定同位素年龄、准确判定错动时代和速率。

很多活动断层导致的地质和地貌现象在地表能直接观察到，例如：

（1）地表微地貌陡变带（陡坎、坡折带），特别是崖坡新鲜的断层崖和地震断崖。断层活动所形成的断层崖，在基岩中则多形成三角面山。

（2）溪流、冲沟、阶地、冲积扇的错开。

（3）地下水标志。沿活动断裂出露一系列泉水或断层两侧地下水位高程不同，可成为判定活断层的标志。沿断裂带泉水露头（特别是温泉）数量的增减、流量、水温、水质变化，在排除气候、人为因素影响的条件下，可能与断裂活动有关。

（4）地热异常。地下热水、石灰华沉淀物及地温垂向梯度变化异常沿断裂浅层地温值及基地温梯度异常。

槽探法是由人工揭露断层露头，根据地层的堆积时期和位移形变状态直接查明过去地震活动的时期和位移量的一种研究方法，是活动断层调查的主要方法。

在探槽内直接观察活动断裂带内第四纪松散沉积物的错断现象和局部变形特征。也可以采集定向原状样品进行在实验室内显微构造观察，通过松散沉积物中破裂变形和流动变形现象的研究，获得断层活动的习性及其特点。

与槽探方法类似，近几年有日本学者研制一种专门研究活断层的大地切片装置，可以从深达几十米的地层中挖取出一块原状垂直断面到地表进行观察。这种方法受场地和水文地质条件的限制较小，在槽探的基础上能使调查更详细和更精确。

通过钻探，可以发现活断层两侧第四系沉积相的厚度差别、沉积相分异及不连续性。钻探中发现的第四系中断层泥、断层角砾、节理、错断擦痕、饼状岩芯及破碎带动力变质和热液蚀变现象，也是其活动性的重要标志。

通过现代大地测量，实测断层两侧在垂直方向和水平方向的位移量是判断断层现今活动性的最直接标志。

3. 历史地震与微震观测资料的研究——地震标志

我国地震历史资料丰富，在世界上占据第一的位置。基于构造活动强度稳定性的假定，这些历史地震记载，是我国地震烈度分区的主要根据，也是分析任一特定地区构造活动强度和活动断层活动性的重要线索。通过微震的监测记录，可以判断断层的活动强度和活动趋势。

第七节　全球构造及新构造观

一、研究现状与发展趋势

地球科学研究的对象是一个巨系统，物质、状态、变化过程的时、空、物涉及的范围大，发生的过程不重复，状态条件无法完全在实验室模拟。人类社会对资源找寻的视野越来越大，逐步从地球表层走向深部，从陆地走向海洋，走向近地空间，从单纯地注重矿产资源的找寻逐步转向以可持续发展为目标的资源合理利用与环境保护并重；对自然灾害的研究也从对定性走向定量的监测与预警、预报以及灾情评估于一体的综合研究。

随着社会需求和科学发展不断地提出重大的科学问题以及空间技术信息技术和地球内部探测技术的飞快发展，使过去几十年中地球科学研究发生了重大跨越，即从各分支学科分别致力于不同圈层的研究，进入了地球系统整体行为及其各圈层相互作用研究；从区域尺度的研究，步入以全球视野研究诸多自然现象与难题；从以往偏重于自然演化的漫长时间尺度到重视人类影响过程；把微观机理的研究与宏观研究紧密结合，形成了有机的整体，使地球科学的整体研究进入一个全球构造的时代。

在诸多不同方面积累了大量观测和局部认识的条件下，才有了20世纪60年代“板块构造理论”的诞生。然而，一个突出的现状是，虽然板块构造理论很好地阐释了现今的全球构造，特别是大洋岩石圈的生长机制、运动规律、消亡过程及其效应和动力学。但是，全球大陆岩石圈在地质历史中的复杂行为，使基于大洋岩石圈的“板块构造理论”一些基本概念在“登陆”过程中遇到了许多难以逾越的障碍，特别是在解释大陆远为复杂的物质增生与消减过程以及陆内地质作用等问题上遇到了困难。研究表明，大陆地区与大洋地区至少在上地幔的深度范围内存在巨大的动力学差异，现有的板块构造理论不能简单地搬来解释大陆的动力学过程；并且由于板块构造理论所阐明的主要是岩石圈的运动学，因而人们正在通过向地球深部内层进军，发展从地核到地表整个固体地球系统的全新构造观与动力学新理论。因此无论是从进一步深化板块构造理论还是从发展新的地球动力学理论出发，都有必要把探索大陆动力学和全球构造的本质作为当前和今后一段时期内固体地球科学研究中最重要的课题之一。

概括而言，超大陆的聚合与裂解机制及其相关地质过程关联是当前全球构造研究的代表性领域。研究发现，在泛大陆之前，地球在其形成演化的过程中还存在过多次超大陆的聚合，甚至在地球演化历史中存在过超大陆旋回。

全球构造研究的发展趋势主要体现在以下几个方面。

（1）以整体系统的观念认识地球、强化学科间的交叉与渗透；形成以不同空间尺度、时间尺度的基本地球过程研究为重点，定量化观测、探测和实验研究与动力学研究相统一的研究格局。

（2）在全球构造的框架中认识大陆增生及其相关的地质过程，解剖大陆聚合与裂解等基本地质过程。

（3）在上述背景与发展趋势主导下，大陆动力学、天气、气候系统动力学与气候预测、海洋环流与海洋动力学、地球表层过程与区域可持续发展、全球变化及其区域响应、地球环境与生命过程、日地空间环境与空间天气及相关技术等将成为发展的前沿。

（4）计算机模拟技术、穿越圈层的示踪剂、覆盖全球的信息成为开展地球系统科学研究的重要条件。科学创新的全球化已成必然，全球知识和科技信息资源将成为国际化创新活动的公共平台。

（5）深入理解地球系统各圈层的基本过程与变化及其相互作用，研究全球构造对资源、能源、环境、生态、灾害和地球信息的系统影响等基础问题，为经济、社会的可持续发展提供科学依据。

全球科学家们围绕这些方面开展了系统研究，取得了许多突破性成果。国际岩石圈计划的重点偏向了大陆岩石圈、深部作用过程和动力学。美国国家科学基金会、地质调查所和能源部联合提出并实施了为期 30 年（1990—2020 年）的“大陆动力学计划”。英国自然环境研究委员会在 1994—2000 年的地球科学战略报告中也把大陆动力学列为其专题性重点研究领域。此外，由欧洲 16 个国家针对大陆成因与演化而共同开展的“欧洲透镜”计划从 1992 年开始实施，延至 21 世纪初，其目的是增进对地球壳-幔构造演化和控制随时间演化的动力学过程的理解。然而，欧美的简单的地质特征和记录的不完整性，导致了全球构造研究仍然进展缓慢，诸多重要的问题尚未解决。例如，大陆为什么会聚合？以后这些超大陆又为何发生了裂解？这些超大陆的聚合和裂解如何影响地球的内层动力学，并影响地球的表层环境，最后导致高等生物乃至人类的出现？

我国及邻区是地球上结构和演化过程最为复杂的一块大陆，被公认为大陆动力学研究的最佳场所。我国及邻区不仅记录了微陆块-小洋盆型古板块演化旋回的完整历史，而且拥有全球各个超大陆旋回的关键记录。这些都为大陆动力学的研究提供了得天独厚的天然实验室。因此，一个发展全球构造与新构造观的全新机遇已经出现。立足于全球构造的视野，充分发挥这一地域优势，通过野外实验室与科学钻探、理论与模拟，研究大陆物质组成、结构、演化过程与动力学，并与世界其他大陆开展对比，就有可能在全球构造与新构造观这一国际关注的领域取得突破。

二、相关的科学问题

综上所述，在以后的研究中，与全球构造和新构造观相关的科学问题包括：

（1）超级大陆聚合和裂解与古气候变化的关系（超级大陆聚合导致全球变冷——海平面下降，超级大陆裂解导致全球变暖——海平面上升）。

（2）超级大陆聚合与生物灭绝耦合关系研究（如二叠纪末 Pangea 形成导致地球上90%生物灭绝）。

（3）超级大陆聚合、增生和裂解与超大型矿床形成。

（4）板块构造在地球上何时启动以及第一个超级大陆在地球上何时出现。

（5）Long－Lived 大陆边缘增生与显生宙大陆增生。

（6）壳幔相互作用、超级地幔柱活动与超级大陆裂解。

（7）早—中元古宙 Columbia 超级大陆聚合、增生和裂解及其在华北克拉通上的地质记录。

（8）Rodinia 超级大陆聚合、增生和裂解及其在华南（扬子和华夏）克拉通上的地质记录。

（9）古亚洲洋闭合与 Pangea 超级大陆聚合。

（10）250Ma 后的超级大陆 Pangea Ultima 预期构建及其数字模拟。

第四章　自然地质作用系统

自然地质作用也称为物理地质作用，是指由自然界中各种动力引起的地质作用。如果这些作用危害到工程活动，破坏工程设施，造成生命财产损失，则构成地质灾害。自然地质作用的直接对象是作为建筑基础或建筑材料的岩石和松散沉积物（工程地质学上简称岩土），作用结果是使它们的结构遭到破坏、强度降低，进而影响到建筑物本身。因此研究这些自然地质作用十分重要。本章介绍的自然地质作用有风化作用、河流地质作用、岩溶（喀斯特）、泥石流和地震。

第一节　风　化　作　用

一、风化作用的概念

在日常生活中，常可见到一些古老建筑的石材和砖瓦性能的改变：墓碑字迹模糊；在采石场，可见到出露于地表的岩石一般疏松易碎，往下则为破碎的岩块，到一定深度才是坚硬而完整的岩石。这些都是自然界的风化现象。引起这些现象的根本原因是岩石所处环境的改变。组成地壳的3大类岩石大都形成于地壳深处的高温高压条件下，当这些岩石裸露或接近地表时，其所处的环境也随之发生了巨大变化，岩石要适应这种常温、常压，气温经常变化，大气、水、生物时刻发生影响的环境，其物理状态和化学成分就必须发生某些改变。这种在气温变化、大气、水溶液和生物因素的影响下，使地壳表层的岩石在原地遭受破坏和分解的作用，称为风化作用（Weathering）。岩石经过风化作用后，残留在原地的堆积物称为残积物。被风化的地壳表层称为风化壳。

风化作用是地表最常见的外力地质作用，它的产物是地表各种沉积物的主要来源。

二、风化作用的类型

根据风化作用性质和影响因素的不同，可分为物理风化、化学风化和生物风化3种类型。事实上，风化通常是几种作用联合进行的，要严格区分它们之间的界限是很困难的。分类主要是为了讨论方便。

（一）物理风化作用

处于地表的岩石，主要是由于气候和温度的变化，在原地产生的机械破坏而不改变其化学成分，称为物理风化（Physical Weathering）。物理风化作用的方式有以下3种。

1. 温差风化（热力风化）

由于气温昼夜和季节的显著变化，使岩石表层发生不均匀胀缩，这一过程的频繁交替，使得岩石表层产生裂缝乃至呈层状剥落。另外，由于岩石中不同矿物的膨胀系数不同，温度变化破坏了它们之间的结合力，使完整的岩石崩解成大大小小的碎块（图4-1、图4-2）。

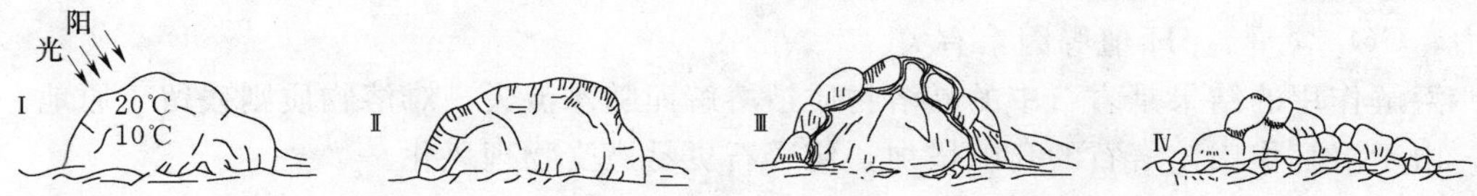

图4-1　温差风化使岩石逐渐崩解过程示意图

图4-2　沙漠中物理风化作用形成的地貌景观

2. 冰冻风化

充填在岩石缝隙中的水分结冰使岩石破坏的作用称为冰冻风化，也称冰劈作用。地表岩石的裂隙中常有水分，当温度下降到0℃时会结成冰。水结成冰时，体积增大约9%，可对周围产生达96MPa的压力，使岩石裂隙加宽加深。当气温上升至0℃以上时，冰融化成水沿着加宽加大的裂隙更加深入到岩石内部。尤其是温度在0℃左右波动时，充填在岩石裂隙中的水分反复冻结和融化，使岩石的裂隙不断加深、扩大，直至崩裂成碎块。在寒冷的高山区，这种作用最为显著。

3. 盐类的结晶和潮解作用

在干旱和半干旱地区，由于蒸发量较大，充填在岩石缝隙中含盐分的水溶液易过饱和而结晶，体积随之膨胀，对四周围岩产生压力，使缝隙加大，进而使岩石遭到破坏。当气候稍为湿润时，盐类晶体又会发生潮解，使盐溶液进一步下渗，结晶和潮解的反复交替可使岩石崩裂。

（二）化学风化作用

化学风化作用（Chemical Weathering）是指岩石与水、水溶液或气体等发生化学反应而被分解的作用。化学风化作用不仅改变岩石的物理状态，也改变其化学成分，并生成新的矿物。

化学风化作用包括以下5种方式。

1. 溶解作用（Dissolution）

矿物溶解于水中的过程就是溶解作用。溶解作用通常是岩石遭受化学风化的第一步。水是一种天然溶剂，具偶极性，能与极性型和离子型分子相互吸引。自然界中大部分矿物都是离子键型的化合物，故大部分矿物都溶于水，只是有难易之分。矿物被溶解的难易程度与矿物的溶解度有关，常见矿物溶解度由大到小的排列顺序是：方解石→白云石→橄榄石→辉石→角闪石→斜长石→钾长石→黑云母→白云母→石英。此外，溶解度还与温度、压力、CO_2 含量、pH 值等因素有关。

溶解作用的结果是岩石中的易溶物质被溶解而随水流失，难溶物质则残留于原地。另外，由于溶解作用使岩石的孔隙增加，使岩石更易遭受物理风化。

2. 水化作用（Hydration）

某些矿物与水接触时，能够吸收水分（结晶水或结构水）形成新矿物，称为水化作用。如硬石膏（$CaSO_4$）→石膏（$CaSO_4 \cdot 2H_2O$），赤铁矿（Fe_2O_3）→褐铁矿（$Fe_2O_3 \cdot nH_2O$）。

矿物经水化作用后体积膨胀，对周围岩石产生压力，可促进物理风化的进行。另外，水化后形成的新矿物硬度一般较原矿物小，从而降低了岩石的抗风化能力。

3. 水解作用（Hydrolysis）

水解作用是指天然水中部分离解的 H^+ 和 OH^- 离子，与矿物在水中离解的离子间的交换反应。水解作用的结果是引起矿物的分解，部分离子以水溶液或胶体溶液的形式随水流失，还有部分难溶于水的残留于原地。例如，钾长石被水解的化学反应式为

$$\underset{\text{钾长石}}{4K[AlSi_3O_8]} + 6H_2O \longrightarrow \underset{\text{高岭土（难溶）}}{Al_4[Si_4O_{10}](OH)_8} + \underset{\text{胶体}}{8SiO_2} + \underset{\text{溶液}}{4KOH}$$

高岭土在地表一般是稳定的，但在湿热气候条件下，经长期风化，还可进一步水解。其化学反应式为

$$\underset{\text{高岭土}}{Al_4[Si_4O_{10}](OH)_8} + nH_2O \longrightarrow \underset{\text{铝土矿(难溶)}}{2Al_2O_3 \cdot nH_2O} + \underset{\text{胶体}}{4SiO_2} + 4nH_2O$$

4. 碳酸化作用（Carbonation）

溶解于水中的 CO_2，与水结合形成碳酸，其主要存在形式是 HCO_3^-，可与矿物中的阳离子化合成易溶于水的碳酸盐，溶于水后随水流失。因此，碳酸化作用其实就是有碳酸参与的水解作用。当水溶液中含碳酸时，可显著增强对岩石的溶解能力，并使反应速度加快。岩石中常见的硅酸盐矿物，几乎都因水中含有碳酸而发生水解反应。例如钾长石在有碳酸参与时的水解反应式为

$$\underset{\text{钾长石}}{4K[AlSi_3O_8]} + 4H_2O + 2CO_2 \longrightarrow \underset{\text{高岭土（难溶）}}{Al_4[Si_4O_{10}](OH)_8} + \underset{\text{胶体}}{8SiO_2} + \underset{\text{溶液}}{2K_2CO_3}$$

5. 氧化作用（Oxidation）

矿物中低价元素与空气中的氧发生反应形成高价元素的作用，称为氧化作用。由于大气中含有氧（21%），故氧化作用在地表极为普遍。尤其在湿热气候条件下，氧化作用更为强烈。

自然界中许多变价元素在地下缺氧条件下多形成低价元素矿物。但在地表环境下，这些矿物极不稳定，容易被氧化形成高价元素矿物。例如黄铁矿被氧化后成为褐铁矿，其反应式为

$$\underset{\text{黄铁矿}}{4FeS_2} + 14H_2O + 15O_2 \longrightarrow \underset{\text{褐铁矿（难溶）}}{2(Fe_2O_3 \cdot 3H_2O)} + 8H_2SO_4$$

（三）生物风化作用

在地球表面的大部分角落，甚至地下相当深度的岩石缝隙中都有生物的存在。生物的

生长、活动和死亡，都会对岩石起到直接或间接的破坏作用。这种由于生物生命活动引起的岩石破坏作用，称为生物风化作用，分为物理的和化学的两种作用方式。如树根在岩石裂隙中长大（图 4－3）、穴居动物的挖掘等，都引起岩石的崩解和破碎，属于生物的物理风化作用。而生物化学风化作用的影响要比生物物理风化作用大得多。它是指生物新陈代谢的分泌物、死亡后遗体腐烂分解过程中产生的物质与岩石发生化学反应，促使岩石破坏的作用。如生命活动与动植物残体的分解所产生的大量 CO_2，在碳酸化方面起着重要作用。生物活动所产生的各种有机酸、无机酸（如固氮菌产生的硝酸，硫化菌产生的硫酸等）对岩石的腐蚀，生物体对某些矿物的直接分解（如硅藻分解铝硅酸盐，某些细菌对长石的分解等）以及因生物的存在使局部温度、湿度及化学环境的改变，都使岩石矿物更易发生风化。

图 4－3　黄山的迎客松就生长在岩石的裂缝中

另外，人类活动（如开矿、筑路、灌溉与耕作等）对风化作用也有影响。

三、风化作用的影响因素

影响风化作用的因素主要有气候、地形和岩石本身的性质。

（一）气候

气候因素主要体现在气温变化、降水和生物的繁殖情况，对岩石的风化影响较大。气候区不同，风化作用的类型和特点也不同。寒冷区以物理风化为主，风化物多为粗颗粒物质；湿润区则以化学风化和生物风化更为显著，地表多产生黏土物质。

（二）地形

地形对风化作用的影响也很显著，它可以影响到风化的速度、深度及风化产物的堆积厚度和分布。在地形起伏较大、切割较深的地区，岩石易遭受风化且以物理风化为主。但风化产物因地形关系不易保存，堆积物粗而薄。在地形起伏小、切割较浅的地区，以化学风化为主，岩石风化彻底，风化产物厚而细。此外，坡向对风化作用也有较大影响。向阳坡因光照的影响，一般昼夜温差较阴坡大，故风化作用较强烈，风化产物也较厚。

地质构造因素主要是影响岩石的完整性和地表形状，而不直接影响风化作用。

（三）岩石性质

岩石的成因、矿物成分、结构和构造、节理裂隙的发育情况等，对风化作用都有重要的影响。

1. 岩石成因

岩石成因反映了它生成时的环境和条件。岩石当前所处的环境与它生成时的环境越接近，岩石就越不容易风化。因此，在高温高压条件下生成的岩浆岩和变质岩抗风化能力一般较沉积岩差。

2. 矿物成分

由于不同矿物的物理、化学性质不同，因此它们抵抗风化的能力也不同。常见造岩矿物抗风化能力由强到弱的顺序是：石英→正长石→酸性斜长石→角闪石→辉石→基性斜长石→黑云母→黄铁矿。从矿物颜色来看，深色矿物风化快，浅色矿物风化慢。

3. 结构和构造

岩石中矿物颗粒的粗细及均匀程度（主要影响岩石透水性和含水性），胶结物的成分和胶结方式，层理的厚薄特征，片理特征等均影响风化作用的强度。如颗粒粗而不均匀的较颗粒细，而均匀的更易于温差风化，但后者透水性好时则更易于化学风化。对沉积岩来说，抗风化能力则主要取决于胶结物的成分，硅质胶结、钙质胶结、泥质胶结抗风化能力依次降低。

4. 节理裂隙发育情况

一方面，节理裂隙是水溶液、气体或生物活动的通道；另一方面，节理裂隙将岩石分割成小块，增加了岩石与外界的接触面积，使其能够更多地接受外界风化因素的影响，风化作用加剧。久而久之，岩块的棱角消失，变成球状，这种现象就是岩石风化中最为常见的球状风化（Spheroidal Weathering），如图 4-4 所示。

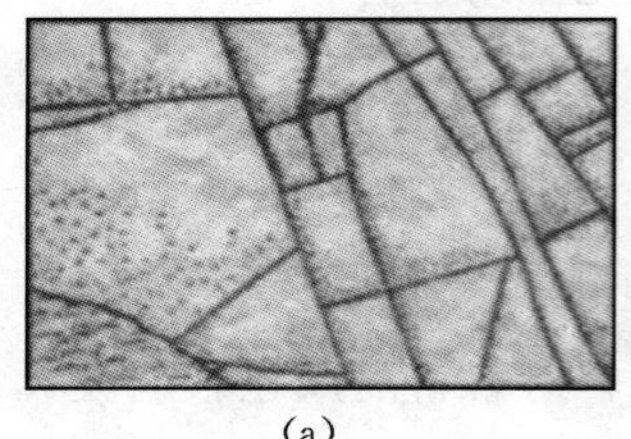
(a)

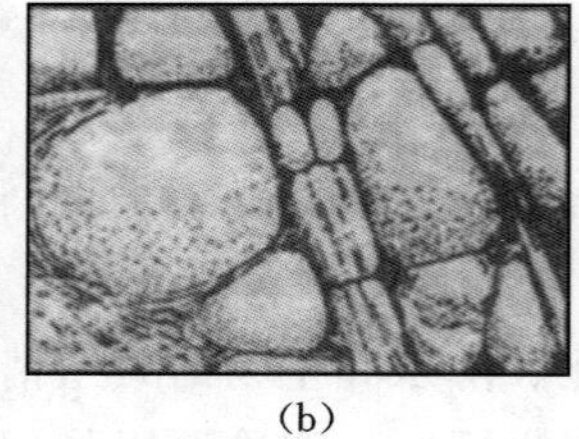
(b)

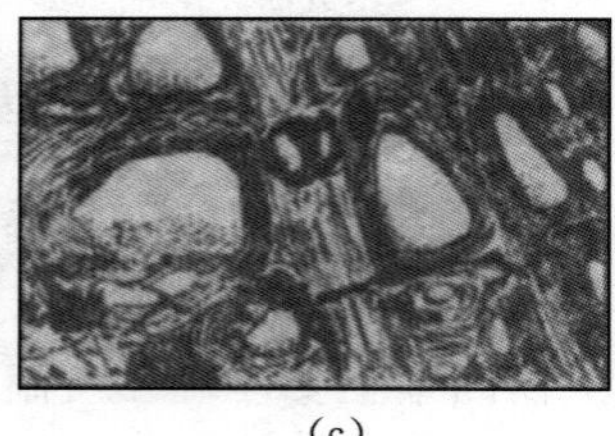
(c)

图 4-4　球状风化演变示意图（据 W. K. 汉布林，1975）
(a) 岩石被裂隙所切割；(b) 球状风化初期；(c) 球状风化晚期

四、风化作用对岩石工程性质的影响和岩石风化带的划分

（一）风化作用对岩石工程性质的影响

风化作用总的结果是削弱或破坏岩石颗粒间的联结，形成、扩大岩体裂隙，降低断面的粗糙程度，产生次生黏土矿物等，从而降低了岩体的强度和稳定性，给工程建设带来不利影响。

1. 破坏岩石中矿物颗粒之间的联结

风化作用的结果，可以削弱或破坏岩石中矿物颗粒间的联结，使岩石破碎，导致岩石力学性能降低、透水性能增大，对建筑物十分不利。风化作用有时可在大面积范围内使岩石变成疏松土。如在花岗岩分布地区，往往在地面上覆盖有厚度不等的花岗岩风化砂；有些结晶的石灰岩和白云岩分布地区，也常见到地面上覆盖有风化的白云砂。

2. 形成或加剧岩石的裂隙

风化作用会使岩石沿着已有的连接软弱部位（如未开裂的层理、片理、劈理，矿物颗粒的集合面，以及矿物解理面等）形成新的裂隙，即风化裂隙，或者使原有裂隙进一步增宽、加深、延展和扩大。这对岩石工程地质性能的影响更加显著。

3. 降低岩石裂隙面的粗糙度

岩石裂隙面上存在着许多大小、高低不同的“石齿”。通常，“石齿”越大、越高、越多，则岩石抵抗剪切破坏的抗剪强度越高；反之，其抗剪强度越低。风化作用降低了“石齿”高度，或使其变小、变少，从而降低了岩石结构面上的抗剪强度和其他工程地质性能。

4. 分解岩石原有矿物而产生次生黏土矿物

化学风化作用能使成分复杂的矿物（主要是硅铝酸盐矿物）分解破坏，并产生次生黏土矿物。黏土矿物与水作用后，产生一系列复杂的物理化学变化，降低岩石的力学强度，改变岩石的物理性质和水理性质。

（二）岩石风化带的划分

风化作用对岩石的破坏，首先是从地表开始，逐渐向地壳内部深入。在正常情况下，越接近地表的岩石，风化得越剧烈，向深处便逐渐减弱，直至过渡到未受风化的新鲜岩石。这样在地壳表层便形成了一个由风化岩石构成的层，称为风化壳。在整个风化壳的剖面上，岩石的风化程度是不同的，因而岩石的外部特征及其物理力学性质也不相同，适于建筑的性能也不一样。为了说明风化壳内部岩石风化程度的差异，特别是为了正确评价风化岩石是否适于作为建筑物地基，必须对风化壳进行分带。

不同专业的划分方法和标准大同小异。一般将岩石风化壳按风化程度划分为全风化、强风化、弱风化、微风化4个带，详见表4-1。

表4-1　岩石风化壳划分表

分带名称＼主要特征	颜色、光泽	岩石组织结构的变化及破碎情况	矿物成分的变化情况	物理力学特性的一般变化	锤击声
全风化	颜色已全改变，光泽消失	结构已完全破坏，呈松散状或仅外观保持原岩状态，用手可掰碎	除石英颗粒外，其余矿物大部分风化变质，形成风化次生矿	浸水崩解，与松软土或松散土体的特征相似 $K_w<25\%$	土哑声
强风化	颜色改变，唯岩块的断口中心尚保持原有颜色	外观具原岩结构，但裂隙发育，岩石呈干砌块石状，岩块上裂纹密布，疏松易碎	易风化矿物均已风化变质，形成风化次生矿物。其他矿物仍有部分保持原来特征	物理力学性质显著减弱，具有某些半坚硬岩石的特性，变形模量小，承载强度低 $K_w=25\%\sim50\%$	石哑声
弱风化	表面和裂隙面大部变色，但断口仍保持新鲜岩石特点	结构大部完好，但风化裂隙发育，裂隙面风化强烈	沿裂隙面出现次生、风化矿物	物理力学性质减弱，岩石的软化系数与承载强度变小 $K_w=50\%\sim75\%$	发声不够清脆
微风化	沿裂隙面微有变色	结构未变，除构造裂隙外，一般风化裂隙不易觉察	矿物组成未变，仅在裂隙面上有时有铁、锰质浸染	物理性质几乎不变，力学强度略有减弱 $K_w>75\%$	发声清脆

注　$K_w=R'/R$，R'为岩石风化后的抗压强度；R为岩石在新鲜条件下的抗压强度。表中所列数字是平均值，实际工作中应根据地质条件和设计需要加以修正。

第二节　河流地质作用

一、概述

(一) 地面流水的概念

地面流水是指沿陆地表面流动的水体。根据流动的特点，地面流水可分为片流、洪流和河流3种类型。沿地面斜坡呈片状流动的称为片流（Laminar Flow)，无固定流路。当片流汇集于沟谷中形成急速流动的水流时，称为洪流（Flood Current)。同片流不同的是，洪流不仅有固定的流路，而且水量集中。片流和洪流仅出现在雨后或冰雪融化时的短暂时间内，因此，它们都叫暂时性流水。沿着沟谷流动的经常性流水称为河流（Stream)。

(二) 坡面流水侵蚀

1. 坡面径流侵蚀

坡面径流侵蚀力大小与地形、土壤和植被等因素有关。地形（坡长、坡度和坡形）控制坡面流水冲刷速度和冲刷量。从理论上说，坡面越长，愈到下坡水量越多，水流的能量也越强。但是，随着坡面的增长，水流挟带的泥沙量也随之增多，需要消耗一部分能量，使水流侵蚀能力减小。因此，坡面径流侵蚀能力并不是随坡长增加而加大。坡度加大可使坡面径流速度加快，冲刷加强；坡度加大却又使径流量减小，因为在降雨强度不变的情况下，坡度加大，实际上坡面单位面积接受的雨量减少（图4-5)。坡度和坡长变化与坡面侵蚀强度之间的关系非常复杂，F. G. 伦勒和R. E. 霍顿的坡面侵蚀强度和坡度关系试验研究认为在20°～60°之间坡面侵蚀强度最大（图4-6)。

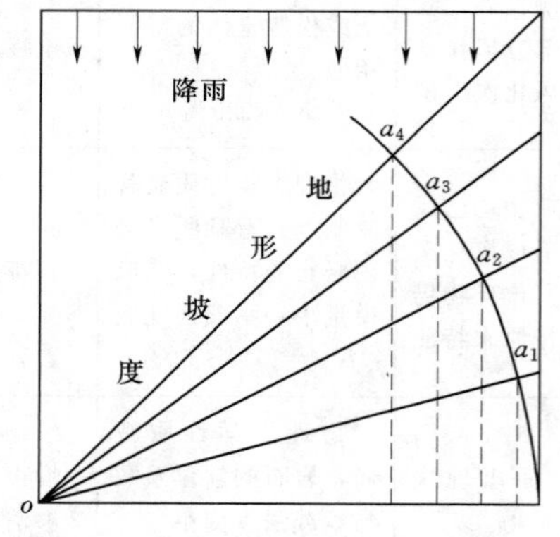

图4-5　降雨强度不变时，坡面实际受雨面积和坡度的关系

oa_1，oa_2，oa_3，oa_4—不同坡度的相同坡长

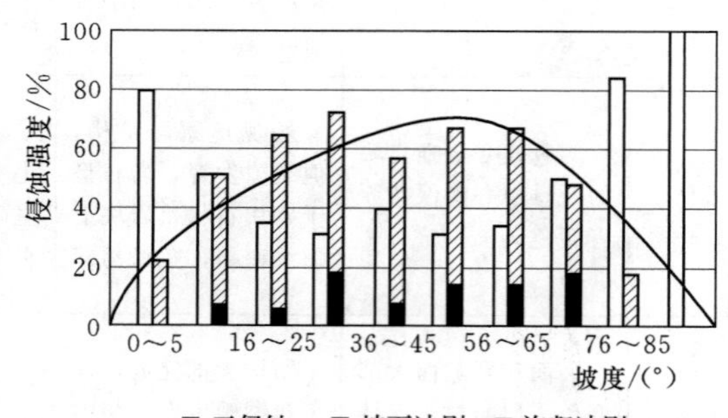

图4-6　侵蚀强度和坡度的关系
（根据F.G. 伦勒）

2. 坡面侵蚀的影响因素

自然界的坡地形状是各式各样的，有凸形坡、凹形坡和平直坡等。各种不同坡形的坡

面径流速度和径流量是不同的，这也影响到坡面侵蚀强度。

土壤结构对坡面侵蚀也有很大影响。土壤团粒结构好，可以吸收一部分雨水，使地表径流量减少；土层厚，吸水较多，也可减少地表径流量，使侵蚀减弱。

植被可以防止雨滴对坡面的冲击和减少坡面径流冲刷，表现在3方面：①植被可以减少坡面径流量；②植被可控制坡面径流速度；③植被可阻挡雨滴直接冲击地面。在其他条件相同情况下，植被好坏对坡面侵蚀作用有显著差别。可见，植树造林是防止水土流失的有效方法之一。

（三）河谷和水系

河谷是由河流长期侵蚀和堆积作用塑造而成的底部经常有水流动的线状延伸凹地。通常把谷坡、谷底和河床称为河谷要素（图4-7）。河谷两侧的斜坡叫谷坡，由谷坡所限定的河谷平坦部分叫谷底，谷底中经常有水流动的部分叫河床（或河槽）。

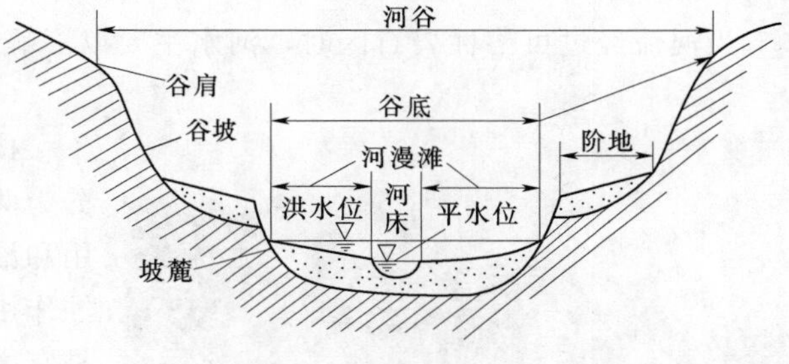

图4-7　河谷要素示意图

水系是指由干流和注入它的支流所共同组成的地面水文网。水系的边界是分水岭（分隔两个相邻水系的高地或山岭）。一般说来，一个水系可分为3部分：支流汇聚区，一般位于水系上部；干流运输区，一般位于水系中部；散流堆积区，一般位于水系末端。

（四）河流的动能和地质作用

河流一般发源于山区，在重力作用下由高处向低处流动，最终汇入湖、海。这个过程，也就是流水的势能不断转化为动能的过程。河流的动能可表示为

$$P=\frac{1}{2}mv^2 \tag{4-1}$$

式中　m——流量；

v——流速。

由式（4-1）可知，河流动能的大小主要取决于流速，其次为流量。流速与河床的坡度有关，也与河谷的光滑程度和横切面形状有关。而流量则主要受气候影响。

河流的动能除了一部分用于克服运动阻力外，其余部分则消耗在对河床的剥蚀和对泥沙的搬运上。对河床的剥蚀称为侵蚀作用（Erosion），对泥沙的搬运则称为搬运作用。当河流的动能减小，不足以搬运河水中所携带的泥沙等碎屑物质时，则发生堆积，称为沉积作用（Deposition）。

二、河流的侵蚀作用

河流在运动过程中对河谷中岩石进行破坏称为河流侵蚀作用。

（一）河流侵蚀作用的方式

河水沿河谷流动时，除以自身冲力破坏岩石外，更主要的是靠携带的碎屑物质对河床

进行磨蚀。另外，河水对岩石还有一定的溶解能力。河流就是通过这3种方式进行侵蚀作用的，但以前两种方式为主，溶蚀作用仅在可溶性岩石（灰岩、白云岩）地区比较明显。

1. 磨蚀

河流中携带的大量泥、砂、砾等碎屑物质在随水前进时，不断撞击磨损河床。

2. 冲蚀

河流以流水本身的动能将泥、砂、砾等沉积物冲走。当流速足够大时，也可以逐渐对基岩产生破坏作用。

3. 溶蚀

当河流经过可溶性岩石区时，河水主要以溶解的方式破坏岩石。

（二）河流侵蚀作用的类型

按侵蚀作用的方向，河流的侵蚀作用可分为两种类型，即沿垂直方向进行的下蚀作用和沿水平方向进行的侧蚀作用。这两种侵蚀作用在任一河段中都是同时存在的，不过是有主次之分而已。

1. 下蚀作用（垂直侵蚀）

河流以自身及携带泥沙的冲击力和河水的溶解力，对河底岩石进行侵蚀从而使河床降低的作用，称为下蚀作用（垂直侵蚀）。

图4-8　怒江峡谷

下蚀作用强度首先与河水所具有的动能有关，它取决于河流的流速和泥沙含量。河流上游区坡度大，河水流速大，搬运力强，下蚀作用明显，常形成横剖面呈V形的深切峡谷（图4-8、图4-9）。

图4-9　新疆天山中发育的河流侵蚀阶地

此外，下蚀作用还与河床岩石性质和地质构造有关。岩石坚硬则下蚀作用较弱，河床下切浅，反之则下蚀作用较强，河床下切深。河流有时在岩石强度差异较大的地段能形成瀑布。如贵州安顺的黄果树瀑布就是这种成因，落差达74m，极为壮观（图4-10）。

当然瀑布还有其他的成因，如断层崖、冰川作用、熔岩堵塞河床等。

下蚀作用在深切河谷的同时，也使河流向着源头方向的斜上方发展，称为向源侵蚀。有时一条河的向源侵蚀会将另一条河切断，将其上游的河水夺过来。这种现象称为河流袭夺。

河流的下蚀作用不是无止境的，当它达到一定程度时会停止。下蚀作用的极限称为侵蚀基准面。海平面是所有入海河流的最终侵蚀基准面。

图4-10 贵州安顺黄果树瀑布

2. 侧蚀作用

河流对河床两岸的岩石进行侵蚀，使河谷加宽的作用称为侧蚀作用。在河流的上游，一般以下蚀作用为主，侧蚀作用不明显；而在河流的中、下游，侧蚀作用占主导地位。

自然界的河流由于岩性、地形、地质构造等条件的不同，总是或多或少有些弯曲。即便是一个微小弯曲的存在，河水也会在惯性和离心力的作用下涌向凹岸，形成单向（横向）环流。它的作用是使凹岸不断遭受侵蚀，岸边不断遭到破坏后退。而侵蚀下来的物质则被冲向凸岸并沉积下来，这样作用的结果使河流更加弯曲。当达到一定程度时，河床的坡度越来越小，河流的动能已不足以引起侧蚀作用时，河床发展到极限的弯曲程度，称为蛇曲（图4-11）。如长江中下游荆江河段从藕池口到城陵矶，直线距离仅87km，而河道则长达239km，有河湾16个，素有“九曲回肠”之称。

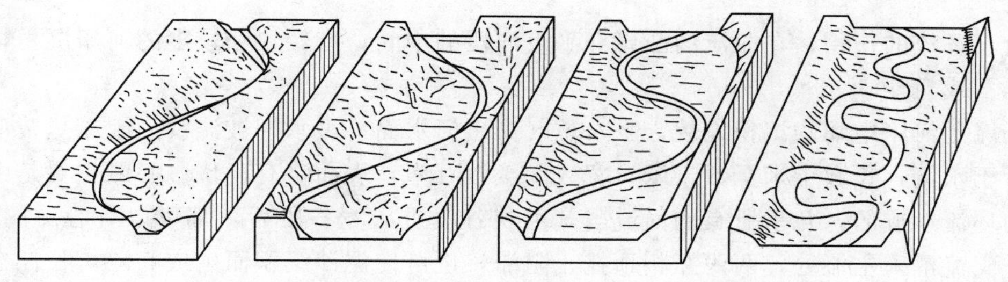

图4-11 侧向侵蚀使河谷加宽和形成河曲、蛇曲的过程

在蛇曲的发育过程中，有时由于洪水期流量增大，会将河流裁弯取直，被抛弃的旧河道两端被冲积物堵塞后会形成牛轭湖。

三、河流的搬运作用

河流将其携带物质向下游运送的过程称作河流的搬运作用。

河水中的搬运物，大部分是机械碎屑物，如黏土、砂、砾石等，小部分为溶解于水中各种离子和胶体。对前者的搬运叫机械搬运，对后者的搬运叫溶运。

（一）机械搬运

机械搬运主要有以下 3 种方式。

（1）悬运。河流中的细小泥沙颗粒物质，在搬运过程中始终离开河床，保持悬浮状态。

（2）推运（托运）。被搬运的碎屑物质沿河床底部以滚动或滑动的方式向前移动。

（3）跃运。由河流的流速差造成河水上举力的变化，使碎屑物质时而在河底，时而又悬浮在水中，呈跳跃式前进。跃运是介于前两种方式之间的一种搬运方式。

（二）溶运

溶运包括真溶液和胶体两种形式。

（1）真溶液形式。易溶于水的 K^+、Na^+、Ca^{2+}、Mg^{2+}、Cl^-、HCO_3^-、SO_4^{2-} 等离子，当其在河水中未达到饱和时，总是以真溶液的形式进行搬运。

（2）胶体形式。除了溶解度大的易溶盐物质呈真溶液形式被搬运外，还有一些活性小的元素或化合物可以呈胶体形式被河水搬运。如 SiO_2、Al_2O_3、Fe_2O_3 等，被水溶解后随河水一同流走。

河流的搬运能力十分惊人，尤其是在植被不发育、地表岩性松软的地区。如黄河流经的黄土地区最高含沙量达 38kg/m^3 有“黄河斗水七升沙”之说。黄河年输沙量达 16 亿 t。

四、河流的沉积作用

河流搬运物从水中沉积下来的过程称为河流的沉积作用。河流中的溶运物一般达不到饱和状态，因此不发生化学沉积，只有机械沉积。

河流发生机械沉积作用的原因是，当流速和流量降低，河流的搬运能力也随之降低，多余的碎屑物质就会发生沉积。河流沉积物叫冲积物。

河流沉积物总的变化趋势是：由上游到下游、由下部向上部，沉积物颗粒由粗到细逐渐变化。

由于环流的作用，在曲流的凸岸和平直河段的中间，有较快和较多的河床沉积物，通常为砾石或粗沙。

心滩是河床中间的沉积地貌，平水位时高出河水面，洪水期被淹没。心滩呈梭形，长轴平行于水流，长数十米至数千米，宽数米至数百米，表面略有起伏。心滩主要是由宽谷段双向环流形成的，几乎所有的河流当其由狭谷段进入宽谷段后，都可以有心滩的形成。此外，支流汇入主流处，两河互相顶托、阻滞，也可使泥沙沉积而生成心滩，长江在鄱阳湖口即有几个心滩。外来障碍物（如沉船）阻滞水流而使水流减慢流速，也可生成心滩，长江安徽东流河段曾因船舰沉没而形成几个心滩。河流往往在河曲转弯处，由于洪水从谷坡麓冲开河漫滩，所以也可形成心滩（图 4－12）。

心滩形成后，在河水作用下，上端遭受侵蚀，下端接受沉积，因而缓慢地向下游移动，移动速度快者每年可达数米至数十米。由于侵蚀和沉积不是等量的，心滩可能扩大，也可能缩小，甚至消失。另外，因环流位置的移动，也导致心滩左右迁移，甚至靠岸与河漫滩连接。

河床外的部分谷底在平水期是没有水流存在的，但到洪水期就有洪水漫流其上，其流速缓慢，水动力小。河流对这部分谷底缺乏侵蚀作用能力，但却盛行沉积作用。由于水动力小，所以沉积的是细粒物质，通常为细沙或黏土，称为漫滩沉积。

图 4-12　长江某河段的心滩

图 4-13　金沙江中的河漫滩

河漫滩是现代河床以外的谷底沉积地貌。当河流洪水泛滥时，除河床以外，谷底部分也被淹没，被淹没的河底滩称为河漫滩（图 4-13）。河流中下游的河漫滩宽度往往比河床大几倍到几十倍。极宽广的河漫滩也称为泛滥平原或冲积平原。山区河流的谷底受岩岸的约束。河漫滩不十分发育，宽度较小，河漫滩常限于在河流凸岸。由于山区河流洪水位高，所以河漫滩高度也比平原河流高，可分出高河漫滩、低河漫滩或数级河漫滩。

河口是河流最主要的沉积场所。河流在河口发生大量机械沉积作用的原因有：

(1) 由于河流流至河口受到海水或湖水的顶托，使流速减少以至停止，河流完全失去了搬运力。

(2) 海水电解质使河水中胶体物（主要是黏土微粒，还有 SiO_2、Fe_2O_3、Al_2O_3 等）发生沉淀。因此，河流绝大部分机械搬运物沉积在河口区。近河口段沉积数量多，颗粒较粗，向海洋方向则沉积数量少，颗粒变细，形成前积层，河床纵比降较大。逐渐向海洋方向沉积，颗粒变细，沉积量减少，海底也变平坦，这部分称为底积层。

随着河流的不断沉积，前积向海洋方向发展，河床沉积逐渐覆盖了前积层，形成产状近水平的顶积层，与前积层的倾斜产状呈显著的交切接触。河口沉积物大部分位于水下，其沉积物由河流的悬移质、胶体物质和海洋沉积物混合组成。

河流在河口沉积使河床坡度变缓，河水便散开成无数分流，沉积成的地貌，外形像三角形，故称为三角洲。三角洲顶端朝向上游，表面地势低平，多汊道，沼泽丛生。

三角洲的形成有一定的条件，这些条件是：河流机械运量大，近河口海水浅，无强大的波浪或潮流。有些河流不具备这些条件，就没有三角洲的形成，如我国的钱塘江。钱塘江口强大的潮流搬走了本来就很少的泥沙，无法沉积成三角洲。钱塘江河口（图 4-14）是一个典型的河口湾，每当涨潮时，尤其是天文大潮日，喇叭状的河口使得涌入钱塘江潮水形成了后浪推前浪态势，潮水水位迅速增高，并以排山倒海之势奔涌向前，形成了千古奇观“钱塘潮”，同时把钱塘江不多的碎屑物带入海洋。2002 年受台风“森拉克”的影响，又逢天文大潮期，钱塘江出现风、雨、潮三碰头。9月8日下午，在杭州九溪的闸口天文站和萧山的美女坝，有100多人遭到钱塘江风暴潮袭击，20多辆汽车和摩托车被潮水损坏。当日凌晨1点23分，钱塘江第一大潮创了高平水位11.2m的新纪录（图4-15）。

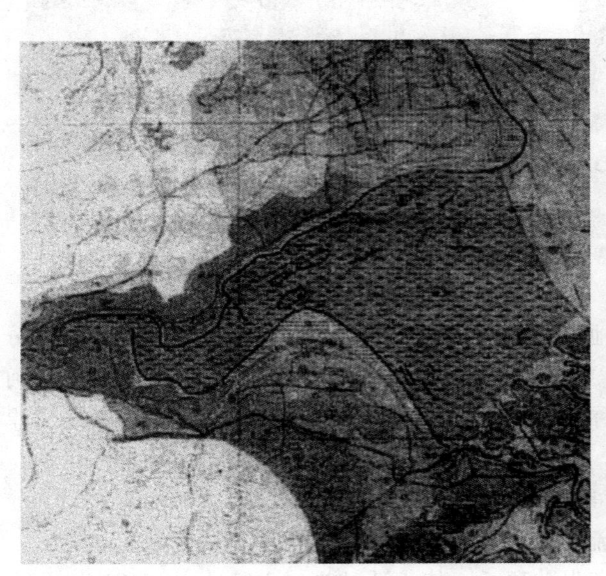

图4-14　钱塘江的河口

图4-15　2002年9月8日出现的钱塘大潮

五、河流阶地

河谷地貌的另一种重要形态是河流阶地。所谓阶地，是指河谷谷坡上分布的洪水不能淹没的台阶状地形。若有数级阶地，按照高低位置的不同，自下而上可分别称为Ⅰ级阶地、Ⅱ级阶地等。阶地的形成是由于地壳运动的影响，使河流侧向侵蚀和垂直侵蚀交替进行的结果。如在地壳运动相对稳定时期，由于河流的侧向侵蚀作用，使河床加宽，并形成平缓的滩地，枯水期这些滩地露出水面，洪水期则被水淹没，这种滩地称为河漫滩。当地壳上升时，基准面相对下降，河流下切，河漫滩位置相对升高至洪水期也不再被水淹没时便成为阶地。如果上述作用反复交替进行，则老的河漫滩位置将不断相对抬高，并有新的阶地和新的河漫滩形成，故多次地壳运动将出现多级阶地。由于形成阶地的原因是复杂的，因而可出现不同的类型：主要是由河流侵蚀作用而形成的可称为侵蚀阶地，其特征是阶地面上没有或只有很少的沉积物，如图4-16（a）所示；当地壳下降或海平面上升，河流以沉积作用为主时，则形成堆积阶地，如图4-16（b）、图4-16（d）所示；若河流的沉积作用和下切作用是交替进行的，还可形成下部为基岩、上部为沉积物的基座阶地（又称侵蚀堆积阶地），如图4-16（c）所示。

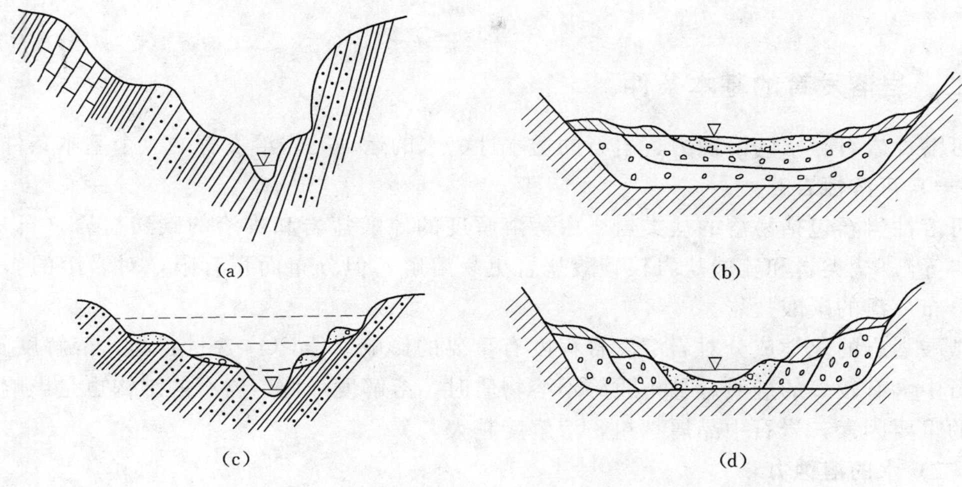

图 4-16　各类阶地

(a) 侵蚀阶地；(b) 基座阶地；(c) 上叠阶地；(d) 内叠阶地

堆积阶地多发育在流速较小的河段，或者多分布在河流中下游，堆积阶地的砂卵砾石层是良好的地下水含水层，储量丰富，水质优良，是山区灌溉和民用供水的主要水源。其中尤以生成最新与河水有补给关系的一级阶地为最佳。

第三节　岩　溶

一、岩溶的概念

岩溶是水（地下水为主、地表水为辅）对可溶性岩石长期进行的以化学溶蚀作用为主、机械侵蚀作用为辅的综合地质作用，以及由这些地质作用所产生的各种现象的总称。这里所说的可溶性岩石主要是指碳酸盐岩。岩溶在又称为喀斯特（Karst）。喀斯特一词来源于南斯拉夫亚得里亚海沿岸喀斯特高原地区，那里发育着由地下水化学侵蚀作用形成的奇特地貌景观，南斯拉夫学者司威治（J. Cvijic）将其命名为喀斯特。

我国岩溶区出露面积 130 万 km^2，其中尤以广西（13.9 万 km^2）、贵州（15.6 万 km^2）、云南（24.1 万 km^2）、四川（36.0 万 km^2）为最多，闻名于世的桂林山水就是由岩溶作用发育而成的。我国岩溶地貌面积之广、类型之多为世界之最。因此，我国在 1966 年第二届全国岩溶会议上决定改用岩溶一词。

岩溶与工程建设关系十分密切。在修建水工建筑物时，岩溶造成的库水渗漏，轻则造成水资源或水能损失，重则使水库不能蓄水而失效。在岩溶区施工地下洞室时，经常会遇到涌水或洞穴坍塌问题，给施工带来很大困难，有时甚至需改变线路方案。如天生桥隧道开挖到山体内部时，遇到了一个高 100m、宽 120m、长 90m 的大洞穴，技术上很难处理，被迫加设弯道绕避。此外，岩溶区还易发生地面塌陷、干旱与洪涝、土壤贫瘠和石漠化等环境地质问题。因此，充分认识岩溶作用和岩溶现象，对在岩溶区修建工程建筑有着重要意义。

二、岩溶发育的基本条件

可溶性岩石、水的溶蚀力、岩石的透水性、水的运动是岩溶发育的4个基本条件。

（一）可溶性岩石

可溶性岩石包括易溶的盐类岩、中等溶解度的硫酸盐岩和难溶的碳酸盐岩（石灰岩、白云岩等）。盐类岩和硫酸盐岩较碳酸盐岩更易溶解，但分布面积有限，对岩溶的影响远不如分布广泛的碳酸盐岩。

碳酸盐岩的化学成分对岩溶发育程度有重要的影响。$CaCO_3$ 含量越高，溶解度越大。如岩石中含有较多的硅质、黏土质等不溶物质时，溶解度降低。岩石的结构也是影响岩溶发育的重要因素，岩石中晶屑越粗，溶解度越大。

（二）水的溶蚀力

水的溶蚀力是影响岩溶发育的主要因素。碳酸盐岩在纯水中的溶解度很小，只有当水中含有一定数量的 CO_2 时，才能发生明显的溶蚀作用。其反应式为

$$CO_2 + H_2O + CaCO_3 \rightleftharpoons Ca^{2+} + 2HCO_3^-$$

上述化学反应是可逆的，正反应取决于 CO_2 的浓度，水中 CO_2 的含量越高，水的溶蚀力就越大，岩溶作用就越发育。

水中 CO_2 的含量与压力成正比，当水沿岩石空隙下渗时，压力不断增加，溶解 $CaCO_3$ 的能力也随之加大。通常水中 CO_2 的含量与温度成反比，但温度增高，会使化学反应速度加快，因此在气温较高地区岩溶更发育。

（三）岩石的透水性

透水性强的岩石更有利于岩溶发育。影响透水性的因素主要是裂隙度，风化裂隙只对地表的岩溶发育有影响，而构造运动产生的裂隙和断层，可延伸到很深，使地下水向深部下渗，更有利于深部岩溶发育。

相同的岩石，因透水性不同，岩溶发育会有很大差异。水平岩层中，地下水易于沿水平方向扩展，更容易形成溶洞。岩层若向下倾斜延伸，因地下水的扩展面大，最有利于岩溶发育。

（四）水的运动

水的运动速度对溶蚀力的影响最大。水的运动速度越快，溶解物质越易于被带走，水可一直保持较强的溶蚀力。

地下水的运动方向可影响到岩溶地形的发育特点：①在地表及包气带，地下水以下渗为主，往往形成向下延伸的溶洞；②地下水位的季节变动带，地下水的运动方向是垂直方向和水平方向交替的，既可形成向下延伸的溶洞，也可形成水平方向的；③在饱水带上部，地下水的运动方向是水平方向的，因此大多形成水平方向的溶洞；④在饱水带深部，一般地下水流速缓慢，岩溶作用微弱。但条件适宜时，水的流速加快，由于压力更大，温度更高，也可形成溶洞。如施工大巴山隧道时，在地下500m处仍有岩溶发育。目前发现最深溶洞达1000m。

除上述4个基本条件外，气候、地质构造、植被、地形等因素对岩溶发育也有不同程度的影响。气候的影响主要体现在降水量和气温的变化上，而地质构造决定了岩层的分布和构造裂隙的发育特征，植被的发育程度主要影响土壤中CO_2的含量，地形因素控制了地表水系的分布和运动。

三、岩溶地貌

（一）溶沟和石芽

地表水沿地面的裂隙渗流时，可将地面裂隙溶蚀或冲蚀成大小不等的沟槽，称为溶沟。纵横交错的溶沟间残存的石脊称石芽。当岩层较厚、构造平缓且垂直节理发育时，溶蚀作用进一步加剧，溶沟可不断加深，使石芽高达十几米至数十米，单个的称溶柱，成群的称石林（图4-17）。

图4-17　石林

（二）落水洞

地表水沿岩石裂隙向下渗透，并不断进行溶蚀和冲蚀作用，使潜水面以上的裂隙不断扩大，形成深度比宽度（或直径）大且壁近直立的深洞，称落水洞。

（三）溶斗和溶洼

由于地表水的集中渗流溶蚀、冲蚀岩石或落水洞崩塌，在地表形成直径（数米至数百米）大于其深度的漏斗状洼地，称为溶斗。溶斗进一步侧向扩大形成较大的洼地，称为溶洼。

（四）溶洞

在潜水面附近，地下水呈水平径流时，溶蚀作用形成不规则的地下岩洞，称为溶洞。溶洞的大小不等，有的很大，如广西桂林的七星岩洞长达2km，高数十米。如溶洞中地下水集中流动成河流，则称地下暗河。如溶蚀作用不断进行，洞顶塌陷，使溶洞或地下暗河暴露于地面形成长沟，称为溶蚀谷。如果局部有残留部分横跨沟顶，则形成天生桥。

（五）石钟乳和石笋

含$CaCO_3$的地下水由岩石裂隙中渗出后，由于压力降低，水分蒸发，逸出CO_2，使水中$CaCO_3$呈过饱和状态，部分$CaCO_3$发生沉淀，形成各种化学沉积物。地下水沿着溶洞洞顶的细小缝隙渗出后，发生$CaCO_3$沉淀，围绕着水滴周围形成一条条悬垂于洞顶的石条，呈钟乳状，故称石钟乳。石笋是由于水滴落到洞底，发生$CaCO_3$沉淀，逐渐形成一根根笋状堆积物。如果石钟乳和石笋逐渐生长，上下相连，就形成了石柱（图4-18）。

图4-18　石钟乳、石笋

第四节 泥 石 流

一、泥石流的概念

泥石流是发生在山区的特殊洪流，是由大量的泥沙、碎块石等固体物质和水混合成的黏性流体，在重力作用下，沿坡面或溪谷快速流动的一种自然地质现象。泥石流形成过程复杂，常在集中暴雨或积雪大量融化时突然爆发，流动迅速（每秒数米至数十米），历时短暂（多为数分钟至数十分钟，有的可持续十几小时）。泥石流中固体物质的含量一般为15%～80%，重度12.2～24.4kN/m^3。泥石流中有时可携带数百吨的巨石，具有惊人的破坏力。一旦泥石流爆发，顷刻间大量泥沙、石块形成的“洪流”像一条“巨龙”一样，沿沟谷迅速奔泻而出（其前端叫龙头），将沿途遇到的村镇房屋、道路、桥梁瞬间摧毁、掩埋，甚至堵断河流，造成严重的自然灾害，给人民生命财产带来巨大损失。

例如：1981年7月9日凌晨1时，四川省甘洛县利子依达沟暴发泥石流，重度达23.4kN/m^3，流速13.4m/s。大量的固体物质冲入大渡河，形成了长200余米、宽100余米、高出水面近1m的“拦河坝”，将120m宽、水深流急的大渡河拦腰截断近4h，利子依达大桥被毁，2号桥墩被剪断成3截，恰巧运行至此的442次列车遇难，2台机车、1节邮车和1节硬座车厢冲入大渡河，另2节硬座车厢在昆端台前坠落在沟坡上，还有1节硬座车厢在昆端台尾脱轨。此次泥石流造成300人死亡，直接经济损失2000万元。又如：1990年西藏东部易贡章龙弄巴沟发生一起特大冰川泥石流，上亿立方米固体物质拥进易贡藏布江，顷刻间筑成一座60～80m的拦江大坝，截住江水形成了长20km、宽2km的易贡湖。还掩埋了沟口的村庄，淹死7人、牲畜若干。再如：1970年5月31日，秘鲁乌阿斯卡雷山区大地震引起大规模山崩，巨石同泥沙、冰水形成泥石流，从3570m的高度奔泻而下，以30km/h的速度冲毁了山下一些城镇，5万居民丧生，80多万人无家可归。1921年，哈萨克斯坦天山北坡350万m^{3}的泥石流物质冲入阿拉木图城，造成上万人死亡。

泥石流是一种山区地质灾害。我国是一个多山国家，山区面积达70%左右，是世界上泥石流最发育的国家之一。我国西南、西北、华北、华东、中南、东北等山区均有泥石流发育，遍及23个省、自治区，尤以西南、西北山区最多。天山—阴山山脉、昆仑—秦岭山脉、横断山脉、大凉山、雪峰山、大别山、长白山等山脉，都是泥石流发育地带。如成昆铁路沙湾至禄丰段800km线路内，就有249条泥石流沟。甘肃全省82个县市就有40个县内有泥石流发育，泥石流分布范围约占全省面积的15%。

二、泥石流的形成条件

泥石流形成必须具备3个条件，即大量的松散固体物质、充足的水源和陡峻的地形。

（一）松散固体物质

松散固体物质的类型、数量主要取决于泥石流沟内的地质环境。在地质构造复杂、断裂发育、新构造运动强烈或火山、地震发育的地区，岩石破碎，常发生崩塌、滑坡，形成了大量的岩石碎屑，为泥石流的发生提供了物质来源。

(二) 水源条件

水是泥石流的组成部分和固体物质的搬运介质，形成泥石流的水源主要有暴雨、冰雪融化和湖库溃决3种。

(三) 地形条件

在地形起伏较大（坡度30°～60°）的山区，尤其是三面环山，一面有出口的地方，最有利于山坡上固体物质和水的汇集，易发生泥石流。一条典型的泥石流沟，从上游到下游一般可分为形成区、流通区和沉积区3个区段（图4-19）。

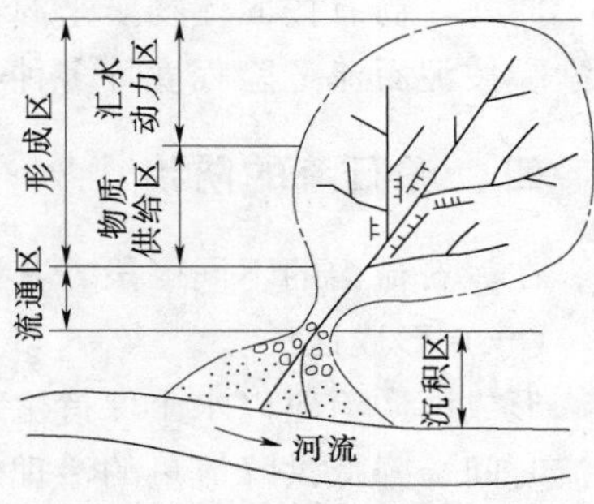

图4-19 典型泥石流沟示意图

三、泥石流的分类

为便于深入研究和有效治理泥石流，必须对泥石流进行科学合理的分类。我国现有分类不下数十种，到目前为止还没有形成统一的分类标准。常见的主要分类如下。

(一) 按流体性质分类

1. 黏性泥石流

黏性泥石流一般是指重度大于18kN/m³（泥流重度大于15kN/m³），固体物质含量超过50%的泥石流，水和固体物质以相同的速度运动（层流），破坏力强。

2. 稀性泥石流

稀性泥石流一般是指重度小于18kN/m³（泥流重度小于15kN/m³），固体物质含量不超过50%的泥石流，固、液两相物质以不同的速度运动（紊流），即水和泥浆流速快，石块流速慢，破坏力小于黏性泥石流。

(二) 按物质组成分类

1. 泥流

泥流是指固体物质以细粒的泥和粉砂为主，仅含有少量碎石，流体黏度较大。在我国，主要发生于西北黄土高原地区，在寒冷地区也会形成冰冻泥流。

2. 石流

石流是指固体物质主要为棱角状石块，细粒的黏土和粉细砂类物质较少，主要分布于干燥、寒冷的北方和高海拔地区，也称为水石流。

3. 泥石流

泥石流由大量泥沙、石块组成，是最为常见的一种类型。

(三) 按地貌特征分类

1. 山坡型泥石流

山坡型泥石流主要发生在山坡坡面的冲沟内。泥石流一般流程短，无明显的流通区。此类泥石流多数规模小、破坏轻，但对坡面上的设施有较大危害。

2. 沟谷型泥石流

沟谷型泥石流是指沟谷具有完整的流域形态，形成区、流通区和沉积区明显，是较为典型的泥石流，危害严重。

此外，尚有按固体物质来源、按发育阶段、按沉积规模、按发生频率、按泥石流激发因素、按泥石流危险程度等多种分类方法。

四、泥石流的防治

在泥石流沟的不同区段，其防治目的和主要防治手段均有所不同。

(一) 形成区

形成区防治应以水土保持生态措施为主。在汇水区，应广种植被，以达到延迟地表水汇流时间、降低洪峰流量的治理效果。在松散物质供给区上游，可采取鱼鳞坑、截水沟结合绿化的方法，使地表径流不经过松散物质堆积区。

(二) 流通区

流通区防治以拦渣坝为主。在流通区泥石流已经形成，一般采用多道拦渣坝的形式，将泥石流物质拦截在沟中，使其不能到达下游或沟口建筑物场地。拦渣坝常见的有重力式挡墙和格栅坝两种，如图 4-20 和图 4-21 所示。重力式挡墙抗冲击能力强，一般间隔不远，使墙内拦挡物质能够停积到上游墙体下部，起到防冲护基作用。挡墙的数量和高度，以能全部拦截或大部分拦截泥石流物质为准，以减轻泥石流对下游建筑物的危害。格栅坝则既能截留泥石流物质，又能排出流水，已越来越多地被采用，但要注意应使其具有足够的抗冲击能力。

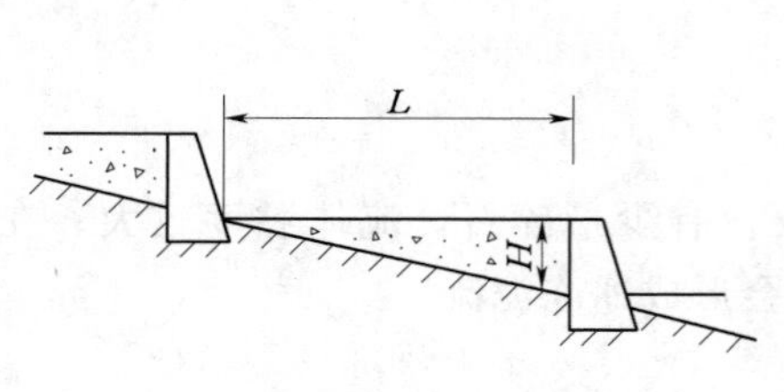

图 4-20　重力式挡墙

图 4-21　格栅坝

(三) 沉积区

沉积区防治以排导工程为主。常见的工程措施有排导槽、明洞渡槽和导流堤。排导槽位于桥下，由浆砌片石构筑而成。槽的底坡应大于泥石流停积坡度，使泥石流在桥下一冲而过。槽的截面积应大于泥石流洪峰横截面积，排导槽出口常与河流锐角相交，以便河流顺利带走排出物质。明洞渡槽主要用于危害严重、又不易防治的泥石流沟，在桥梁位置修建明洞，在明洞上方修建排导槽，使上游泥石流通过明洞上方排导槽越过线路位置，从而起到保护线路的目的。明洞一定要有足够的长度，以防特大型泥石流从明洞两端洞门灌入明洞内。导流堤主要用于引导泥石方向，以保护居民点。

泥石流防治是一项综合性工程，上述防治措施应综合运用，遵循全面规划、因地制宜，抓住关键、突出重点，因害设防、讲求实效的原则，对整个泥石流流域进行全面治理。

第五节　地　　震

地震（Earthquake）是弹性波在地壳岩石中传播所引起的快速颤动。它是现代地壳运动的一种特殊形式，是一种常见的自然地质现象。据统计，地球每年发生地震500万次，大多数我们感觉不到。7级以上的破坏性地震平均每年约20次，通常只发生在少数地区。

地震在我国地质灾害中列首位，20世纪我国共发生7级以上地震80次，60余万人死亡。

历史记载中的大地震主要有：

(1) 1755年11月5日，葡萄牙里斯本市发生一起大地震，死亡6万余人，靠海市区房屋全部倒塌。

(2) 1928年9月1日，日本东京大地震，使东京、横滨、横须贺三城市遭到巨大破坏，约14万人丧生。

(3) 1975年2月4日，中国营口、海城发生7.3级地震，由于震前有预报，人员伤亡较少。

(4) 1976年7月28日，中国唐山发生7.8级地震，死亡24万多人、重伤16万多人，仅唐山市可以计算的直接经济损失就达30亿元以上。

(5) 2008年5月12日，中国四川省汶川发生8.0级地震，震级高，波及范围广，人民财产损失较大，人员伤亡较多。

(6) 2010年3月11日，日本本州岛附近海城发生里氏8.8级强烈地震，已造成至少500人死亡，多人受伤，110350人失踪。数座核电站关闭。

(7) 2013年11月17日南极附近海域发生7.8级地震，震中位于阿根廷乌斯怀亚东南方1140km，震源深度10km。

由于地震给人类带来了如此巨大的灾难，因此研究它意义重大，特别是在工程建设中要对地震问题给予足够重视。

一、地震的有关概念

（一）震源、震中、震中距

地震时，地下深处发生地震的地区称为震源（Seismic Focus），它是地震能量积聚和释放的地方。实际上震源是具有一定空间范围的区间，称为震源区。震源在地表的垂直投影叫震中（Epicentre）。震中也是有一定范围的，称为震中区，它是地震破坏最强的地区。从震中到震源的距离称为震源深度，从震中到任一地震台站的地面距离称为震中距，从震源到地面任一地震台站的距离称为震源距（图4-22）。

按震源深度可把地震分为浅源、中源和深源三种类型。浅源地震（0～70km）分布最广，占地震总数的72.5%，其中大部分的震源深度在30km以内；中源地震（70～300km）占地震总数的23.5%；深源地震（300～720km）较少，只占地震总数的4%。目前已知的最大地震深度为720km。我国绝大多数地震是浅源地震，中源及深源地震仅见于西南的喜马拉雅山及东北的延边、鸡西等地。

(二) 地震波

地震作用过程中向四外辐射出的弹性波称为地震波。由震源发射出的地震波，有纵波和横波，这是最基本的地震波。它们是在岩石内部传播的，所以又称为体波。当它们辐射到地面时，又会激发出沿地球表面传播的面波。

纵波（P 波）：又称疏密波，其特征是振幅小，周期短，传播速度快，为 5～6km/s。

横波（S 波）：又称剪切波，其特征是振幅大，周期长，传播速度慢，为 3～4km/s。

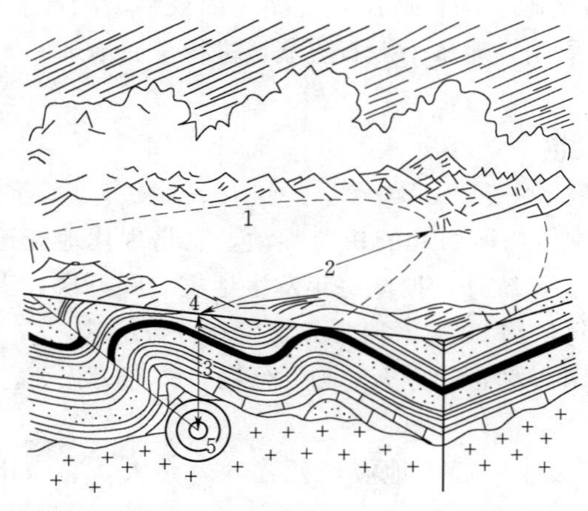

图 4-22　地震名词解释示意图

1—等震线；2—震中距；3—震源深度；4—震中；5—震源

由于纵波比横波速度快，因此发生地震时，我们是先感觉到上下跳动，然后是左右晃动。

面波（L 波）：是体波辐射到地面时，激发出的沿地球表面传播的地震波。它的传播速度最慢（一般小于 1km/s），振幅最大，是地震中引起地面破坏的主要力量。

(三) 震级和烈度

地震震级和地震烈度是描述地震强度的两种不同方法。

1. 震级（Magnitude）

震级是指地震能量大小的等级。一次地震只有一个震级，以这次地震中的主震震级为代表。发生地震时从震源释放出来的弹性波能量越大，震级就越大。弹性波能量可用其振幅大小来衡量，因此，震级可用地震仪上记录到的最大振幅来测定。

震级（M）和震源发出的总能量（E，单位为 J）之间的关系为

$$\lg E = 11.8 + 1.5M$$

应用这个关系式，可求得不同震级的相应地震总能量，见表 4-2。

一次强烈地震所释放出的总能量是十分巨大的。例如，一次 7 级地震相当于近 30 颗 2 万 t 级原子弹的能量，一次 8.5 级地震的能量相当于 100 万 kW 的大型发电厂连续 10 年发电量的总和。震级和能量不是简单的比例关系，而是对数关系，震级相差 1 级，能量约相差 32 倍。小于 2 级的地震，人们感觉不到，称为微震；2～4 级地震称为有感地震；5 级以上的地震开始引起不同程度的破坏，称强震；7 级以上的地震称为大震。迄今为止，世界上记录到的最大震级是 1960 年 5 月 22 日在南美智利西海岸发生的 8.9 级地震。

表 4-2　各级地震的能量

(引自《地震问答》，1977)

M	E/J	M	E/J
1	2.0×10^{6}	6	6.3×10^{13}
2	6.3×10^{7}	7	2.0×10^{15}
3	2.0×10^{9}	8	6.3×10^{16}
4	6.3×10^{10}	8.5	3.6×10^{17}
5	2.0×10^{12}	8.9	1.4×10^{18}

2. 烈度（Intensity）

烈度是指地震对地面和建筑物的影响或破坏程度。地震烈度往往与地震震级、震中距及震源深度直接有关。一般来讲，震级越大，震中区烈度越大；对同一次地震，离震中区越近，烈度越大，离震中区越远，烈度越小；对相同震级的地震，震源深度越浅，地表烈度越大，震源深度越深，地表烈度越小。另外，震区的地质构造对地震烈度也有明显影响。表4-3是我国采用的地震烈度表。

表4-3　　中国地震烈度表（据中国科学院地球物理研究所）

烈度	名称	地震加速度 a /(cm/s²)	地震系数 K_c	地震情况
Ⅰ	无感震	<0.25	$<\frac{1}{4000}$	人不能感觉，只有仪器可以记录到
Ⅱ	微震	0.26～0.50	$\frac{1}{4000}\sim\frac{1}{2000}$	少数在休息中极宁静的人能感觉，住在楼上者更容易感觉
Ⅲ	轻震	0.6～1.0	$\frac{1}{2000}\sim\frac{1}{1000}$	少数人感觉地动（像有轻车从旁经过），不能即刻判断是地震。振动来自方向和持续时间有时约略可定
Ⅳ	弱震	1.1～2.5	$\frac{1}{1000}\sim\frac{1}{400}$	少数在室外的人和极大多数在室内的人都有感觉，家具等有些摇动，盘、碗和窗户玻璃振动有声。屋梁、天花板咯咯作响，缸里的水或敞口器皿中的流体有些荡漾，个别情形惊醒睡觉的人
Ⅴ	次强震	2.6～5.0	$\frac{1}{400}\sim\frac{1}{200}$	差不多人人感觉，树木摇晃，如有风吹动，房屋及室内物件全部振动并咯咯作响。悬吊物如帘子、灯笼、电灯等来回摆动，挂钟停摆或乱打，盛满在器皿中的水溅出。窗户玻璃出现裂纹。睡觉的人惊慌外逃
Ⅵ	强震	5.1～10.0	$\frac{1}{200}\sim\frac{1}{100}$	人人感觉，大部分惊骇跑到户外，缸里的水剧烈荡漾，墙上挂图、架上书籍掉落，碗碟器皿打碎，家具移动位置或翻倒，墙上灰泥发生裂缝，坚固的庙堂房屋亦不免有些地方掉落一些泥灰，不好的房屋受相当的损伤，但还是轻的
Ⅶ	损害震	10.1～25.0	$\frac{1}{100}\sim\frac{1}{40}$	室内陈设物品及家具损伤甚大。庙里的风铃叮当作响，池塘里腾起波浪并翻起污泥，河岸沙碛处有崩滑。井泉水位有变化，房屋有裂缝，灰泥和雕塑装饰大量脱落，烟囱破裂，骨架建筑的隔墙亦有损伤，不好的房屋严重受损
Ⅷ	破坏震	25.1～50.0	$\frac{1}{40}\sim\frac{1}{20}$	树木发生摇摆，有时折断。重的家具或物件移动很远或抛翻，纪念碑从座下扭转或倒下，建筑较坚固的房屋如庙宇也被损害，墙壁裂缝或部分裂坏，骨架建筑隔墙倾脱，塔或工厂烟囱倒塌，建筑特别好的烟囱顶部亦遭损坏。陡坡或潮湿的地方发生小裂缝、有些地方涌出泥水
Ⅸ	毁坏震	50.1～100.0	$\frac{1}{20}\sim\frac{1}{10}$	坚固建筑物如庙宇等损坏颇重，一般砖砌房屋严重破坏，有相当数量的倒塌，而至不能再住。骨架建筑根基移动，骨架歪斜，地上裂缝颇多
Ⅹ	大毁坏震	100.1～250.0	$\frac{1}{10}\sim\frac{1}{4}$	大的庙宇，大的砖墙及骨架建筑连基础遭受破坏，坚固的砖墙发生危险的裂缝，河堤、坝、桥梁、城垣均严重损伤，个别的被破坏，钢轨亦挠曲，地下输送管道被破坏，马路及柏油街道起了裂缝与皱纹，松散软湿之地开裂相当宽度和深度的长沟，且有局部崩滑。崖顶岩石有部分剥落，水边惊涛拍岸

续表

烈度	名称	地震加速度 a /(cm/s^2)	地震系数 K_c	地震情况
Ⅺ	灾震	250.1～500.0	$\frac{1}{4}$～$\frac{1}{2}$	砖砌建筑全部坍塌，大的庙宇与骨架建筑亦只部分保存。坚固的大桥破坏，桥柱崩裂、钢梁弯曲（弹性大的桥损坏较轻）。城墙开裂破坏，路基、堤坝断开，错离很远，钢轨弯曲且突起，地下输送管道完全破坏，地面开裂甚大，沟道纵横错乱，到处土滑山崩，地下水夹泥沙涌出
Ⅻ	大灾震	500.1～1000.0	$>\frac{1}{2}$	一切人工建筑物无不毁坏，物体抛到空中，山川风景变异，河流堵塞，造成瀑布，湖底升高。地崩山摧，水道改变等

注 $K_c=a/g$（式中：a 为地震加速度，g 为重力加速度，$g=980\text{cm/s}^2$）。

二、地震的成因类型

根据地震的形成原因，可把地震分为构造地震、火山地震、陷落地震和诱发地震。

（一）构造地震（Tectonic Earthquake）

由构造运动所引起的地震称构造地震。这种地震约占地震总数的 90%，世界上绝大多数地震，特别是震级较大的地震均属此类。其特点是活动性频繁、延续时间较长、影响范围最广、破坏性最大。因此，构造地震是地震研究的主要对象。

（二）火山地震（Volcanic Earthquake）

由火山活动所引起的地震称为火山地震。火山活动时，由于岩浆及其挥发物向上运移，冲破附近围岩而发生地震。这类地震有时发生在火山喷发的前夕，可作为火山活动的预兆；有时则直接与喷出过程相伴随。通常，火山地震的强度不太大，震源较浅，影响范围较小。这类地震为数不多，约占地震总数的 7%，主要见于现代火山分布地区。

（三）陷落地震（Depression Earthquake）

可溶岩石被地下水溶蚀后所形成的地下溶洞，经过不断扩大，上覆岩石突然陷落所引起的地震称为陷落地震。这类地震震源极浅，影响范围很小，只占地震总数的 3%，地震能源主要来自重力作用，主要见于石灰岩及其他易溶岩石（石膏、石盐等）广泛分布的地区。此外，山崩、地滑及矿洞塌陷也可产生类似的地震。

（四）诱发地震（Inducement Earthquake）

由于某种人为因素的激发作用而引起的地震称诱发地震。其中较常见的是水库地震和人工爆破地震等。水库地震是因水库蓄水而引起的地震。因为水库蓄水后，厚层水体的静压力作用改变了地下岩石的应力状态，加上水库里的水沿岩石裂隙、孔隙和空洞渗透到岩石中，起着润滑剂的作用，从而导致岩层滑动或断裂引起地震。由地下核爆炸也可以诱发出一系列的地震活动。一般认为，爆炸诱发地震是由于爆炸时产生的短暂巨大压力脉冲的影响，使原有的断层发生滑动而造成地震。

三、地震的地理分布

（一）世界地震带

世界上的地震主要集中在以下 4 个地震带内。

1. 环太平洋地震带

环太平洋地震带位于太平洋四周大陆边缘和附近海域，是世界上地震最频繁、最强烈的地区，以日本和智利最为严重。全球约80%的浅源地震、90%的中源地震和几乎全部的深源地震都发生在这个地震带内。

2. 地中海—喜马拉雅地震带

地中海—喜马拉雅地震带从地中海沿岸经土耳其、伊朗、喜马拉雅山脉、缅甸至印度尼西亚与环太平洋地震带连接，多为中、浅源地震。

3. 大洋中脊地震带

大洋中脊地震带分布在各大洋中脊，以浅源地震为主，能量较小。

4. 大陆裂谷地震带

大陆裂谷地震带主要沿东非大裂谷、红海、死海裂谷系分布，均为浅源地震。

(二) 我国地震带

我国位于环太平洋地震带和地中海—喜马拉雅地震带的交汇处。因此是个多地震的国家。主要地震分布带如下。

1. 华北区

郯城—庐江带、燕山带、山西带、渭河平原带和河北平原带。

2. 东南区

台湾带和东南沿海带。

3. 西南区

武都—马边带、康定—甘孜带、安宁河谷带、滇东带、滇西带、腾冲—澜沧带和西藏带。

4. 西北区

天山南北带、河西走廊带、六盘山带和天水—兰州带。

第六节　数字地震观测系统

新一代中国地震观测系统由国家数字地震台网、区域数字地震台网、火山地震台网和流动地震台网4部分组成。

一、国家数字地震台网

国家数字地震台网在已有的48个国家数字地震台站基础上新增104个甚宽频带数字地震台站，台站总数达152个。至此，除青藏高原部分地区外，在全国大部分地区，国家数字地震台网的台距（台站的间距）达到了250km左右。在国家数字地震台网的152个台站中有16个台站采用频带为3000s—360Hz（加速度平坦型）和360s—20Hz（速度平坦型）的超宽频带地震计，其余台站均安装120s—20Hz甚宽频带地震计。

为了加强中国西部的地震监测能力，在西藏那曲、新疆和田建设了2个小孔径地震台阵。每个地震台阵均由9个子台组成，孔径为3km。台阵中心台站采用120s—20Hz甚宽频带地震计，其余台站则采用2s—50Hz的短周期地震计。

此外，在渤海、东海海域建设了2个海底试验地震台站，为今后开展海洋地震观测积累经验。

二、区域数字地震台网

区域数字地震台网是以省、自治区、直辖市为主的地震台网，它是在对已经建成的267个数据字长为16位的区域数字地震台站进行升级改造，并新建411个区域数字地震台站的基础上建立起来的。区域数字地震台网的建成使我国31个省、自治区和直辖市都有一个区域数字地震台网，其台站总数为685个。加上已经建成的首都圈107个区域数字地震台站，现在全国区域数字地震台总数已达792个。在地震重点监视防御区、人口密集的主要城市以及东部沿海地区，区域数字地震台网的台距达到了30～60km；在新疆及青藏高原等部分地区，台距也达到了100～200km。

在685个地震台站中，一部分台站安装60s—40Hz的宽频带地震计，另一部分台站安装2s—50Hz的短周期地震计。

三、火山监测台网

我国建设了6个火山监测台网。这6个台网共有33个数字地震台站，其中吉林省长白山火山监测台网10个台站，吉林省龙岗火山监测台网4个台站，云南省腾冲火山监测台网8个台站，黑龙江省五大连池火山监测台网3个台站，黑龙江省镜泊湖火山监测台网4个台站，海南省琼北火山监测台网4个台站。在这些台站，安装了60s—40Hz的宽频带地震计或2s—50Hz的短周期地震计。

四、流动数字测震台网

流动数字地震台网主要用于地震现场的临时观测或为特定的科研目的开展的野外观测。流动数字测震台网建设分为地震现场应急流动台网和地震探测台阵两部分，地震仪器的总数达800套。

1. 地震现场应急流动台网

地震现场应急流动台网主要用于大震前的前震观测和震后的余震监测。在大地震前作为地震的加密观测，进行高精度的地震定位，对可能发生大地震的区域地震活动背景作动态跟踪监测，为开展区域地震活动性研究和地震预测研究服务。在大地震后用于现场的余震监测，记录大地震后的余震活动变化，为判断地震的发展趋势提供依据，也为进一步研究震源特征、探索地震的发生和发展过程积累基础资料。

我国组建了19个地震应急现场流动数字地震台网。这19个台网有总数达200套的流动数字地震仪。仪器采用60s—40Hz的宽频带地震计或2s—50Hz的短周期地震计。

2. 地震探测台阵

地震探测台阵可以根据不同的科学目的在研究区域内开展不同方式、不同规模的观测。对于密集台阵，台距可达千米级。通过对高分辨率地震探测台阵记录资料的分析可以大大改善地震定位、震源机制、震源破裂过程和地震成像的精度。作为地球深部高分辨率探测的一种重要的手段，地震探测台阵不但在地震科学研究中，而且在地球科学研究中，都有非常广泛的应用。

由中国地震局地球物理研究所负责管理的地震探测台阵共有600套流动数字地震仪。

第七节　我国地质灾害防治目标与任务

地质灾害都是发生在地球表部的地质作用过程，它给人类带来不幸和生命财产的损失。人类生存、发展的漫长历史就是人与自然灾害不断斗争的历史。地质灾害防治的目标，就是要以人为本，以科学发展观为宗旨，最大限度地减少人员伤亡和财产损失，创造安全、稳定的生活环境，保障社会经济的全面协调可持续发展。最大限度地减少对人民的生产、生活和安全的危害，就要将各类威胁人类的地质灾害作为防治重点对象。

突发性地质灾害危害大，应以防为主，防治结合。要做到预防险情，及时治理。要掌握自然规律，依靠科技进步。深化对地质灾害发生发展规律的认识，加强高新技术的应用、推广。提高防灾减灾效率、能力和水平。要达到明显减少地质灾害损失的目标，就需要更全面、更科学地了解地质灾害发生发展的过程，制定严密的工作计划，并且要宣传群众，组织群众，群防群治。

今后我国地质灾害防治主要应进行以下几方面的工作。

(1) 地质灾害调查是了解地质环境状况和地质灾害隐患的主要途径。其成果应是编制地质灾害易发及潜在隐患区的图件和对其进行风险评估的最基础依据。

(2) 在调查填图的基础上，对有地质灾害及其隐患地区进行风险区划。这是制定防治对策、规划防治区域，实施防治措施和制定风险管理工作的基础。对国内一些重大工程建设区和重要城市的风险区划和评估要作为工作重点。要建立完善的风险评估指标体系和评估方法体系，以利于强化风险管理。

(3) 在一些重大地质灾害频发区要开展地质灾害实时监测工作，以便发出灾害预警，避免或减少损失。为此，需要完善灾害预警、预报体系，建立国家地质灾害监测预警体系；运用新技术和先进方法，并与全球定位系统（GPS）结合起来开展实时监测。

(4) 建立全国性的实发性地质灾害群测群防网络体系的示范基地；在当地政府领导下建立县、乡、村三级群测、群防体系。

(5) 依靠科技进步与创新，提高地质灾害防治的科学水平。有以下主要任务。

1) 地质灾害早期识别技术方法研究。

2) 建立不同地区地质灾害早期识别的指标体系和模型。

3) 地质灾害发育过程和诱发机制研究。

4) 地质灾害监测预警新技术的研究与应用。

5) 地质灾害生态治理试验研究。

第五章　地下水的地质作用及水质评价

第一节　自 然 界 中 的 水

一、自然界的水循环

在太阳能及重力的作用下，地球上的水由水圈进入大气圈，经过岩石圈表层再返回水圈，如此循环不已。自然界中的水循环就反映了大气水、地表水、地下水三者之间的相互联系。

在太阳热能作用下，海洋中的水分蒸发成为水汽，进入大气圈；水汽随水流运移至陆地上空，在适宜的条件下，重新凝结下降。降落的水分，一部分沿地面汇集于低处，成为河流、湖泊等地表水；另一部分渗入土壤岩石中，成为地下水。形成地表水的那部分水分有的重新蒸发成为水汽，返回大气圈；有的渗入地下形成地下水，其余部分则流入海洋。如图 5-1 所示。

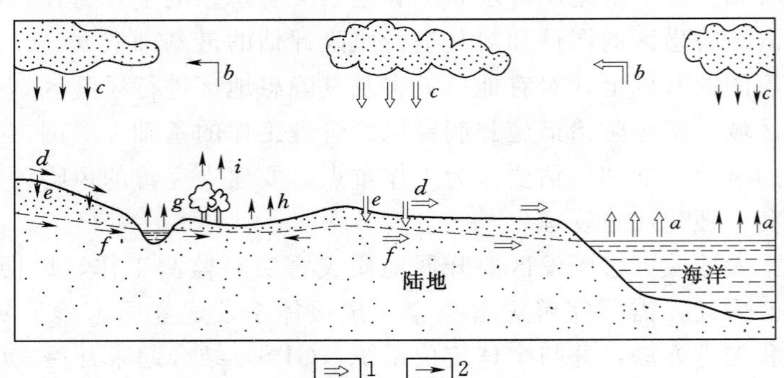

图 5-1　自然界水循环示意图

1—大循环各环节；2—小循环各环节；a—海洋蒸发；b—大气中水汽转移；c—降水；d—地表径流；e—入渗；f—地下径流；g—水面蒸发；h—土面蒸发；i—叶面蒸发（蒸腾）

水分从海洋经过陆地最终返回海洋，这种发生海陆之间的水循环称为大循环。在大陆（或海洋）表面蒸发的水分重新又降落回大陆（或海洋）表面，这种就地蒸发、就地形成降水的循环称为小循环。一个地区小循环增强，总降水随之增加。植树造林，兴修水库，便是增加小循环，改造干旱、半干旱地区的重要措施之一。

二、地下水的来源

（1）海成的。海成的是指地下水是由海水渗到地下而成的。但海水直接渗入地下而形成地下水是很少存在的。仅在靠近海岸附近的狭小范围内有海水流入到地下与淡水混合的情况存在。而在自然界却广泛地分布着另一种“海相残留水”。它是在海相沉积物形成时，在粗粒沉积物的孔隙间充满着大量的海水残留而成的。

(2) 渗透的。大气降水、地表水和融雪水的渗透是地下水的主要来源。大气降水补给地下水的多少与降水强度、植被覆盖程度、地表坡度以及岩石透水性等密切相关。强烈的暴雨大多形成地表径流而流失，短时小雨渗透不深，基本上被蒸发掉。而长期的绵绵细雨补给地下水最多。有些地区来自河、湖、水库和渠道的侧渗也相当重要。

(3) 凝结的。地下水是来源于大气中水汽或土壤孔隙中水汽分子受昼夜温差而凝结生成的。在大陆性干旱沙漠地区，由于当地蒸发量大，而降水量小，没有渗透形成地下水的条件，而凝结作用就突出了。

(4) 初生的。地下水是由地球深处的高温水汽上升冷却而形成的，水中含有特殊的化学成分和气体。如有些温泉就是这种成因。

自然界大多数地下水来源于渗透和凝结。各种不同地下水的来源是与该地区的地质、地貌、自然地理条件密切相关的。而干旱炎热的沙漠地区，蒸发量大，降水量少，地下水主要由凝结而成；而在东部沿海多雨地区地下水则主要靠渗透而成，如广大的冲积平原与山前平原的地下水。

三、岩石中的空隙

组成地壳的岩石，无论是松散沉积物还是坚硬的基岩，都有空隙。空隙的大小、多少、均匀程度和联通情况，决定着地下水的埋藏、分布和运动。

通常把岩石的空隙分为三类：松散沉积物颗粒之间的空隙称为孔隙；非可溶岩中的空隙称为裂隙；可溶岩产生的空隙小者称为溶隙，大者称为溶洞（图 5-2）。

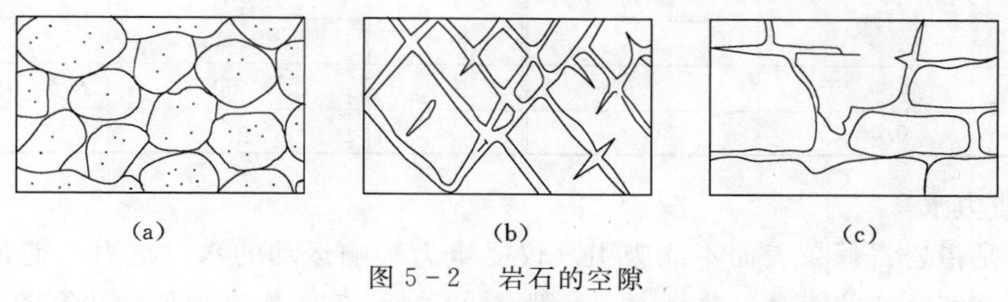

图 5-2　岩石的空隙

(a) 孔隙；(b) 裂隙；(c) 溶隙

岩石空隙的发育程度，可用空隙度这个度量指标来衡量。空隙度 P 等于岩石中的空隙体积 V_P 与岩石总体积 V（包括空隙在内）的比值，即

$$P=\frac{V_P}{V}\times 100\% \tag{5-1}$$

岩石的空隙度以小数或百分比表示。松散沉积物、非可溶岩和可溶岩的空隙度，又可分别称为孔隙度、裂隙率及岩溶率。

四、岩石中水的存在形式

在岩石的空隙中存在的水有气态水、液态水和固态水 3 种类型。其中液态水又可根据其受力情况分为结合水、毛细水和重力水。此外，还有一种存在于矿物结晶内部及其间的矿物结合水。

（一）气态水

存在于未饱和岩石空隙中的水蒸气称为气态水。气态水可以随空气的流动而移动。它本身也可以从水汽压力（或绝对温度）大的地方向水汽压力（或绝对温度）小的地方迁移。当水汽增多达到饱和时，或当气温降低到露点时，气态水便凝结成液态水，成为地下水的一种补给来源。

（二）结合水

结合水通常是指束缚于岩石颗粒表面、不能在重力影响下运动的水。水分子是偶极体，一端带正电荷，另一端带负电荷。由于静电引力作用，带有电荷的岩石颗粒表面，便能吸附水分子形成结合水。

依据吸附作用的强弱，结合水又有强结合水和弱结合水之分。紧靠岩石颗粒表面的水称为强结合水（又称吸着水）。这种水不能被植物吸收。结合水的外层称为弱结合水（又称薄膜水）。一般情况下不能流动，但当施加的外力超过其抗剪强度时，最外层的水分子便发生流动。

（三）毛细水

毛细水是指在表面张力的作用下，沿着岩土细小空隙上升的水。毛细水可以从地下水面上升形成毛细水带，也可以脱离地下水面而独立存在，成为悬挂毛细水。毛细水同时受重力和毛细力作用，能传递静水压力，其上升高度与岩土空隙大小有关，见表5-1。毛细水可供植物吸收，也是引起土壤盐渍化的重要条件。

表5-1　　常见松散岩石的毛细高度

岩石名称	典型孔隙半径/mm	毛细高度/cm	岩石名称	典型孔隙半径/mm	毛细高度/cm
粗砾	2.0	0.8	粉砂	0.01	150
粗砂	0.5	3.0	黏土	0.005	300
细砂	0.05	30.0			

（四）重力水

重力水是指岩石颗粒表面不能吸引、仅受重力影响运动的水。重力水能传递静水压力，并且有溶解盐类的能力。井水、泉水都是重力水。它是水文地质学研究的主要对象。

（五）固态水

当岩石空隙中的水温低于0℃时，液态水便转化为固态水。我国东北、青藏高原等地就有部分地下水是以固态形式存在于岩石空隙之中的，形成季节冻结区或多年冻结区。

第二节　地下水的物理性质和化学性质

一、物理性质

地下水的物理性质包括颜色、透明度、气味、味道、温度、密度、导电性和放射性等。

（一）颜色

地下水一般是无色的，但由于化学成分的含量不同，以及悬浮杂质的存在，而常常呈现出各种颜色（表 5－2）。

表 5－2　　地下水的颜色与水中存在物质的关系

水中存在的物质	低铁	高铁	硫化氢	锰的化合物	腐殖酸盐
颜色	淡灰	锈色	翠绿	暗红	暗黄或灰黑

（二）透明度

常见的地下水多是透明的，但其中如含有一些固体和胶体悬浮物时，则地下水的透明度有所改变。为了测定透明度，可将水样倒入一高 60cm、带有放水嘴和刻度的玻璃管中，把管底放在 1 号铅字（专用铅字）的上面，打开放水嘴放水，一直到能清楚地看到管底的铅字为止，读出管底到水面的高度。根据这种观测方法可以把地下水的透明度划为 4 级（表 5－3）。

表 5－3　　地下水透明度分级

分　级	野　外　鉴　别　特　征
透明	无悬浮物及胶体，60cm 水深可见 3mm 的粗线
微浊	有大量悬浮物，30～60cm 水深可见 3mm 的粗线
浑浊	有较多的悬浮物，半透明状，小于 30cm 水深可见 3mm 的粗线
极浊	有大量悬浮物或胶体，似乳状，水深很浅也不能清楚看见 3mm 的粗线

（三）气味

一般地下水是无味的，当其中含有某种气体成分和有机物质时，便产生一定的气味。如地下水含有硫化氢气体时，则有臭鸡蛋味。有机物质使地下水有鱼腥味。

（四）味道

地下水的味道取决于它的化学成分及溶解的气体（表 5－4）。

表 5－4　　地下水味道与所含物质的关系

存在物质	氯化钠	硫酸钠	氯化镁及硫酸镁	大量有机质	铁盐	腐殖质	硫化氢与碳酸气同时存在	二氧化碳及适量重碳酸钙和重碳酸镁
味道	咸味	涩味	苦味	甜味	墨水味	沼泽味	酸味	可口

（五）温度

地下水温度的分类见表 5－5。

表 5－5　　地下水温度分类

类别	非常冷的水	极冷的水	冷水	温水	热水	极热水	沸腾水
温度/℃	<0	0～4	4～20	20～37	37～42	42～100	>100

二、化学性质

（一）化学成分

地下水中溶解的化学成分，常以离子、化合物、分子以及游离气体状态存在，地下水中常见的化学成分有以下几种。

离子成分中，阳离子有氢离子（H^+）、钾离子（K^+）、钠离子（Na^+）、镁离子

(Mg^{2+})、钙离子(Ca^{2+})、铵离子(NH_4^+)、二价铁离子(Fe^{2+})、三价铁离子(Fe^{3+})、锰离子(Mn^{2+})等，阴离子有氢氧根(OH^-)、氯根(Cl^-)、硫酸根(SO_4^{2-})、亚硝酸根(NO_2^-)、硝酸根(NO_3^-)、重碳酸根(HCO_3^-)、碳酸根(CO_3^{2-})、硅酸根(SiO_3^{2-})及磷酸根(PO_4^{3-})等。

以未离解的化合物分子状态存在的有三氧化二铁(Fe_2O_3)、三氧化二铝(Al_2O_3)及硅酸(H_2SiO_3)等。

溶解的气体有二氧化碳(CO_2)、氧(O_2)、氮(N_2)、甲烷(CH_4)、硫化氢(H_2S)及氡(Rn)等。

上述组成中以Cl^-、SO_4^{2-}、HCO_3^-、Na^+、K^+、Mg^{2+}及Ca^{2+}分布最广。

(二)矿化度

地下水的矿化度也称总矿化度，是指地下水中所含盐分的总量，通常是指用110℃的温度将水烘干，所得的固体残余物的数量。地下水按矿化度的分类见表5-6。

表5-6　　地下水按矿化度分类表

水的类别	矿化度/(g/L)	水的类别	矿化度/(g/L)
淡　水	<1	半咸水(中等矿化水)	3～10
微咸水(低矿化水)	1～3	咸水(高矿化水)	>10

(三)pH值

pH值用以表示水中氢离子浓度，地下水按pH值的分类，见表5-7。

表5-7　　地下水按pH值分类表

水的类别	pH值	水的类别	pH值	水的类别	pH值
强酸性水	<5	中 性 水	7	强碱性水	>9
弱酸性水	5～7	弱碱性水	7～9		

(四)硬度

地下水的硬度可分为总硬度、暂时硬度和永久硬度。总硬度是指水中所含钙和镁的盐类的总含量，如$Ca(HCO_3)_2$、$Mg(HCO_3)_2$、$CaSO_4$、$MgSO_4$、$CaCl_2$、$MgCl_2$等。暂时硬度是指当水煮沸时，重碳酸盐分解破坏而析出的$CaCO_3$或$MgCO_3$的含量。而当水煮沸时，仍旧存在于水中的钙盐和镁盐(主要是硫酸盐和氯化物)的含量，称永久硬度。

总硬度为暂时硬度和永久硬度之和，一般是用“德国度”或每升毫克当量来表示。一个德国度相当于在1L水中含有10mg的CaO或者含7.2mg的MgO。1毫克当量硬度等于2.8德国度，或是等于20.04mg/L的Ca^{2+}或12.16mg/L的Mg^{2+}。

地下水按硬度的分类见表5-8。

表5-8　　地下水按硬度分类表

水的类别	德国度	毫克当量/L	水的类别	德国度	毫克当量/L
极软水	<4.2	<1.5	硬　水	16.8～25.2	6～9
软　水	4.2～8.4	1.5～3	极硬水	>25.2	>9
微硬水	8.4～16.8	3～6			

第三节 地下水的类型及特征

根据地下水的埋藏条件，可以把地下水划分为包气带水、潜水和承压水3类（图5-3）；根据含水层空隙性质的不同，可将地下水划分为孔隙水、裂隙水和岩溶水3类。按这两种分类，可以组合成9种不同类型的地下水，见表5-9。

包气带水的实际意义不大，潜水和承压水是地下水的基本类型。因此，下面主要介绍潜水和承压水。

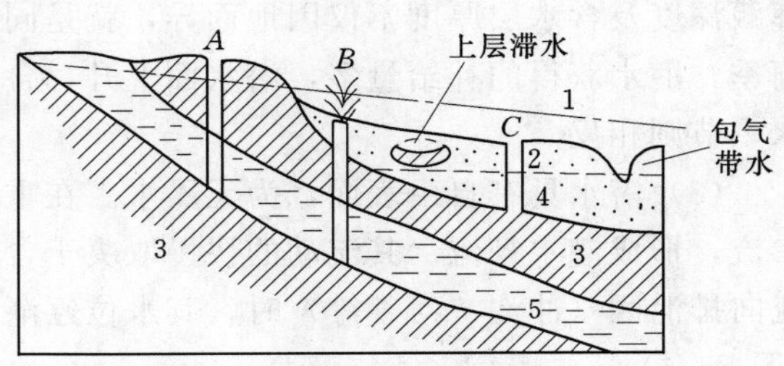

图5-3 地下水埋藏示意图

1—承压水位；2—潜水位；3—隔水层；4—含水层（潜水）；5—含水层（承压水）；A—承压水井；B—自流水井（承压水位高出地表）；C—潜水井

一、潜水

1. 潜水的特征

潜水是埋藏在地表以下第一个连续稳定的隔水层（不透水层）以上、具有自由水面的重力水。一般是存在于第四纪松散堆积物的孔隙中（孔隙潜水）及出露于地表的基岩裂隙和溶洞中（裂隙潜水和岩溶潜水）。

表5-9 地下水分类

按含水层性质分 / 按埋藏条件分	孔隙水（松散堆积物孔隙中的水）	裂隙水（基岩裂隙中的水）	岩溶水（岩溶化空隙中的水）
包气带水（地面以下，潜水位以下，未饱和的岩层中的水）	土壤水——土壤中悬浮未饱和的水；上层滞水——局部隔水层以上的饱和水	出露地表的裂隙岩石中季节性存在的水	垂直渗入带中的水
潜水（地面以下第一个稳定不透水层以上、具有自由表面的水）	各种松散堆积物中的水	基岩上部裂隙中的水，沉积岩层间裂隙水	裸露岩溶化岩层中的水
承压水（两个不透水层间承受水压力的水）	松散堆积物构成的承压盆地和承压斜地中的水	构造盆地、向斜及单斜岩层中的层状裂隙水	构造盆地、向斜及单斜岩层中的水

潜水的自由水面称为潜水面。潜水面上每一点的绝对（或相对）高程称为潜水位。潜水水面至地面的距离称为潜水的埋藏深度。由潜水面往下到隔水层顶板之间充满了重力水的岩层，称为潜水含水层，其间距离则为含水层的厚度（图5-4）。

潜水的埋藏条件决定了潜水具有以下特征。

（1）潜水面以上，一般无稳定的隔水层，潜水通过包气带与地表相通，所以大气降水和地表水直接渗入而补给潜水，成为潜水的主要补给来源。在大多数情况下，潜水的分布区（即含水层分布的范围）与补给区（即补给潜水的地区）是一致的。而某些气象水文要素的变化能直接影响潜水的变化。

(2) 潜水埋藏深度及含水层的厚度是经常变化的，而且有的还变化很大，它们受气候、地形和地质条件的影响，其中以地形的影响最显著。在强烈切割的山区，潜水埋藏深度可以达几十米甚至更深，含水层厚度差异也很大。而在平原地区，潜水埋藏浅，通常为数米至十余米，有时可为零（既潜水出露地表，形成沼泽），含水层厚度差异较小。潜水埋藏深度及含水层厚度不仅因地而异，就是同一地区，也随季节不同而有显著变化。如在雨季，潜水获得的补给量多，潜水面上升，含水层厚度随之加大，埋藏深度变小；而在枯水季节则相反。

(3) 潜水具有自由表面，为无压水。在重力作用下，自水位较高处向水位较低的地方渗流，形成潜水径流。其流动的快慢取决于含水层的渗透性能和潜水的水力坡度。当潜水流向排泄区（冲沟、河谷等）时，其水位逐渐下降，形成倾向于排泄区的曲线形自由水面（图 5-4）。

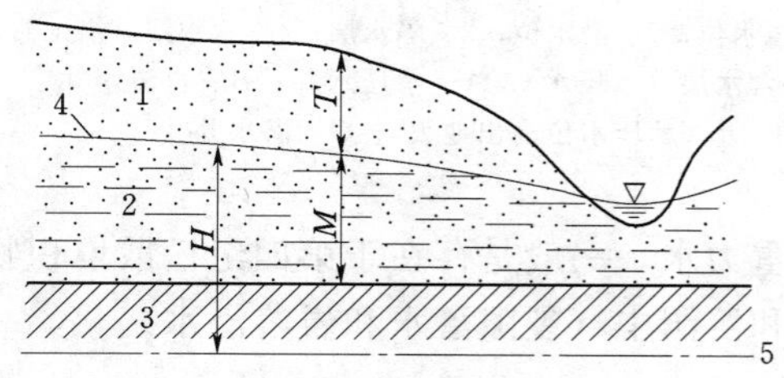

图 5-4　潜水埋藏示意图

1—砂层；2—含水层；3—隔水层；4—潜水面；5—基准线；T—潜水埋藏深度；M—含水层厚度；H—潜水位

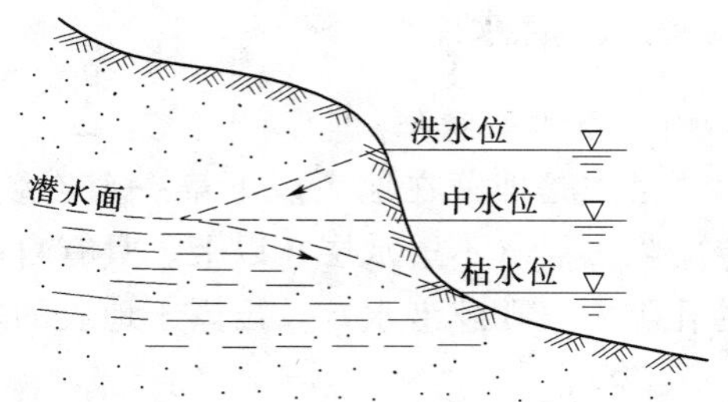

图 5-5　河水位变化与潜水面形状示意图

自然界中，潜水面的形状也因地而异，它同样受到地形、地质和气象水文等自然因素的控制。潜水面的形状与地形有一定程度的一致性，一般地面坡度越大，潜水面的坡度也越大，但潜水坡度总是小于当地的地面坡度，形状比地形要平缓得多（图 5-4）。含水层的渗透性能和厚度的变化，会引起潜水坡度的改变。大气降水和蒸发可直接引起潜水面的上升和下降，从而改变其形状。某些情况下，地表水的变化也会改变潜水面的形状：当河水排泄潜水时，潜水面为倾向河流的斜面，但当高水位河水补给潜水时，则潜水面可以变成从河水倾向潜水的曲面（图 5-5）。

(4) 潜水的排泄（即含水层失去水量）主要有两种方式：一种是以泉的形式出露于地表或直接流入江河湖海中，这是潜水的一种主要排泄方式，称为水平方向的排泄；另一种是消耗于蒸发，为垂直方向的排泄。潜水的水平排泄和垂直排泄所引起的后果不同，前者是水分盐分的共同排泄，一般引起水量的差异；而后者由于只有水分排泄而不排泄水中的盐分，结果导致水量的消耗，又造成潜水的浓缩，因而发生潜水含盐量增大及土壤的盐渍化。

2. 潜水等水位线图

潜水面反映了潜水与地形、岩性和气象水文之间的关系，表现出潜水埋藏、运动和变化的基本特点。为能清晰地表示潜水面的形态，通常采用两种图示方法，并常以两者配合使用。一种是以剖面图表示，即在具有代表性的剖面线上，绘制水文地质剖面，其中既表示出水位，也表示出含水层的厚度、岩性及其变化，也就是在地质剖面图上画出潜水面剖面线的位置，即成水文地质剖面图。另一种是以平面图表示，即用潜水面的等高线图（图5-6）来表示水位标高（标在地形图上），画出一系列水位相等的线。潜水面上各点的水位资料是在大致相同的时间，通过测定泉、井和按需要布置的钻孔、试坑等的潜水面标高来获得的。由于潜水位随季节发生变化，所以等水位线图上应该注明测定水位的时期。通过不同时期等水位图的对比，有助于了解潜水的动态，一般在一个地区应绘制潜水最高水位和最低水位时期的两张等水位线图。

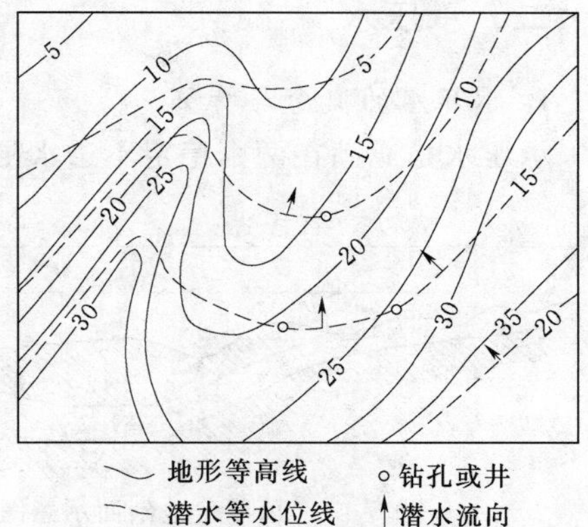

图5-6　潜水等水位线图（单位：m）

根据潜水等水位线图，可以解决下列问题。

（1）潜水的流向。潜水是沿着潜水面坡度最大的方向流动的。因此，垂直于潜水等水位线从高水位指向低水位的方向，就是潜水的流向，如图5-6中箭头所示的方向。

（2）潜水面的坡度（潜水水力坡度）。确定了潜水流向之后，在流向上任取两点的水位高差，除以两点的实际距离，即得潜水面的坡度。

（3）潜水的埋藏深度。将地形等高线和潜水等高线绘制于同一张图上时，则等水位线与地形等高线相交之点，两者高程之差即为该点的潜水埋藏深度。若所求地点的位置，不在等水位线与地形等高线的交点处，则可用内插法求出该点地面与潜水面的高程，潜水的埋藏深度即可求得。

（4）潜水与地表水的相互关系。在邻近地表水的地段编制潜水等水位线图，并测定地表水的水位标高，便可以确定潜水与地表水的相互补给关系，如图5-7所示。图5-7（a）为潜水补给河水；图5-7（b）为河水补给潜水；图5-7（c）则为右岸潜水补给河水，左岸河水补给潜水。

（5）利用等水位线图合理地布设取水井和排水沟。为了最大限度地使潜水流入水井和排水沟，一般应沿等水位线布设水井和排水沟。如图5-8所示，图中1、2、3是水井，4、5是排水沟。显然按1、3布设水井是合理的，而1、2是不合理的；同理按5布设排水沟是合理的，而4不合理。

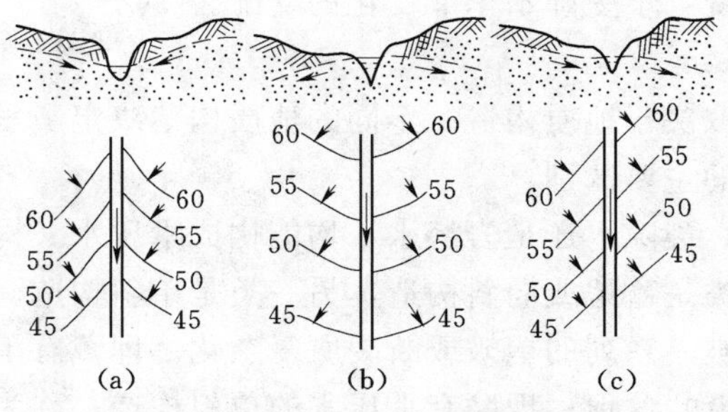

图5-7　均质岩石中潜水与地表水（河水）的关系（单位：m）

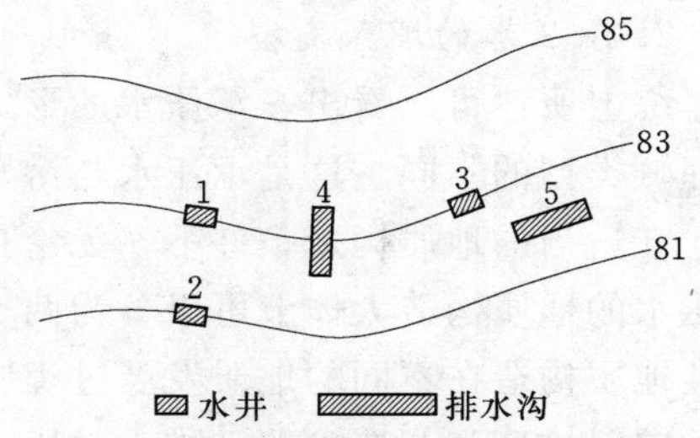

图5-8　水井与排水沟布设示意图

二、承压水

1. 承压水的概念与特征

承压水是充满在两个稳定不透水层或弱透水层间的含水层中承受水压力的地下水（图 5-9）。承压水多埋藏在第四纪以前岩层的孔隙中或层状裂隙中，第四纪堆积物中也有孔隙承压水存在。

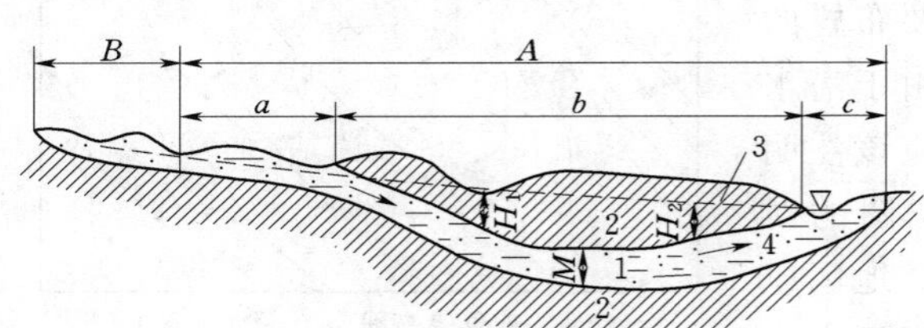

图 5-9　承压盆地剖面示意图

A—承压水分布区；a—补给区；b—承压区；c—排泄区；B—潜水分布区；H_1—正水头；H_2—负水头；M—承压水层厚度；1—含水层；2—隔水层；3—承压水位；4—承压水流向

当铅孔打穿上部隔水层至含水层时，地下水在静水压力的作用下，上升到含水层顶板以上某一高度，如图 5-9中的 H_1 及 H_2，该高度称为承压水位或承压水头。各承压水位的连线称为承压水位线（或水头线）。承压水位高出地表的叫正水头，低于地表的叫负水头。因此，在适宜的地形地质条件下，水可以溢出地面，甚至喷出，如图 5-9 中的 H_1，所以通常又称承压水为自流水（但并非所有承压水都能自流）。由于承压水具有这一特点，因而是良好的水源，在我国早已被广泛地开采利用了。早在 2000 多年以前，四川的自流井凿井取水煮盐，便是世界上最早发现和利用承压水（卤水）的记录。承压水的存在，有时也给地下工程、坝基稳定等造成很大的困难。所以，研究承压水具有重要意义。

从图 5-9 可以看出，承压水的埋藏条件是：上下均为隔水层，中间是含水层；水必须充满整个含水层；含水层露出地表吸收降水的补给部分，要比其承压区和泄水区的位置高。具备上述条件，地下水即承受静水压力。如果水不充满整个含水层，则称为层间无压水。

上述承压水的埋藏条件决定了它的下述特征：

（1）承压水的分布区和补给区是不一致的。

（2）地下水面承受静水压力，非自由面。

（3）承压水的水位、水量、水质及水温等受气象水文因素季节变化的影响不显著。

（4）任一点的承压含水层的厚度稳定不变，不受降水季节变化的支配。

2. 承压水的埋藏类型

综上所述可以看出，承压水的形成主要取决于地质构造。不同的地质构造决定了承压水埋藏类型的不同。这是承压水与潜水形成的主要区别。

在适当的地质构造条件下，无论孔隙水、裂隙水还是岩溶水，均能构成承压水。构成承压水的地质构造大体上可以分为两类：一类是盆地或向斜构造，另一类是单斜构造。这两类地质构造在不同的地质发展过程中，常被一系列的褶皱或断裂所复杂化。埋藏有承压水的向斜构造和构造盆地，称为承压（或自流）盆地；埋藏有承压水的单斜构造，称为承压（或自流）斜地。

（1）承压盆地。每个承压盆地都可以分成 3 个部分：补给区、承压区和排泄区（图

5－9）。盆地周围含水层出露地表，露出位置较高者为补给区（图 5－9 中 a），位置较低者为排泄区（图 5－9 中 c），补给区与排泄区之间为承压区（图 5－9 中 b）。在钻井时打穿上部隔水层，水即涌入井中，此高程（即上部隔水层底板高程）的水位称为初见水位。当水上涌至含水层顶板以上某一高度稳定不变时，称为静止水位（即承压水位）；上部隔水层底板到下部隔水层顶板间的垂直距离，称为含水层厚度 M。承压区含水层厚度是长期稳定的，而补给区含水层厚度则受水文气象因素影响而发生变化。

当有数个含水层存在时，各个含水层都有各自的承压水位。储水构造和地形一致的情况下称为正地形，此时，下层的承压水位高于上层的承压水位。储水构造和地形不一致的情况下称为负地形，其下层的承压水位则低于上层的承压水位。这一点可以帮助我们初步判断各含水层发生水力联系的补给情况。如果用钻孔或井将两个承压含水层贯通，那么，在负地形的情况下，可以由上面的含水层流到下面的含水层；在正地形的情况下，下面含水层中的水可以流入到上面的含水层。

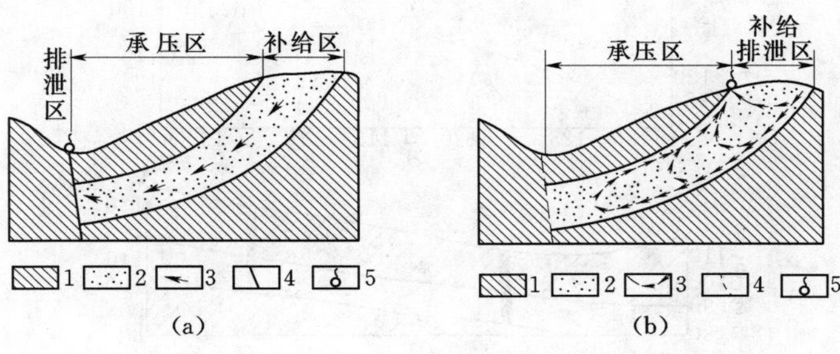

图 5－10　断块构造形成的承压斜地

（a）断层导水；（b）断层不导水

1—隔水层；2—含水层；3—地下水流向；4—断层；5—泉

承压盆地的规模差异很大。四川盆地是典型的大型承压盆地。小型的一般只有几平方公里。

（2）承压斜地。如图 5－11、图 5－12 所示，由含水岩层和隔水岩层所组成的单斜构造，由于含水层岩性发生相变或尖灭，或者含水层被断层所切，均可形成承压斜地。在图 5－10（b）、图 5－11 所示的承压斜地内，补给区和排泄区是相邻近的，而承压区位于另一端，在含水层出露的地势低处有泉出现。此时，水自补给区流到排泄区并非必须经过承压区，这与上述的介绍显然有所不同。

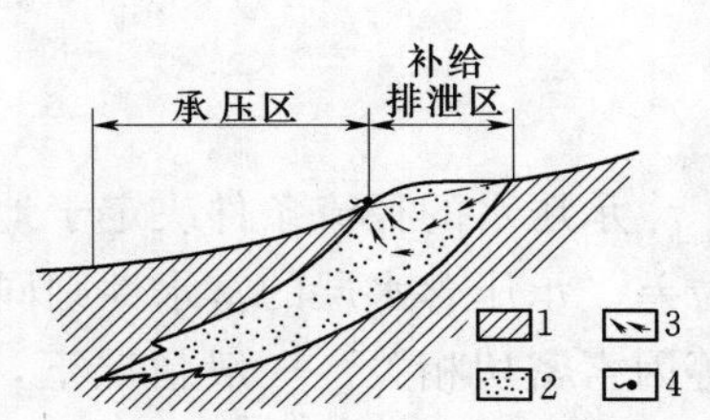

图 5－11　岩性变化形成的承压斜地

1—隔水层；2—含水层；3—地下水流向；4—泉

图 5－10（a）所示的承压斜地，补给、承压和排泄区各在一处，类似承压盆地。

3. 承压水的补给、径流和排泄

承压水的补给区直接与大气相通，接受降水和地表水的补给（存在地表水时）。补给的强弱决定于包气带的透水性、降水特征、地表水流量及补给区的范围等。也可存在上下含水层之间的补给。

承压水的排泄有如下几种形式：承压含水层排泄区裸露地表时，以泉的形式排泄并可以补给地表水；承压水位高于潜水时，排泄于潜水成为潜水的补给源。也可以在正地形或负地形条件下，形成向上或向下的排泄。

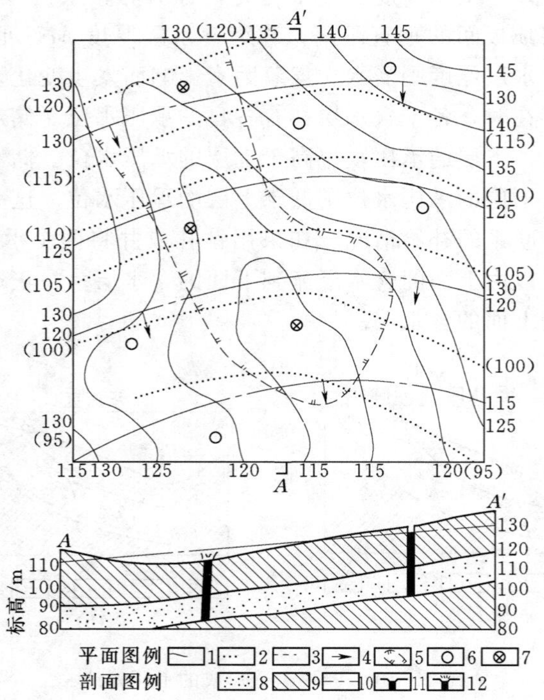

图 5-12　等水压线图（附含水层顶板等高线）

1—地形等高线；2—含水层顶板等高线；3—等测压水位线；
4—地下水流向；5—承压水自溢区；6—钻孔；7—自喷钻孔；
8—含水层；9—隔水层；10—测压水位线；
11—承压不自流井；12—自流井

承压水的径流条件决定于地形、含水层透水性、地质构造及补给区与排泄区的承压水位差。承压含水层的富水性则同承压含水层的分布范围、深度、厚度、空隙率、补给来源等因素密切相关。一般情况下，分布广、埋藏浅、厚度大、空隙率高，水量就较丰富且稳定。

承压水径流条件的好坏、水交替强弱，决定了水质的优劣及其开发利用的价值。

4. 水压面特征

承压水位即承压水的水压面，简称水压面。它与潜水面不同，潜水面是一个实际存在的面。承压水面实际并不存在，故有人称是一个势面。水压面的深度不能反映承压水的埋藏深度。水压面的形状在剖面上是倾斜直线或曲线。

承压水面的表示方法，是根据相近时间测定的各井孔的测压水位标高资料绘制的等水压线图（图 5-12），即测压水位标高相同点的连线。等水压线形状与地形等高线形状无关。利用等水压线图可以确定承压水流向、水力坡度，如果等水压线图上绘有地形等高线和隔水顶板等高线时，则可确定承压水的埋藏深度和承压水头。根据这些数据可选择适宜的开采地段。

第四节 泉的类型与特征

一、泉及其意义

地下水的天然露头，称为泉。无论上层滞水、潜水或自流水都可以在适宜的条件下涌出地表成为泉。可见，泉是地下水的一种重要排泄方式。它在山区分布比较普遍，而在平原地区却很少见到。

泉的实际意义很大，它可以作为生活用水，有些出水量大的泉还可以作为灌溉水源和动力资源。有些泉水含有特殊的化学成分，具有医疗作用，这便是矿泉。

此外，对泉进行详细的调查研究，还可以判断有关水层的富水程度、地下水类型及其理化性质等。

二、泉的类型

泉的分类标准尚在研究中，常见分类方法如下。

(一) 根据泉水出露性质分

1. 上升泉

上升泉受自流水补给。地下水在静水压力作用下，由下而上涌出地表。

2. 下降泉

下降泉受无压水补给（主要是潜水或上层滞水）。地下水在重力作用下，自上而下自由流出地表。

(二) 根据泉水补给来源分

1. 上层滞水泉

上层滞水泉受上层滞水补给。泉的涌量、化学成分及水温变化很大，有时这种泉完全消失。

2. 潜水泉

潜水泉受潜水补给，其形成条件示意图见图 5-13。水量比较稳定，但涌水量、水温和化学成分仍有明显的季节变化。依其出露条件又可分为三类：

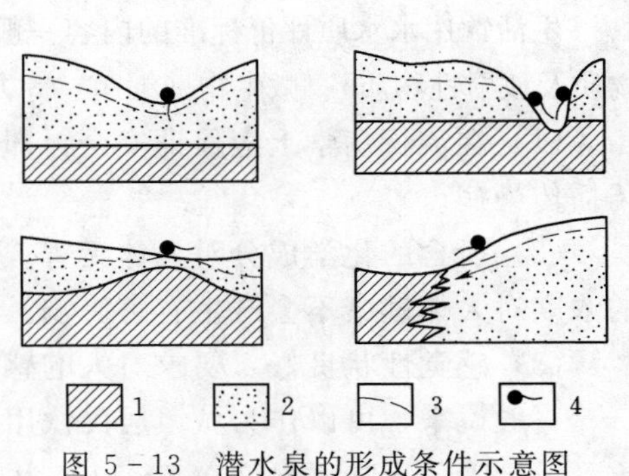

图 5-13 潜水泉的形成条件示意图

1—隔水层；2—含水层；3—地下水水位；4—泉

(1) 侵蚀泉。由于河流切割含水层，潜水出露地表而形成的泉。

(2) 接触泉。地形被切割至含水层下面的隔水层时，潜水在含水层与隔水层接触处流出地表而形成的泉。

(3) 溢泉。在岩石透水性变弱或隔水层顶板隆起时，潜水流动受到阻碍溢出地面形成的泉。

3. 自流泉

自流泉受自流水补给（图 5-14），其特点是水的动态最稳定。自流泉又可分为自流盆地泉和自流斜地泉。自流泉可以沿断层上升，也可以沿较深的构造裂隙出露。

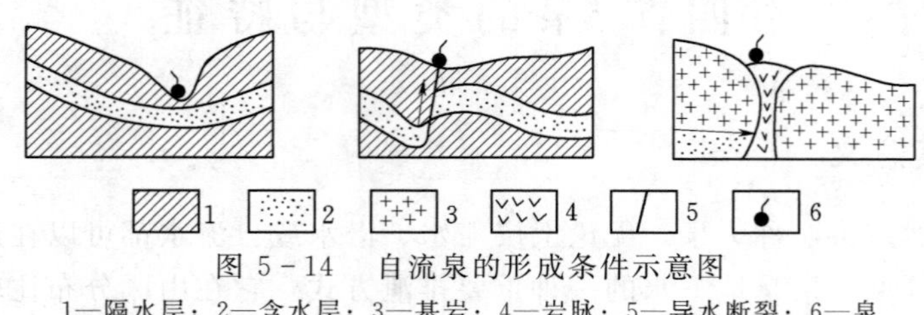

图 5-14 自流泉的形成条件示意图

1—隔水层；2—含水层；3—基岩；4—岩脉；5—导水断裂；6—泉

第五节 地下水水质评价

地下水的组成成分是多种多样的，为了适应各种目的，需要规定各种成分含量的一定界限，这种数量界限称为水质标准。国家和地方规定的各项标准，都是根据各种用水的实际需要制定的，它是地下水水质评价的基础和准则。

天然条件下的地下水成分，有的符合某种用水的需要，可以直接利用；有的则必须经过处理。因此，对地下水水质评价时，必须考虑在经济技术可能的条件下，水质是否有改善的可能。经过处理后，可以达到用水标准的，方可列入水质评价的范畴。

地下水的水质评价一般包括饮用水的水质评价，农田灌溉用水的水质评价，地下水对混凝土侵蚀性的评价等。

一、生活饮用水的水质评价

生活饮用水水质评价标准的内容一般包括物理（感官性状）、化学（一般化学、有害有毒物质及放射性物质）、微生物（细菌）等方面指标。制定这种水质标准的基本原则如下：

（1）在流行病学上应保证安全。即要求在饮用水中不含有各种病原体，以防止通过水传播传染病。

（2）所含的化学成分对人体无害。即要求水中所含有害、有毒物质（铅、砷、汞等）的浓度对人体健康不会产生有害影响。

（3）感觉性状良好。要求对人的感官无不良刺激，不产生厌恶感。

一般说来，可以作为城镇居民饮用水的地下水物理性质应当是无色、透明、无悬浮杂质、无异嗅、无味，温度在 7～11℃为最适宜。当然地下水受上覆地层的保护，物理性质本身不会对人体健康产生显著的有害影响，而且经过一定的水质处理（如过滤沉淀）可大大改善物质性状。在缺水地区混浊与稍有异味的地下水也被饮用，所以，物理性质不应成为主要的评价依据。但通过人的感官，对地下水物理性质获得的感性认识，却可以帮助我们初步判断地下水的埋藏和循环条件、污染情况和某些化学成分，以确定进一步分析地下水水质的项目与要求。

生活饮用水水质常规检验项目及限值见表 5-10。

表 5-10　　生活饮用水水质常规检验项目及限值

项目		限值
感官性状和一般化学指标	色	色度不超过 15 度，并不得呈现其他异色
	浑浊度	不超过 1 度（NTU）①，特殊情况下不超过 5 度（NTU）
	臭、味	不得有异嗅、异味
	肉眼可见物	不得含有
	pH 值	6.5～8.5
	总硬度（以 $CaCO_3$ 计）	450mg/L
	铝	0.2mg/L
	铁	0.3mg/L
	锰	0.1mg/L
	铜	1.0mg/L
	锌	1.0mg/L
	挥发酚类（以苯酚计）	0.002mg/L
	阴离子合成洗涤剂	0.3mg/L
	硫酸盐	250mg/L
	氯化物	250mg/L
感官性状和一般化学指标	溶解性总固体	1000mg/L
	耗氧量（以 O_2 计）	3mg/L，特殊情况下不超过 5mg/L②
毒理学指标	砷	0.05mg/L
	镉	0.005mg/L
	铬（六价）	0.05mg/L
	氰化物	0.05mg/L
	氟化物	1.0mg/L
	铅	0.01mg/L
	汞	0.001mg/L
	硝酸盐（以氮计）	20mg/L
	硒	0.01mg/L
	四氯化碳	0.002mg/L
	氯仿	0.06mg/L
细菌学指标	细菌总数	100CFU/mL③
	总大肠菌群	每 100mL 水样中不得检出
	粪大肠菌群	每 100mL 水样中不得检出
	游离余氯	在与水接触 30min 后应不低于 0.3mg/L，管网末梢水不应低于 0.05mg/L（适用于加氯消毒）
放射性指标④	总 α 放射性	0.5Bq/L
	总 β 放射性	1Bq/L

① 表中 NTU 为散射浊度单位。

② 特殊情况包括水源限制等情况。

③ CFU 为菌落形成单位。

④ 放射性指标规定数值不是限值，而是参考水平。放射性指标超过表 5-10 中所规定的数值时，必须进行核素分析和评价，以决定能否饮用。

二、农田灌溉用水的水质评价

灌溉用水的水质评价主要考虑水温、矿化度和水中溶盐成分。

(1) 水温。我国北方地区一般要求 10～15℃，或高些；南方水稻区一般以 15～25℃为宜。

地下水的水温通常低于农作物要求的温度，因此，用井水灌溉一般采用抽水晾晒等措施以提高水温，但利用温泉水灌溉时，水温不能高于 25℃。

(2) 矿化度。灌溉用地下水矿化度小于 1g/L 时，作物生长良好；1～2g/L 时，水稻棉花生长正常，小麦受影响；5g/L 时，灌溉水源充足条件下，水稻能生长，棉花受抑制，小麦生长困难；大于 5g/L 时，农作物基本难以生长。

应当说明，由于矿化度是指水中溶盐的总量，其中有的对作物有害（如钠盐），有的无害（如钙盐），有的有益（如硝酸盐和磷酸盐），其尚具有肥效，有助于作物生长。因此，如有害盐分含量多，尤其碳酸钠含量多时，即便矿化度比较低，也会对作物产生不利影响，反之，无害盐分含量高，水的矿化度上限就可以提高。因此，适用于灌溉的地下水矿化度的上限，很难有一个统一的标准。此外，不同作物的耐盐程度，以及同一作物在不同生长期的耐盐程度也都不同，不同的土质、气候、耕作措施也都使作物对灌溉水的矿化度有不同的适应性。

(3) 水中溶盐成分。水中溶盐成分不同，对作物影响也不同，一般情况下，$CaCO_3$、$Ca(HCO_3)_2$、$MgCO_3$、$Mg(HCO_3)_2$、$CaSO_4$ 对作物影响不大，钠盐的危害大，尤其 Na_2CO_3 危害最大。对透水性良好的土壤进行灌溉时，水中钠盐对作物极限含量值为：Na_2CO_3 是 1g/L，NaCl 是 2g/L，Na_2SO_4 是 5g/L。主要盐类对作物危害程度由强到弱为：$Na_2CO_3 \rightarrow NaHCO_3 \rightarrow NaCl \rightarrow CaCl_2 \rightarrow MgSO_4 \rightarrow Na_2SO_4$。

国内外对灌溉水质评价的方法有很多种，下面仅介绍几种。

1. 灌溉系数 K_a 评价

所谓灌溉系数 K_a 的含意是：以英寸表示水层高度，此水层在蒸发后所剩余下来的盐量，能使土壤累积的盐分，从而达到作物难以忍受的程度，即影响作物的正常生长。灌溉系数 K_a 的计算方法见表 5-11。

表 5-11　　灌溉系数计算式

化学成分	灌溉系数
$rNa^+ < rCl^-$，NaCl 存在时	$K_a = \frac{288}{5rCl^-}$
$rCl^- < rNa^+ < rSO^{2-}_4$，NaCl 和 Na_2SO_4 存在时	$K_a = \frac{288}{rNa^+ + rCl^-}$
$rNa^+ < rCl^- + rSO^{2-}_4$，NaCl 及 Na_2SO_4 和 Na_2CO_3 存在时	$K_a = \frac{288}{10rNa^+ - 5rCl^- - 9rSO^{2-}_4}$

注　表中 r 为每升水中的离子毫克当量数。

当 $K_a > 18$ 时，为良好水质；当 $6 < K_a \leqslant 18$ 时，可以灌溉，但要采取措施，防止盐分积聚；当 $1.2 \leqslant K_a \leqslant 6$ 时，不太适于灌溉，但采取措施后，可用作灌溉水源；当 $K_a < 1.2$

时，不适于直接作为灌溉水源。

2．钠吸附比 A 值的评价

即
$$A=\frac{Na^{+}}{\sqrt{\frac{rCa^{2+}+rMg^{2+}}{2}}}$$

式中　rCa^{2+}、rMg^{2+}、rNa^{+}——该离子的每升毫克当量数。

当 $A>20$ 时，为有害水（不宜灌溉）；当 $A=8\sim20$ 时，为有害边缘水（可以灌溉但不安全）；当 $A<8$ 时，为无害水（相当安全）。

3．盐度和碱度指标的综合评价

此种方法是河南省水文地质队豫东组经过大量的调查研究和试验后提出的。将灌溉水对作物和土壤的危害分为 4 种类型。

（1）盐害。盐害指氯化钠和硫酸钠对作物和土壤的危害。水的盐害指标用盐度来表示。盐度即液态条件下氯化钠和硫酸钠的允许含量，单位为 mmol/L，其计算式为：

当 $rNa^{+}>rCl^{-}+rSO_4^{2-}$ 时，盐度 $=rCl^{-}+rSO_4^{2-}$；

当 $rNa^{+}<rCl^{-}+rSO_4^{2-}$ 时，盐度 $=rNa^{+}$。

（2）碱害。碱害指碳酸钠和重碳酸钠对作物和土壤的危害。水的碱害指标用碱度来表示。碱度即液态条件下碳酸钠和重碳酸钠的允许含量，单位为 mmol/L，其计算式为

$$碱度=(rHCO_3^{-}+rCO_3^{2-})-(rCa^{2+}+rMg^{2+})$$

计算结果为负值时，盐害起作用。上述各式中 r 为每升的离子毫克当量数，见表 5－12。

表 5－12　　灌溉用水水质评价指标表

危害类型及表示方法		水质类型		
		淡水	中等水	盐碱水
盐害	碱度为 0 时的盐度	<15	15～25	25～40
碱害	盐度为小于 10 时的碱度	<4	4～8	5～12
综合危害	矿化度	<2	2～3	3～4
灌溉水质评价		长期灌溉时，作物生长无不良影响，可将盐碱地浇成好地	长期灌溉不当，对农作物生长有影响，如合理灌溉可避免这种影响	灌溉不当土壤迅速盐碱化，农作物生长不好，必须注意方法，如方法得当，则作物生长良好

注　1．本表适用于非盐碱化土壤，对已知盐碱化土壤，可视盐碱化程度，调整指标使用。
2．本表仅限于豫东地区作物，对于蔬菜、果树可调整指标使用。

（3）盐碱害。盐碱害即盐害与碱害共存。当盐度大于 10，并有碱度存在时，即称盐碱害。这种危害一方面使土壤迅速盐碱化；另一方面对作物有极强的腐蚀作用，可使作物死亡。

（4）综合危害。水中的氯化钙、氯化镁等有害成分与盐害、碱害同时对作物和土壤的危害称为综合危害。其危害程度决定于水中所含盐类的总量，故用矿化度表示。

三、地下水对混凝土侵蚀性的评价

各类工程建筑中使用的混凝土，特别是基础部分或地下结构在同地下水接触时，由于物理和化学作用，使硬化后的混凝土逐步遭受破坏，强度降低，最后导致影响建筑物的安全。这种现象称为地下水对混凝土的侵蚀。有以下几种表现形式。

1. 分解性侵蚀

分解性侵蚀指酸性水溶滤氢氧化钙和侵蚀性碳酸溶滤碳酸钙而使水泥分解破坏的作用。可分为一般酸性侵蚀和碳酸侵蚀两类。

（1）一般酸性侵蚀：当水中含有一定的 H^+ 时，则会产生的溶滤反应：

$$Ca(OH)_2 + 2H^+ \longrightarrow Ca^{2+} + 2H_2O$$

使水泥的氢氧化钙起反应，造成混凝土破坏。水的 pH 值越低，水对混凝土的侵蚀性越强。

（2）碳酸性侵蚀：水中游离 CO_2 的含量增大时，水的溶解能力也相应增强，使碳酸钙溶解，其反应式为

$$CaCO_3 + H_2O + CO_2 \longrightarrow Ca^{2+} + 2HCO_3^-$$

当水中 CO_2 含量较多，大于平衡所需数量时，则可继续溶解 $CaCO_3$，而形成新的 HCO_3^-。这部分多余的游离 CO_2 称为侵蚀性 CO_2。

由上述情况可知，评价分解性侵蚀时，必须考虑 HCO_3^- 的含量、pH 值及 H^+ 的浓度。

1）分解性侵蚀指数 pHs 的计算式为

$$pHs = \frac{[HCO_3^-]}{0.15[HCO_3^-] - 0.025} - K_1$$

式中　$[HCO_3^-]$——水中 HCO_3^- 的含量，mmol/L；

K_1——按表 5-13 查得。当水中的 pH＞pHs 时，水无分解性侵蚀，pH＜pHs 时，水有分解性侵蚀。

2）pH 值（一般酸性侵蚀指标）：水中 pH 值小于表 5-13 所列数值，水有酸性侵蚀。

3）游离 CO_2（碳酸性侵蚀指标）：当地下水中游离 CO_2 含量（mg/L）大于表 5-13 中公式的计算值（CO_2）时，则有碳酸性侵蚀，其计算式为

$$[2CO_2] = a[2Ca^{2+}] + b + K_2$$

式中　$[Ca^{2+}]$——水中 Ca^{2+} 的含量，mmol/L；

K_2——查表 5-13。

上述 3 个指标，有一项具侵蚀性即为有分解性侵蚀。据资料介绍，在以下不良地质环境时易产生分解性侵蚀：①强透水地层中有硫化矿或煤矿矿水入渗地区；②有大量酸性工业废水渗入区；③pH＜4 时。此外，分解性侵蚀还与混凝土厚度、周围岩土的渗透性及混凝土标号有关。

2. 结晶性侵蚀

所谓结晶性侵蚀是水中过量的 SO_4^{2-} 渗入，会在混凝土孔隙中形成易膨胀的结晶化合物，如石膏体积增加原体积的 1～2 倍，硫酸铝增大原体积的 2.5 倍，造成混凝土胀裂。

结晶性侵蚀常与分解性伴生，也与地下水中氯离子含量有关。SO_4^{2-} 含量（mg/L）是结晶性侵蚀评价指标。当地下水中 SO_4^{2-} 含量大于表 5-13 的数值时，则有结晶性侵蚀，普通水泥与 Cl^- 含量有关（表 5-13）。

据经验当具备以下地质环境时，易于发生结晶性侵蚀：①重盐渍土及海水侵入的地区；②硫化矿及煤矿矿水渗入区；③地层中含有石膏的地区；④含有大量硫酸盐、镁盐的工业废水渗入的地区。为了防止 SO_4^{2-} 对水泥的破坏作用，在 SO_4^{2-} 含量高的水下建筑中，如果水具弱或中等的侵蚀性，可选用普通抗硫酸盐水泥；如具强侵蚀性，可选用高抗硫酸盐水泥。

3. 结晶、分解复合性侵蚀

当水中 Mg^{2+}、Ca^{2+}、NH_4^+、Fe^{3+}、Fe^{2+} 等弱盐的硫酸离子含量过高，特别是 $MgCl_2$ 与混凝土中结晶的 $Ca(OH)_2$ 反应后，容易对混凝土形成破坏，其反应式为

$$MgCl_2 + Ca(OH)_2 \longrightarrow Mg(OH)_2 + CaCl_2$$

结晶、分解复合性侵蚀的评价指标为弱基硫酸盐离子 Me。当 Me>1000mg/L，且满足 Me>K_3－[SO_4^{2-}] 时，具侵蚀性。其中，K_3 由表 5-13 查得；Me 为水中 Mg^{2+}、Ca^{2+}、NH_4^+、Fe^{2+}、Fe^{3+} 等的总量或其中主要离子的含量（mg/L）。Me<1000mg/L 时无侵蚀性，多数地下水 Me 均小于 1000mg/L。

对水的结晶、分解复合性侵蚀的评价，一般多适用于被工业废水污染的地下水。当水中含有大量镁盐和铵盐，且不属于硫酸盐类时，其侵蚀性应进行专门性试验予以判定（表 5-13）。

表 5-13 水对混凝土的侵蚀性鉴定标准

侵蚀性类型	侵蚀性指标	大块碎石类土				砂类土				黏性土			
		水泥类											
		A		B		A		B		A		B	
		普通的	抗硫酸盐的	普通的	抗硫酸盐的	普通的	抗硫酸盐的	普通的	抗硫酸盐的	普通的	抗硫酸盐的	普通的	抗硫酸盐的
分解性侵蚀	分解性侵蚀指数 pHs	pH<pHs 有侵蚀性 pHs=$\frac{[HCO_3^-]}{0.15[HCO_3^-]-0.025}-K_1$								无规定			
		$K_1=0.5$		$K_1=0.3$		$K_1=1.3$		$K_1=1.0$					
	pH 值	<6.2		<6.4		<5.2		<5.5					
	游离 CO_2 (mg/L)	游离[CO_2]>a[$Ca^{2+}+b+K_2$]时有侵蚀											
		$K_2=20$		$K_2=15$		$K_2=80$		$K_2=60$					
结晶性侵蚀	Cl^-(mg/L)<1000	>250	>3000	>250	>1000	>250	>3500	>250	>3500	>300	>4000	>300	>5000
	Cl^-(mg/L)1000～6000	>100+0.15Cl^-		>100+0.15Cl^-		>150+0.15Cl^-		>150+0.15Cl^-		>250+0.15Cl^-		>250+0.15Cl^-	
	Cl^-(mg/L)>6000	>1050		>1050		>110		>110		>12		>12	
结晶、分解复合性侵蚀	弱盐基硫酸盐阳离子[Me]	[Me]>1000 [Ne]>K_3—SO_4^{2-}								无规定			
		$K_3=7000$		$K_3=6000$		$K_3=9000$		$K_3=8000$					

第六节 水资源与可持续发展

水资源与可持续发展间的问题主要反映在供需矛盾尖锐（水少）且利用效率低下，洪涝灾害频繁（水多），水污染严重（水脏），相关的环境与生态系统退化十分突出。因此，在21世纪的地球科学发展战略中，中国水资源与可持续发展的研究，不仅对中国，而且对世界，均会有极其重要的贡献。

一、我国水资源可持续利用的战略定位

在未来一个时期，我国水资源可持续利用不可避免地面临庞大的人口数量与粮食安全保障、城市与工业化进程的加快以及生态环境质量的保护和提高带来的压力，这就要求我们在水资源开发利用中，将水资源的消耗、废污水的排放与社会发展、经济增长、环境承载、生态胁迫紧密联系在一起，努力把握人与自然之间的平衡关系，寻求人与自然的协同进化和人与自然关系的合理调适，从而为可持续发展奠定基础。基于我国经济社会发展的宏观背景，我国水资源可持续利用的战略定位为：为我国粮食安全、用水安全和生态安全提供基础支撑，为环境保护、实现人与自然和谐提供基础支撑，为国家防洪减灾提供基础支撑，这也对水资源信息知识和科学技术提出了相应需求。

在水资源可持续利用的具体实践上，在科学发展观和可持续发展理念的指导下，系统总结多年的治水实践和经验教训，我国政府提出了以水资源可持续利用为核心的治水新思路，其内容就是要强调按自然规律办事，人与自然和谐相处；认识到淡水资源是有限的、不可替代的战略资源；在对水资源进行开发、利用、治理的同时，特别强调对水资源的配置、节约、保护；对水多、水少、水脏等问题统筹考虑，综合治理；工程措施与非工程措施并重，加强科学管理；认识到水是资源是商品，要按经济规律办事，注意发挥市场在水资源配置中的基础性作用。概括地说，就是从工程水利向资源水利，从传统水利向现代水利、可持续发展水利转变，通过水资源的合理开发、高效利用、优化配置、全面节约、有效保护、综合治理和统一管理，满足经济社会发展对水资源的需求，以水资源的可持续利用支撑经济社会的可持续发展。

二、水资源综合管理

水管理是使水资源通过各类工程和措施发挥最优效益和减缓不利影响与副作用的关键，未来一个时期，水资源综合管理的主要研究目标包括：形成适合于中国可持续发展的水资源需求管理的政策框架、水资源需求管理的技术体系、水资源需求管理信息系统建设的框架和水资源需求管理的能力建设规划等。基于上述目标，水资源管理包括行政机制研究，重点是水资源的规划技术，特别是水资源价值核算技术、需水预测技术、水资源承载能力计算技术和水资源论证技术；水资源的权属管理技术，包括用水权分配方法与技术，总量控制与定额管理技术研究、水市场建立与水权交易规则研究等；水资源、管理的经济机制研究，包括水资源价格体系研究、各项调控措施的经济效益分析技术研究、水资源费和排污费构成与标准制定研究；水资源管理体制与政策研究，包括涉水事务管理体制研

究、节水激励政策研究、虚拟水研究、节水法律法规制定以及节水的公众参与研究等；水资源实时管理技术研究，重点是水情监测和预报技术、计划用水管理、水资源实时调度技术以及应急和突发事件的管理技术等。

三、数字流域建设

“数字流域”就是借助全数字摄影测量、遥测、遥感（RS）、地理信息系统（GIS）、全球定位系统（GPS）等现代化手段及传统手段，采集基础数据，通过微波、超短波、光缆、卫星等快捷传输方式，对流域及其相关地区的自然、经济、社会等要素，构建一体化的数字集成平台和虚拟环境。在“数字流域”建设中，重点发展和应用的关键技术包括：3S技术、通信和计算机网络技术、数据库技术、计算机辅助设计和管理技术、在线事务处理、在线分析技术、数据仓库技术、空间数据库技术、数据挖掘和知识发现技术、人工智能与专家系统和决策支持技术。“数字流域”的本质是计算实验，数学模拟系统是“数字流域”的核心引擎，因此，在“数字流域”建设过程中，除大力建设和完善多元化的信息采集体系、数字流域虚拟现实系统以及基于GIS技术的数字流域基础数据库外，关键要研发分布式流域二元水循环数学整体模拟系统，在此基础上，建立流域和区域的水资源统一管理系统、防洪减灾系统、水环境信息系统等应用系统，为流域水资源开发、利用、节约、保护和管理提供技术手段和工具。

四、淡水资源危机

20世纪70年代，联合国就“人类环境”问题发出警告：“水不久将成为一项严重的社会危机，石油危机之后的下一个危机便是水。”世界资源研究所就此也发出警告，告诫人类社会面临的水资源危机，不能不说是人类社会生存和发展的一个重大瓶颈。为此，世界上一方面在积极寻找新水源，进行各种尝试，并取得了一些成果。

南极洲的冰相当于整个地球上所有河流在650年间的总流量。南极大陆的冰层，集中了全球淡水资源的70%，如全部融化成水，将可供应全世界人口需用数万年。为此。一些国家的科学家们正在进行这项宏伟工程的科学规划。此项工作虽然较为遥远，但终究可以给人类带来希望。海洋水量丰富，只要加以提炼，亦可造福人类。目前一些国家（地区）已投入大量资金建立海水淡化厂，如中东地区建立的海水淡化厂有1000多家，全世界建成的海水淡化厂多达近8000家。海水淡化已成为一些国家（地区）工业用水和生活用水的主要来源。与此同时，一些水利专家在积极进行寻找海底淡水的研究和开发工作。在巴林群岛，人们从海底的涌泉中汲取淡水；在爱琴海，一些国家用钢筋混凝土筑起大坝，将海底的淡水加以开发，供农田灌溉和工业、生活用水。科学家们还试图采用钻石油的技术，用于海底的淡水开发。从沙漠地下取水已成现实，不少国家从沙漠的深层开采出可供生活饮用的幸福水。科学家们还在非洲的北部撒哈拉大沙漠地下1000多米的深层，发现蕴藏有大量的淡水。截雾取水已不是天方夜谭，一些科学家根据雾中含水的理论，提出了截雾取水时方法，并用于实践，收到较好的效果。如加拿大一个雾水处理厂，平均每天可供水1万多L，在浓雾季节每天可供水达10万多L。这项技术不仅经济，且技术含量不高，便于在一些国家（地区）推行。

另一方面，人们也开始反思自工业革命以来不注重环境保护的经济增长方式，开始花大力气治理由于工业发展而受到严重污染变得不适宜饮用的水体，大力开发城市污水资源。同时，为了减缓用水的矛盾，一些国家（地区）还调整供水布局结构、调整产业结构、调整地下水开采布局；搞防渗工程等。这些措施已取得积极的效果。很显然，最终解决淡水资源的问题还须依赖对水资源的科学管理和保护。保障人类对水的需求（图5-15）。

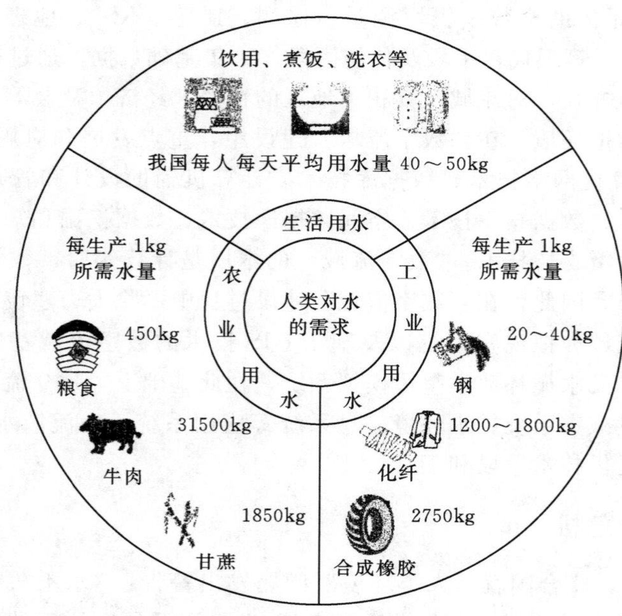

图 5-15　人类对水的需求

五、面向 21 世纪特别是未来 10 年的优先研究方向和领域

21 世纪特别是未来 10 年，地下水科学发展的总体思路是：围绕着“地下水环境的演化和发展趋势”“地下水循环和地下水资源的可持续利用”和“人类活动与地下水环境、人类健康”3 个主题，确定优先研究的科学问题。选择确定的原则包括：①优先支持对基础科学问题的探索；②优先支持迫切需要回答的科学问题的研究；③优先支持基础较好、条件较成熟的科学探索。力图从全球视野出发，选择兼具中国特色与全球意义的课题，以便有所突破，做出与我国国际地位相称的贡献。

未来 10 年的优先研究方向和研究领域有：

（1）不同地域单元地下水循环过程与地下水环境的演化及其自然因素与人为驱动因素。

（2）人类活动、气候变化对区域地下水循环的影响；人类活动干扰下流域地下水的循环模式；大幅度降低地下水位后包气带水分运移的特征。

（3）浅层地下水变化的地表生态效应和对深层承压水的补给机制。

（4）深层承压水的补给、循环过程，开采后的演化以及深层承压水的可持续利用。

（5）地下水污染的形成机理、各类污染物（包括微生物）在地下水中的运移过程与控制、修复技术。

（6）介质非均质性对水流和溶质运移的影响、随机理论及其在实践中应用的研究。

（7）地下水开发利用所引起的各类环境地质问题的形成机理及防治技术。

（8）区域性地下水动态监测网的优化及监测技术研究与数据管理软件的研制和开发；包括同位素示踪技术在内的各种先进技术的应用。

第六章　地下水运动的基本规律

本章主要讲述地下水动力学的基本知识。地下水动力学是研究地下水运动规律的科学，目的是解决有关地下水的定量评价问题。地下水的运动可分为在包气带和饱水带中的运动，也可按流态分为线性运动和非线性运动，按运动要素与时间的关系可分为稳定运动和非稳定运动等。本章重点讲述了饱水带中的重力水的运动规律。

第一节　重力水运动的基本规律

一、达西定律及其适用范围

（一）达西定律

法国水利学家达西（Henri Darcy）于1852—1856年通过在装满砂的圆筒中进行的大量实验（图6-1）得到了重力水运动定律，称为达西定律。其数学表达式为

$$Q=KF\frac{\Delta H}{L}=KFI \tag{6-1}$$

式中　Q——渗透流量（出口处流量）；

F——过水断面（相当于砂柱横断面）；

ΔH——水头损失，图6-1中$\Delta H=H_1-H_2$；

L——渗透途径；

I——水力坡度，$I=\frac{\Delta H}{L}$；

K——渗透系数。

图6-1　达西实验示意图

由水力学可知，通过某一断面的流量Q等于流速v与过水断面F的乘积，即

$$Q=Fv$$

或

$$v=\frac{Q}{F}$$

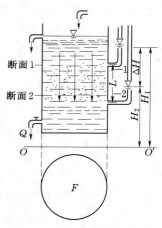

据此，达西公式可写成另一种表达式为

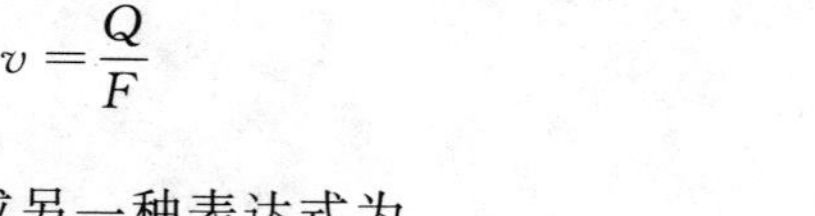

$$v=\frac{Q}{F}=KI \tag{6-2}$$

式中　v——渗透流速；

其余符号意义同前。

式（6-2）表明渗透流速 v 与水力坡度 I 的一次方成正比，故又称直线渗透定律。式（6-2）中各项的物理意义及公式的适用范围说明如下。

1. 渗透流速 v

透水岩层是由固体部分和空隙部分组成的，而地下水只能在空隙中运动。地下水在空隙中运动的平均速度称为实际平均流速，简称实际流速，以 u 表示，即

$$u=\frac{Q}{F'} \tag{6-3}$$

式中　F'——过水断面的空隙面积，m^2；

Q——该过水断面的流量，m^3/d。

由于式（6-3）中的 F' 是空隙面积，使用不便，故引进渗透流速这一概念。渗透流速将水流视为通过整个过水断面（包括固体部分和空隙部分），而其流量不变。即

$$v=\frac{Q}{F} \tag{6-4}$$

式中　v——渗透流速，m/d；

F——过水断面总面积，m^2；

Q——渗透流量（与通过 F' 断面的流量相等），m^3/d。

从式（6-4）可知，渗透流速是通过单位过水断面上的流量值，它不是地下水的实际流速，由于 $F'=nF$（n 为空隙率），比较式（6-3）和式（6-4）后得

$$Q=vF=uF'=unF$$

$$v=nu \tag{6-5}$$

由于空隙率总是小于1的，所以渗透流速小于实际流速（即 $v>u$）。

考虑到空隙率表面结合水的存在，渗透流速 v 与实际流速 u 的关系应为

$$v=\mu u \tag{6-6}$$

式（6-6）中的 μ 为给水度。对于大空隙岩石，给水度 μ 与空隙率 n 在数值上很接近。而细小空隙的岩石两者相差很多，故应用式（6-6）计算。

2. 水力坡度 I

水力坡度为水流沿渗透途径的水头降落值与相应渗透途径长度的比值。自然界实际地下水流中，水力坡度往往沿流程而变化，渗流场中任一点的水力坡度可以表示为

$$I=-\frac{dH}{dL} \tag{6-7}$$

于是达西公式便可写成

$$v=-K\frac{dH}{dL} \tag{6-8}$$

式（6-8）中水力坡度取负号是因为沿流程水头的增量为负值，为使渗透速度永为正值，故而取负号。

3. 渗透系数 K

渗透系数 K 是表示岩土透水性的指标，它是含水层重要的水文地质参数之一，一般

情况下，K 是同岩石和渗透液体的物理性质有关的常数。根据达西定律，当水力坡度 $I=1$ 时，渗透系数在数值上等于渗透流速。由于水力坡度无量纲，故渗透系数具有速度量纲，即

K 的单位和 v 的单位相同，以 m/s 或 m/d 表示。松散岩石的渗透系数经验值可参见表6-1。渗透系数的测定也可用野外及室内试验方法获得。

表 6-1　不同岩性渗透系数 K 的经验值

岩　性	渗透系数 K / (m/d)	岩　性	渗透系数 K / (m/d)
黏　土	0.001～0.054	细　砂	5～15
亚黏土	0.02～0.5	中　砂	10～25
亚砂土	0.2～1.0	粗　砂	25～50
粉　砂	1～5	砂砾石	50～150
粉细砂	3～8	卵砾石	80～300

（二）达西定律的适用范围

水在空隙介质中运动是否符合线性渗透定律，可用临界速度 v_k(m/s) 判别。根据巴甫洛夫斯基的公式

$$v_k=\frac{1}{6.5}(0.75n+0.23)\frac{\upsilon Re_k}{d_{10}} \tag{6-9}$$

式中　n——土的孔隙度，以小数表示；

υ——运动黏度，cm^2/s；

d_{10}——土的有效直径，cm；

Re_k——临界雷诺数，$Re_k=50～60$。

当水温为 10℃时，式（6-9）可简化为

$$v_k=0.002(0.75n+0.23)\frac{\upsilon Re_k}{d_{10}} \tag{6-10}$$

例如当砂土的 $d_{10}=0.05$cm，$n=0.4$ 时，取 $Re_k=50$，则有

$$v_k=0.002\times(0.75\times0.4+0.23)\times\frac{50}{0.05}=1.06\ (m/s)$$

若渗透系数 $K_{10}=300$m/d，水力坡度 $I=0.005$，此时渗透速度为

$$v=K_{10}I=300\times0.005=1.5(m/d)=1.74\times10^{-5}(m/s)$$

$v<v_k$，故砂土中地下水运动服从线性渗透定律。

南京大学薛禹群编著的《地下水动力学》一书中，说明达西定律适用范围的雷诺数$Re\leqslant1～10$。

二、非线性渗透定律

地下水在较大的空隙中运动，其流速相当大时，水流呈紊流状态，此时渗透定律的表达式为

$$v=K_mI^{1/2} \tag{6-11}$$

式中　K_m——紊流运动时的渗透系数。

式（6-11）表明，紊流运动时，地下水的渗透速度与水力坡度的 1/2 次方成正比，故称非线性渗透定律。

当地下水运动呈混合流状态时，则

$$v=K_cI^{1/m} \tag{6-12}$$

式中　K_c——混合流运动时的渗透系数；

m 介于 1～2 之间。

三、地下水向均质含水层的稳定运动

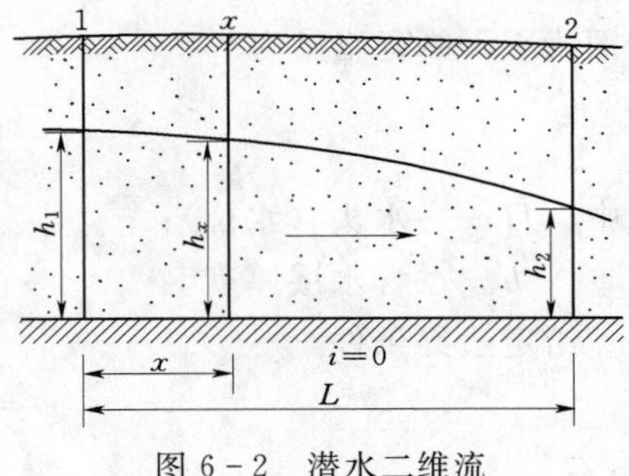

图 6-2　潜水二维流

（一）潜水含水层中的二维流

潜水二维流（图 6-2）都是非均匀流，非均匀流的过水断面都是曲面。一般天然渗流场中流线之间夹角都很小，通常都为缓变流。满足裘布依（Dupuit）假设条件下的缓变流，达西公式表达为裘布依微分方程式

$$q=-Kh\frac{\mathrm{d}H}{\mathrm{d}x} \tag{6-13}$$

式中 $\frac{\mathrm{d}H}{\mathrm{d}x}$——水力坡度；

q——通过任一断面的单宽流量。

隔水底板水平时，取该底板为基准面，上游钻孔为坐标起点，按裘布依微分方程有

$$q=-Kh\frac{\mathrm{d}H}{\mathrm{d}x}$$

取边界条件：$x=0$，$h=h_1$；

$x=L$，$h=h_2$。

利用定积分解之得

$$q=K\frac{h_1^2-h_2^2}{2L} \tag{6-14}$$

式（6-14）即为均质岩层隔水底板水平条件下的潜水单宽流量方程，这就是著名的裘布依方程。

显然通过宽度为 B 的任一过水断面上的流量为

$$Q=Bq=KB\frac{h_1^2-h_2^2}{2L} \tag{6-15}$$

利用裘布依公式不仅可以计算流量，还可以推导出潜水浸润曲线方程式，绘制浸润曲线。潜水水位线是实际存在的地下水面线，故称为浸润曲线。

为了求得浸润曲线方程，在上、下游断面间任取一断面，该断面距上游断面距离为 x，该断面的含水层厚度为 h。根据断面 1 和断面 x 条件可写出

$$q=K\frac{h_1^2-h_x^2}{2x} \tag{6-16}$$

因为稳定流任一过水断面流量都相等，q、K 为常量，将式（6-14）和式（6-15）共解，即可得浸润曲线方程的表达式为

$$h_x=\sqrt{h_1^2-\frac{x}{L}(h_1^2-h_2^2)} \tag{6-17}$$

根据式（6-17），已知 h_1、h_2、L，取不同的 x 值，可求得不同的 h_x 值，即得一条浸润曲线。从式(6-17)可知，它是一条抛物线。

当隔水底板倾斜时，可用卡明斯基近似公式求解。此时，水力坡度 $I=-\frac{\mathrm{d}H}{\mathrm{d}x}$，过水断面为 h，单宽流量为

$$q=-Kh\frac{\mathrm{d}H}{\mathrm{d}x}$$

式中　H——水头（水位）；

h——含水层厚度。

给定边界条件

$$x=0,\ H=H_1,\ h=h_1$$
$$x=L,\ H=H_2,\ h=h_2$$

分离变量，求定积分

$$-\int_{H_1}^{H_2}\mathrm{d}H=\frac{q}{K}\int_0^L\frac{1}{h}\mathrm{d}x$$

因为 h 随 x 而变化，用常量 $h_m=\frac{h_1+h_2}{2}$ 近似地代替，则

$$-\int_{H_1}^{H_2}\mathrm{d}H=\frac{q}{Kh_m}\int_0^L\mathrm{d}x$$

积分得

$$q=K\frac{h_1+h_2}{2}\frac{H_1-H_2}{L}\tag{6-18}$$

式（6-18）即为隔水底板倾斜时的卡明斯基近似方程（图 6-3）。

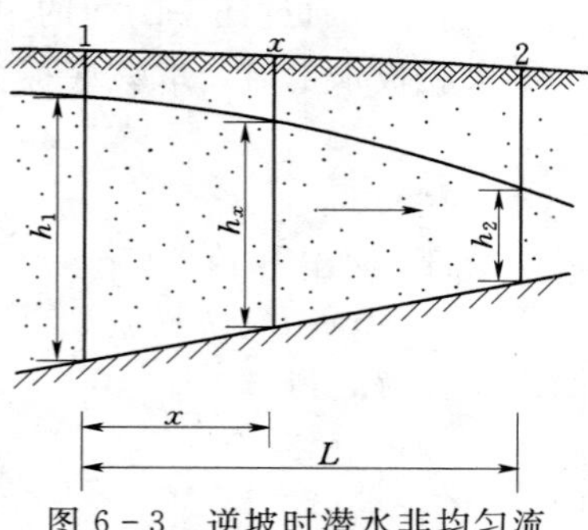

图 6-3　逆坡时潜水非均匀流

（二）承压水的非均匀流

卡明斯基近似方程可以推广应用于承压含水层厚度变化的承压水非均匀流的计算（图 6-4）。其计算式为

$$q=K\frac{M_1+M_2}{2}\frac{H_1-H_2}{L}\tag{6-19}$$

式中　M_1、M_2——上、下游断面处承压含水层厚度。

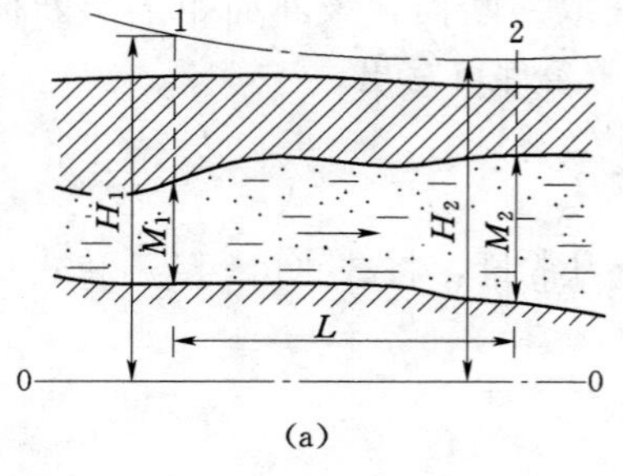

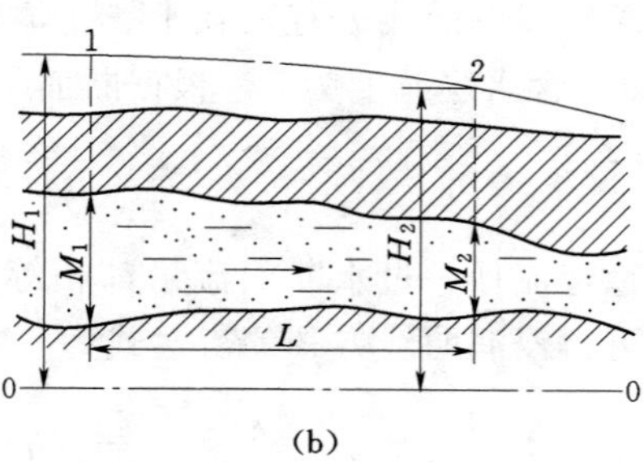

图 6-4　含水层厚度变化时的承压水

区间的任意一断面含水层厚度若呈线性变化，即

$$M_x = M_1 - \frac{M_1 - M_2}{L}x$$

则上、下游区间任一断面的水力坡度为

$$I = \frac{H_1 - H_2}{x} = \frac{q}{KM_x} \tag{6-20}$$

式（6-20）为含水层厚度呈线性变化时承压水水头线方程。从该式可知，当M随水流方向逐渐变大时，I逐渐变小，形成回水曲线；当M随水方向逐渐变小时，I逐渐变大，形成降水曲线。

在地下水坡度较大的地区，有时会出现上游是承压水、下游由于水头降至隔水顶板以下而转变为无压水的情况，从而形成承压—无压流（图6-5）。

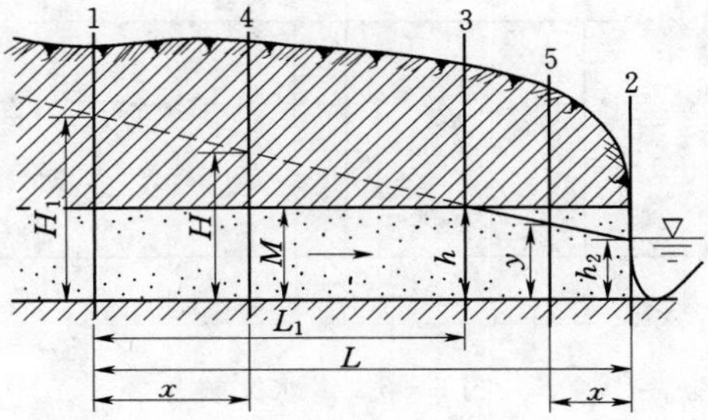

图6-5 承压—无压流

对于这种情况，可以用分段法来计算。如果含水层厚度不变的话，此时承压水流地段的单宽流量为

$$q_1 = KM\frac{H_1 - M}{L_1}$$

式中 L_1——承压水流地段的长度。

无压水流地段的单宽流量为

$$q_2 = K\frac{M^2 - H_2^2}{2(L - L_1)}$$

根据水流连续性原理，$q_1 = q_2 = q$，则

$$KM\frac{H_1 - M}{L_1} = K\frac{M^2 - H_2^2}{2(L - L_1)}$$

由此得

$$L_1 = \frac{2LM(H_1 - M)}{M-(2H_1 - M) - H_2^2}$$

把L_1代入上面两个流量公式中的任何一个，都可以求得承压—无压流的单宽流量公式为

$$q = K\frac{M(2H_1 - M) - H_2^2}{2L} \tag{6-21}$$

各段降落曲线也可分别按承压水流公式和潜水流公式来计算。

四、地下水向完整井的稳定运动

从井中抽水，井周围含水层中的水就会向井内流动，水井中水位和井周围处的水位必将下降。通常是水井中水位下降较大，离井越远水位下降越小，形成漏斗状的下降区，称

为下降漏斗。就潜水井而言，降落漏斗在含水层内部扩展，即随着漏斗的扩展渗流，过水断面也在不断地发生变化。而承压水井的水位下降不低于含水层顶板，其降落漏斗不在含水层内部发展，即含水层不会被疏干，只能形成承压水头的下降区，就是说承压含水层随着漏斗的扩展，只发生水压的变化，其渗流过水断面则是不变的。

由此可见，随着水井抽水过程中漏斗的扩展，其水力坡度和渗流速度在含水层的空间也将发生变化，尤其是随着抽水时间的延长，变化会更加明显，即水流处于非稳定状态。只有抽水延续时间足够长，且漏斗的扩展速度非常慢时，才可近似地认为水流处于稳定状态。在这种状况下，水井的出水量可运用稳定井流理论的计算方法来确定。

（一）潜水完整井出水量的计算

1863 年法国水利学家裘布依为推导单井（完整井）出水量而建立了稳定井流模型，如图 6-6 所示。该模型假定水井位于一个四周均匀等深水体圆岛中心，即圆形定水头供水边界的含水层。假定该圆岛为正圆，含水层均质、等厚，各向同性，水位与不透水层底板呈水平状。水井的半径为 r_0，供水边界距水井中心的距离即供水半径为 R。当水井按某一定流量 Q 抽水时，供水边界的水位保持不变，可保证无限供给定流量。井流服从达西线性渗透定律，并按轴对称井壁进水且无阻挡力地汇入井内。

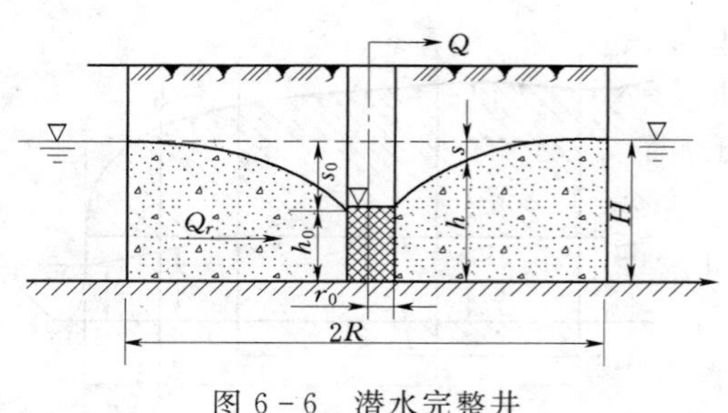

图 6-6　潜水完整井

水井在未抽水前，井中水位与井周围水位相同，此时水位被称为静水位，而在抽水后，静水位便被破坏而逐渐下降。把某一抽水时刻的运动水位称为动水位。此时，水井内外便形成水头差，在这种水头差的作用下，含水层中的地下水便径向汇入井内，从而在水井周围形成了以井轴为对称的降落漏斗。当降落漏斗扩展至供水边界时，抽水流量与边界供给流量相等，降落漏斗和井中动水位便保持不变，达到稳定状态。

由以上分析可知，稳定井流运动特点可概括为以下两点：

（1）流向为汇向水井中心呈放射状的一簇曲线，等水位面为以水井为中心的同心圆柱面。等水位面和过水断面是一致的。

（2）通过距井轴不同距离的过水断面流量处处相等，都等于水井流量 Q，即

$$Q_1 = Q_2 = Q_3 = \cdots = Q$$

由上述情况，按潜水完整井稳定流计算模型可推导出裘布依公式，如图 6-6 所示，取圆柱坐标系，沿底板取井径方向为 r 轴，井轴取为 H 轴，并假设渗流过水断面近似为同心圆柱面。

按达西定律有

$$Q = 2\pi rhK\ \frac{\mathrm{d}h}{\mathrm{d}r}$$

根据连续定律有

$$Q = Q_r = \mathrm{const}$$

则有

$$2h\,dh = \frac{Q}{\pi K}\frac{dr}{r}$$

积分得

$$h^2 = \frac{Q}{\pi K}\ln r + c$$

当 $r \to R$ 时，$h \to H$，即

$$C = H^2 - \frac{Q}{\pi K}\ln R$$

则有

$$Q = \pi K\frac{H^2 - h^2}{\ln\frac{R}{r}} \tag{6-22a}$$

当 $r \to r_0$ 时，$h \to h_0$，则有

$$Q = \pi K\frac{H^2 - h_0^2}{\ln\frac{R}{r_0}} \tag{6-22b}$$

式（6-22b）即为著名的裘布依稳定井流潜水完整井出水量计算公式，如将自然对数转换为常用对数，则得

$$Q = 1.364K\frac{H^2 - h^2}{\lg\frac{R}{r_0}} \tag{6-23}$$

又因 $h_0 = H - s_0$，则 $H^2 - h_0^2 = (2H - s_0) - s_0$，则式（6-23）可改写为

$$Q = 1.364K\frac{(2H - s_0)s_0}{\lg\frac{R}{r_0}} \tag{6-24}$$

由式（6-22）也可获得降落曲线（或浸润曲线）的表达式为

$$h^2 = H^2 - \frac{Q}{\pi K}\ln\frac{R}{r} \tag{6-25}$$

式中　Q——水井的出水量，m^3/h 或 m^3/d；
　　K——含水层的渗透系数，m/h 或 m/d；
　　H——含水层的厚度或供水的定水头高度，m；
　　s_0——抽水井降深，m；
　　h_0——井中水柱高度，m；
　　R——井的供水半径，m；
　　r_0——井的半径，m。

为便于以后的研究，在这里引进势函数 ϕ 的概念，并令势函数（简称势）为

$$\phi = \frac{1}{2}KH^2 \tag{6-26}$$

由达西定律得

$$Q = 2\pi r \frac{\mathrm{d}\left(\frac{1}{2}KH^2\right)}{\mathrm{d}r} \tag{6-27}$$

对式（6-27）分离变量并积分（注意 Q 为常数），则求得

$$\phi = \frac{Q}{2\pi}\ln r + C \tag{6-28}$$

当给定边界条件

$$\left.\begin{aligned} r \rightarrow R \text{ 时}，\phi = \phi_R = \frac{1}{2}KH^2 \\ r \rightarrow r_0 \text{ 时}，\phi = \phi_0 = \frac{1}{2}Kh_0^2 \end{aligned}\right\} \tag{6-29}$$

为确定积分常数 C 值，需用式（6-28），即

$$\left.\begin{aligned} r \rightarrow R \text{ 时}，\phi_R = \frac{Q}{2\pi}\ln R + C \\ r \rightarrow r_0 \text{ 时}，\phi_0 = \frac{Q}{2\pi}\ln r_0 + C \end{aligned}\right\} \tag{6-30}$$

两式相减，消去 C 值，则潜水完整井的井流公式为

$$Q = \frac{2\pi(\phi_R - \phi_0)}{\ln\frac{R}{r_0}} = \frac{\pi K(H^2 - h_0^2)}{\ln\frac{R}{r_0}} = 1.364K\frac{(2H - s_0)s_0}{\ln\frac{R}{r_0}} \tag{6-31}$$

在降落漏斗内，如果有一个或两个观测孔资料（图 6-7），此时根据相应的积分上下限可得一个观测井的流量公式为

$$Q = 1.364K\frac{h_1^2 - h_0^2}{\lg\frac{r_1}{r_0}} \tag{6-32}$$

两个观测井的流量公式为

$$Q = 1.364K\frac{h_2^2 - h_1^2}{\lg\frac{r_2}{r_1}} \tag{6-33}$$

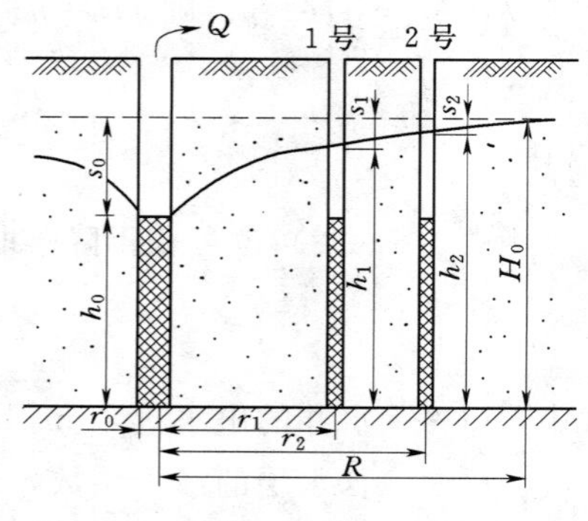

图 6-7 具有观测孔的潜水完整井

式中 h_1、h_2——1 号、2 号观测孔中的水位，m；

r_1、r_2——1 号、2 号观测孔距抽水井中心的水平距离，m。

（二）承压完整井出水量的计算

具有圆形定水头供水边界的承压含水层，单井定流量井流方程的建立是基于下列条件的：

（1）含水层中水流运动符合达西定律。

（2）含水层均质、各向同性，等厚、圆形且水平埋藏。

（3）完整水井位于含水层中央，且定流量抽水。

(4) 含水层的侧向为定水头供水边界。抽水前水头面是水平的，且无垂向补给。

对承压完整井，裘布依建立了与潜水完整井相类似的稳定井流模型，如图 6－8 所示。其计算公式为

$$Q = 2.73KM\frac{H-h_0}{\lg\dfrac{R}{r_0}} \quad (6-34a)$$

又因 $H - h_0 = s_0$，则

$$Q = 2.73KM\frac{s_0}{\lg\dfrac{R}{r_0}} \quad (6-34b)$$

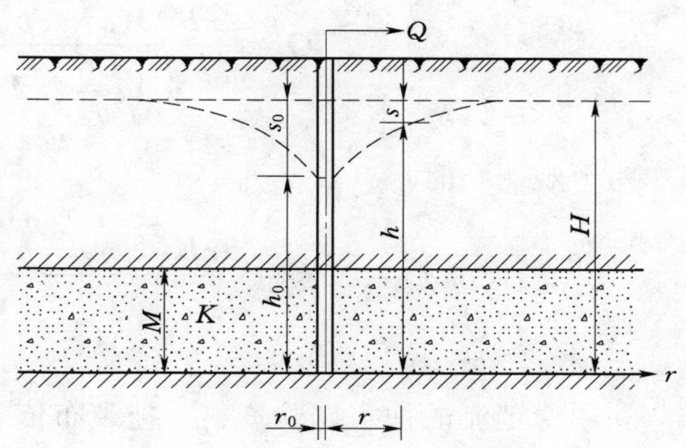

图 6－8　承压完整井稳定井流

式中　M——承压含水层的厚度，m；

其余符号意义同前。

承压水面降落曲线的表达式为

$$h = H - \frac{Q}{2\pi KM}\ln\frac{R}{r} \quad (6-35)$$

和潜水完整井相仿，根据所假设的轴对称条件，承压水完整井仍用势函数表示，则 $\phi = KMH$。因 $h = 2\pi rMK\dfrac{dH}{dr}$，则有

$$Q = 2\pi r\frac{dKMH}{dr} = 2\pi r\frac{d\phi}{dr} \quad (6-36)$$

对式 (6－36) 分离变量并积分仍得式 (6－28)。

给定边界条件

$$\left.\begin{aligned} r \to R \text{ 时}，\phi = \phi_R = KMH \\ r \to r_0 \text{ 时}，\phi = \phi_0 = KMh_0 \end{aligned}\right\} \quad (6-37)$$

为确定积分常数 C 值，需用式 (6－28)，即

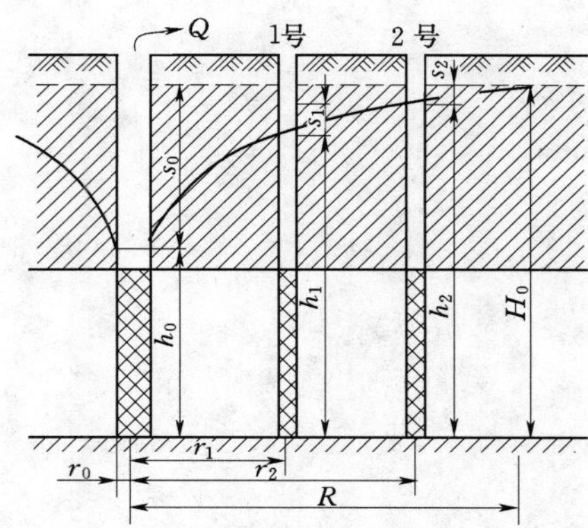

图 6－9　具有观测孔的承压完整井

$$r \to R \text{ 时}，\quad \phi_R = \frac{Q}{2\pi}\ln R + C$$

$$r \to r_0 \text{ 时}，\quad \phi_0 = \frac{Q}{2\pi}\ln r_0 + C$$

两式相减，消去 C 值，可得承压完整井的井流计算公式为

$$Q = \frac{2\pi(\phi_R - \phi_0)}{\ln\dfrac{R}{r_0}} = 2.73K\frac{Ms_0}{\ln\dfrac{R}{r_0}} \quad (6-38)$$

同样，有一个观测孔或两个观测孔时（图 6－9），可分别得出下列井流量公式。

一个观测孔时：

$$Q=\frac{2\pi KM(h_1-h_0)}{\ln\dfrac{r_1}{r_0}}=\frac{2\pi KM(s_0-s_1)}{\ln\dfrac{r_1}{r_0}} \tag{6-39}$$

两个观测孔时：

$$Q=\frac{2\pi KM(h_2-h_1)}{\ln\dfrac{r_2}{r_1}}=\frac{2\pi KM(s_1-s_2)}{\ln\dfrac{r_2}{r_1}} \tag{6-40}$$

利用稳定流的抽水试验资料，把裘布依公式加以适当的变换，可求得含水层的渗透系数 K。

潜水完整井：

$$K=0.732\frac{Q\lg\dfrac{R}{r_0}}{(2H-s_0)s_0} \tag{6-41}$$

承压水完整井：

$$K=0.366\frac{Q\lg\dfrac{R}{r_0}}{Ms_0} \tag{6-42}$$

当有观测孔资料，利用裘布依公式也可求得供水半径 R。

潜水完整井：

$$\lg R=\frac{s_1(2H-s_1)\lg r_2-s_2(2H-s_2)\lg r_1}{(s_1-s_2)(2H-s_1-s_2)} \tag{6-43}$$

承压水完整井：

$$\lg R=\frac{s_1\lg r_1-s_2\lg r_2}{s_1-s_2} \tag{6-44}$$

当只有单孔抽水，可用下列经验公式进行计算。

潜水含水层用库萨金公式：

$$R=2s\sqrt{HK} \tag{6-45}$$

承压含水层用集哈尔特公式：

$$R=10s\sqrt{K} \tag{6-46}$$

式中　s——水位降深值，m；

H——潜水含水层厚度，m；

K——渗透系数，m/d。

五、地下水向非完整井的稳定运动

如果井孔的进水段（过滤器）未穿透全部含水层，称非完整井（图 6-10）。

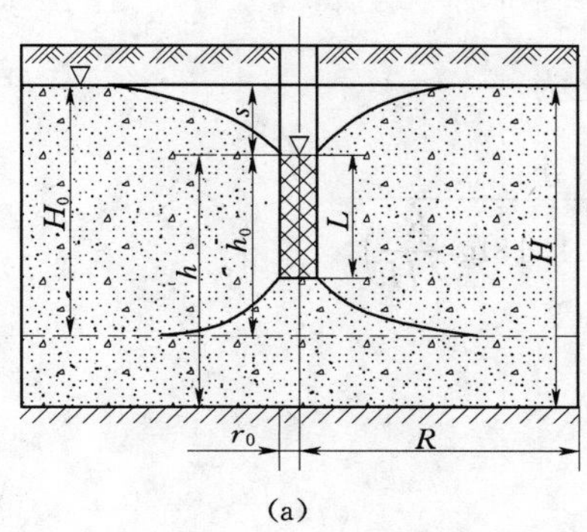

(a)

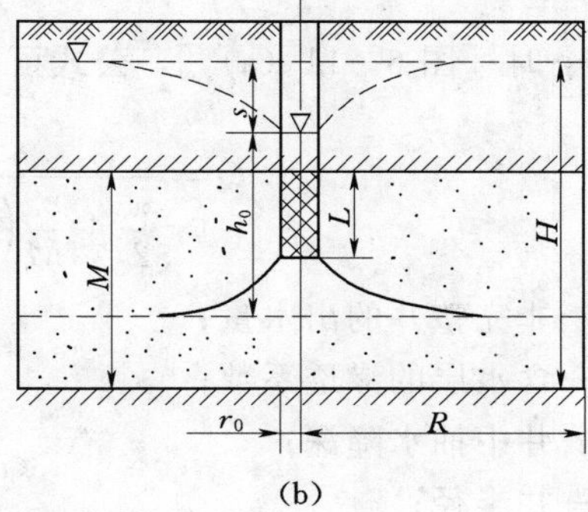

(b)

图 6-10　非完整井示意图

(a) 潜水非完整井；(b) 承压水非完整井

(一) 井壁进水的非完整井

福熙·海默（Forch Heimer）通过试验，提出如下公式：

潜水非完整井［图 6-10（a）］：

$$Q_{非}=C_1Q_{完}=C_1\left[1.364K\frac{(2H-s)s}{\lg\dfrac{R}{r_0}}\right] \tag{6-47}$$

承压非完整井［图 6-10（b）］：

$$Q_{非}=C_2Q_{完}=C_2\left(2.732K\frac{Ms}{\lg\dfrac{R}{r_0}}\right) \tag{6-48}$$

式中　$Q_{完}$——潜水、承压水完整井出水量；

C_1、C_2——潜水、承压水非完整井出水量折减系数；

其余符号意义同前。

$$C_1=\sqrt{\frac{L}{h}}\sqrt[4]{\frac{2h-L}{h}} \tag{6-49}$$

$$C_2=\sqrt{\frac{L}{M}}\sqrt[4]{\frac{2M-L}{M}} \tag{6-50}$$

式中　L——水井过滤器伸入含水层的长度或井壁进水长度，m；

h——潜水非完整井中动水位至隔水底板高度，m；

M——承压含水层厚度，m。

上两式选用时应符合下述条件：

(1) 潜水非完整井应符合 $H/(S+L)\leqslant 1.5\sim 2.0$。

(2) 承压水非完整井应符合 $M/L\leqslant 1.5\sim 2.0$。

如超越上述限制条件，计算误差较大。

(二) 井底进水的非完整井

巴布什金对有限厚度含水层得出了如下计算式。

1. 潜水非完整井

当$\frac{r_0}{M}\leqslant\frac{1}{2}$时［图 6－11（a）］，公式可简化为

$$Q=\frac{2\pi Ksr_0}{\frac{\pi}{2}+\frac{r_0}{M}\left(1+1.18\lg\frac{R}{4H}\right)} \tag{6-51}$$

式中　Q——非完整井的出水量；

K——含水层的渗透系数；

s——井中抽水降深；

r_0——井半径；

H——潜水含水层厚度；

M——井底距透水层底板的距离；

R——供水半径。

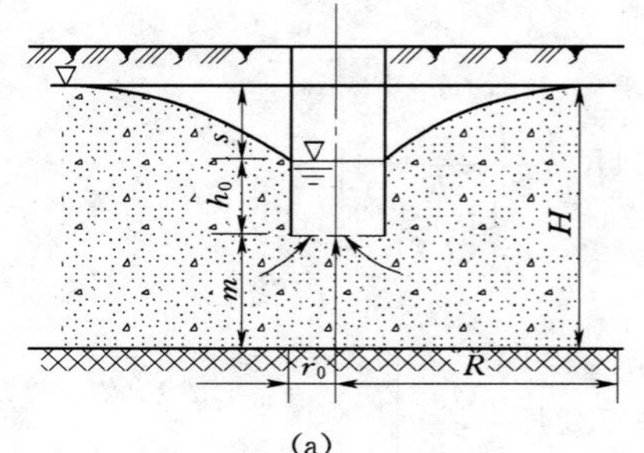

(a)

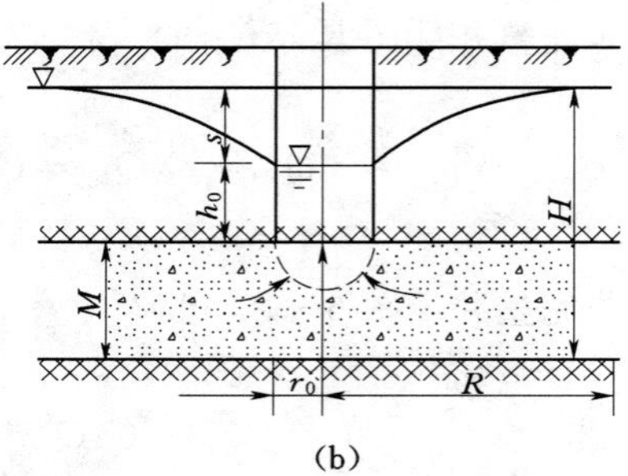

(b)

图 6－11　井底进水非完整井示意图

(a) 潜水非完整井；(b) 承压水非完整井

2. 承压水非完整井

（1）井底为平底的非完整井：

$$Q=\frac{2\pi Ksr_0}{\frac{\pi}{2}+2\arcsin\frac{r_0}{M+\sqrt{M^2+r_0^2}+0.515\frac{r_0}{M}\lg\frac{R}{4M}}} \tag{6-52}$$

当$\frac{r_0}{M}\leqslant\frac{1}{2}$时，式（6－52）可简化为

$$Q=\frac{2\pi Ksr_0}{\frac{\pi}{2}+\frac{r_0}{M}\left(1+1.18\lg\frac{R}{4M}\right)} \tag{6-53}$$

（2）半球形底非完整井［图 6－11（b）］：

$$Q=\frac{2\pi Ksr_0}{1+\frac{r_0}{M}\left(1+1.18\lg\frac{R}{4M}\right)} \tag{6-54}$$

当含水层很厚（大于 30m）时，从井底进水的承压水非完整井出水量，可近似采用

的计算式为

$$Q=\frac{\alpha Ksr_0}{1-\frac{r_0}{R}} \tag{6-55}$$

式中　α——井底形状系数，平底取4，半球形取2π。

如果井的半径与供水半径相比甚小，即$r_0/R\ll 1$时，r_0/R可忽略不计，式（6-55）可简化为

$$Q=\alpha Ksr_0 \tag{6-56}$$

式中各符号意义同前。

据卡明斯基的建议，式（6-56）虽是在承压含水层条件下导出的，如果钻入含水层不深时，也可用来计算井底进水的潜水非完整井出水量，误差是允许的。

六、干扰井出水量的计算

在给排水工程中，有时单井出水量不能满足需要，此时需在同一开采层中布置两眼或更多的井，井距小于影响半径的2倍，当井同时工作时，井与井之间则产生影响，这种影响称为干扰作用。干扰条件下工作的井称为井群或井组。干扰作用的具体表现是，在降深相同的情况下，每口井的出水量，小于一口井单独工作时的出水量，或者如保持每口干扰井出水量等于一口井单独工作时的出水量，则干扰井的水位降将大于一口井单独工作时的水位降。井灌区内的井群，多数都有干扰现象。在排水工程中，为加速地下水位的降落，往往需要规划干扰井群。干扰井出水量小于单独抽水时的出水量的原因，是由于干扰作用相互争夺水流，限制各井的取水范围，引起水位迅速下降，使地下水向各井运动的水力坡度减小的结果。

干扰井出水量计算方法较多，现就常用的水位削减法（水位叠加法）简介如下。

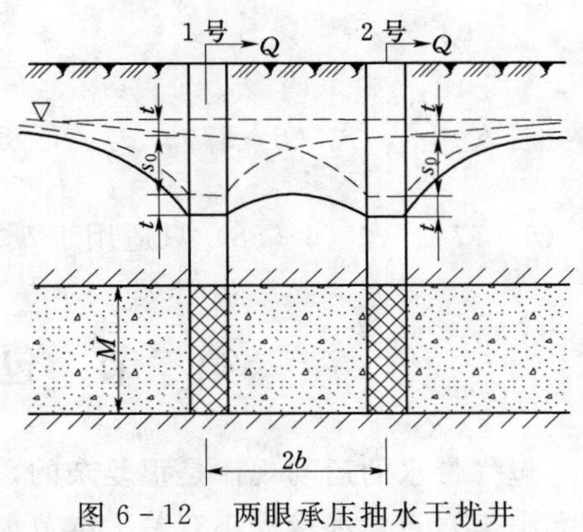

图6-12　两眼承压抽水干扰井

如图6-12所示的两个承压完整井，当1号井单独抽水时出水量为Q，降深为s_0，引起2号井水位降为t；同样，2号井单独抽水时出水量也为Q，降深为s_0，引起1号井的水位降为t，将t称为水位削减值。

如两井同时抽水，且$s=s_0$，则单井的出水量便减小，$Q_{扰}<Q_{单}$时，则需加大降深，如单井的出水量与降深的关系曲线为线性，则抽水降深应增加t，即$s=s_0+t$，则两井同时工作，单井出水量应为如下情况：

设1号井单独抽水时的出水量为

$$Q_{单}=2.73KM\frac{s_0}{\lg\frac{R}{r_0}}$$

则

$$s_0=\frac{Q_{单}}{2.73KM}\lg\frac{R}{r_0}$$

1号井单独抽水时，对2号的水位削减值为 t，可假设有一虚拟大口井 $r_0=2b$，则 $s=t$时的出水量为

$$Q_{虚}=2.73K\ \frac{Mt}{\lg\dfrac{R}{2b}}$$

令 $Q_{单}=Q_{虚}=Q$，则有

$$t=\frac{Q}{2.73KM}\lg\frac{R}{2b}$$

已知 $s=s_0+t$，可知

$$s=\frac{Q}{2.73KM}\lg\frac{R}{r_0}+\frac{Q}{2.73KM}\lg\frac{R}{2b}$$

则

$$Q=2.73KM\ \frac{s}{\lg\dfrac{R^2}{2br_0}} \tag{6-57}$$

式中　Q——两眼干扰井同时抽水时的单井出水量，m^3/h；

s——同样条件下，单井的抽水降深，m；

$2b$——井间距，m；

其余符号意义同前。

同理，可求得潜水完整井两眼同时抽水时的单井出水量为

$$Q=1.364K\ \frac{(2H-s)s}{\lg\dfrac{R^2}{2br_0}} \tag{6-58}$$

若 $b=\dfrac{R}{2}$，式（6-57）、式（6-58）则变为非干扰条件下的裘布依涌水量方程，故式（6-57）、式（6-58）只适用于 $b\leqslant\dfrac{R}{2}$的情况。

第二节　包气带中地下水的运动

包气带水的运动规律是很复杂的，包气带岩石的透水性，实际上是个变量，渗透系数的大小与岩石含水量大小有关。本节主要讨论毛细带中水的运动。松散岩石及细微裂隙的基岩中的包气带，都有明显的毛细带存在。下面以多孔介质——松散岩石为例进行讨论。

松散岩石的孔隙系统，实际上是一个形状和大小都复杂多变的微管道系统。近似地可将其视为一个圆管系统，圆管直径可视为孔隙的平均直径 D_0。这样，松散岩石中毛细最大上升高度 H_k，按水力学的推导，可表示为 $H_k=\dfrac{0.03}{D_0}$。此式表明，毛细上升高度与毛

管直径成反比关系；土的颗粒越小，则其间孔隙越小，毛细上升高度越高。但当土粒小到黏性土粒级时，孔隙中为结合水所充填，结合水有其特殊的物理性质，故黏性土的毛细上升高度，不符合上述“反比”规律。表 6－2 是在孔隙度相同（41%）的样品中观察 72d 后毛细上升高度的资料。

表 6－2　　土样中观察 72d 后毛细上升高度 H_k

土　样	粒　径 /mm	H_k /cm	土　样	粒　径 /mm	H_k /cm
细砾石	5～2	2.5	细砂	0.2～0.1	42.8
很粗的砂	2～1	6.5	粉砂	0.1～0.05	105.5
粗　砂	1～0.5	13.5	粉砂	0.05～0.02	200（2天后仍在上升）
中　砂	0.5～0.2	24.6			

毛细水运动除毛细上升高度外，还有毛细上升速度，这种运动仍可用达西定律表示。下面讨论这一运动的具体表达式。

将一筒砂置于自由水面上，砂土中即可观察到水沿毛细孔隙上升的现象。设自由水面压强 p_a，毛细压强为 $-p_w$（取负值是因为毛细力作用与大气压力作用方向相反），经 t 时间水由 A 上升到 B（图 6－13），渗径为 L；此时 B 处土中的压强为 $p_c=p_a-p_w$。以自由水面为基准，有 $p_a=0$，则 $p_c=-p_w$，此式用水头表示为 $h_c=-p_w/r$，即 B 点水头为 $-h_c+L$，于是 AB 间平均水力坡度为

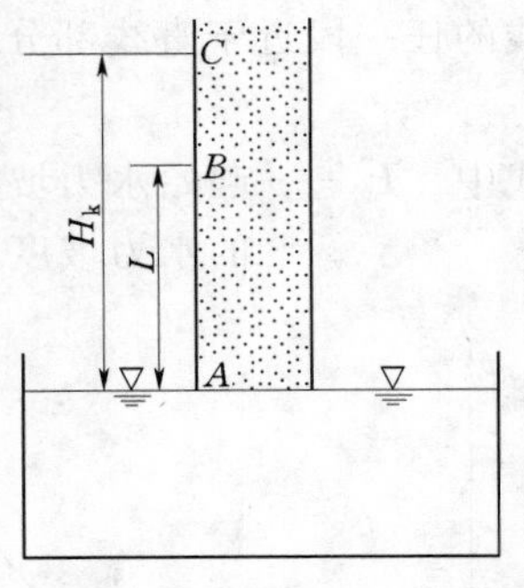

图 6－13　毛细上升示意图

$$I_{AB}=\frac{0-(-h_c+L)}{L}=\frac{h_c-L}{L}$$

于是

$$v_{AB}=\frac{K(h_c-L)}{L} \tag{6-59}$$

分析式（6－59）可知，当 L 很小时，v 很大，故毛细上升速度快，随着毛细上升高度的加大，毛细上升速度逐渐变慢；当 $L=H_k$ 时，$h_c=H_k$，$v=0$ 时，毛细上升停止。

对于黏性土，根据罗戴公式有

$$v=K\left(\frac{h_c-L}{L}-I_0\right) \tag{6-60}$$

分析式（6－60），若 $I=I_0$，则

$$v=K(I-I_0)=K\left(\frac{h_c-L}{L}-I_0\right)=0$$

这时 $L=H_k$，于是

$$I_0=\frac{h_c-H_k}{H_k}$$

即

$$H_k=\frac{h_c}{I+I_0} \tag{6-61}$$

由此可见，在黏性土中，最大毛细上升高度 H_k 与毛细压强水头 h_c 并不相等，$H_k<h_c$。颗粒越细，则孔隙越小，I_0 越大，H_k 越是比 h_c 小；颗粒越粗，则 I_0 越小，H_k 越是接近于 h_c；当 $I_0=0$ 时，$H_k=h_c$，即与砂土一致。一般黏性土，因为 I_0 较大，故 H_k 值仅有 1～2m。

第三节　结合水运动规律

结合水是一种在力学性质上介于固体和液体之间的异常液体（可称为塑流体），强结合水更接近于固态，极难流动，这里讨论的主要是弱结合水。结合水的流动仍然是黏滞力起主导作用，因而为层流形式。根据张忠胤教授的意见，结合水在运动时，渗透速度 v 与水力坡度 I 的关系，可用直角坐标系上通过原点的一条曲线表示（图 6-14）。这条曲线的任一段近于直线部分，可用罗戴公式近似地表达为

$$v=K(I-I_0) \tag{6-62}$$

式中　I_0——起始水力坡度，其含义是克服结合水的抗剪强度，使之发生流动所必须具有的水力坡度。

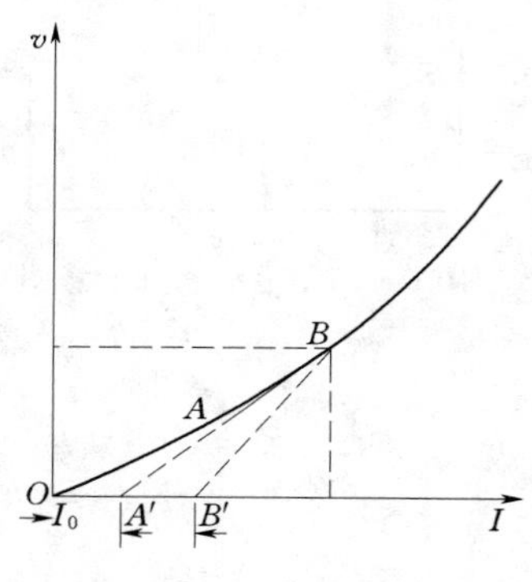

图 6-14　$v=f(I)$曲线

但上述说法是不够严格的。从图 6-14 可知，只要有水力坡度，结合水就会发生运动，只不过当水力坡度未超过起始水力坡度 I_0 时，结合水的渗透速度 v 非常微小（称为隐渗透），只有通过精密测量才能觉察罢了。因此严格地说，起始水力坡度 I_0 是结合水发生明显渗透时，用于克服其抗剪强度的那部分水力坡度。

在重力水的渗透场中，对于一定的岩石，水的物理性质一定时，渗透系数 K 是一个常数，在结合水的渗透场中，K 值不是定值，I_0 也不是定值，两者都随 I 的增大而增大。当 I 较小时，只有粒间孔隙的中心部分的水形成渗流，即有效的渗孔直径 d_0 很小，渗透性就很弱，K 很小；随着 I 的增大，有效渗孔直径 d_0 增大，K 也随之增大；当渗流接近强结合水部分时，由于其抗剪强度大，I 再增大，d_0 也不会再有多大变化了，从而使 K、I_0 都趋于常数。这时用罗戴公式来分析问题才比较符合实际。事实上，罗戴公式只是曲线 $v=f(I)$ 上任一点的切线表达式，K 为切线的斜率，I_0 为切线与横坐标的交点。故只有当 $v=f(I)$曲线段渐变为直线后，K、I_0 才趋于常数。鉴于目前还没有确切的关系式来表达该曲线的关系，而一般情况下，利用 $v=K\ (I-I_0)$ 来说明结合水的运动比较方便，并且也能满足研究的精度要求。

第七章　坝的工程地质分析

水工建筑物主要由三大部分组成：挡水建筑物（坝或闸）、泄水建筑物（溢洪道或泄洪洞等）及取水或输水建筑物（隧洞及渠系建筑物等）。此外，还有水电站、航运船闸、鱼道、筏道等附属建筑物。这些建筑物的综合体，称为水利枢纽，水利枢纽按规模分为五个等别（表7-1），其中拦河大坝或闸是主体建筑物。

表7-1　水利水电枢纽工程的分等指标

工程等别	工程规模	分等指标				
		水库总库容/亿 m^3	防洪		灌溉面积/万亩	水电站装机容量/万kW
			保护城镇及工矿区	保护农田面积/万亩		
一	大（1）型	＞10	特别重要城市、工矿区	＞500	＞150	＞75
二	大（2）型	10～1	重要城市、工矿区	500～100	150～50	75～25
三	中型	1～0.1	中等城市、工矿区	100～30	50～5	25～2.5
四	小（1）型	0.1～0.01	一般城镇、工矿区	＜30	5～0.5	2.5～0.05
五	小（2）型	0.01～0.001			＜0.5	＜0.05

注　1. 总库容系指校核洪水位以下的水库静库容。
2. 分等指标中有关防洪、灌溉两项系指防洪或灌溉工程系统中的重要骨干工程。
3. 灌溉面积系指设计灌溉面积。

拦河大坝是水利水电工程中最重要的挡水建筑物，它拦蓄水流，抬高水位，承受着巨大的水平推力和其他各种荷载。为了维持平衡稳定，坝体又将水压力和其他荷载以及本身的重量传递到地基或两岸的岩体上。因而岩体所承受的压力是很大的。通常100m高的混凝土重力坝，传到地基岩体上的压力即可达2×10^5kPa以上。另外，水还可渗入岩体，使某些岩层软化、泥化、溶解以及产生不利于稳定的扬压力。因此，大坝建筑对地基岩体的稳定条件有着很高的要求。所以在大坝的设计和施工中，对坝基或坝肩的岩体进行工程地质条件的分析研究，是非常重要的。

第一节　水工建筑物工程地质条件

工程地质工作是水利工程建设中不可缺少的重要部分，其目的在于查明水工建筑地区的工程地质条件，分析可能存在的工程地质问题，以保证水利工程的经济、合理与安全。

所谓工程地质条件，是指与工程建筑物有关的各种地质因素的综合。内容主要包括地形地貌、地质结构、水文地质、自然（物理）地质现象等方面。

一、地形地貌条件

地形指地表形态、高程、地势高低、山脉水系、自然景物、森林植被以及人工建筑物分布等，常以地形图予以综合反映。地貌主要指地表形态的成因、类型以及发育程度等，常以地貌图予以反映。

地形地貌是相互关联的，但都受地区的岩性和地质构造条件所控制。河谷地带的地形地貌条件往往对水工建筑物地点、坝型选择、枢纽布置、施工方案等，都有直接影响。比如，拱坝就要求坝址两岸谷坡规整对称，最好为坚硬完整的基岩山体。

二、地质结构条件

地质结构可以说是水电工程建设的决定因素，地质结构不适宜，水电工程建设就不能进行。地质结构包括区域构造稳定性、地质构造（褶皱及断裂构造）特点和岩（土）体结构类型，地质结构往往是由各种各样的结构面所组成的结构体。

1. *岩体结构面*

按成因可分为原生结构面和次生结构面两类。

（1）原生结构面是指岩石在生成过程中所形成的结构面，如沉积岩中的层理面、软弱夹层、不整合面和古风化面等；火成岩中的流面、熔岩接触面、围岩接触面和因岩浆冷凝收缩所形成的裂隙面；变质岩中的片理面（包括板理面、千枚理面、片麻理面等）。

（2）次生结构面是成岩以后，在地球内、外动力地质作用下所形成的结构面，包括构造结构面和非构造结构面。构造结构面主要由内动力地质作用所形成，如断层面、褶皱层面、错动面、节理面、劈理面等。非构造结构面主要由外动力地质作用所形成，如风化裂隙面、卸荷裂隙面，以及因人为爆破在岩石中所形成的破裂面等。次生结构面往往追索原生结构面发展，因此，在分析次生结构面的形成规律时，应充分研究存在于岩石中各种类型的原生结构面。

2. *岩体结构类型*

上述岩体结构面，在漫长的地质年代里，受复杂的地质作用的影响，其在自然界的出露是千差万别的和多方向的结构面，常使岩石组成不同形式的结构体，常见的有锥形（4个面）、楔形（5个面）、菱形（6个面）、方形（6个面，各面角约90°）和聚合形五种。

中国科学院地质研究所谷德振教授等，早在1972年就提出的岩体结构分类方法，至今仍有参考价值，见表7-2。

表7-2　岩体结构分类

岩体结构类型		地质背景	结构面特征	结构体特征
类	亚类			
整体块状结构	整体结构	岩性单一，构造变形轻微的巨厚层沉积岩、变质岩和火成熔岩，巨大的侵入体	结构面少，一般不超过3组，延续性差，多呈闭合状态，一般无充填物或含少量碎屑	巨型块状
	块状结构	岩性单一，受轻微构造作用的厚层沉积岩、变质岩和火成熔岩侵入体	结构面一般为2～3组，裂隙延续性差，多呈闭合状态。层间有一定的结合力	块状、菱形块状

续表

岩体结构类型		地质背景	结构面特征	结构体特征
类	亚类			
层状结构	层状结构	受构造破坏轻或较轻的中厚层状岩体（单层厚大于30cm）	结构面2～3组，以层面为主，有时有层间错动面和软弱夹层，延续性较好，层面结合力较差	块状、柱状、厚板状
	薄层状结构	单层厚小于30cm，在构造作用下发生强烈褶皱和层间错动	层面、层理发达，原生软弱夹层、层间错动和小断层不时出现。结构面多为泥膜、碎屑和泥质充填物	板状、薄板状
碎裂结构	镶嵌结构	一般发育于脆硬岩体中，结构面组数较多，密度较大	以规模不大的结构面为主，但结构面组数多、密度大，延续性差，闭合无充填或充填少量碎屑	形态不规则，但棱角显著
	层状碎裂结构	受构造裂隙切割的层状岩体	以层面、软弱夹层、层间错动带等为主，构造裂隙较发达	以碎块状、板状、短柱状为主
	碎裂结构	岩性复杂，构造破碎较强烈；弱风化带	延续性差的结构面，密度大，相互交切	碎屑和大小不等的岩块，形态多样，不规则
散状结构	散状结构	构造破碎带、强烈风化带	裂隙和劈理很发达，无规则	岩屑、碎片、岩块、岩粉

三、水文地质条件

水文地质条件一般包括以下内容：

(1) 地下水类型。

(2) 含水层与隔水层的埋藏深度、厚度、组合关系、空间分布规律及特征。

(3) 岩（土）层的水理性质（容水性、给水性、透水性、冻融性等）。

(4) 地下水的运动特征（流向、流速、流量等）。

(5) 地下水动态特征（水位、水温、水质随时间的变化规律）。

(6) 地下水的水质（水的物理、化学性质、水质评价标准等）。

水文地质条件的好坏直接关系到水库是否漏水、坝基是否稳定、地下水资源评价是否可靠等一系列工程建设问题。

四、自然（物理）地质现象

岩石的风化、冲沟、滑坡、崩塌、泥石流、岩溶等自然地质现象的存在及发育程度，会直接影响到建筑物的安全和人民生命财产的安危。其上的建筑物一旦失事，危害是相当惊人的，如意大利的瓦依昂（Vajont）水库大滑坡，不仅使整个工程报废，而且造成了2400多人的死亡。

在水利水电工程建设中，在大坝区附近及水库区内的自然地质现象，要求在工程地质勘察时进行充分的调查与研究，对影响大坝或水库安全的应采取有效措施，进行处理或整治。

第二节　坝基(肩)的渗漏

大坝建成后，坝上游水位抬高，在上、下游水位差的作用下，库水可能通过坝基或坝肩岩层中的孔隙、裂隙、破碎带向下游渗漏。前者称为坝基渗漏，后者称为绕坝渗漏。对于坝区渗漏应当特别重视，因坝区水头高、渗透途径短，渗漏量可能很大。同时，渗透水流还可能破坏坝基岩体或使其强度降低，从而危及大坝的安全。

坝基渗漏形式又可分为均匀渗漏和集中渗漏两种。通过砂砾石层和基岩中较为均布的风化裂隙的渗漏就是均匀渗漏，通过较大的断裂破碎带和各种岩溶通道的渗漏就是集中渗漏。

一、坝基（肩）渗漏的条件

对坝基（肩）渗漏问题的工程地质分析包括：查明渗漏通道，确定通道间的连通性、渗透性指标，进行渗漏量的计算。自然界的岩土，有的是透水的（透水层），有的是相对不透水的（隔水层）。透水与隔水的界限：在水工建筑中，通常以渗透系数 $K<10^{-7}$cm/s 为隔水层，大于此值的为透水层。渗漏通道主要是指基岩和第四纪松散沉积层中，具有较强透水性（$K>10^{-2}$cm/s）的岩土体。

（一）松散沉积层坝基（肩）的渗漏条件

在松散岩层地区建坝，渗漏主要是通过透水性强的砂砾石层发生。砂砾石层有的是现代河床沉积，有的位于阶地之上，也有的是古河道沉积。有时砂砾石层与不透水层成互层结构（图 7-1），为此，应给予充分注意。一般在河谷狭窄，谷坡高陡的坝区，砂砾石层仅分布于谷底，因此，渗漏主要发生在坝基。而在宽谷区，谷坡上分布有多级阶地时，库水除沿坝基渗漏外，还可能发生绕坝渗漏。如果砂砾石层上有足够厚且分布稳定的黏土层时，则有利于防渗。但是，当黏土层较薄或其连续性遭到破坏时，比如冲沟和河流的冲刷，仍将产生渗漏。另外，此类坝区当其两肩地形受侵蚀切割严重时，容易发生严重的绕坝渗漏。

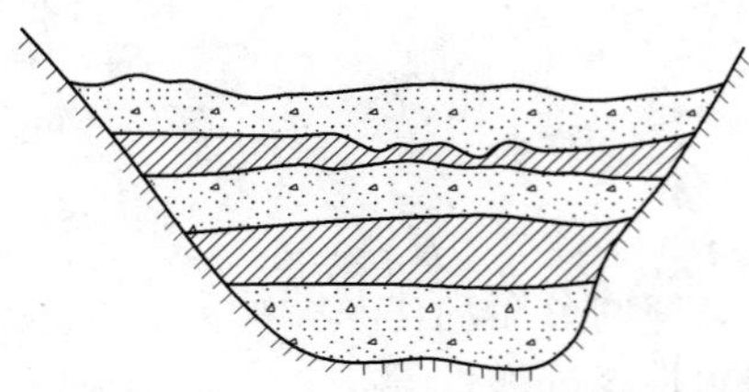

图 7-1　河床多层透水结构剖面示意图

（二）裂隙岩层区的渗漏条件

在裂隙岩层分布区，由于岩层中各种结构面的透水能力的不同，以及河谷地貌和地质构造的差异，使建坝所导致的渗漏，在不同地区或地段内有显著的不同。

1. 岩层中结构面及其透水性对坝基渗漏的影响

坝基与坝肩岩层中的各种结构面，常构成渗漏的通道。例如：顺河断层、跨河缓倾断层、岸坡卸荷裂隙、纵谷陡倾岩层和横谷倾向下游的缓倾岩层及层面裂隙等。其中，顺河向张开的（无充填或充填差的）、大而密集的并贯通坝基（肩）上、下游的断裂破碎带，常是造成集中渗漏的通道。但是，在同一断层带内，其构造岩不同，渗漏条件也有明显的差别，一般碎块岩是强烈透水的，压碎岩是中等透水的，断层角砾岩是弱透水的，糜棱岩和断层泥则是不透水或微弱透水的。表 7-3 是几个坝址构造岩的单位吸水量值，从中可以看出这一规律。

表 7-3　各种构造岩的单位吸水量

坝区	破碎带的单位吸水量/［L/（min·m·10^4Pa）］			影响带的单位吸水量/［L/（min·m·10^4Pa）］
	断层泥	糜棱岩	断层角砾岩	碎块岩
1	0.0018～0.0049			0.1～0.4
2		<0.001	0.01～0.005	0.01～0.05
3		<0.01		深度 20m 统计，一般 0.02～0.05，最大 0.17
4			0.18	0.23～1.33

2. 河谷地貌与地质结构条件对坝基渗漏的影响

河谷地貌特征在一定程度上控制着坝基（肩）的渗漏条件。根据河谷平面形态对渗漏条件的影响，可分为 3 种类型（图 7-2）。

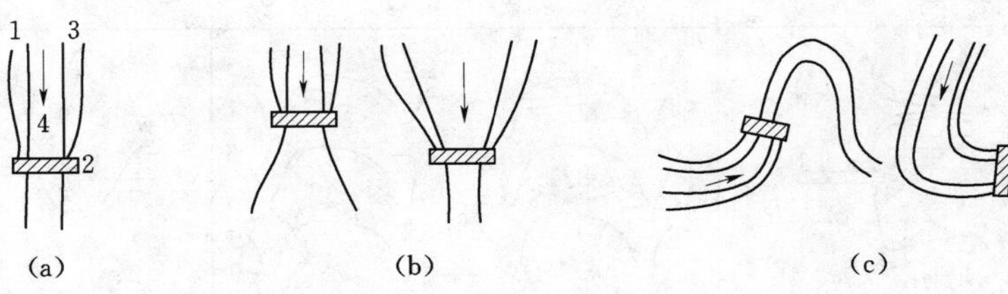

图 7-2　河谷平面形态类型示意图

(a) 平直形河谷；(b) 喇叭形河谷；(c) 弯曲形河谷
1—河道；2—坝体；3—水库回水线；4—河流流向

(1) 平直形河谷。坝址上下游库水渗入和排泄条件一般较差。

(2) 喇叭形河谷。当坝址上游为窄谷、下游为宽谷时，库水渗入条件差，排泄条件好。反之，渗入条件好，排泄条件差。

(3) 弯曲形河谷。当坝建于河曲地段时，凸岸库水渗入和排泄条件比凹岸好。

以上 3 类河谷，当坝址处的上下游支流沟谷发育时，坝肩地形遭受不同程度的切割破坏，常造成坝上游迎水或坝下游泄水的临空面，为库水渗入和排泄创造了有利条件。

倾斜岩层地区，如不考虑断层裂隙，在相同地形条件下，纵谷、横谷和斜谷则具有不同的渗入和排泄条件（图 7-3）。

(1) 纵谷。河流沿岩层走向发育，向上下游沟谷与岩层走向垂直。在河谷纵剖面上，沿层面渗流途径最短，易于库水的渗漏；而在河谷横剖面上，一岸利于入渗，而不利于排泄，另一岸则相反。

(2) 斜谷。河流和上下游沟谷与岩层走向斜交。在河谷纵剖面上可看出，沿层面渗流途径较长。当岩层倾向下游时，缓倾或中等倾斜岩层易渗漏，陡倾则有利于入渗，而不利于排泄；当岩层倾向上游时，缓倾、中等倾斜和陡倾岩层则不易渗漏。而在河谷横剖面上，排泄条件与纵谷相似。

（3）横谷。河流与岩层走向垂直，而上下游的沟谷与岩层走向平行。在河谷的纵剖面上渗透路径更长，故渗漏条件均较前两种为差，而在横剖面上，顺层排泄条件两岸基本相同。

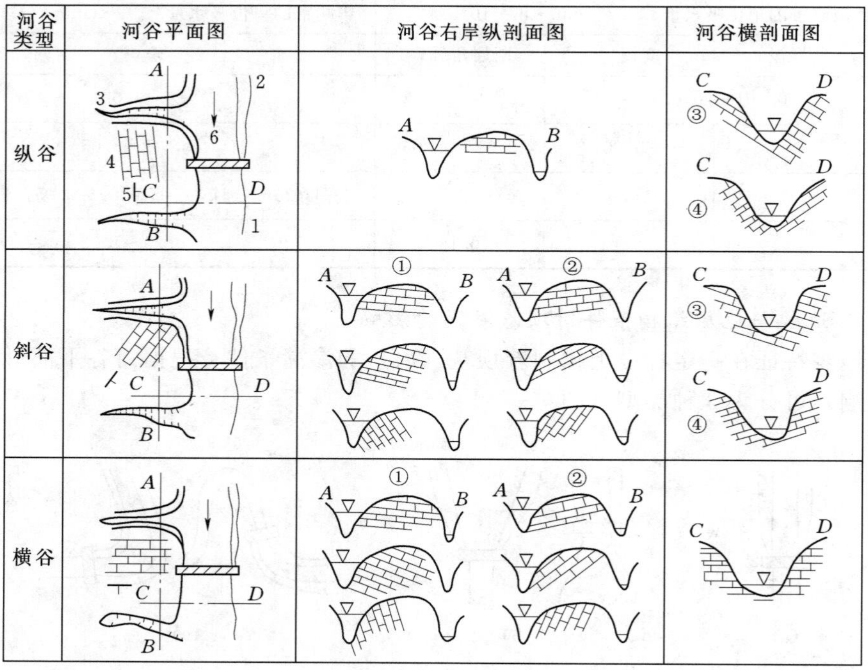

河谷类型	河谷平面图	河谷右岸纵剖面图	河谷横剖面图
纵谷	A、B、C、D、1、2、3、4、5、6	A、B	C、D、③；C、D、④
斜谷	A、B、C、D	① A、B；② A、B	C、D、③；C、D、④
横谷	A、B、C、D	① A、B；② A、B	C、D

图 7-3　不同类型河谷渗漏条件示意图

①、②—岩层倾向下游和上游，倾角自上而下为缓倾、中等倾斜和陡倾岩层；③、④—横剖面上岩层各向一岸倾斜；1—河谷；2—水库回水线；3—沟谷；4—岩层；5—岩层产状；6—坝轴线位置；A—B—纵剖面线；C—D—横剖面线

二、坝基（肩）渗漏量的计算

在定性分析了坝基（肩）渗漏的地质条件以后，尚需对其渗漏量进行定量计算，借以确定防渗措施。

（一）坝基渗漏量的计算

1. 单层透水坝基

单层透水坝基由单一透水岩层组成。在其厚度不大于坝底宽度且坝身不透水的情况下［图 7-4（a）］，可用卡明斯基公式计算，即

$$q = K\frac{H}{2b+T}T \tag{7-1}$$

式中　q——单宽坝基的渗漏量，m^3/（d·m）；

K——土层的渗透系数，m/d；

H——坝上下游水位差，m；

b——坝底宽度之半，m；

T——透水层厚度，m。

坝基渗漏总量的计算式为

$$Q=qB \tag{7-2}$$

式中 B——坝轴线方向渗漏带的宽度，m；

Q——坝基渗漏量，m^3/d。

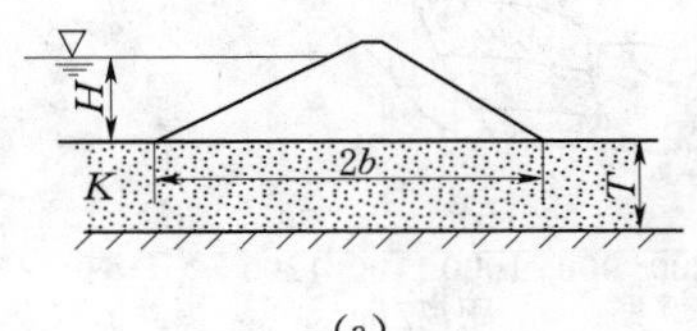

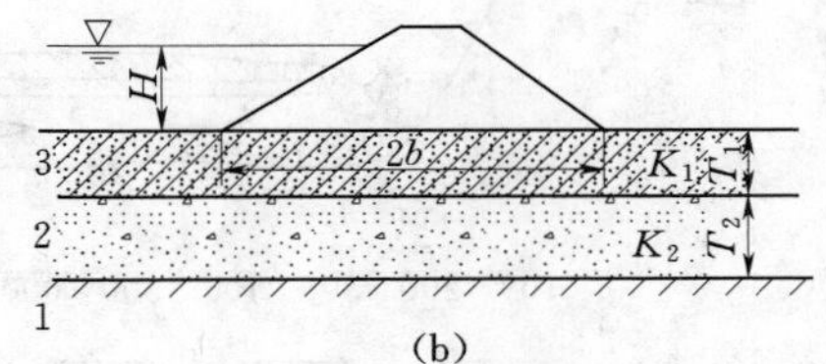

图 7-4 坝基渗漏量计算图

(a) 单层透水坝基；(b) 双层透水坝基

1—不透水岩层；2—透水岩层；3—弱透水岩层

式（7-1）和式（7-2）的适用条件是 $T\leqslant 2b$，当 $T>2b$ 时，计算结果偏小。

2. 双层透水坝基

双层透水坝基由二元结构的双层透水岩层组成（图 7-4）。上部为黏性土层，厚度为 T_1，渗透系数为 K_1；下部为砂砾石层，厚度为 T_2，渗透系数为 K_2；在 $K_2>K_1$ 的情况下，按下列卡明斯基公式计算单宽坝基的渗漏量 q 为

$$q=\frac{H}{\dfrac{2b}{K_2T_2}+2\sqrt{\dfrac{T_1}{K_1K_2T_2}}} \tag{7-3}$$

式中符号意义同前。

上部为砂砾石（透水岩层）、下部为黏性土（隔水层）时，可按式（7-1）进行近似计算。

3. 多层透水坝基

多层透水坝基为多层结构，且各层渗透系数不一时，需先按式（7-4）计算出渗透系数的加权平均值，再视情况分别按式（7-2）或式（7-3）计算渗漏量为

$$K_{平均}=\frac{K_1T_1+K_2T_2+\cdots+K_nT_n}{T_1+T_2+\cdots+T_n} \tag{7-4}$$

若上下层的渗透系数 K 值相差在 10 倍以内，可用加权平均的渗透系数（即 $K_{平均}$）值按式（7-2）计算渗漏量；若上下层渗透系数 K 值相差在 10 倍以上，则先将地层分为两组，分别计算渗透系数的加权平均值，再按式（7-3）计算渗漏量。

在实际工作中，往往遇到较复杂的坝基地质剖面，如图 7-5 所示。此时应根据地质条件，分段计算出单宽坝基的渗漏量 q，再按式（7-5）计算总渗漏量 Q 为

$$Q=\frac{1}{2}[q_1l_1+(q_1+q_2)l_2+\cdots+(q_{n-1}+q_n)l_n+q_nl_{n+1}] \tag{7-5}$$

式中　q_1、q_2、…、q_n——断面 1、2、…、n 的单宽渗漏量；

l_1、l_2、…、l_{n+1}——相邻两断面间的距离。

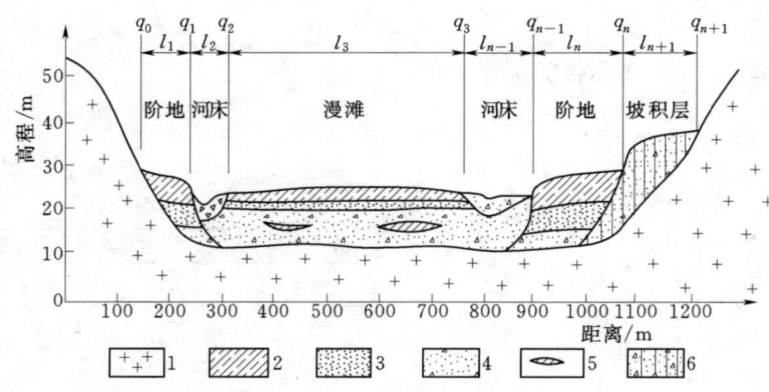

图 7-5　复杂地质条件下坝基渗漏量分段计算示意图

1—基岩；2—亚黏土；3—砂土；4—砂卵石；5—黏土夹层；6—碎石土；

q_0、…、q_{n+1}—计算断面的单宽；l_1、…、l_{n+1}—断面距离

由此可见，坝基渗漏量的大小最主要决定于岩层透水性的大小。此外，岩层的组合情况、各层的厚度及相对位置也有很大影响。坝的高度和基础宽度也有影响，在对坝基渗漏进行评价及采取防渗措施时应全面考虑这些因素。

（二）绕坝渗漏量的计算

若在坝肩地带存在有连通上下游的渗漏通道，则可形成绕坝渗漏。当坝肩地带是由均质岩体组成且地下水位低于河床水位时，其渗漏量的计算步骤是：先根据坝肩上下游的地形特征，绘出渗透水流的流网图，按流线把渗漏范围分成若干个小的渗流带，再按式（7-6）计算每一条渗流带的渗漏量 ΔQ，最后按式（7-7）求出总的绕坝渗漏量 Q：

$$\Delta Q = K\Delta b\left(\frac{H_1 + H_2}{2}\right)\frac{H}{l} \tag{7-6}$$

$$Q = \sum \Delta Q = \Delta Q_1 + \Delta Q_2 + \cdots + \Delta Q_n \tag{7-7}$$

式中　K——岩土的渗透系数，m/d；

Δb——某一渗流带的宽度，m；

l——某一渗流带的宽度，m；

H_1——水库正常高水位至隔水层顶板的高差，m；

H_2——水库下游水位至隔水层顶板的高差，m；

H——水库上下游水位差，m。

从图 7-6 可以看出，绕坝渗漏的流线不会无止境地向岸内扩展，随着至坝肩距离的增大，渗透途径加长，水力坡降降低，单宽渗漏量减小。其中单宽渗漏量小于允许值且距坝肩最近的断面构成绕渗边界。

如果坝肩地带的地下水，在水库蓄水前是补给河水的，水库蓄水后绕渗带的宽度则受岸坡原来地下水流状况和库水绕渗水流的共同作用所制约，如图 7-7 所示。此时渗漏带

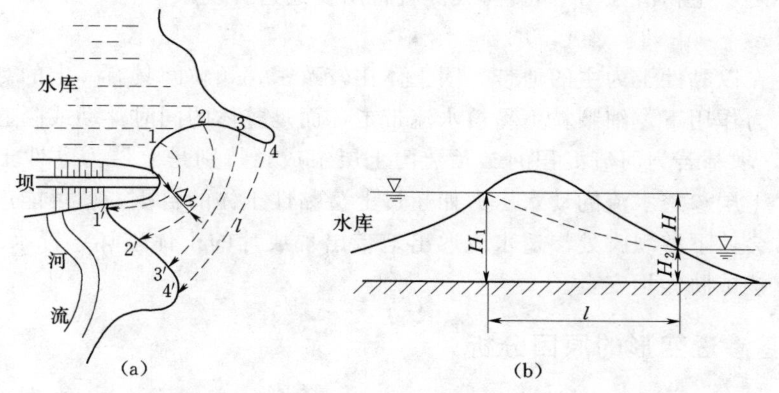

图 7-6 绕坝渗漏计算示意图

的宽度取决于水库壅水高度和地下水回水后的坡降。如果水库壅水高度 H 增加，绕渗带的宽度 B 也相应增大；同时，如果岸坡原来的地下水流的坡降越小，则绕渗带宽度越大。

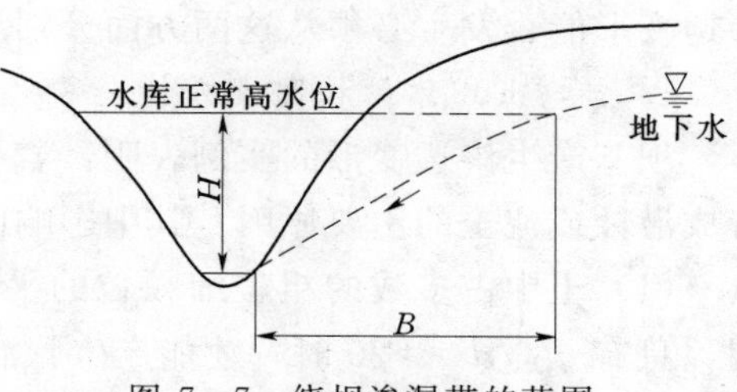

图 7-7 绕坝渗漏带的范围

对于非均质岩体组成的坝肩和有集中渗漏带（如断层破碎带、岩溶通道）存在的坝肩，则应根据地质条件划分渗漏带，分别予以计算。

总之，不论是计算坝基渗漏量，还是计算绕坝渗漏量，都离不开对工程地质条件的分析。地质工作必须查清计算的边界条件（如透水层的埋藏深度、厚度、分布范围、地下水水位及等水位线等），确定必要的水文地质参数（如第四纪地层的渗透系数、基岩的单位吸水率等）。

第三节 坝基渗透变形分析

由坝上游通过坝下地层渗向坝下游的水流具有相当大的动力压力，能冲动土层中的细颗粒，使之发生移动或使颗粒成分发生改变的现象称为坝基渗透变形。前面讲到的潜蚀现象即是这种渗透变形的一种形式。渗透变形能使坝基发生空洞，相应坝坡发生塌陷，产生裂缝，或在出水口处出现涌泉，形成渗流堆积等一系列现象。

一、坝基渗透变形的形式

1. 管涌（或潜蚀）

充填于砂基大颗粒之间的小颗粒，在渗透水流形成动水压力的作用下，随渗透水流运动，常在坝基下游产生“砂沸”现象，形似管涌，亦称“机械潜蚀”。在基岩地区，若裂隙被可溶盐（如石膏、方解石等）充填，或裂隙充填物为可溶盐胶结时，也可因地下水的化学溶蚀作用和水流动水压力的作用，发生化学潜蚀而形成渗透通道。此外，穴居动物（如各种田鼠、獾、蚯蚓、蚂蚁等）有时也会破坏土体结构，若在堤内外构成通道，也可形成管涌，称之“生物潜蚀”，如黄河大堤就曾出现过这种现象。

2. 流土

一般发生在以黏性土为主的地带。因土体比较致密，颗粒间具有一定的黏聚力，在渗透水流动水压力作用下，细颗粒不易被水流带走，而是整体的同时浮动或隆起，这种现象称为“流土”。坝基若为河流沉积的二元结构土层组成，特别是上层为黏性土，下层为砂性土的地带，下层渗透水流的动水压力如超过上覆黏性土体的自重，就可能产生流土。这种渗透变形常会使下游坝脚处渗透水流逸出地带出现成片的土体破坏、冒水或翻砂现象，如不处理将直接威胁大坝安全。

二、坝基渗透变形的原因分析

总的来说，渗透变形的发生实质上是具有动水压力的渗透水流对土体的作用力与土体阻抗力之间的矛盾关系。当动水压力大于土石的阻抗力时渗透变形即可发生。因此要分析渗透变形能否发生必须从这两方面分别加以研究。

1. 岩（土）体结构因素分析

坝基产生渗透变形的实例表明：岩（土）体的结构，特别是颗粒组成的不均匀性，是形成潜蚀或流土的主要原因。其中影响因素如下：

（1）土中占多数的粗、细颗粒的平均直径。相差较大时易产生管涌。据试验资料证明，只有 $d_{大}/d_{小}>20$ 时，才能产生管涌。

（2）土颗粒级配的不均匀系数 C_u 的影响。$C_u<10$ 的土易产生以流土为主要形式的渗透变形；$C_u>20$ 的土易产生以管涌为主要形式的渗透变形；$10<C_u<20$ 的土，则可能产生流土，也可能产生管涌。

（3）土层具二元结构或呈多层状结构，则应根据土层的埋藏条件具体分析。在二元结构情况下，当黏性土在上、砂性土在下，且黏性土层厚而完整时，则不易产生渗透变形。但当黏性土薄或不完整时，就易在坝的下游产生流土隆起，并相继产生下层砂土管涌。如果有尖灭层、透镜体等土层存在，且黏性土层厚度由上游向下游逐渐变薄，亦即其下的砂砾石层逐渐变厚，则渗透压力至下游会因过水断面的加大而有所削弱。相反，如果砂砾石层向下游尖灭，则渗透压力会有很大增加，这些地方就易产生流土或管涌。

2. 动水压力因素

渗透压力是渗透水流作用在单位土体上的压力，其大小主要与渗透水流的水力坡降和水的容重有关，即

$$D_{动}=\gamma_w I \tag{7-8}$$

式中　$D_{动}$——动水压力，t/m^3；

γ_w——水的容重，t/m^3；

I——渗透水流的水力坡降。

若取水的容重 $\gamma_w=1t/m^3$，则在数值上 $D_{动}=I$，即岩土中任一点的动水压力与该点处渗透水流的水力坡降值相等。因 $I=\Delta H/L$（ΔH 为水头差，L 为渗流距离），故 ΔH

越大或 L 越小，则 I 值越大，产生渗透变形的可能性也越大。

渗透水流在坝前入渗段（主要是在坝前坡脚处）是由上向下的，使土体压实。在坝基，渗透水流自上游向下游，呈水平状，动水压力方向与水流方向一致，也是水平的，此时如果土体颗粒对动水压力的阻抗力小于动水压力，则会沿动水压力方向，顺水流向下游移动。在坝下游坡脚处，是渗透水流的逸出段，水流及其动水压力方向则是由下向上的，故此处最易产生渗透变形（图 7-8）。

三、坝基渗透变形计算

土体的阻抗力与土的不均匀系数、容重、密实度、渗透系数、内摩擦系数等有关。渗透水流的动水压力首先决定于总水头的大小，这就是坝上下游的水头差，坝越高，水头差越大，越可能发生渗透变形。所以修建较高的土坝时应特别注意坝基渗透变形的问题。实际上水力坡度在坝下的分布受坝基轮廓和土层结构的影响，是不平均的，有的地方较大，有的地方较小，这要具体分析。

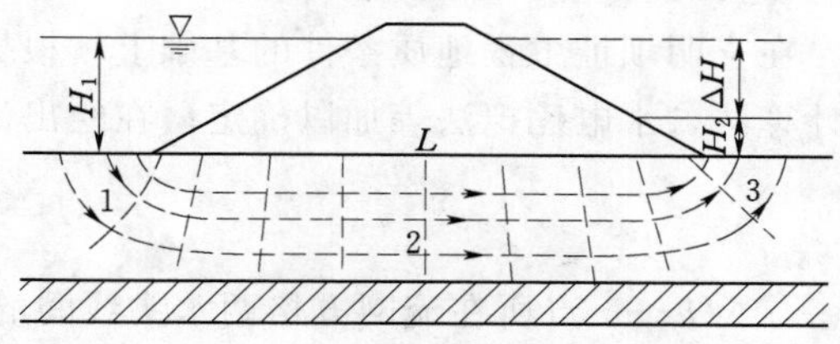

图 7-8 坝基渗流示意图

1—坝基上游渗流方向向下；2—坝基渗流方向水平；3—坝基下游渗流方向向上；L—渗流距离；ΔH—水位差（$\Delta H=H_1-H_2$）

预测坝基是否会发生渗透变形可按下述步骤判断：①确定临界水力坡降；②选择允许坡降；③确定坝基各点的实际水力坡降；④将③与②做比较以确定是否会发生渗透变形。

1. 临界水力坡降的确定

临界水力坡降确定的方法很多，有理论计算法、实验室测定、野外试验、现场观测及采用经验数据等。以试验法较为可靠，理论计算次之。计算时可采用的公式为

$$I_{cp}=\frac{\gamma'}{\gamma_w}(1+\tan\varphi)+\frac{C}{\gamma_w}L \tag{7-9}$$

式中 γ'——土的浮容重；

γ_w——水的容重；

C——黏性土的黏聚力；

$\tan\varphi$——土的内摩擦系数；

L——破坏面的长度。

如坝基为砂土层则 $C=0$，式（7-9）即改变为

$$I_{cp}=\frac{\gamma'}{\gamma_w}(1+\tan\varphi) \tag{7-10}$$

也可采用下列近似公式计算：

$$I_{cp}=(1-n)(\Delta-1)+0.5n \tag{7-11}$$

式中 I_{cp}——临界水力坡降；

n——土的孔隙度；

Δ——土粒比重。

2. 允许水力坡降的选择

由规定的安全系数 K 除临界水力坡降计算，其公式为

$$I' = \frac{I_{cp}}{K} \tag{7-12}$$

安全系数的规定应根据地质条件的复杂性及建筑物的重要性而定。一般规定：砂土的 $K=2\sim3$，黏土的 $K=2.5\sim3$。

3. 坝基实际水力坡降的确定

在查明坝址工程地质条件的基础上，根据建筑物的结构及规模，用绘制流网法，或理论计算法、水电比拟法等加以确定。在绘出流网后，即可据以确定任一点的水力坡降 I 为

$$I = \frac{\Delta H}{\Delta S}$$

式中　ΔH——点所在流网方格两水头线间的水头差；

ΔS——方格中流线长度。

4. 渗透变形判别

有了任一点的实际水力坡降，将其与允许水力坡降比较，如果实际水力坡降大于允许坡降则该点就会发生渗透变形。其他各点以相同方法可以评定是否发生渗透变形。

第四节　工程实例分析（黄河小浪底枢纽工程）

一、工程概况

小浪底水利枢纽位于河南省洛阳市以北约 40km 的黄河干流上，坝址上距三门峡水利枢纽大坝 130km，下距郑州京广铁路大桥 115km，控制流域面积 69.4 万 km^2，占黄河流域总面积的 92.2%。工程位于黄河中游最后一段峡谷的出口，处于承上启下、控制黄河水沙的关键部位，是黄河中游三门峡水库以下唯一能取得较大库容的坝址。工程 1994 年 9 月主体工程开工，2001 年 12 月完工。兼有防洪、防凌、减淤和发电、灌溉、供水等综合效用。可控制黄河下游洪水，又可利用其库容拦蓄泥沙，长期进行调水调沙，减缓下游河床淤积抬高，为综合治理黄河赢得宝贵时间，在治理开发黄河的总体布局中具有重要的战略地位。

二、枢纽总体布置

1. 设计标准和要求

小浪底水利枢纽最高蓄水位 275m，最大坝高 154m，总库容 126.5 亿 m^3。枢纽由斜心墙堆石坝、孔板消能泄洪洞、排沙洞、明流泄洪洞、正常溢洪道、北岸灌溉洞以及装机容量 180 万 kW 的引水式电站等建筑物组成。枢纽为一等工程，主要建筑物为一级建筑物，采用千年一遇洪水设计，可能最大洪水同万年一遇洪水校核。

2. 枢纽建筑物的组成

枢纽建筑物的组成如图 7-9 所示。

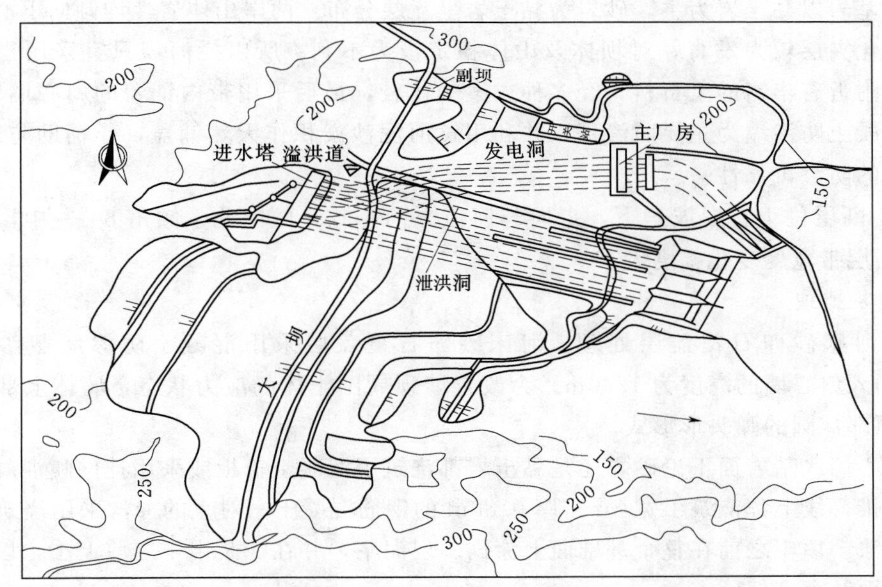

图 7-9 小浪底水利枢纽组成

三、坝址工程地质条件及其处理

1. 坝址工程地质条件

小浪底工程拦河大坝坝高 154m，坝顶高程为 281m，坝顶长 1666.29m，坝体填筑总量为 5185 万 m^3，开挖总量为 750 万 m^3。小浪底大坝有三个主要特点：一是采用了以垂直防渗为主，水平防渗为辅的双重防渗体系；二是右岩滩地设计了目前我国最深的混凝土防渗墙，最大造孔深度达 81.90m，墙厚 1.2m；三是大坝体积大，总填筑方量为 5185 万 m^3，成为我国目前大坝填筑方量最大的当地材料坝（图 7-10）。

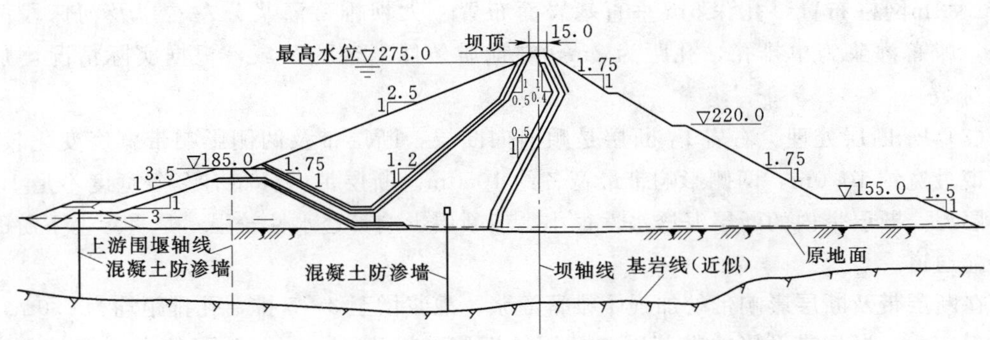

图 7-10 小浪底大坝横剖面图

小浪底坝址河床存在深覆盖层，有较强透水性。且河床坝基岩层不仅夹有中厚层或厚层软岩，还有泥化夹层，抗剪强度低。大坝坐落在深达 80m 左右的覆盖层上，河床深覆盖层大致分为表砂层、上部砂砾石层、底砂层和底部砂砾石层。左岸基岩岩性以砂岩为主，右岸基岩以黏土岩为主。砂岩为黏土岩呈互层分布。两岸山体岩性均倾向下游，且岩层之间泥化夹层较为发育，对坝体及山体稳定极为不利。所以拦河坝只宜采用当地材料坝。坝址附近有丰富的土石料，经多种方案的比较，最后采用带内铺盖的斜心墙堆石坝，以垂直混凝土防渗墙为主要防渗幕，并利用黄河泥沙淤积作天然铺盖，作辅助防渗防线，提高坝基的防渗可靠性。

有 F_1 断层位于右岸坡角下，走向与河流方向一致，倾向北，倾角 80°左中，断距达 200m，断层带宽度变化幅度大。

2. 坝基处理

(1) 河床砂卵石覆盖层处理。河床砂卵石覆盖层采用混凝土防渗墙截渗，墙厚 1.2m，插入斜心墙的高度为 12.0m。为改善墙顶周围土体的应力状态，墙体上部做成高 3.5m，顶部抹圆的弹头形形式。

大坝心墙区基岩面不论砂岩还是黏土岩都浇筑了混凝土盖板或采用挂网喷混凝土进行了保护。帷幕线上都浇筑了宽 8m、厚 0.80m 的钢筋混凝土。对大的冲沟采用浇筑混凝土回填的方法。填土之前在整个基础面上涂刷一层泥浆，并在泥浆未干之前上土，以确保心墙和基础面结合良好。

(2) 左右岸岩基处理。两岸采用阻排结合的处理措施，以满足坝基防渗和坝体、山体稳定的要求。左右岸心墙岩基均采用灌浆帷幕防渗，经现场灌浆试验验证、三维渗流计算分析和工程类比，采用一道灌浆帷幕，帷幕孔孔距 2.0m。在遇断层等透水性较大的地质构造时，灌浆孔的排数适当增加。基础排水分左右布置，左岸排水幕轴线与帷幕轴线大致平行布置，南端始于岸边附近。北端止于 F_{461} 断层，共设置了两层排水隧洞，右岸排水幕分为两部分：第一部分自 F_1 断层沿帷幕线至 F_{230} 断层北侧为 50m；第二部分沿 F_{230} 断层向东延伸为 400m，两部分排水总长 850m。排水孔为斜孔，孔距为 3m。

幕体的防渗设计标准为不大于 5.0Lu，幕体底部进入相对不透水层（小于 5.0Lu）的深度不小于 5.0m。在整个心墙底宽范围内的岩石地基上均布置有固结灌浆，灌浆孔按3m×3m网格布置，孔深 5m 垂直基岩面布置。大坝帷幕灌浆分左右岸及河床段两个部分，帷幕灌浆为单排孔，孔距为 2m，在地质条件复杂的区域，根据实际情况增加了灌浆排数。

(3) F_1 断层处理。右岩 F_1 断层是顺河向断层，断层带及两侧影响带宽度变化较大，断层带最宽约 10.0m，两侧影响带最宽各约 10.0m。断层带内分布有多条宽度不足 1.0m 的断层泥。断层带内的断层泥透水性很小，但断层影响带透水性较强，是贯穿上下游的主要渗漏通道。

在断层带及断层影响带处加强了帷幕灌浆，灌浆增至 3～5 排，孔排距均为 2.0m，幕底高程 65m。断层带及影响带范围内的固结灌浆孔深度 10.0m。为了能在工程投入应用后根据运行情况对 F_1 断层灌浆进行补强处理，特将 2 号灌浆洞延长至断层南侧影响带内。

为防止沿断层和斜心墙接触面和断层上部形成管涌破坏，在断层带及影响带顶面与斜心墙接触面范围内，设置厚 1.0m 的混凝土盖板，以隔断坝体和基础的渗流。在下游坝壳范围内的断层顶面铺设反滤层，厚度各为 1.0m。

第五节　坝基（肩）岩体抗滑稳定分析

坝基（肩）岩体抗滑稳定问题是混凝土坝的最重要地基问题，美国圣弗朗西斯重力坝，法国马尔帕塞拱坝的失事都是因坝基和坝肩失稳造成的。因此，在各类混凝土坝的勘察、设计和施工过程中特别重视对坝基（肩）岩体抗滑稳定性的研究。

一、坝基岩体滑动破坏的类型

坝基岩体滑动破坏形式根据滑动破坏面位置的不同，可分为表层滑动、浅层滑动和深层滑动 3 种类型。

1. *表层滑动*

表层滑动指坝体沿坝底与基岩的接触面（通常为混凝土与岩石的接触面）发生剪切破坏所造成的滑动。所以也称为接触滑动，滑动面大致是个平面。当坝基岩体坚硬完整不具有可能发生滑动的软弱结构面且岩体强度远大于坝体混凝土强度时，容易出现此种情况；另外地基岩面的处理或混凝土浇筑质量不好也是形成这种滑动的因素之一。它的抗剪强度计算，指标应采用混凝土与岩石接触面的摩擦系数 f 和黏聚力 C 值。一般在正常情况下这种破坏形式较少出现。

2. *浅层滑动*

当坝基岩体软弱，或岩体虽坚硬但浅表部风化破碎层没有挖除干净，以致岩体强度低于坝体混凝土强度时，则剪切破坏可能发生在浅部岩体中，造成浅层滑动，如图 7－11（b）所示。滑动面往往参差不齐。一般国内较大型的混凝土坝对地基处理要求严格，故浅层滑动不作为控制设计的主要因素。而有些中、小型水库，坝基发生事故则常是由于清基不彻底而造成的。浅层滑动的抗剪强度指标要采用软弱或破碎岩体的摩擦系数 f 和黏聚力 C 值。由于滑动面埋藏较浅，其上覆岩石重量和滑移体周围的切割条件可不考虑。

3. *深层滑动*

深层滑动发生在坝基岩体的较深部位，主要沿软弱结构面发生剪切破坏，滑动面常是由两、三组或更多的软弱面组合而成，如图 7－11（c）所示。但有时也可局部剪断岩石而构成一个连续的滑动面。深层滑动是高坝岩石地基需要研究的主要破坏形式。

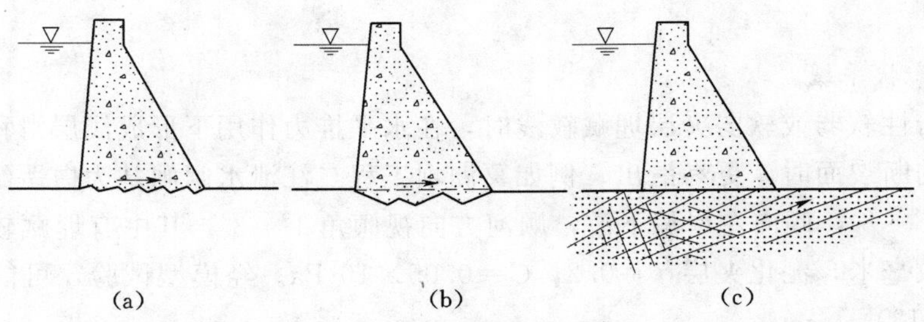

图 7－11　坝基滑动破坏的形式
（a）表层滑动；（b）浅层滑动；（c）深层滑动

除上述3种形式外，有时也可能出现兼有两种或3种的混合破坏形式。

二、坝基岩体滑动的边界条件分析

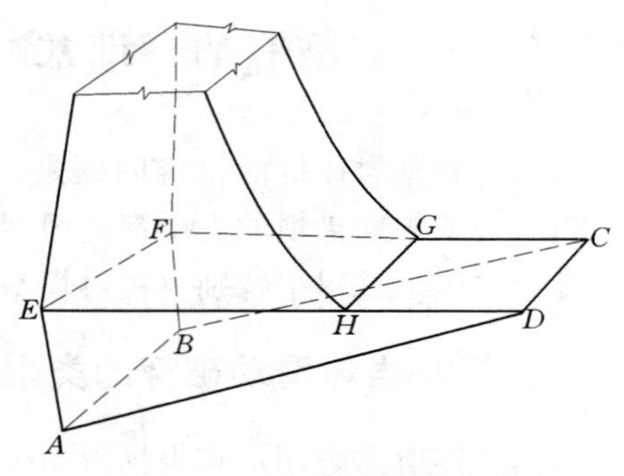

图7-12　坝基岩体滑动的边界条件示意图

坝基岩体的深层滑动，其形成条件是较复杂的，除去需要形成连续的滑动面以外，还必须有其他软弱面在周围切割，才能形成最危险的滑动岩体，同时在下游还应具有可以滑出的空间，才能形成滑动破坏。如图7-12所示，坝基下的岩体被三组结构面所切割，在坝基传来的压力作用下，此楔形体将沿 $ABCD$ 面向下游滑动，并顺两侧陡立的 ADE 和 BCF 面，由 $HDCG$ 面滑出。$ABFE$ 是被拉开的张裂面。$ABCD$ 面称作滑动面，ADE、BCF 和 $ABFE$ 称作切割面，$HDCG$ 称作临空面。这3种特性条件的界面构成了滑移岩体的边界条件。

切割面通常是由较陡的软弱结构面构成的，如各种陡倾的断层和裂隙等。其中，走向垂直于坝轴的陡倾结构面，常是滑移体的侧向切割面。其走向大致垂直于水平推力，如图7-12中的 $ABFE$ 所示，当岩体下滑时，它承受拉应力而被拉裂，所以也称作拉裂面或横向切割面。

临空面是滑移体与变形空间相临的面，变形空间是指滑移岩体可向之滑动而不受阻力或阻力很小的自由空间，图7-12的 $HDCG$ 面是河床地面，它是最常遇到的水平临空面。当坝趾附近河床有深潭、深槽、溶洞或是溢流冲刷坑等时，则可形成陡立的临空面。另外，若在滑动岩体的下方存在有可压缩的大破碎带、节理密集带、软弱岩层时，也可因发生较大的压缩变形而起到临空面的作用。

滑动面常是由平缓的软弱结构面构成，例如缓倾的页岩夹层、泥化夹层、节理、卸荷裂隙、断层破碎带等。它们的抗滑力显著低于坝基底面与基岩接触面的抗剪强度，也低于岩体其他界面或部位的抗剪强度（在大致平行于岩体中最大剪应力方向的范围内）。滑动面可以是单一的，也可以是由两组或更多组的结构面组成梯形、棱柱形、锥形或是阶梯状的滑移体。

滑动面的产状对滑体的稳定性影响很大，下面根据其产状和切割面、临空面的组合关系加以叙述。

1. *岩层产状平缓*

当坝基岩性软弱或软弱夹层埋藏较浅时，在水平推力作用下形成浅层滑移。当坝下游有倾向上游的断裂面时，更易滑出。例如葛洲坝工程二江泄水闸闸基为白垩纪的黏土质粉砂岩，倾角4°～8°，倾向左岸偏下游，顺河方向视倾角1°～3°。其中有埋藏较浅的202泥化夹层，厚数毫米，泥化夹层 $f=0.2$，$C=0.05\times10^5$ Pa。经模型试验，可能沿202滑出破坏（图7-13）。

2. *软弱结构面倾向上游，倾角小于30°*

坝基下软弱结构面的产状越平缓，作用其上的下滑力越大，抗滑力越小，对稳定越不利。所以在进行坝基抗滑稳定分析时，应特别注意对缓倾角（<30°）结构面的分析。当坝基下有贯通的倾向上游的缓倾角结构面时，最易与坝踵附近的横向切割面和平行于河流方向的侧向切割面组合成楔形体，直接由河床面滑出。

3. 软弱结构面倾向下游，倾角小于30°

在这种情况下，坝基最大剪应力方向常与软弱面近于平行，所以是最危险的，也是最常遇到的。当坝趾附近有深槽、洞穴或冲刷坑时，滑体可沿滑动面滑出，当坝趾下游有倾向上游的软弱面时，则可组成楔形的滑移体，自河床面滑出。例如三峡工程左岸厂房3号机坝段，坝基为古老闪云斜长花岗岩，岩体中有倾向下游压扭性结构面130条左右，倾角15°～30°，经计算不能满足稳定要求。后对坝基进行锚杆加固和固结灌浆才消除了危险。

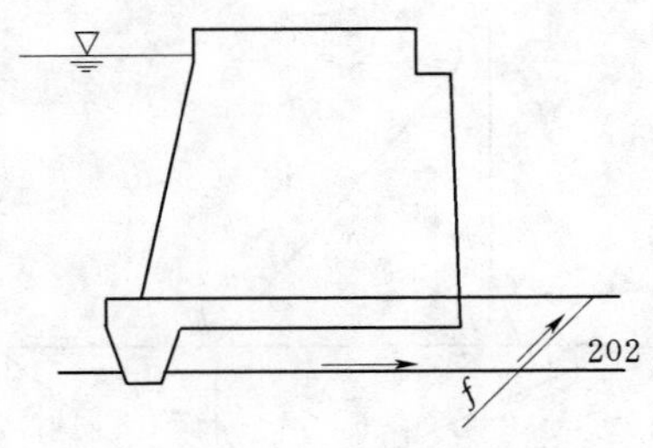

图7-13　水平岩层的滑动破坏

4. 陡倾层状岩体

坝基岩体倾角较陡或是软弱结构陡倾时，一般不利于形成单一的滑动面。但可与层间法向裂隙，或延续性差的缓倾裂踪组成阶梯状，或近似弧形的滑动面。由于滑动面起伏不平，其抗剪强度较平滑面高。

三、边界条件的阻滑因素

显然，在坝基岩体中同时存在切割面、临空面和滑动面时，就易造成坝基岩体的滑动破坏。但是，它们有时还有阻滑的作用，在分析时也应给予充分注意。

1. 滑动面的阻滑因素

滑动面的 f、C 值是决定岩体抗滑能力的主要因素。当有泥化夹层时，其试验值往往很低。但当滑动面起伏差大、连续性差、夹泥层尖灭、相变或被其他断裂错断时，则可提高其抗滑能力。例如，东北龙口水电站，坝基为第三系的玄武岩，夹有软弱的黏土夹层，厚约5cm，据室内试验 $f=0.14\sim0.19$，$C=(0.68\sim0.73)\times10^5$Pa，夹层面起伏差0.2～1.5m，最大达2.0m，远大于夹层厚度，受压面的起伏角为20°～40°。经分析计算，考虑到起伏差的因素，将 f 值提高到0.6，仍能满足抗滑稳定的要求，大大减少了工程量。

2. 侧向切割面的阻滑作用

通常进行抗滑稳定分析是不计岩体的侧向抗滑作用的，只把它作为安全储备。但实际上它是客观存在的。因为切割面不可能是个绝对平行于最大剪应力的光滑直立面，有时它与滑动方向以一个较小的角度斜交，也有时它的倾角不是90°，在这种情况下，其阻滑力常是不小的。例如，某混凝土重力坝坝高113m，在41号、42号坝段不计侧向阻滑力时，安全系数 K_c 值分别为0.87和0.45，不能满足稳定要求。而考虑侧向阻滑力时，K_c 值分别达到1.95和1.54，可以满足要求。大坝建成数十年来，一直运行正常。

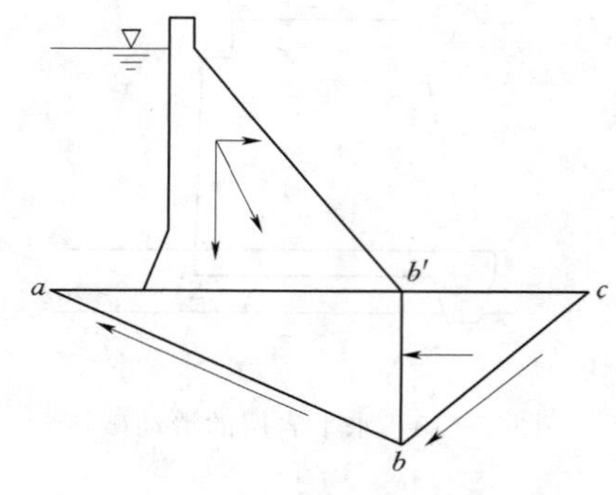

图 7-14　抗力体阻滑作用示意图
ab—滑动面；bc—第一破裂面；
b'b—第二破裂面

3. 坝下游抗力体的阻滑作用

坝基下可能发生滑移的岩体中，有时下游的局部岩体具有支撑或抗滑作用，这部分岩体称作抗力体。如图 7-14 中的 $b'bc$ 所示。当滑移面近水平或倾向下游且无陡立临空面时，就必须有一组倾向上游的滑动面与之组合，滑动体才能滑出。此时，抗力岩体的自重力沿 bc 面的分力，变为抗滑力。而 bc 面上的摩擦力，除抗力岩体的自重力形成者外，尚有由坝体传来的由水压力和坝体自重等产生的合力 R 所形成的。由于合力 R 的作用方向与 bc 面交角很大，甚至近于垂直，所以形成的摩擦力也较大。因此，抗力体的阻滑作用常是很显著的，尤其是滑动面上的抗滑力不能满足要求时，更是如此。

第六节　坝基的沉降

一、概述

大坝所承受的各种荷载，连同坝体的自重，最后都要由地基承担。坝基（肩）的稳定除了上面已讲过的渗透稳定和抗滑稳定问题外，还有一个因压缩变形而导致的沉降稳定问题。如美国的圣弗朗西斯重力坝就因坝基黏土石膏胶结的砂砾岩泡水软化造成沉降和滑移，发生溃坝，冲毁下游两岸村镇，造成 400 余人伤亡。坝基的沉降变形通常有两种方式：垂直变位和角变位，如图 7-15 所示。对于拱坝来说，应是垂直于拱端坝肩岩面的变位。当地基由均质岩层组成时，坝基（肩）的变形与沉降往往也是均匀的，如图 7-15 (a) 所示。当地基由非均质岩层组成，且岩性差异显著时，则将产生不均匀变形，如图 7-15 (b) 所示。如果变形量、特别是不均匀变形量超过了允许限度，则坝基将会产生破坏，进而可导致坝体裂缝（图 7-16），甚至产生漏水失稳。所以，在进行坝基选择上，应尽量选在均质岩层的地基上，地基的变形量要求小于坝的设计要求。但自然界地基岩石多变，完全均质的坝基几乎是没有的。这就要求对坝基进行工程地质试验或观测。

二、坝基沉降计算

国内外大量原型观测资料证明，坝基的沉降变形，从坝体施工开始，一直持续到大坝建成、水库蓄水后的一个相当长的时间。一般坚硬岩石地基或砂卵石地基，沉降变形的持续时间比较短，在大坝建成和水库蓄水后不久就趋于稳定。但软弱岩石地基，特别是软土地基，其沉降变形时间可以持续很长，如在我国苏北地区，有些新中国成立初期建成的河闸，闸基至今还在变形（这是岩土的流变——Rheology 现象），当然变形速率已越来越小。此外，变形范围有时不仅局限于坝基，还可能扩展到坝趾下游很远的地方。

坝基的沉降变形量，一方面决定于坝高和坝型（实质上是应力条件），另一方面也决

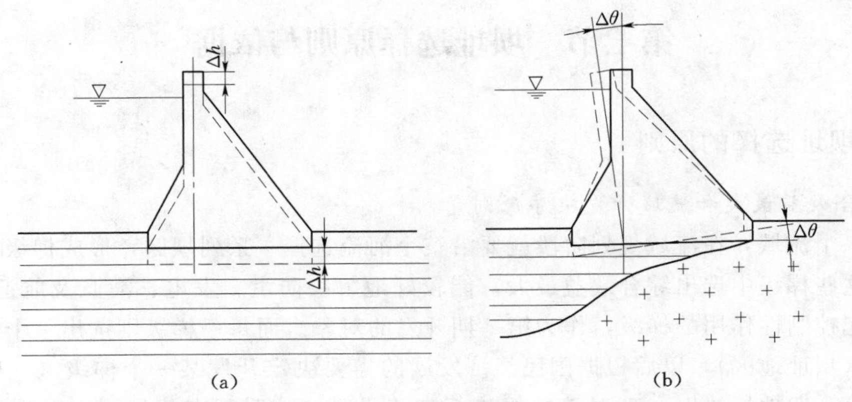

图 7-15　坝基沉降变形方式

(a) 坝基为均质、等厚度岩层产生的均匀垂直变形；(b) 坝基为非均质、不等厚度岩层产生的不均匀角变形

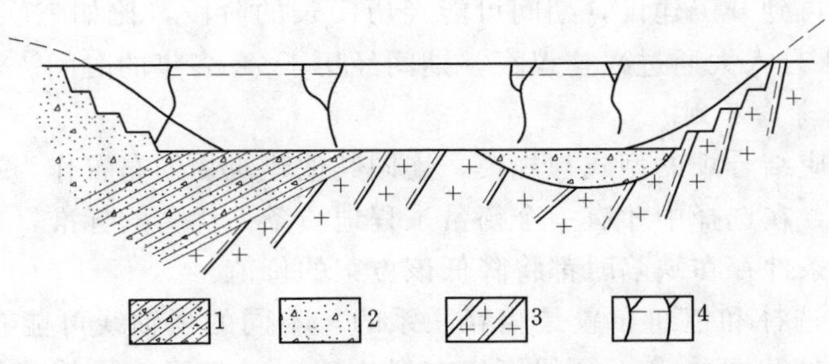

图 7-16　某水库坝体因均匀沉降而产生断裂

1—含砾石黏土；2—砂砾石；3—花岗片麻岩；4—裂缝和沉陷

定于坝基岩石受力后的变形性质。根据胡克定律，坝基的变形量可用式（7-13）计算，即

$$\Delta S=\frac{\sigma H}{E} \tag{7-13}$$

式中　ΔS——变形量，m；

σ——坝基应力，MN/m^2；

H——变形岩层厚度，m；

E——弹性模量（或变形模量），MN/m^2。

一般混凝土坝，特别是拱坝，整体性刚度较大，坝基（肩）断面较小，坝体应力集中传递到坝基或坝肩岩体。而土石坝是松散结构，坝底断面较大，坝基应力相对较小。故在同样的坝高和相同的地质条件下，前者的变形量会比后者大。此外，地质条件不同时，即使是同等坝高和同一坝型，其变形量也不尽相同。由于岩基的弹性模量值（一般为 $10^3\sim10^4 MN/m^2$）比土基的弹性模量值（一般为 $10^2 MN/m^2$，甚至更小）有较大差异，所以，通常情况下，岩基变形量较土基变形量小。特别是在软土地基上修建混凝土坝（闸）时，地基的沉降稳定问题往往尤为突出，必须采取有效的处理措施，才能保证坝（闸）基的稳定。

第七节　坝址选择原则与依据

一、坝址选择的原则

1. 综合效益最大和流域开发次序原则

任何一个流域，在流域规划阶段就要沿整个河流选择一系列坝区，形成梯级开发的规划，并在这些梯级中选出综合效益最大，能较好地解决防洪、发电、灌溉及航运等任务，对全流域起控制性作用的梯级，作为第一期开发的对象。而每一梯级则选出一个最适合建坝的坝区（坝址地区）。以后根据国民经济发展的需要决定开发某一个梯级（一般最先开发的应是第一期地段）时，就对该梯级进行初步设计。这时就在流域规划时选定的坝区内，选出若干个坝段（坝址地段），进行比较，决定一个最佳坝段。有的称之为坝址，有的在坝段内又分若干个坝址进行选择。

从规划到设计再到开工建设，期间可能经历漫长的阶段，比如三峡工程从1919年提出构想到1992年4月人大通过兴建议案，期间经历了70多年的时间。

2. 整体和综合考虑原则

在坝址选择中应结合坝的型式与规模，连同其他建筑物的布置作为一个整体，进行各坝址的比选。这样，在选择中才有一个衡量工程地质条件优劣的标准，整体中的任何一项建筑物的工程地质条件存在缺陷时都将降低该方案的价值。

坝址、坝轴线选择和枢纽布置是相互联系的，不同的坝轴线可能有不同的坝型和枢纽布置，同一坝轴线也可能有不同的枢纽布置方案，并且影响因素又常是错综复杂的，所以设计中，不仅需要研究坝址及其周围的自然条件，还必须研究枢纽及其建筑物的施工、运用条件和发展远景等。具体来说，要从区域稳定性、地形地貌、地质构造、水文地质、建材条件、枢纽布置、水能利用、施工便利性以及工程的投资与效益发挥等方面进行综合分析对比。只有进行全面论证和综合比较，才能作出正确判断，选定最优的方案。

此外，还必须考虑建库后对附近地区的各种环境影响以及水库的淤积和下游河床的演变，在保证满足枢纽任务的前提下尽量利用地形、地质、河流特性以及当地材料等条件，力求减小淹没损失并使工程投资最小。

二、坝址选择依据

1. 地壳稳定性条件

断层的活动性与发震断层的关系，地震烈度的小区域变化及建筑抗震条件等，对相距较远的坝区、坝段，地壳稳定性还是可能有所差异的。在岩溶地区，岩溶发育程度的不同对地壳稳定性也有影响。

2. 地质及水文地质条件

坝址地质条件是设计水利枢纽的主要问题之一，有些情况下甚至能起决定性的作用。为便于比较各坝址工程地质及水文地质条件，应详细掌握以下地质情况：比较各坝址地区的地貌特征，阶地、河床深槽、古河道等情况；河床和两岸风化、覆盖层的厚度；基岩和第四纪地层的岩石组成、岩性、厚度、地质成因、生成年代、接触关系和产状；断层破碎带和节理裂隙等情况；岩坡坍滑体和不稳定岩体的情况及岩坡稳定条件；水文地质条件及岩洞发育情况；岩石（土）的物理力学性质和渗透性能等。最后提出各坝址工程地质条件主要优缺点的比较及对坝址选择的意见。

坝基地质随坝高和坝型而有不同的要求，坝越高对地质要求就越高。重力坝较土石坝的要求高，拱坝对两岸坝肩的要求最高。在目前的科学技术水平下，除特殊情况外，较差的地质条件在经过处理后，也可修建坝等水工建筑物，但任何水工建筑物都希望建筑在地质条件较好的地区；并且，还要求库区也应有较好的地质及水文地质条件。

对于岩基，一般要求岩石有足够的强度、抗水性（不溶解和不软化等）和整体性；没有大的缝隙和裂隙，没有深的风化、破碎或软化岩层和严重的喀斯特溶洞，也没有纵向大断层和活断层；当地基为不同岩层构成时，没有招致建筑物沿层面滑动的条件（尤其是向下游倾斜的软弱岩层）及夹层因渗漏而过度变形的条件。对于松散地基，一般要求有足够的承载能力；地基组成较均匀，没有软弱或易被渗透水流冲刷的夹层；压缩性小而均匀；基土有足够的抗水性，在水中不易溶解、不易软化且密度与体积无显著变化等。

在背斜区域，岩石比较破碎，强度较低，透水性又较强，筑坝条件较差。地基岩性越均匀越好，当岩层倾斜度很大而且各层岩性又相差很大时，可能使建筑物产生较大的不均匀沉陷。地基中含有透水性很强的夹层时，必须采取有效的防渗和排水措施。总之，天然地基是多种多样的，要寻求一个完全合乎理想的天然地基是十分困难的。因此，必须从实际出发，充分确切地了解水库及坝址地区的地质情况，针对不同情况采取不同的处理方法。密云水库北白岩副坝，坝头岩石非常破碎，坝基是透水性很强的坡积物，蓄水后漏水非常严重，经过多次坝头灌浆但效果不大，最后在坝顶用冲击钻造孔，做了一道混凝土防渗墙，才解决了问题。又如十三陵水库，坝基砂卵石覆盖层厚度的40～60m，原来只有200m的人工防渗铺盖，漏水非常严重，水库常年蓄不住水，后来又补做了混凝土防渗墙，但是库区还有一道古河床，仍然是漏水通道，因此蓄水位还是不能达到设计高程，仍然需要处理。

3. 地形条件

坝址地形条件应综合考虑枢纽布置及施工条件等方面。当坝址地段的河谷比较狭窄时，坝轴线长度较短，坝身工程量较小，坝的工程造价可降低，但河谷太窄时，也可能给施工及枢纽布置造成很大困难，反而不如较宽的河谷经济有利，有的就由于地质条件较差，放弃了最短的坝轴线方案，因此应全面分析比较。枢纽的上游希望河谷较开阔，以便在淹没损失尽可能小的情况下获得较大的库容。

如拦河坝采用土石坝，希望坝址附近有高程合适的、其后有便于洪水归河通道的马鞍形垭口，便于布置河岸溢洪道，避免大量开挖；还希望两岸岸坡不过陡，避免因坝身与岸坡的接合而削坡量过大，同时还增加了坝身的填筑量。

如河流上有瀑布，又不通航，坝轴线应选择在瀑布较上游处，以节省拦河坝工程量。如河流上有暗礁、浅滩，或某一地段坡度较大、有急流而又有通航要求时，坝轴线应选在浅滩稍下游或急流的终点处，这样可以改善航行条件。

第八节　工程实例分析（黄河万家寨水利枢纽工程）

一、工程概况

黄河万家寨水利枢纽位于黄河北干流上段托克托至龙口峡谷河段内，是黄河中游梯级开发的第一级。其主要任务是供水结合发电调峰、防洪、防凌。枢纽设计年供水量14亿m^3，水电装机108万kW，设计年发电量27.5亿kW·h。枢纽库容8.96亿m^3，属一等大（1）型工程。采取“蓄清排浑”运用方式。拦河坝为半整体式混凝土直线重力坝，最大坝高105.0m，坝顶长443.0m。泄水建筑物设于河床左侧，坝后电站位于河床右侧，引黄取水口设于大坝左岸边坡坝段。

工程酝酿于1950—1960年间，1992年开始施工准备，1994年11月主体工程开工建设，至2002年上半年工程全部竣工，至今运行正常。

二、坝址工程地质

黄河在坝址区自北向南流，河谷呈U形，谷宽430余m，岸壁高110余m，河床高程为897.00m，大坝建基高程890.00～894.00m，厂房建基高程876.00m。两岸边坡开挖至弱风化下部。

河床地层主要由寒武系中统张夏组中厚、薄层灰岩、鲕状灰岩、薄层泥灰岩及页岩组成。两岸坝基地层主要由寒武系中统凤山组、长山组、崮山组中厚、薄层灰岩、白云岩、白云质灰岩、鲕状灰岩、竹叶（砾）状灰岩、泥灰岩及条带状灰岩组成。地层产状平缓，走向NE30°～60°，倾向NW，倾角2°～3°，发育有规模不等的层间褶皱、穹隆、裂隙及层间剪切带。

三、坝址及坝线选择

（一）坝址选择

万家寨水利枢纽工程坝址河段曾比较过上、中、下3个坝址。上坝址距中坝址1.1km，中坝址距下坝址1.3km。

1. 地形条件

万家寨水利枢纽工程坝址河段为黄河托克托至龙口峡谷，河谷形态呈宽U形，两岸陡立，高出水面100～150m，谷宽350～450m，谷底有崩坡堆积物。两岩冲沟发育。

下坝址地形复杂，两岸地势高陡，条件较差。上、中坝址两岸地形稍有差异，中坝址较平缓，分布有三、四级台地，中坝址地形条件较优。

2. 地质条件

枢纽坝址河段为寒武、奥陶系中厚层，薄层灰岩，白云质灰岩，白云岩等，夹有页岩、泥灰岩互层，岩层倾向平缓。

下坝址两岸岩石破碎，裂隙发育且张开，层间剪切带和泥化夹层分布较普遍。

上、中坝址大坝均坐落在张夏组第五层，上坝址张夏组第四层理深较浅，中坝址可达

15～22m，对深层抗滑稳定有利。

从总体上看，下坝址地质条件最差，中坝址最优。

3. 水能利用

根据库区泥沙淤积不超过拐上，以免淹没土默川灌区的原则，万家寨水库最高蓄水位确定为 980.00m。在此条件下中坝址较上坝址可多获得 1.5～1.7m 水头，年发电量增加 6000 万 kW・h，下坝址较中坝址可多获得 1.8～1.9m 水头，年发电量增加了 7200kW・h。

4. 水工枢纽布置

下坝址不仅工程量大，而且枢纽大坝和电站厂房均坐落在张夏组第四层上，建基面距下卧的承压水层较浅，对建筑物稳定安全不利。

上坝址坝顶全长 440.0m，两岸岸坡高陡，岩石风化深度大，基岩开挖量大。左岸引黄隧洞较中坝址长 1.1km。同时，上坝址位于河流弯道段，流态对枢纽泄流不利。

中坝址坝顶全长 436.0m，满足枢纽布置所需的前沿宽度。两岸岸坡 950.00m 高程以下变化较平缓。河床坝段坐落在岩性良好的张夏组第五层，承压水层相应埋深较深。中坝址河道较顺直，有利于枢纽下泄水流与下游河道衔接。

5. 施工条件

坝址地段左右两岸均有公路组成的交通体系，各坝址对外交通无实质性差异。

上、下坝址两岸地形复杂，地势高陡，不便于施工布置；同时，由于砂石料场位于中坝址左岸，成品料运距增加。

中坝址左岸沿河及四级台地地形开阔，地势较平缓，有利于布置施工企业生活设施、临时工程及场内交通，且成品料运距最短。

施工条件中坝址优于上下坝址。

综合上述，上、中、下 3 个坝址的地形、地质、水能利用、水工枢纽布置及施工条件等诸多因素，以中坝址较优，故选定中坝址，如图 7－17 所示。

（二）坝线选择

初步设计阶段结合坝型、地形、地质、水流和运行条件等因素，对中坝址共作了三条比较坝线，即中$_1$ 线、中$_2$ 线和中$_上$ 线。中$_1$ 坝线为原地质勘探线；中$_2$ 坝线在中$_1$ 坝线下游的 200m 左右，是原来的地质勘探备用线；中$_上$ 坝线大致是将中$_1$ 线右端上移 150m，左端保持不动。

各坝线在水能利用及施工条件上几乎没有区别，故坝线比较时重点研究各自的地形、地质条件及水工布置。

中$_1$ 线的南岸岩壁外表较完整，右岸坝肩地形呈上游窄、下游宽的倒喇叭口形状，处理时开挖量大，且施工比较困难；在坝下游有“串道沟”，需要修建“串道沟”排洪防护工程。左岸岸顶较高，上坝交通布置也较困难。

中$_1$ 坝线，方位角 NW89°，紧靠河道拐弯的下游，对枢纽泄流流态不利。

中$_2$ 坝线，方位角 NW86°，右岸坝肩地形略呈瓶塞形，右岸串道沟位于坝线上游约 120m 处。河谷宽较中$_1$ 坝线窄 20m 左右，两岸谷顶较中$_1$ 坝线低 25m。右岸为三级台地，便于总体布置。

中$_2$ 坝线，河岸比较平直，有利于下泄水流衔接；坝顶长度较中$_1$ 线缩短 27m，可节省坝体混凝土约10万m^3，土石方开挖30万m^3；左岸岸顶较低，有利于上坝公路布置；中$_2$坝线避开了右岸串道沟及左岸许多小型冲沟，可省去沟口防护措施，节约投资。

中$_1$和中$_2$的坝轴线、工程地质条件无大的差异，其工程地质条件也相近。

中$_上$坝线，天然河谷较窄，坝顶长度最短，混凝土工程量最省，但为确保有足够的前沿宽度，需向两岸开挖，致使开挖量增加；左岸岸顶地形较高，上坝交通困难；坝轴线正好在河流弯道处，对建筑物泄流流态不利。

综上各坝线优缺点比较，可见中$_2$坝线优于中$_1$线和中$_上$线。故选定中$_2$线为设计采用坝线（图7-17）。

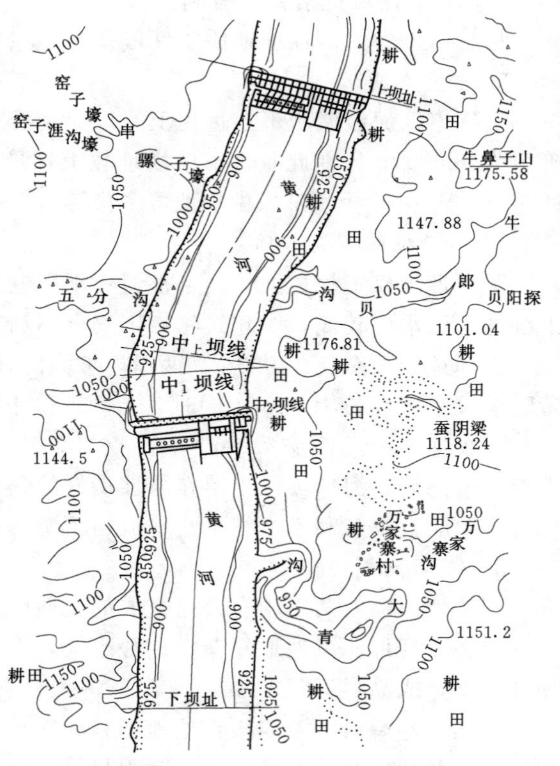

图7-17 万家寨枢纽坝址坝线比较图

四、地基处理

（一）地基清挖

枢纽坝址岩体坚硬完整，地基开挖深度主要受岩体风化及卸荷、坝基软弱结构面、结构自身要求控制。本工程拦河坝最大坝高105.0m，为混凝土高坝，设计要求坝基开挖至弱风化下部岩体，建基面及临近区域应无不良结构面，坝基岩体纵波波速大于4000m/s。

1995年河床左侧坝基开挖后，在张夏组第五层岩体内揭露出SCJ01～SCJ10，共10条层间剪切带。SCJ01～SCJ06在设计建基面以上，SCJ07位于设计建基面附近，顺层发育。挖除了河床左侧坝基的SCJ07剪切带，挖除建基面附近SCJ01剪切带。

电站坝段丁坝及电站主厂房基础所处的张夏组第四层岩体以薄层泥灰岩、页岩为主，夹中厚层灰岩、薄层灰岩、竹叶状灰岩及鲕状灰岩，岩体新鲜状态下完整性较好，可满足建基要求。由于基础开挖深度较大，基础开挖后破坏了原有的应力状态，造成建基面一定深度范围的岩体卸荷回弹，再加之裸露失水，尤其是反复失水，薄层岩体崩解开裂，力学指标下降。但其中所夹中厚层岩体（岩状为鲕状灰岩或灰岩），在建基面附近一般每隔1.0m，厚0.2～0.5m，该岩体完整性较好，岩性较坚硬，抗风化能力较强。因此要求在尽量减少基础超挖的前提下，将建基面设于该中厚层岩体之上，以减免页岩、泥灰岩的卸荷和失水开裂，造成反复清基和延误工期。实践证明，采取以上措施后，基础岩体质量显著提高，可满足建基要求。

（二）坝基加固处理

1. 基础防渗帷幕及排水

在坝基上游设置了防渗帷幕，在4～10号坝段防冲板设下游防渗帷幕，并在11号坝段导墙下部排水廊道内顺河向布设防渗帷幕，与防坦下游横向防渗帷幕构成一个封闭系统。

2. 基础固结灌浆

坝基固结灌浆按常规进行，对存在层间剪切带的部位均加大孔深，使固结灌浆深度基本控制在性状较差的各层剪切带以下。护坦处靠近坝趾两个分块固结灌浆均深入到 SCJ10 剪切带以下。

五、坝基浅层抗滑稳定分析

（一）坝基浅层滑动模式分析

以勘探确定的软弱结构面（层间剪切带）及坝体结构为依据确定各坝段的滑动模式。由于坝基 $\in_2Z^5$ 层内平行坝轴线方向的裂隙发育，同时考虑到坝踵处易产生拉应力，不考虑坝踵上游侧岩体的阻滑作用。

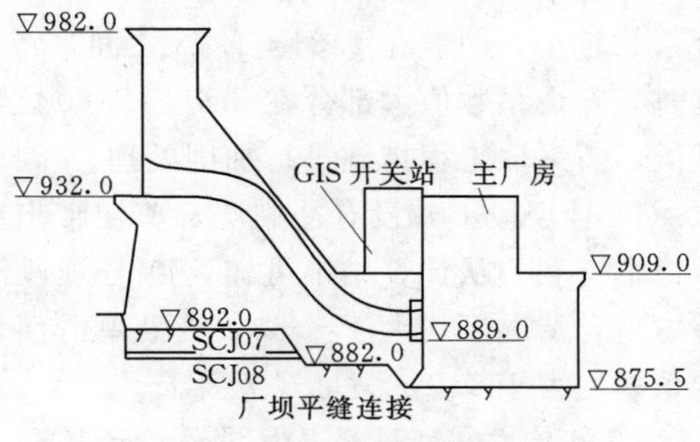

图 7-18　电站坝段滑动模式

1. 左侧泄水坝段

坝基与护坦基础连通的 SCJ08、SCJ10 剪切带为浅层滑动控制面。

左侧泄水坝段浅层滑动面存在顺层滑动和剪切滑动两种形式。顺层滑动即沿剪切带滑动，滑出部位为下游冲刷坑（单滑面）。

2. 右侧河床坝段

坝基 SCJ01（仅 16～19 号坝段）、SCJ07、SCJ08、SCJ10 剪切带为坝基浅层滑动控制面。滑动时应为整体滑动。滑动面在大坝甲、乙块基础部位沿层间剪切带滑动。在大坝丙、丁块及电站厂房部位沿基岩面滑动（图 7-18），不考虑电站厂房下游岩体抗力作用。

（二）坝基岩体抗剪强度计算指标

坝基岩体抗剪强度指标计算采用值见表 7-4。

（三）计算原则及假定

（1）大坝浅层抗滑稳定计算采用刚体极限平衡法，采用抗剪断公式计算抗滑稳定安全系数。

表 7-4　　坝基岩体抗剪强度稳定计算采用值

剪切带名称		C′/MPa		f′	f	剪切带名称		C′/MPa		f′	f
		坝基下	护坦下					坝基下	护坦下		
SCJ01		0.20		0.35	0.35	SCJ10	4～8 号坝段	0.28	0.22	0.50	0.45
SCJ07		0.25		0.50	0.45		9～10 号坝段	0.30	0.22	0.52	0.45
SCJ08	4～8 号坝段	0.28	0.22	0.50	0.45		11～19 号坝段	0.30		0.55	0.45
	9～10 号坝段	0.30	0.22	0.55	0.45	坝体与 $\in_2Z^4$ 接触面		0.90		0.70	0.55
	11～19 号坝段	0.30		0.55	0.45	坝体与 $\in_2Z^5$ 接触面		1.05		1.00	0.70

（2）以单个坝段为计算单元，对不同坝段分别计算。

（3）不考虑相邻坝段间横缝灌浆的整体作用以及滑动面以上坝基岩体的侧向阻滑作用。

（4）考虑各剪切带顺水流方向的视倾角。

（四）浅层抗滑稳定计算

1. 河床左侧坝段浅层抗滑稳定计算

计算结果表明左侧泄水坝段沿 SCJ08 或 SCJ10 单滑面滑动为控制工况，坝体自身安全系数较小，一般在 1.34～1.78 之间，考虑长护坦下部岩体作用沿单滑面计算至下游冲坑时，安全系数值大部分在 2.10～2.60 之间。说明左侧泄水坝段浅层抗滑稳定安全储备偏低，需采取工程措施进行加固处理。

11 号坝段下游没有冲刷坑，剪切带出露点距坝体很远，而且下游有尾水导墙，对坝体稳定有利。从计算结果可知，11 号坝段沿 SCJ08 和 SCJ10 滑动时，坝体自身安全系数基本组合情况下均大于 1.60，当沿单滑面计算至下游 0＋300.00 时，各种计算工况下安全系数均大于 3.0，满足规范要求。

2. 河床右侧坝段浅层抗滑稳定计算

计算结果表明，对河床右侧 12～19 号坝段当不考虑厂坝整体作用时坝体自身的抗滑安全系数 K'接近或大于 2.0，表明坝体自身稳定有一定的安全度。当考虑厂坝整体连接的作用时，基本组合工况下各坝段抗滑稳定安全系数 K'均大于 3.0，特殊组合工况下 K'均大于 2.5。因此，河床右侧坝段浅层抗滑稳定满足要求，不需进行地基加固处理。

（五）坝基加固效果及运行状况

河床左侧坝基经采用抗剪平硐并辅以磨细水泥灌浆补强的措施加固处理后，4～10 号坝段沿 SCJ08、SCJ10 剪切带抗滑稳定安全系数有较大提高，各坝段基本组合沿单滑面、双滑面、复合滑动面抗滑稳定安全系数均大于 3.0，特殊组合均大于 2.5，说明经过加固处理后河床左侧各坝段浅层抗滑稳定有足够的安全储备，大坝安全有保证。

万家寨水利枢纽工程自 1998 年 10 月 1 日下闸蓄水，至 2000 年 12 月 6 台机组相继投产，水库水位一般在 960.00m 左右，最高曾蓄至 975.00m，最低曾降至 930.50m。运行 3 年多来，大坝及厂房未发现异常现象，尤其是在左岸坝基及护坦基础抗剪平硐施工过程中，坝体经受了 965.00～970.00m 水位考验，未发现任何异常现象。

第八章 边坡的工程地质分析

斜坡包括了天然斜坡和人工边坡。斜坡在演变过程中将发生不同形式和规模的变形与破坏、如滑坡、崩塌等。我国是一个滑坡、崩塌灾害较为频发的国家，据不完全统计，近十多年来几乎每年平均有一次重大崩、滑灾害事件（表 8-1）。我国的地形明显受大地构造格架控制，从西向东依次递降，形成 3 个显著的大阶梯。崩塌、滑坡以及泥石流灾害主要发生在第二阶梯一带，据统计约占这类灾害的 90%。

斜坡稳定问题工程地质分析包含了两个相互联系的基本任务：一方面要对与人类工程活动有关的天然斜坡或已建成的人工边坡的稳定状况、演化趋势及成灾可能性作出评价和预测；另一方面为设计合理的边坡及制定有效的整治措施提供依据。

表 8-1　我国 1980 年以来重大崩滑灾害事件（不完全统计）

崩塌滑坡名称	发生时间	方量/万 m^3	运动速度	最大运动距离/m	死亡人数	斜坡类型	诱发因素
盐池河崩塌（湖北，鄂西）	1980.6.3	100	34m/s（最大值）	40	284	平缓层状，软弱基座	地下采矿
铁西滑坡（四川，成昆线）	1981.7.8	220	4m/h（平均值）	70		中倾外层状体，老滑坡局部破坏	地面采石
渡口灰岩矿山滑坡（四川，攀枝花）	1981.6.10	476	5.5m/min（平均值）	220		中倾外层状体斜坡	地面采石
四川盆地西部暴雨滑坡	1981 7月、9月	数百个中、小滑坡	±5m/s	±100	约 10 人	多种类型层状体斜坡	暴雨（数十年一遇，暴雨强度大于 200mm/d）
鸡扒子滑坡（四川，长江云阳）	1982.7.24	1500	3～10m/min	150～200		变角倾外层状体斜坡，老滑坡局部复活	暴雨
洒勒山滑坡—碎屑流（甘肃）	1983.3.7	3000～4000	32m/s（最大值）	900	237	平缓层状体斜坡	
新滩滑坡（湖北，长之新滩）	1985.6.12	3000	10m/s	80	成功预报无直接伤亡	老滑坡复活	后缘崩塌加载
马家坝滑坡（湖北，秭归）	1986.7.10	2400	中速	数十米		缓倾外层状体斜坡，老滑坡复活	暴雨

续表

崩塌滑坡名称	发生时间	方量/万 m^3	运动速度	最大运动距离/m	死亡人数	斜坡类型	诱发因素
西宁滑坡—碎屑流（四川，巫溪）	1988.1.10	700	18～50m/s	800	26	倾内层状体斜坡，老滑坡复活	地下采矿
溪口滑坡—碎屑流（四川华蓥山）	1989.7.10	20	20～30m/s	1500	221	倾内层状体斜坡	暴雨
昭通滑坡—碎屑流（云南，金沙江支流）	1991.9.23	1500～2000	75m/s（平均值）	4500	216	倾外层状体斜坡	暴雨
鸡冠岭崩塌（乌江，四川涪陵）	1994.4.30（7月30日再次滑塌）	397	中—快速	数十米	6	软座倾内层状体	地下采掘（暴雨支沟洪水）
黄茨滑坡（甘肃盐锅峡镇）	1995.1.30	600	4～5m/min	40	成功预报无伤亡	中缓倾外层状体斜坡（黄土与基岩接触面）	灌溉

我国面临的斜坡稳定问题十分复杂，也非常艰巨。新中国成立以来，在大型崩塌、滑坡灾害的勘察治理中，在长江三峡等大型水利水电工程建设中，在宝成、成昆、南昆等铁路、道路的建设和维护中，在大型矿山的开发和城市建设中，我国科技工作者已在斜坡、边坡的勘察、评价预测、施工监测和治理等方面取得了十分丰富的经验和宝贵资料，先后成功预报了新滩滑坡（1985）和黄茨滑坡（1995），逐步建立了具有我国特色的理论与研究系统。研究系统的分析思路和研究程序大体可归纳为图 8-1 所示框图。本章侧重介绍边坡稳定问题分析系统中地质分析方面的几个基本理论问题。

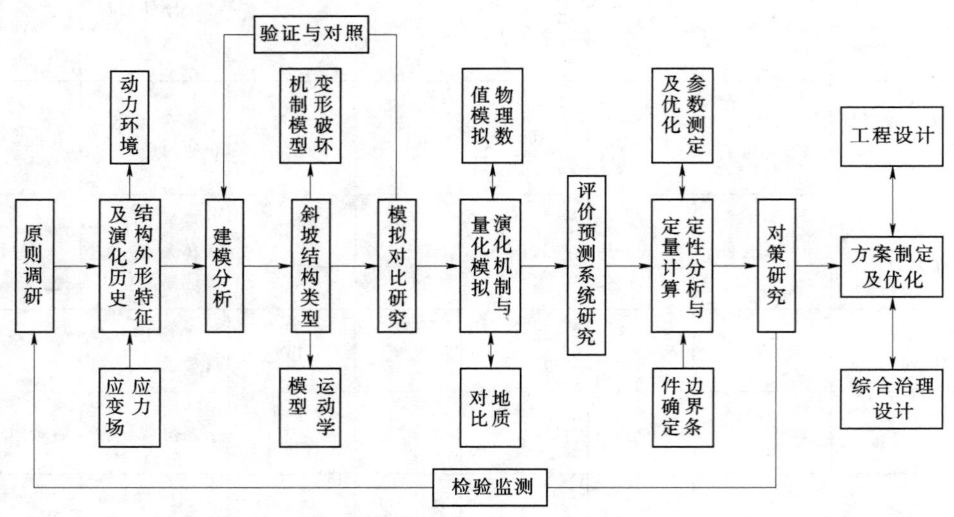

图 8-1　边坡稳定问题工程地质分析系统框图

第一节　边坡变形的特征

边坡中的应力分布特征决定了边坡变形破坏的形式，分析边坡应力分布的变化情况对分析边坡变形与破坏起着重要作用。

一、边坡岩土体应力分布特征

天然岩土体内部应力状态分布较复杂，除自重应力外，还可能存在区域性的水平构造应力、温度应力等。一般认为在自重应力作用下，未形成边坡前水平地面下某点的应力分布如下（图 8-2）：

$$\sigma_1=\sigma_2=\gamma h \tag{8-1}$$

由于泊松效应产生的侧向水平应力为

$$\sigma_2=\sigma_3=\sigma_x=\sigma_y=\frac{\mu}{1-\mu}\sigma_z \tag{8-2}$$

式中　h——研究点水平面下深度；

γ——厚度为 h 的岩土体平均重度；

μ——岩土体泊松比。

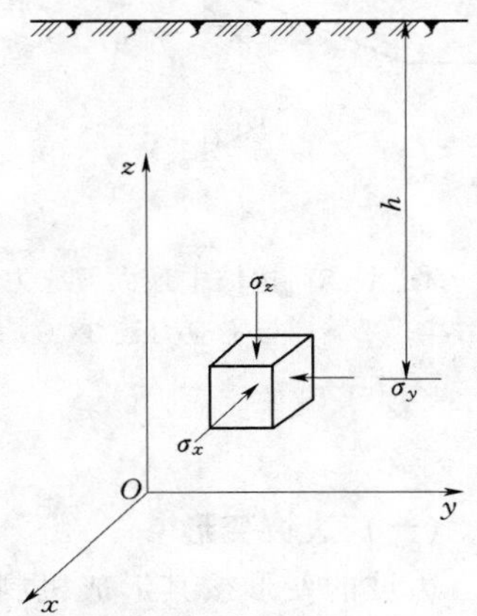

图 8-2　岩土体内自重应力

在边坡形成过程中，由于岩土体产生卸荷，引起边坡应力重分布，有限元计算和光弹性试验结果表明，边坡应力重分布主要有 4 方面特征：

（1）无论是在以自重应力为主，还是以水平构造应力为主的构造应力场条件下，边坡岩体的主应力迹线均发生明显的偏转，越接近边坡坡面，最大主应力 σ_1 越接近平行于边坡临空面；而原来为水平方向的最小主应力 σ_3 则与坡面近乎正交，远离坡面则趋于天然应力场状态（图 8-3）。

（2）在坡脚形成应力集中带。随着河谷下切，坡面附近的最大主应力（近平行于谷坡倾斜方向）显著增高，最小主应力显著降低，至坡面降为零。边坡越陡，应力集中也越严重。

（3）最大剪应力迹线也发生偏转，呈凹向临空面的弧线。在最大、最小主应力差值最大的部位（一般在坡脚附近），相应形成一个最大剪应力区，因而在这里容易发生剪切变形破坏（图 8-3）。

（4）在坡顶和坡面的靠近表面部位，由于垂直于坡面的水平应力 σ_3 显著减小，甚至可能出现拉应力，因而可形成一个拉应力带。其范围随边坡坡角 α ［图 8-4（a）］和平行于河谷的水平应力 σ_2 的增加而增大［图 8-4（b）］，因此坡肩附近最易产生拉裂破坏。

二、边坡变形破坏的类型

边坡的变形与破坏是边坡发展形成的两个不同阶段，变形是渐变，逐渐累积转变为破坏，这就是质变，根据边坡不同的岩性、构造及水文气象条件，边坡由变形到破坏的过程是不同的。

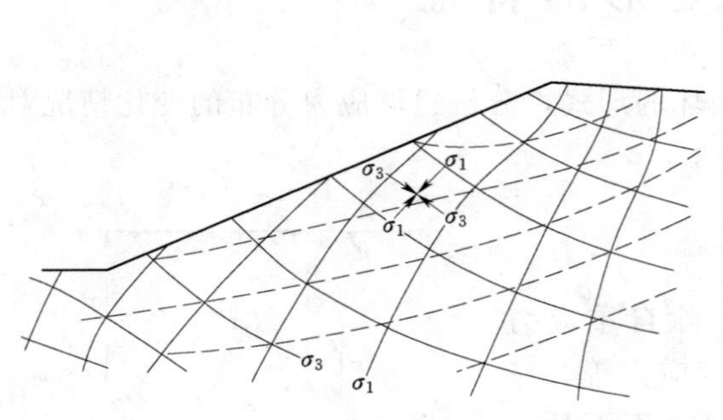

图 8-3 边坡中最大剪应力迹线（虚线）与主应力迹线（实线）

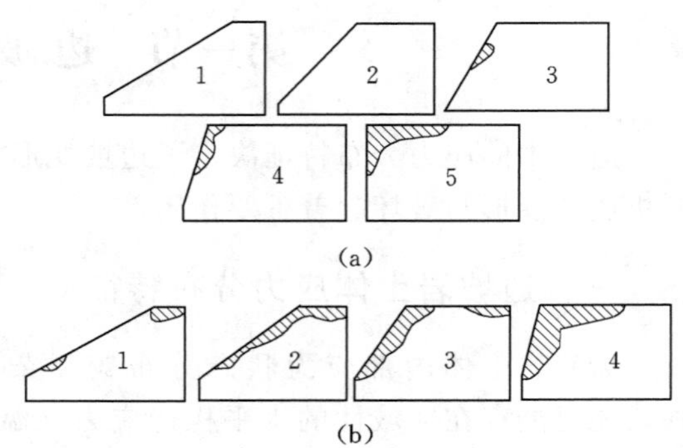

图 8-4 斜坡张力带分布示意图
（阴影部分为张力带）
1—$\alpha=30°$；2—$\alpha=45°$；3—$\alpha=60°$；4—$\alpha=75°$；5—$\alpha=90°$

(一) 边坡变形

边坡的变形按其形成机制可分为松弛张裂、蠕动等形式。

1. 松弛张裂

在边坡形成过程中，由于在河谷部位的岩体被冲刷侵蚀掉或人工开挖，从而可能使某些边坡岩体出现拉应力区，形成与坡面近乎平行的张裂隙，上宽下窄，由坡面向坡里逐渐减少，可追踪早期陡倾结构面发育而成。根据边坡应力分布特点，边坡越陡张裂带分布范围越宽。

另外，松弛张裂还可因边坡形成过程中岩土体卸荷，造成应力释放而使岩土体发生向临空面方向的回弹变形及产生近平行于边坡坡面的张裂隙，一般称作边坡卸荷裂隙。这种裂隙多呈层状向坡体内发育，形成松弛张裂带或称卸荷带，其宽度和深度均可达百米以上，它主要取决于河谷下切深度、水平残余应力及岩体结构等。在河谷底部也可出现卸荷裂隙，形成大致平行于谷底的松弛张裂带，深也可达数十米（图 8-5）。

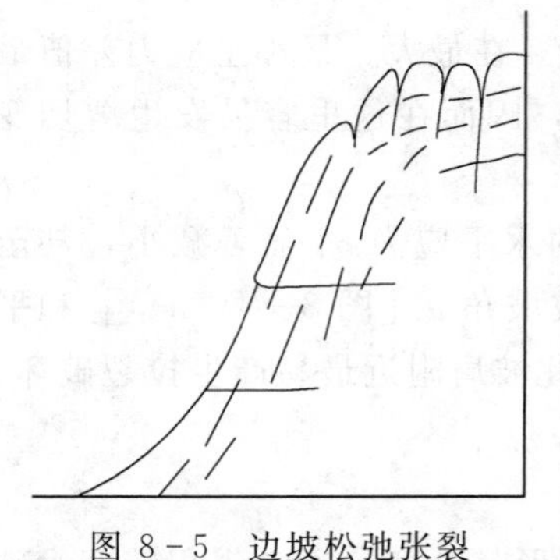

图 8-5 边坡松弛张裂

松弛张裂的危害性在于其破坏了岩土体的稳定性，使岩土体渗透性加大，造成坡面地表水、雨水渗入边坡内部，加剧了风化作用的强度，促成边坡进一步破坏。

2. 蠕动

蠕动变形，是指边坡岩体主要在重力作用下向临空方向发生长期缓慢的塑性变形的现象。有表层蠕动和深层蠕动两种类型。

表层蠕动也称弯折倾倒，主要表现为边坡表部岩体发生弯曲变形，多是从下部未经变动的部分向上逐渐连续向临空方向弯曲，甚至倒转、破裂、倾倒。在塑性较强的岩层中如页岩、千枚岩、板岩、片岩中，多表现为连续的弯曲变形；而在脆性的岩层中，如砂岩、石英岩等则常在弯曲的过程中被拉断。

深层蠕动是坚硬岩层组成的边坡底部存在较厚的软弱岩层时，由软弱岩层发生塑性流动而引起产生的长期缓慢的边坡蠕动变形。它可引起上部脆性岩层发生张裂隙，沿软弱层面向临空面缓慢滑移，以及软弱岩层向临空面一侧塑流挤出。

（二）边坡破坏

边坡破坏的形式主要为崩塌和滑坡。

1. 崩塌

在陡坡地段，岩土体被陡倾的拉裂面破坏分割，在重力作用下岩块突然脱离母体翻滚、坠落于坡下称为崩塌。按岩性可分为岩崩和土崩。

崩塌的形成机理一般有下列几个：

（1）崩塌一般易发生于厚层坚硬的脆性岩石中，主要是坚硬岩石可形成较陡的边坡，坡顶易产生张裂缝，张裂缝与其他结构面组合，可形成分离体，产生崩塌（图 8-6）。

（2）崩塌与边坡陡倾有很大关系，发生崩塌的边坡坡角一般大于 45°，尤其是大于 60°的陡坡，地形切割越剧烈、高差越大越易形成崩塌。

（3）坚硬岩层下部存在有软弱岩层，当软弱岩层发生塑性流动时，可导致上部坚硬岩层沉陷、下滑拉裂，形成崩塌（图 8-7）。

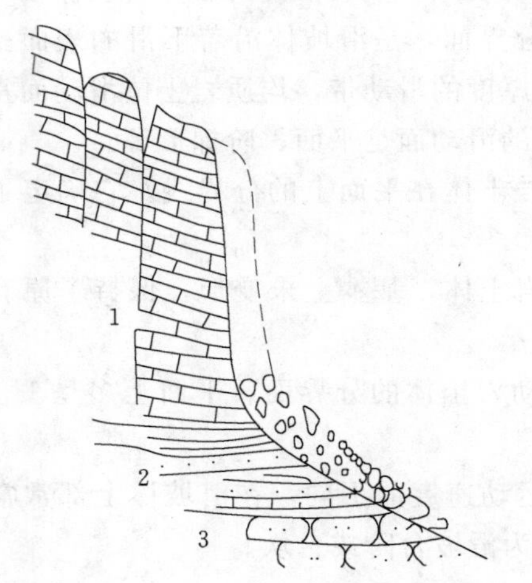

图 8-6　坚硬岩石斜坡卸荷裂隙导致崩塌

1—灰岩；2—砂页岩互层；3—石英岩

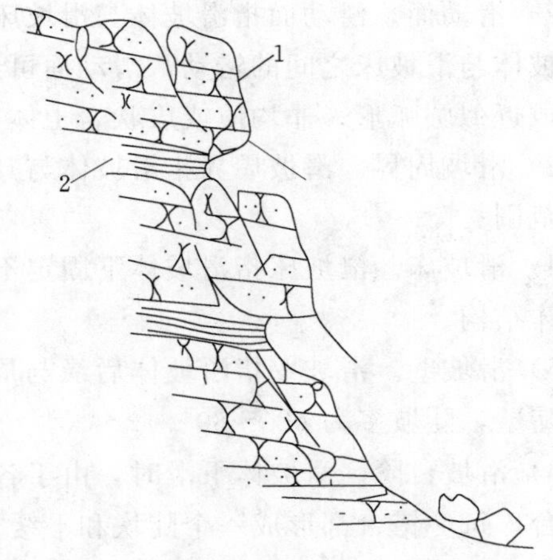

图 8-7　软硬互层陡坡局部崩塌

1—砂岩；2—页岩

（4）由于边坡下部有洞穴或采空区而引起岩体沉陷、倾倒崩塌。

此外，风化的差异性、地下水状态的变化、地震、爆破等都可引起崩塌。

2. 滑坡

滑坡是指在重力作用下边坡岩土体沿某一剪切破坏面发生剪切滑动破坏的现象。滑坡在我国山区发育广泛，规模较大，尤其是西南、西北山地和黄土高原，其次是华南、长江中下游等地区发生频率高。滑坡有较大的水平位移，在滑动中虽然滑坡体也发生变形和解体，但一般仍能保持相对的完整性。

（1）滑坡体的形态特征。滑坡体一般由滑坡体、滑动带、滑坡床、滑动面、滑坡台阶、滑坡壁、滑坡舌等组成（图 8-8）。

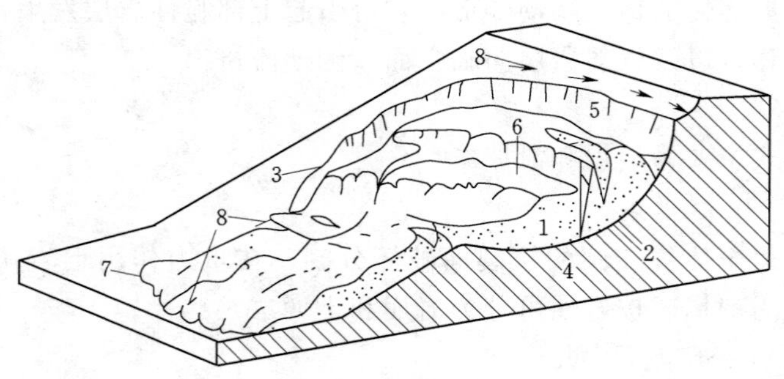

图 8-8　滑坡形态示意图

1—滑坡体；2—滑动面；3—滑坡周界；4—滑坡床；5—滑坡后壁；
6—滑坡台阶；7—滑坡舌；8—滑坡裂隙

1）滑坡体。滑坡体指滑坡发生滑动后与原来的岩土体分开，向下滑动的部分岩土体。一般滑坡呈整体性滑动，岩土体内部相对位置基本不变，原来的层位关系和结构面产状还能基本保持，但在滑动产生的动力作用下产生了新的裂隙、褶皱，使滑坡体岩土体松动。

2）滑动面。滑动面指滑坡体与滑坡床之间的分界面，是滑坡体沿着下滑的表面。由于滑坡体与滑坡床之间的错动，滑动面可形成一定厚度的滑动带，均质岩土体滑动面常呈曲面或近似圆弧形；非均质或层状岩土体中最常见的滑动面是平面、阶梯形等。

3）滑坡周界。滑坡周界指滑坡体与其周围原岩土体在平面上的分界线。它确定了滑坡的范围。

4）滑坡床。滑坡床指滑坡体下固定不动的原岩土体，基本上未变形，保持了原有的岩土体结构。

5）滑坡壁。滑坡壁指滑坡体后缘与周围未滑动岩土体的分界面。平面上多呈 U 形，形成陡壁，陡坡多为 60°～80°。

6）滑坡台阶。滑坡体下滑时，由于各段滑体运动速度的不同，在滑坡体上部常常形成错台，每一错台都形成一个陡坎和平缓台面，称为滑坡台阶或台坎。

7）滑坡舌。滑坡舌指滑坡的前部，形如舌状的部位。

8）滑坡裂隙。滑坡裂隙指由于滑坡体各部位受力不同而形成的具有各种力学性质的裂隙。主要有：

a. 拉张裂隙。拉张裂隙分布在滑坡体的上部，长数十米至数百米，多呈弧形，和滑坡壁的方向大致吻合或平行。

b. 剪切裂隙。剪切裂隙分布在滑体中部的两侧，因滑坡体和滑坡床相对位移而在分界处形成剪力区，在此区内所形成的裂隙为剪切裂隙。

c. 扇状裂隙。扇状裂隙分布在滑坡体的中下部，以舌部为多，做放射状分布，呈扇形。

d. 鼓张裂隙。鼓张裂隙分布在滑体的下部，因滑体下滑受阻土体隆起而形成的张裂隙，其方向垂直于滑动方向。

（2）滑坡的分类。我国幅员广大，滑坡、崩塌类型比较齐全。目前已有的滑坡、崩塌分类多种多样，分类的目的、原则以及方法很不一致。我们知道，滑坡发生于不同的地质环境中，并表现为各种不同的形式和特征。滑坡分类的目的在于对形成滑坡的地质环境和滑坡特征以及产生滑坡的各种因素进行概括，以便正确反映滑坡作用的某些规律性。在实践方面，还可利用滑坡分类去指导滑坡的勘察和防治工作，衡量和鉴别类似地区产生滑坡的可能性，制定保持斜坡稳定的防滑原则及措施。

美国地质调查所D·J·伐尔乃斯（1978）的分类突出了滑坡体的物质组成和移动特征，已得到国际滑坡学术委员会的公认和采纳。

遵循上述原则，我国目前对滑坡的分类有如下一些类型：

1）按滑坡、崩塌体的规模划分。以滑动、崩塌土石的体积计。

小型滑坡（崩塌）：<10 万 m^3；

中型滑坡（崩塌）：10 万～100 万 m^3；

大型滑坡（崩塌）：100 万～1000 万 m^3；

巨型滑坡（崩塌）：>1000 万 m^3。

2）按滑坡、崩塌体的物质组成划分。岩质滑坡（崩塌）；土质滑坡（崩塌）；黄土滑坡（崩塌）；除黄土外不细分土质滑坡（崩塌）；岩性不明滑坡（崩塌）。

3）按滑坡、崩塌的主要诱发因素划分。水库蓄水诱发的滑坡（崩塌）；地震诱发的滑坡（崩塌）；暴雨诱发的滑坡（崩塌）；人为活动（包括矿山开采，道路、桥梁及水渠工程建筑开挖等）诱发的滑坡（崩塌）；诱发因素不明的滑坡（崩塌）。

4）按滑动面与岩土体层面关系的分类。这是应用较广的一种分类，可分为均质滑坡、顺层滑坡、切层滑坡三类（图 8-9）。

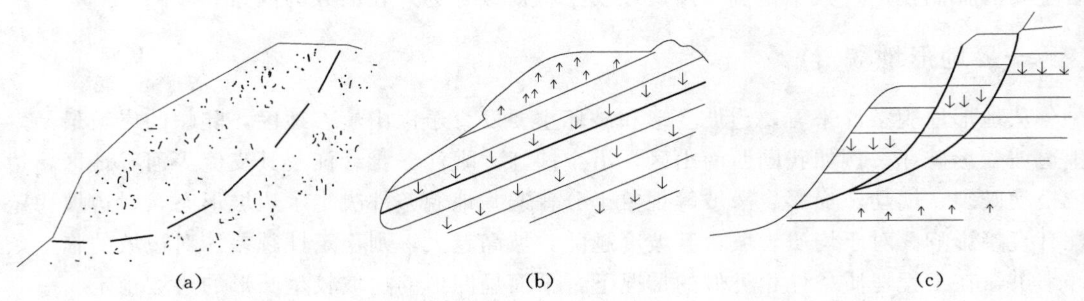

图 8-9　滑坡分类

（a）均质滑坡；（b）顺层滑坡；（c）切层滑坡

a. 均质滑坡。发生在均质的、没有明显层理的岩体或土体中的滑坡。滑坡面不受层面控制，而是受边坡的应力状态和岩土体的抗剪强度控制，滑动面近似于圆柱形。

b. 顺层滑坡。发生在非均质的成层岩体中，沿层面、产状与层面相近的软弱结构面（断层面、裂隙面）的滑动或者残积坡积物顺下伏基岩面的滑动即为顺层滑动。

c. 切层滑坡。滑坡面穿切岩土层面，发生在岩层产状较平缓和与坡面反倾向的非均质岩层中。滑动面在顶部常是陡直的，沿裂隙面发育，一般呈圆柱形或对数螺旋曲线。

5）按滑坡的滑动力学特征分类：

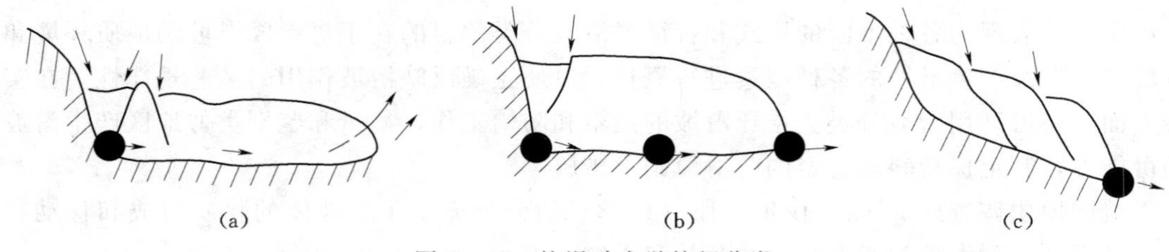

图 8-10　按滑动力学特征分类

(a) 推动式滑坡；(b) 平移式滑坡；(c) 牵引式滑坡

●→—始滑部位

a. 推动式滑坡。始滑部位位于滑动面的上部，因坡上堆积重物或进行建筑，引起边坡上部不稳或压力增加，促使边坡下滑，如图 8-10 (a) 所示。

b. 平移式滑坡。始滑部位分布于滑动面的许多点，同时局部滑移，然后逐步发展连接起来，如图 8-10 (b) 所示。

c. 牵引式滑坡。始滑部位位于滑动面的下部，由坡脚受河流冲刷或人工开挖等原因，首先在边坡下部发生滑动，引起由下而上的依次下滑，如图 8-10 (c) 所示。

第二节　影响边坡稳定性的因素

影响边坡稳定性的因素很多，可分为自然因素和人为因素两类。自然因素包括岩土类型和性质、地质构造、岩体结构、地应力、地震、地下水等，它们常常对边坡稳定与否起着主要的控制作用；人工挖掘、爆破以及工程荷载等为外在的人为因素。

一、地形地貌

从地形地貌条件来看，边坡变形和破坏主要发育于深山峡谷地区，陡峭的岸坡最易发生边坡变形破坏。例如我国西南山区，沿金沙江、岷江、雅砻江及其支流等河谷地区，边坡松动破裂、蠕动、崩塌、滑坡等现象十分普遍。地貌条件决定了边坡形态，对边坡稳定性有直接影响。对于均质岩坡，其坡度越陡，坡高越大，则稳定性越差。对边坡的临空条件来讲，在工程地质条件相类似的情况下，平面呈凹形的边坡较呈凸形的边坡稳定。

二、岩土类型和性质

岩性对边坡稳定性的影响很大，软硬相间，并有软化、泥化或易风化的夹层时，最易造成边坡失稳。地层的岩性不同，所形成的边坡变形破坏类型及能保持稳定的坡度也不同。斜坡岩、土体的性质及其结构是形成滑坡、崩塌的物质基础。

在我国，黏性土滑坡在四川成都平原分布密集，在中南、闽、浙、晋西、陕南、河南等地区也较密集，在长江中下游、东北等地区亦有一定分布；半成岩类黏土岩滑坡在青海、甘肃、川滇地带、山西几个断陷盆地中分布密集；黄土滑坡在黄河中游、青海等地区较密集；泥岩、千枚岩、砂质板岩形成的滑坡在湖南、湖北、西藏、云南、四川、甘肃等地区十分发育。

形成崩塌的岩石多为坚硬的块状岩体，如石灰岩、厚层砂岩、花岗岩、玄武岩等。

三、岩体结构与地质构造

岩体结构类型、结构面性状及其与坡面的关系是岩质边坡稳定的控制因素。

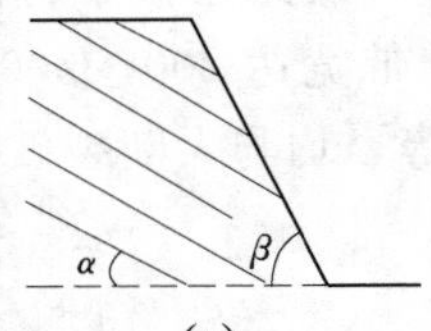

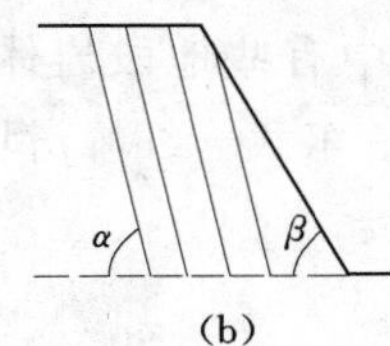

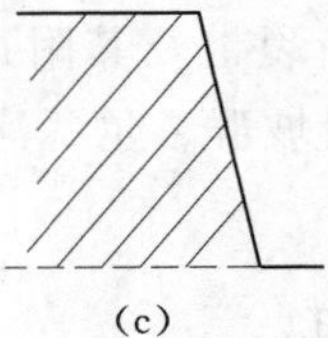

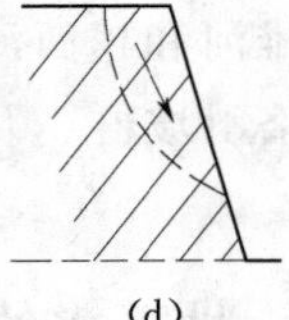

图 8-11　一组结构面发育的边坡情况

(a) 顺向坡 $\alpha<\beta$；(b) 顺向坡 $\alpha>\beta$；(c)、(d) 逆向坡

1. 只有一组结构面（图 8-11）

(1) 顺向坡。顺向坡软弱结构面的走向、倾向与边坡面的走向、倾向大致平行，或比较接近。按结构面倾角 α 与坡角 β 的大小关系又可分为两种情况：①$\alpha<\beta$，边坡稳定性最差，极易形成顺层滑动；②$\alpha>\beta$，这时软弱结构面延伸至坡脚以下，不能形成滑出的临空面，所以比较稳定。

(2) 逆向坡。逆向坡软弱结构面与边坡面的走向大致相同，但倾向相反，即结构面倾向坡内，这种情况的结构面是稳定的，一般不会形成滑坡，仅在有切层的结构面发育时，才有可能形成折线破裂滑动面［图 8-11 (d)］或崩塌倾倒破坏。

(3) 斜交坡。斜交坡软弱结构面与边坡面走向成斜交关系，一般情况下交角越小对边坡稳定的影响越明显。当交角小于 40°时，可按平行于边坡走向考虑；大于 40°时，稳定性较好；当近于 90°直交时，称横向坡，边坡最稳定。

2. 有多组结构面

边坡岩体发育有两组或更多的软弱结构面时，它们互相交错切割，可形成各种形状的滑移体。如图 8-12 所示的两组结构面的交线，即为滑体的滑动方向。但若一组结构面产状陡倾，则只起切割作用，而由较平缓的结构面构成滑动面。若两组结构面都陡倾，则往往由另一组顺坡向产状平缓的结构面构成滑动面，形成槽形体、棱形体状的滑动破坏。

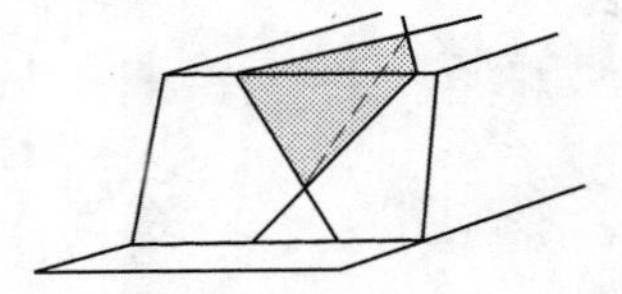
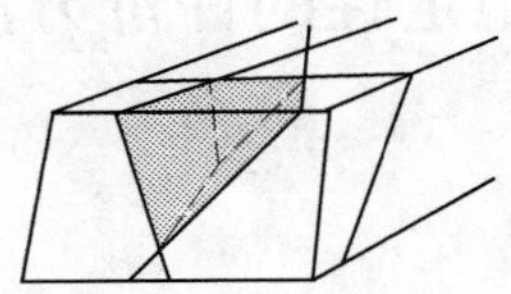
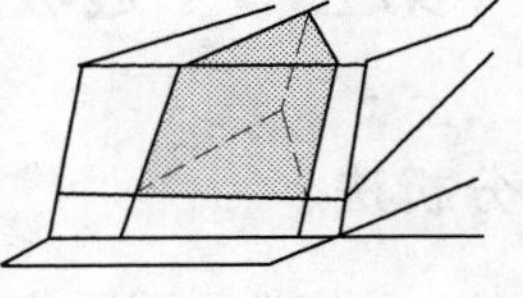
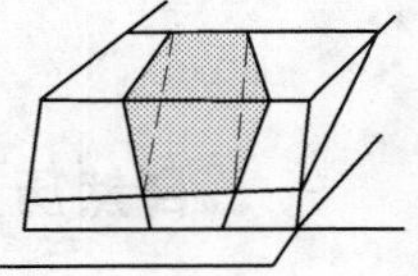

图 8-12　多组结构面构成的滑移体

结构面较多时，为地下水活动提供了较多的通道，地下水的出现，降低了结构面的抗剪强度，对边坡稳定不利。另外，结构面的数量影响到被切割岩块的大小和岩体的破碎程度，它不仅影响边坡的稳定性，而且影响到边坡的变形破坏的形式。

对边坡稳定性有影响的岩体结构还包括结构面的连续性、粗糙程度及结构面胶结情况、充填物性质和厚度等方面。

构造条件是形成滑坡、崩塌的基本条件之一。断裂带岩体破碎，并为地下水渗流创造了条件。此外，活动断裂带上易发生构造地震。因此，断裂带控制着滑坡、崩塌的发育地带的延伸方向、发育规模及分布密度。滑坡、崩塌体成群、成带、成线状分布的特点几乎都与断裂构造分布有关。例如成昆铁路沿线，滑坡常集中分布于与线路近似平行的毕吱山、普雄河和越西河等断裂带及其附近。其中有些地段岩体破碎带宽达200～500m。著名的甘洛滑坡群、乃托滑坡群、尔赛河滑坡、东武—红峰滑坡群等，均与大断裂破碎带密切相关。

四、地下水的作用

地表水和地下水是影响边坡稳定性的重要因素。地表水的冲刷、地下水的溶蚀和潜蚀也直接对边坡产生破坏作用。地下水对岩质边坡稳定性的影响是十分显著的，大多数岩质边坡的变形和破坏与地下水活动有关。一般情况下，地下水位线以下的边坡透水岩层，受到浮力的作用，而不透水岩层的坡面受到静水压力的作用；充水的张开裂隙承受裂隙水静水压力的作用；地下水的渗流，将对边坡岩土体产生动水压力。水对边坡岩体还产生软化或泥化作用，在寒冷地区，渗入裂隙中的水结冰，产生膨胀压力等，使岩土体的抗剪强度大为降低，促使边坡产生变形破坏。例如，四川云阳县鸡扒子滑坡明显地受地下水作用的控制。滑坡的发生，是因为西侧石板沟被小型崩塌物堵塞，在其上游形成积水塘，使大量降雨所形成的地表径流无法沿石板沟下泄，而被迫沿泥岩滑面渗透，改变了岩土体的水文地质条件，从而使上部岩土体产生急剧的大规模滑动。该滑坡西部近石板沟的滑体部分呈现饱水塑流状态，充分显示了地下水的作用及影响。

五、其他因素

对岩质边坡稳定性有影响的因素还有：地应力、地震、爆破震动、气候条件、岩石的风化程度、人类活动等。人类活动对边坡的影响主要表现在修建各种工程建筑物、乱挖乱采，引起原始应力场发生改变，造成边坡的破坏。这些因素也对边坡的稳定性带来影响。有时其产生的影响甚至会起到重要作用。

第三节　边坡稳定性的评价方法

一、自然历史分析法

自然历史分析法是一种定性的地质分析法，主要从地质学的角度分析研究斜坡形成的地质历史及边坡的地形地貌、地质构造、岩性组合及水文气象条件等自然地质环境，通过分析这些地质条件，了解边坡变形的基本规律，预测边坡变形发展的趋势和变形破坏方式，从而对边坡的演变阶段和稳定状况作出定性评价。

自然历史分析法首先应当分析边坡的区域地质背景，注意研究当地地壳运动规律及强烈程度、区域性构造情况、区域的应力场等，分析斜坡变形破坏与区域地质背景之间的关系。

分析边坡周围的地形地貌特征、岩土结构类型、岩性组合特点，通过观察、监测边坡的变形情况，对边坡的成因及演化历史进行分析，以此评价边坡稳定状况及其可能的发展趋势。

分析当地水文、气象、地震等一些周期性影响因素与边坡变形破坏之间的相关关系，特别是一些引起边坡变形破坏的主导因素。

应当指出，自然历史分析法是基础的地质工作、最初步的定性分析方法，是一切分析评价的基础。

二、力学分析法

力学分析法是应用现代土力学、岩石力学理论，也可采用弹塑性理论或刚体极限平衡理论，按照库仑定律或由此引申的准则进行的。计算时将滑坡体视为均质刚性体，不考虑滑坡体本身的变形，简化边界条件及受力条件，如：极限平衡法在工程中应用最为广泛，这个方法以摩尔-库仑抗剪强度理论为基础，将滑坡体划分为若干条块，建立作用在这些条块上的力的平衡方程式，求解安全系数。这个方法，没有像传统的弹、塑性力学那样引入应力-应变关系来求解本质上为非静定的问题，而是直接对某些多余未知量作假定，使得方程式的数量和未知数的数量相等，因而使问题变得静定可解。根据边坡破坏的边界条件，应用力学分析的方法，对可能发生的滑动面，在各种荷载作用下进行理论计算和抗滑强度的力学分析。通过反复计算和分析比较，对可能的滑动面给出稳定性系数。刚体极限平衡分析方法很多，在处理上，各种条分法还在以下几个方面引入简化条件。

(1) 对滑裂面的形状作出假定，如假定滑裂面形状为折线、圆弧、对数螺旋线等。

(2) 放松静力平衡要求，求解过程中仅满足部分力和力矩的平衡要求。

(3) 对多余未知数的数值和分布形状作假定。

该方法比较直观、简单，对大多数边坡的评价结果比较令人满意。该方法的关键在于对滑体的范围和滑动面的形态进行分析，正确选用滑动面计算参数，正确地分析滑体的各种荷载。基于该原理的方法很多，如条分法、圆弧法、毕肖普（Bishop）法、传递系数法、剩余推力法等。

目前，刚体极限平衡方法已经从二维计算发展到目前的三维计算。

对于土质边坡的稳定性计算，大家可参考土力学具体章节，我们主要介绍岩质边坡的稳定性分析。

(一) 简单单一滑动面边坡稳定性计算

当岩质边坡有一组软弱结构面，且软弱结构面倾向与边坡倾向一致，走向大致相同，结构面倾角小于边坡倾角时，该边坡为可能的不稳定边坡，进行边坡稳定分析时一般只考虑滑移体自重，不考虑侧向切割面的摩阻力，沿可能的边坡滑移方向取一单宽剖面按平面问题计算。如图 8 - 13 所示。

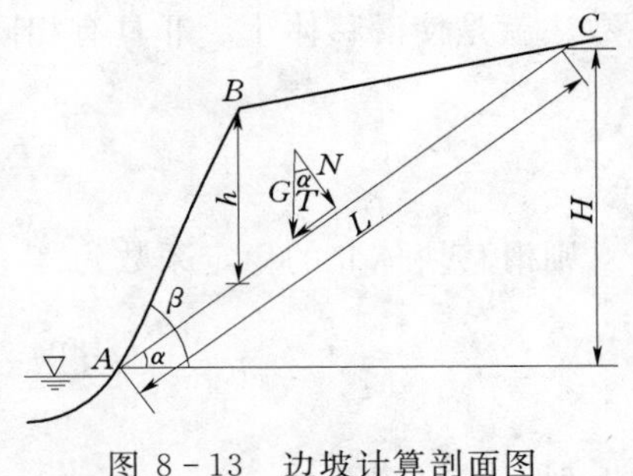

图 8 - 13　边坡计算剖面图

AC 为软弱滑动面，其长度为 L，可能滑移的滑体 ABC 的重量为 G，下滑力为 $T=G\sin\alpha$，抗滑力

为 $N=G\cos\alpha\tan\varphi+CL$，（$\varphi$ 为滑动面的内摩擦角，C 为滑动面的黏聚力），稳定安全系数 K 的计算式为

$$K=\frac{G\cos\alpha\tan\alpha+CL}{G\sin\alpha}=\frac{\tan\varphi}{\tan\alpha}+\frac{CL}{G\sin\alpha} \tag{8-3}$$

假定滑移体断面 ABC 为三角形，则滑移体自重 $G=\gamma/2hL\cos\alpha$，代入式（8-3）简化后得

$$K=\frac{\tan\varphi}{\tan\alpha}+\frac{4C}{\gamma h\sin 2\alpha} \tag{8-4}$$

式中 h——滑坡体高度（边坡顶点至滑动面的竖向高度）；

γ——岩体重度；

α——滑移面倾角；

C——滑移面黏聚力；

φ——滑移面内摩擦角；

K——安全系数，一般取值 1.05～1.25。

（二）同倾向双滑动面稳定性分析

1. 传递系数法（等稳定系数法）

如图 8-14（a）所示，同倾向双滑动面，以滑动转折点 b 点为界，我们将滑移体分

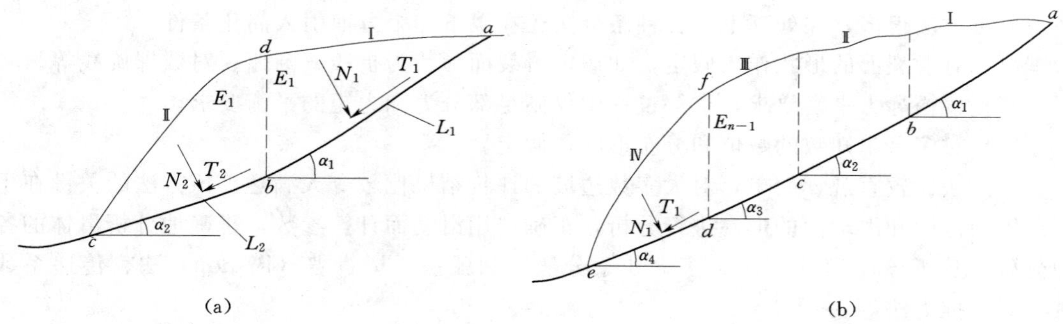

图 8-14 同倾向双滑动面和多滑动面

（a）双滑动面；（b）多滑动面

为Ⅰ、Ⅱ两块，假定 bd 面上作用有块体Ⅰ对块体Ⅱ的作用力 E_1，E_1 平行于 ab，等稳定系数法就是使滑移体Ⅰ、Ⅱ具有相同的稳定系数 K，则滑移块体Ⅰ的稳定系数为

$$K=\frac{N_1\tan\varphi_1+C_1L_1}{T_1-E_1} \tag{8-5}$$

则滑移块体Ⅱ的稳定系数为

$$K=\frac{N_2\tan\varphi_2+C_2L_2+E_1\sin(\alpha_1-\alpha_2)\tan\varphi_2}{T_2+E_1\cos(\alpha_1-\alpha_2)} \tag{8-6}$$

由上列两式得

$$K=\frac{N_2\tan\varphi_2+C_2L_2+\left(T_1-\dfrac{N_1\tan\varphi_1+C_1L_1}{K}\right)\sin(\alpha_1-\alpha_2)\tan\varphi_2}{T_2+\left(T_1-\dfrac{N_1\tan\varphi_1+C_1L_1}{K}\right)\cos(\alpha_1-\alpha_2)} \tag{8-7}$$

式中　φ_1、φ_2——滑移体Ⅰ、Ⅱ滑移面的内摩擦角；

C_1、C_2——滑移体Ⅰ、Ⅱ滑移面的黏聚力；

α_1、α_2——滑移体Ⅰ、Ⅱ滑移面的倾角；

L_1、L_2——滑移体Ⅰ、Ⅱ滑移面的长度；

N_1、N_2——作用于滑移体Ⅰ、Ⅱ滑移面的法向力；

T_1、T_2——作用于滑移体Ⅰ、Ⅱ滑移面的滑动力。

采用上述方法时，因等式两边均存在 K，一般采用多次试算法求解。

2. 剩余推力法

剩余推力法是目前国内应用较多的方法，该方法求解过程是首先计算边坡最上部的滑移块体Ⅰ的剩余推力，将剩余推力传至下一滑移块体Ⅱ叠加后求解第Ⅱ块滑移体的稳定系数。如图 8-14（a）所示。

第一块滑移体的剩余推力为 E_1：

$$E_1=T_1-N_1\tan\varphi_1-C_1L_1 \tag{8-8}$$

则第二块的稳定系数为

$$K=\frac{N_2\tan\varphi_2+C_2L_2+E_1\sin(\alpha_1-\alpha_2)\tan\varphi_2}{T_2+E_1\cos(\alpha_1-\alpha_2)} \tag{8-9}$$

式中符号意义同前。

用第Ⅱ块滑移体的稳定系数代表整体稳定性，如果剩余下滑力计算结果为负值时，说明不存在剩余推力，边坡是稳定的。

以上方法只用于对边坡稳定性作最简单的分析，虽然与实际情况有一定出入，但分析过程较简单，在初步评价边坡稳定性时，目前采用较多，并有较多现成的程序供使用。

三、图解法

在边坡稳定的分析计算中，有两种类型的图解分析法，一种是用曲线、图表来表示边坡有关参数之间的关系，即图表计算法，某些规范及工程地质手册中可以查到很多这样的图表，如泰勒图表、Hoek、E 图表；另一种是以赤平投影为基础的分析方法，它可以分析软弱结构面的组合关系、滑体形态以及评价边坡的稳定程度。下面主要介绍赤平投影图解法。

（一）赤平极射投影的原理

赤平极射投影是利用一个球体作投影工具，通过球心做一赤道平面 $ESWN$ 作为投影平面，将球面上的任一点、线、面，以下极或上极为发射点投影到赤平面上来。下面介绍以下极为发射点，上半球的点、线、面的赤平投影（图 8-15）。

1. 点的投影

以下极为发射点，射线与 $ESWN$ 赤平面的交点 M 即为投影点。如图 8-15（c）中的 M 点即为 P 点在 $ESWN$ 赤平面上的投影。

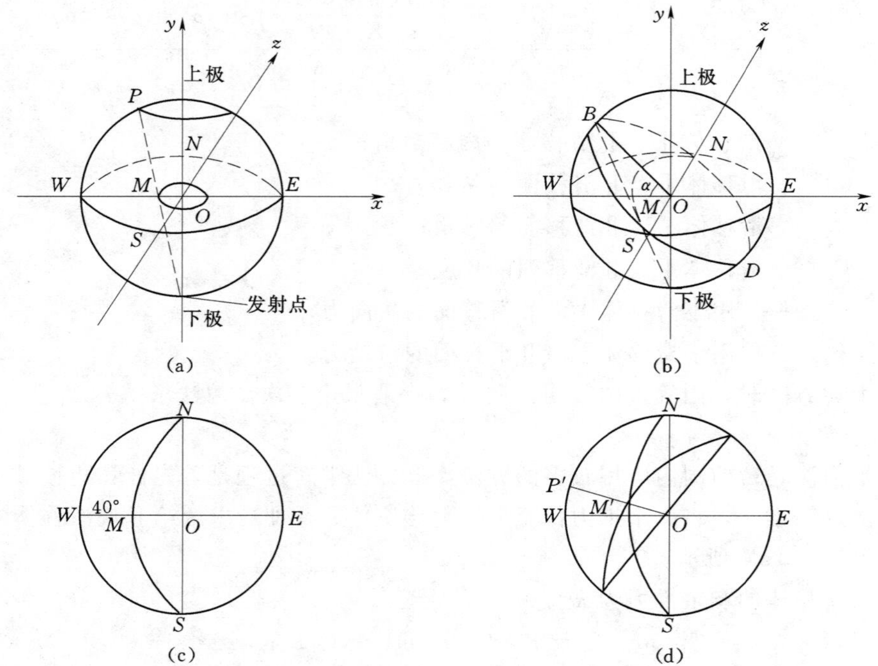

图 8-15　点、线、面的赤平投影

（a）点的投影；（b）线和面的投影；（c）点的赤平投影；（d）线和面的赤平投影

2. 线的投影

如图 8-15（b）中 OB 为通过球心的直线，它与赤平面夹角为 α，OB 线在赤平面上的投影为 OM。MO 的方向与 BO 线的倾向一致。OM 线段的长度随夹角 α 的大小而变化，α 角越大，OM 线越短；反之，则越长。当 $\alpha=90°$时，$OM=0$，即为 0 点；当 $\alpha=0°$时，$OM=OW$。因此，赤道大圆的半径可以表示空间线段的倾角。

3. 面的投影

如图 8-16（b）中 $NBSD$ 为一通过球心的倾斜平面，它与球面的交线为一个大圆。自下极仰视上半球 NBS 面，其赤平投影为 $NMSN$，NMS 为一圆弧，从图 8-15 知：

（1）NS 的方向代表 $NBSD$ 面的走向。

（2）MO 的方向代表该面的倾向。

（3）如同线的投影一样，OM 线的长短可以反映 NBS 面的倾角。倾角的刻度是自 W 至 O 点为 0°～90°。

（二）用赤平投影法分析边坡稳定性

1. 由一组软弱结构面控制的边坡

（1）当软弱结构面与斜坡面走向相同、倾向相反时，斜坡面投影弧与软弱结构面投影弧相对。此时边坡岩体稳定。如图 8-16（a）所示。

（2）当软弱结构面与斜坡面走向、倾向均相同，软弱结构面倾角 α 小于斜坡面倾角 β 时，斜坡面投影位于软弱结构面投影弧之内，边坡岩体不稳定。如图 8-16（b）所示。

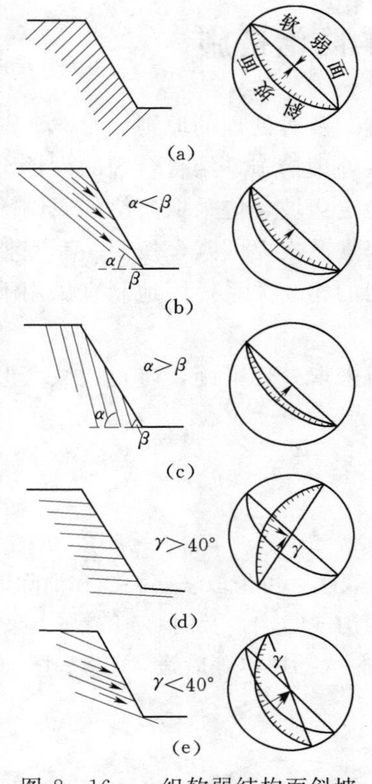

图 8-16　一组软弱结构面斜坡的赤平投影
（锯齿圆弧为边坡面投影）

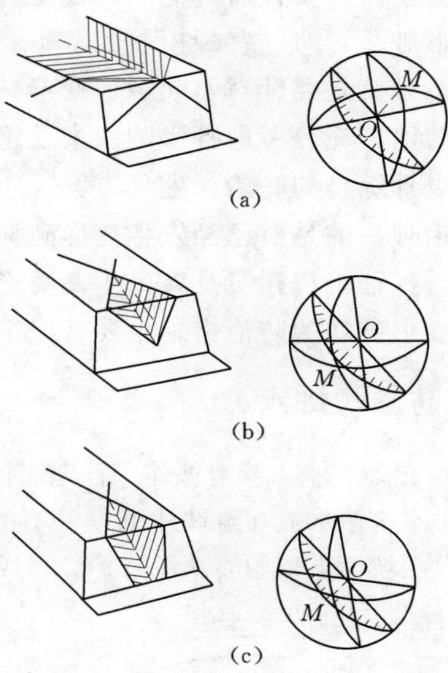

图 8-17　两组软弱结构面斜坡的赤平投影

（3）当软弱结构面与斜坡面走向、倾向均相同，软弱结构面倾角 α 大于斜坡面倾角 β 时，斜坡面投影弧位于软弱结构面投影弧之外，此时因软弱结构面在坡面上无出口位置，滑动可能性较小，属基本稳定结构，如图 8-16（c）所示。

（4）若软弱结构面走向与斜坡面走向斜交，当交角 $\gamma>40°$ 时，可视为基本稳定结构，如图 8-16（d）所示；当交角 $\gamma<40°$ 时，则可仍按软弱面与斜坡平行的情况考虑，如图 8-16（e）所示。

2. 由两组软弱结构面控制的边坡

两组软弱结构面的边坡，其稳定性由软弱面交线的产状控制，大致可分 3 种情况：

（1）交线倾向坡内［图 8-17（a）］。在赤平投影图上，两组结构面投影弧交线与坡面投影弧相对，边坡是稳定的。

（2）交线的倾向与坡面倾向一致，但交线倾角小于坡角［图 8-17（b）］。在赤平投影图上，结构面投影弧交线与坡面弧同在一侧，但结构面投影弧交线位于坡面弧的外侧，这种情况下边坡是不稳定的。

（3）结构面投影弧交线的倾向与坡面倾向一致，但结构面投影弧交线倾角大于坡角［图 8-17（c）］，这种情况下边坡比较稳定。

第四节　不稳定边坡的防治措施

对不稳定边坡的防治应采取以防为主、综合治理、及时处理的原则。

以防为主就是要针对可能的不稳定边坡提前采取处理措施，结合合理的设计、施工防止边坡变形破坏，对一些规模较大、不易处理的不稳定边坡，应采取避绕的原则。

综合治理就是要针对引起边坡变形破坏的主要因素及次要因素，按照一套完整的计划进行整体防治，充分考虑各影响因素及施工方案之间的相互关系，因地制宜采用不同的处理措施，设计综合的防治、处理方案。

及时治理指的是对已经发生变形破坏的边坡及时采取处理措施，防止边坡变形破坏进一步恶化，保证工程建筑及人民生命财产安全。

边坡变形破坏的防治措施主要有以下几类。

一、防渗与排水

(1) 防止地表水入渗滑坡体。首先应拦截、导排地表水，可采取填塞裂缝和消除地表积水洼地、用排水沟截水或在滑坡体上设置不透水的排水明沟或暗沟，及时将地表水、泉水引走，对边坡可以在坡面上采用喷水泥浆护坡，或可种植蒸腾量大的树木等措施（图 8－18）。

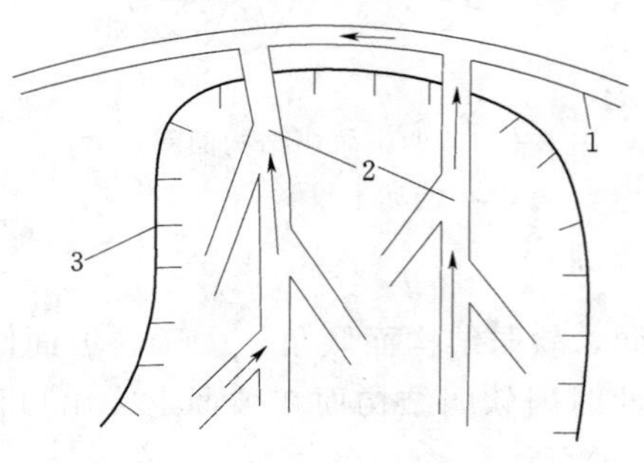

图 8－18　设置排水沟

1—截水沟；2—排水沟；3—滑坡边界

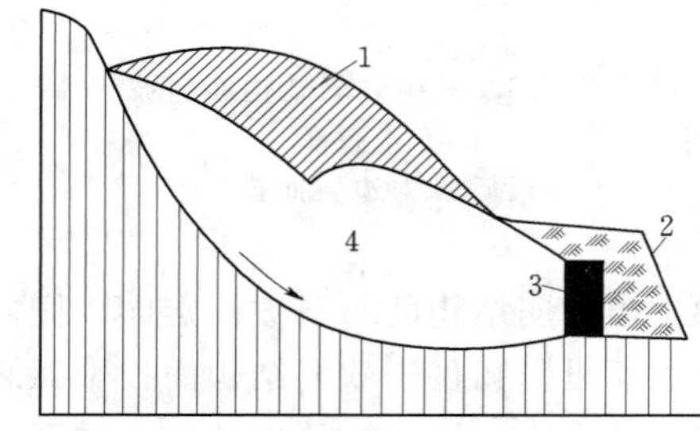

图 8－19　削坡减压

1—削土减重部位；2—卸土修堤反压；3—渗沟；4—滑坡体

(2) 对地下水丰富的滑坡体可在滑体周界 5m 以外设截水沟和排水隧洞，或在滑体内设同时兼有阻滑和排水作用的支撑盲沟和排水廊道等，也可采用钻孔排水的方法，即利用若干个垂直钻孔、水平钻孔、竖井、盲沟等，打穿滑坡体下部的不透水层，将滑坡体中的水转移到其下伏的另一个透水性较强的岩层中去或排出。

二、清除危岩、削坡减重和反压

清除危岩是清除边坡上部的不稳定岩体，防治危岩坠落。削坡是将陡倾的边坡上部的岩体挖除，使边坡变缓，减轻滑体重量，降低边坡体的下滑力，同时削减下来的土石方，可填在坡脚，起反压作用，反压填方部分应设置良好的排水措施（图 8－19）。

采用这种方法时，应注意不可将边坡下部的阻滑岩土体削掉，若在其上削坡，就会更不利于边坡稳定。

三、支挡工程

修建支挡工程主要是提高边坡的抗滑力，采取的措施主要有修建挡土墙，设置抗滑桩。

挡土墙位于滑移体的前缘，借助自身的重量的抗滑坡体的下滑力，一般采用浆砌石挡土墙、混凝土或钢筋混凝土挡土墙，应注意将挡土墙基础设置于边坡滑动面之下稳定的岩土层中，挡土墙体应设置排水孔，以利于消散墙后水压力。

挡土墙的优点是结构比较简单，可以就地取材，能够较快起到稳定滑坡的作用。

四、锚固

锚固主要用于防治岩质边坡变形与破坏，施工时将钻孔穿过滑移软弱面，深入坚硬完整的岩体中，钻孔中插入锚杆或预应力钢筋、钢索，用混凝土封闭钻孔以提高边坡岩体抗滑、抗崩塌、抗倾倒的能力。

图 8-20 所示为我国梅山拱坝 1964 年首次使用锚固处理右坝肩失稳边坡的情况，共设锚固孔 250 个，孔距 2～3m，孔深 25～40m，采用 110mm 和 130mm 两种钻孔，分别放入钢索 81 根和 123 根，每根钢索直径为 5mm，效果良好。

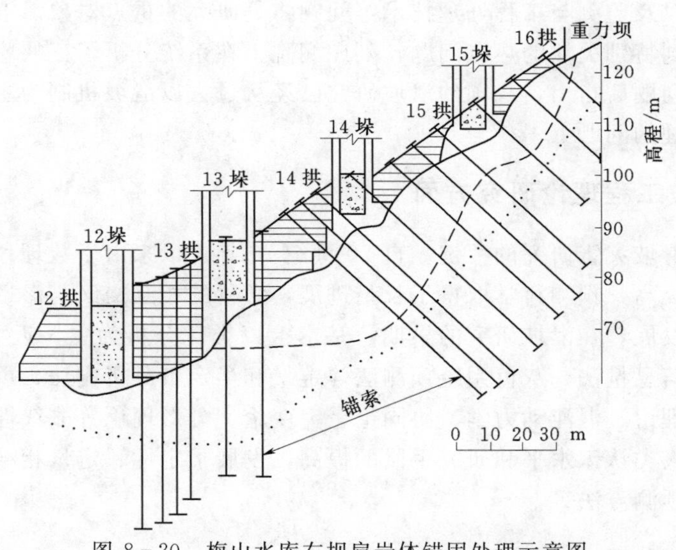

图 8-20　梅山水库右坝肩岩体锚固处理示意图

第五节　我国斜坡工程研究现状

随着国民经济建设的快速发展，国内对滑坡的研究也日益深入。20 世纪 70 年代铁道部成立了“滑坡分类与分布”专题研究组，对全国铁路沿线进行普查。在第六个五年计划期间，地矿部将“中国西南、西北崩滑灾害与山区斜坡稳定性研究”列为专题进行重点攻关。在第七个五年计划期间，三峡工程地质地震专题组对三峡库区沿岸重点滑坡进行了登记和调查。在第八个五年计划期间，由陈祖煜组织研究了水利水电部的“岩质高边坡稳定及处理技术”国家重点攻关项目。80年代以来，水利水电部门对龙羊峡、李家峡、五强溪、龙滩等工程的边坡工程进行了系统的研究。1994—1998年由国家自然科学基金委员会和中国长江三峡工程开发总公司联合资助910万元，由林秉南等负责完成“三峡船闸高边坡的变形与稳定”项目，其研究成果《岩石高边坡的变形与稳定》标志了我国岩石高边坡研究的一个新阶段，取得了科学和技术上的突破。

我国露天矿边坡稳定性研究从20世纪50年代开始。1965年孙玉科、王思敬、孙广忠在“岩质边坡稳定性的工程地质研究”中提出“岩体结构”理论的学术观点，并先后提出岩质边坡岩体结构分类、边坡稳定性岩体结构分析、实体比例投影及其在露天矿边坡稳定性分析中的应用等理论，并于1999年出版了专著《中国露天矿边坡稳定性研究》，80年代以后，我国矿山边坡研究工作发展迅速，先后对攀钢石矿、平朔露天煤矿、抚顺露天煤矿等几十个矿山的边坡进行了系统研究，取得了一系列的科研成果。

目前对高陡边坡与滑坡问题的研究继续升温。随着我国大规模建设向西部推进，高山峡谷区的一系列重大工程涉及大量的高陡边坡变形与稳定性问题，这一研究已成为一个热点。西南雅砻江锦屏一级水电站等工程涉及的陡峻斜坡高度已经达到900m以上；西北塔里木河流域下坡地下水库等与工程相关的斜坡高度已超过1000m。边坡规模的增大，致使边坡工程地质条件更加复杂。专家认为，高陡边坡的变形破坏模式和尺寸效应，动力变形与动力稳定性以及监测与工程处理技术等问题将是研究的重点对象。滑坡地质灾害是近几十年来一直受到特别关注的热点问题，刘广润院士在系统分析了三峡库区滑坡灾害防治工作中几个技术问题后指出，我国的滑坡研究已经从过去以滑坡机制为主的研究逐步转向更多关注滑坡治理的问题上。

一、在边坡工程理论研究方面

预测问题是滑坡灾害研究的关键。自20世纪70年代以来由于数理科学的突破性进展以及计算手段的提高，预测科学取得了长足进展，学科的相互交叉与渗透使得滑坡灾害预测得到了较大的发展。在滑坡研究的早期，基本上以类比分析为主，近30年来，逐渐发展了时空预测的信息量法、灰色系统预测法等定量和半定量分析方法、可靠性分析。近年来，将耗散结构理论、混沌动力学、协同论、突变论、分形理论等非线性方法渗透于滑坡预测中，且随着人类认识水平和研究手段的提高，发展了定性、定量相结合的综合研究方法，如专家系统预测方法等。

二、新技术应用

3S技术在岩石工程建设中的作用引起大家的极大关注。3S系统是指地理信息系统（Geography Information System，GIS）、遥感系统（Remote Sensing System，RS）和全球卫星定位系统（Global Positioning System，GPS）。三者融为一体为边坡工程的防治与预测预报提供了新的观测手段。

在稳定性分析评价方面，人工神经网络的应用为边坡工程的稳定性分析和评价提供了一条新的途径。

随着计算机的普及发展，数值计算方法的应用对于边坡稳定性的预测预报有重要意义。

用数值计算方法能处理复杂的边界条件和地质条件的边坡工程；可以得到边坡的应力场、应变场和位移场，非常直观地模拟边坡；能根据岩土体的破坏准则，确定边坡的塑性区或拉裂区域，分析边坡的破坏过程和确定边坡的起始破坏部位；能仿真边坡整体变形破坏过程。

另外，随着数值分析方法的不断发展，出现了不同数值方法的相互耦合，如有限元、边界元、离散元与块体元等的相互耦合。这些方法的耦合能够充分发挥各自的特长，解决复杂的边坡工程问题。

三、高边坡的施工处理

1. 三峡永久船闸边坡不稳定块体处理

永久船闸为双线连续五级船闸，位于三峡大坝的左侧，航道轴线总长 6442m，其中主体段长 1637m，是在山体中深切开挖修建并采用 1.5～2.4m 的薄衬砌墙结构，两线间保留高 45～68m、宽 60m 的中间岩石隔墙，最大开挖深度达 170m，下部为 45～68m 直立墙的 W 形双向岩质高边坡。

坡比：全风化岩体为 1∶1，弱风化为 1∶0.5，微风化至新鲜岩体为 1∶0.3。

永久船闸直立墙不稳定块体处理设计遵循动态设计的思想和方法，对块体采取工程处理措施，以改善和提高块体稳定性，并充分保护岩体和尽量保持结构要求的开挖轮廓。在直立坡开挖过程中，对出露的潜在不稳定块体进行快速随机支护。一般处理采取“锚固为主、不开挖或小开挖为辅”的原则（图 8－21）。

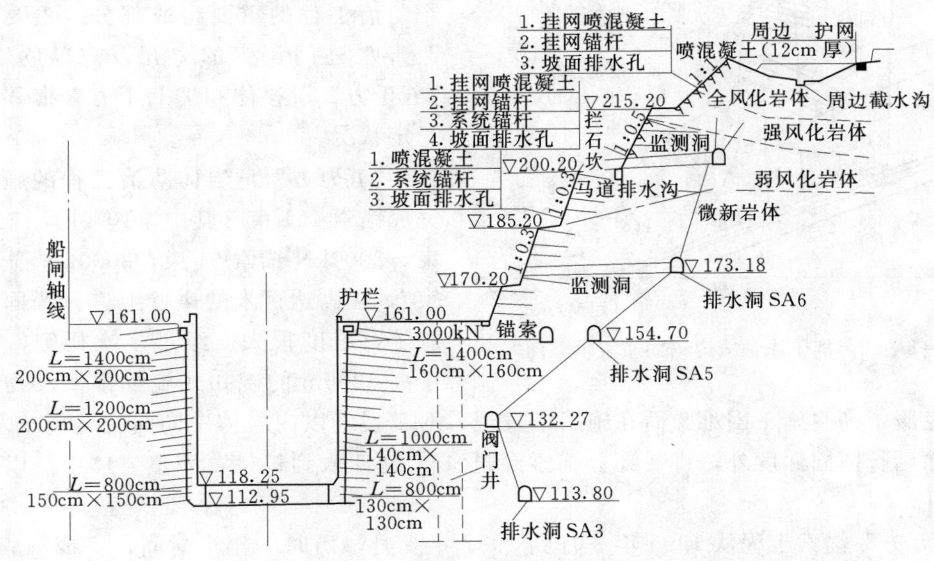

图 8－21　三峡永久船闸高边坡加固支护措施剖面示意图

（1）对于埋深小于 5m 的小规模块体、边坡随机块体和表层破损区的加固，采用系统锚杆和随机锚杆结合坡面（挂网）喷混凝土进行加固。

（2）对于埋深 5～8m 的中等规模块体一般采用预应力锚杆加固，但对较小的块体也可以采用普通锚杆加固。

(3) 对埋深大于8m的较大规模块体采取预应力锚索加固。

对永久船闸高边坡，在原设计南、北及中隔墩4个直立墙面上共布置了系统锚索1652束、高强锚杆10万根。随开挖的进行，由于高强锚杆材质和结构型式方案滞后，对直立墙顶部第一梯段范围内增布了长度为12～14m普通砂浆锚杆6861根，对台口进行锁口支护；随着开挖高程的逐渐下降、大量不稳定块体的出现，随机锚索也逐步增多，据统计，随机锚索总量达2043束。永久船闸一、二期锚索总量为4123束，其中二期对穿锚索为1966束，端头锚为1729束，对埋深小于8m的块体增布了随机锚杆近2万根；考虑到雨水的作用将对岩体产生不利，对直立墙顶部平台及裸露的边坡进行找平混凝土封闭以及喷护、直立墙管线廊道以上进行喷护混凝土的措施。

2. 大型危岩体加固处理

链子崖危岩体是位于长江三峡航道咽喉上的稳定性最差的大型灾害性崩滑体。链子崖危岩体在长江南岸，下距宜昌市73km，距三峡坝址27km，属湖北省秭归县，对岸为1985年再次大规模活动的新滩滑坡和新建的新滩（现屈原）镇（老镇被滑坡推入江中）。

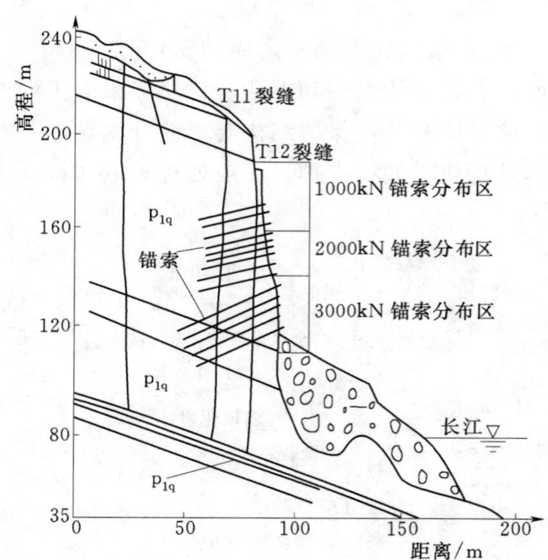

图8-22　链子崖预应力锚固布置示意图

链子崖危岩体防治工程的目的是改善坡体稳定状况，防止大规模崩滑入江造成危害。其中，危岩体锚固工程是整个防治工程的重要组成部分，主要是为改善水马门一带的“五万方”危岩体、“五千方”滑移体和“七千方”滑移体的稳定状况。

“五万方”危岩体防治工程的施工共完成锚索151束（其中，1000kN锚索50束，2000kN锚索61束，3000kN锚索40束），在高达百米的崖壁上进行锚固工程施工，难度很大。经过多次研究，搭设了高82.6m的碗扣式施工排架及物料提升机，克服了高空施工困难。而在施工中发现，T11裂缝以内岩体中同向裂缝仍较发育，因此，除延长锚固深度外，将一部分锚索穿过T12缝伸入到核桃背完整岩体中，以提高其整体性。

“五万方”锚索工程从1996年3月到1997年8月，历时1年半时间，完成锚索151束，总锚固力达23.1万kN（图8-22）。

第九章　地下工程围岩稳定性的工程地质条件

地下工程系指在地面以下及山体内部的各类建筑物。水利水电工程建设中的地下工程通常包括在地下开挖的各种隧洞及洞室，如引水或导流隧洞、地下厂房、闸门井、调压井(室)、压力隧洞及尾水隧洞等。铁路、公路、矿山、国防、城市建设等许多领域，也有大量的地下工程。随着科学技术及工业的发展，地下工程将会有更为广泛的新用途，如地下储气库、地下储热库、地下储水库及地下核废料密闭储藏库等。

随着我国水利水电建设事业的飞速发展，地下工程的数量越来越多，其规模也越来越大。如有些引水隧洞已长达 10 多 km，有些地下厂房的跨度和边墙高达数十米。由于大跨度、高边墙地下厂房及长隧洞的兴建，必然会遇到复杂的地质条件和大量的工程地质问题，虽然国内外在地下洞室兴建中已积累了大量的经验，但由于自然界地质条件的复杂性，致使地下工程设计中的许多理论问题迄今尚未得到令人满意的解决方案。

第一节　洞室围岩应力的重分布及变形特征

一、岩体的初始地应力状态

地下洞室开挖前，任何岩体在天然条件下均处于一定的初始应力状态下，即地应力。地应力是在漫长的地质历史时期中形成的，是重力场和构造应力场综合作用的结果。地应力一般可分为自重应力、构造应力以及变异及其他应力等几种形式。

1. 自重应力

自重应力是由岩体自重而产生的内应力，随地层厚度的加大而增加。自重应力可分为垂直应力 σ_z 和水平应力 σ_x、σ_y，如图 9-1 所示，其计算式为

$$\sigma_z = \gamma H \tag{9-1}$$

$$\sigma_x = \sigma_y = \lambda \sigma_z \tag{9-2}$$

$$\lambda = \frac{\mu}{1-\mu} \tag{9-3}$$

式中　γ——岩石容重，kN/m^3；

λ——侧压力系数（水平应力与竖向应力的比值）；

μ——岩石的泊松比。

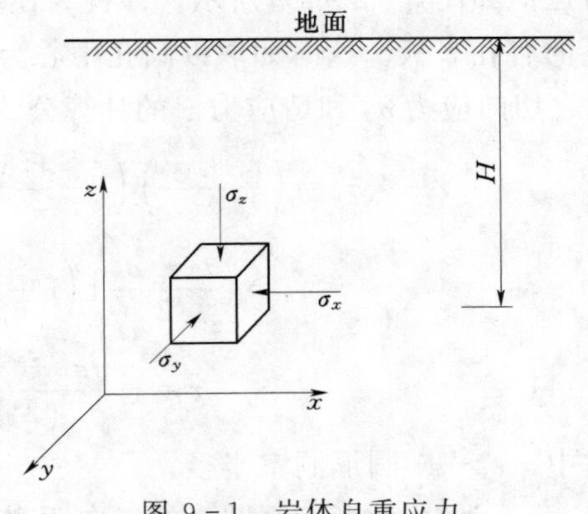

图 9-1　岩体自重应力

在地壳浅部或地表出露岩石并处于弹脆性或弹塑性状态时，一般岩石的 $\mu=0.1\sim0.3$，$\lambda=0.11\sim0.42<1$，因而 σ_x 和 σ_y 总是小于 σ_z。但在

地壳深处，岩体自重荷载加大，并处于三维应力状态下，岩石已呈塑流状态，岩石的 $\mu\approx0.5$，$\lambda\approx1.0$，因此 $\sigma_x=\sigma_y=\sigma_z$，即岩体应力接近于静水压力状态。

2. 构造应力

构造应力是指由地质构造作用而形成的地应力，它可能是古老的地壳运动的残余应力；也可能是晚近期（新生代以来）或现代构造运动中所产生的地应力。构造应力可能因地震释放而减小，也可能重新积累增加。因此构造应力在地壳中是分布不均匀的，而且是随时间的推移而变化着的，也就是说构造应力场不像自重应力是处于静力状态的，而是处于动力均衡状态。

3. 变异及其他应力

变异及其他应力是指岩体受岩浆活动、变质作用以及侵蚀卸荷等而受到的温度应力、化学应变能以及重力场改变等而形成的地应力。

地应力的形成极为复杂，而且受地球公、自转速度变化、潮汐作用、太阳的周期活动变化以及人类大规模工程活动等的影响，在不断地改变着。因此，在进行地下洞室建筑时，不能仅仅只考虑自重应力，而应同时考虑构造应力及其他变异应力所形成的总地应力的大小和方向。目前“地质力学”和“岩体力学”已有许多计算地应力的方法，但至今难以实际应用。在工程上多采用现场测定方法（应力解除法）加以确定。国内外大量实测资料表明：绝大多数地区的地应力，其水平应力常常大于垂直应力。据统计，水平地应力 σ_h 与垂直地应力 σ_v 的比值 λ 多数在 1.2～5 的范围内变化，个别地区有的可达 20 以上。

二、围岩应力的重分布特征

地下洞室开挖前，岩体内的地应力处于静止平衡状态，洞室开挖后破坏了这种平衡，洞室周围各点的应力状态将发生变化，各点的位移进行调整，直至达到新的平衡。由于开挖，洞室周围岩体中应力大小和主应力方向发生了变化。这种现象称为应力的重分布，但这种应力重分布只限于洞室周围的岩体。通常将洞室周围发生应力重分布的这一部分岩体称为围岩，而把重分布后的应力状态称为围岩应力状态，以区别原岩应力状态。

围岩应力的重分布与岩体的初始应力状态及洞室断面形状等各种因素有关。

对于圆形洞室，当洞室埋置深度 z 超过洞室高度的 3 倍以上时，洞室围岩的受力状态可近似如图 9-2（a）所示，即视为在垂直均布荷载 $\sigma_v=\gamma z$ 和水平均布荷载 $\sigma_h=\lambda\sigma_v$ 作用下的有孔平板。这时如取以圆孔中心为原点的极坐标 γ、θ 系统，则围岩中各点径向应力 σ_r、切向应力 σ_θ 和剪应力 τ 的计算公式分别为

$$\sigma_r=\left(\frac{\sigma_h+\sigma_v}{2}\right)\left(1-\frac{r_0^2}{r^2}\right)+\left(\frac{\sigma_h-\sigma_v}{2}\right)\left(1-\frac{4r_0^2}{r^2}+\frac{3r_0^4}{r^4}\right)\cos2\theta \tag{9-4}$$

$$\sigma_\theta=\left(\frac{\sigma_h+\sigma_v}{2}\right)\left(1+\frac{r_0^2}{r^2}\right)-\left(\frac{\sigma_h-\sigma_v}{2}\right)\left(1+\frac{3r_0^4}{r^4}\right)\cos2\theta \tag{9-5}$$

$$\tau=-\left(\frac{\sigma_h-\sigma_v}{2}\right)\left(1+\frac{2r_0^2}{r^2}-\frac{3r_0^4}{r^4}\right)\sin2\theta \tag{9-6}$$

式中　r_0——圆形洞室半径；

r——计算点至圆心的径向距离；

θ——计算点径向与水平向夹角。

计算表明，对于侧压力系数 $\lambda=1$ 的圆形洞室，开挖后应力重分布的特征是：径向应力 σ_r 向洞壁方向逐渐减小，至洞壁处为零；而切向应力 σ_θ 在洞壁 A 点处有 2 倍初始地应力的压应力集中［图 9-2（b）］。计算还表明，在 $r=6r_0$ 处（3 倍洞体直径），$\sigma_r=\sigma_\theta=\gamma z$。因此，应力重分布的影响范围，一般为洞室半径的 5～6 倍，在此范围之外，岩体仍处于原始地应力状态。对于 $\lambda\neq1$ 的圆形洞室，开挖后应力重分布的特征是：在洞壁上将受到剪应力的作用，且其值也最大，并可能出现拉应力。

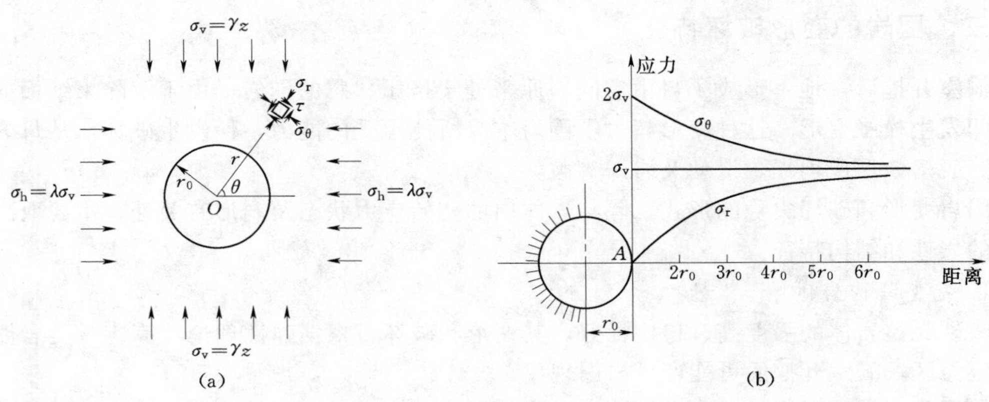

图 9-2　圆形洞室围岩应力状态

（a）计算简图；（b）应力状态

当洞室断面不是圆形而是其他形状时，围岩应力的弹性理论计算较为复杂，可用弹性力学有限元法求数值解，或直接通过光弹试验求得应力分布，围岩应力分布的一般规律是：顶、底板围岩容易出现拉应力，周边转角处存在较大的剪应力，洞室的高宽比对围岩应力的分布影响极大，设计洞室断面时应考虑垂直应力与水平应力的比值。不同断面洞室围岩中应力分布情况如图 9-3 所示。

综上所述，洞室开挖后由于应力的重分布，将使洞室周围产生应力集中现象。当周边应力小于岩体的强度极限（脆性岩石）或屈服极限（塑性岩石）时，洞室围岩稳定。否则，周边岩石首先破坏或出现大的变形，并向深部扩展到一定的范围形成松动圈（图9-4）。在

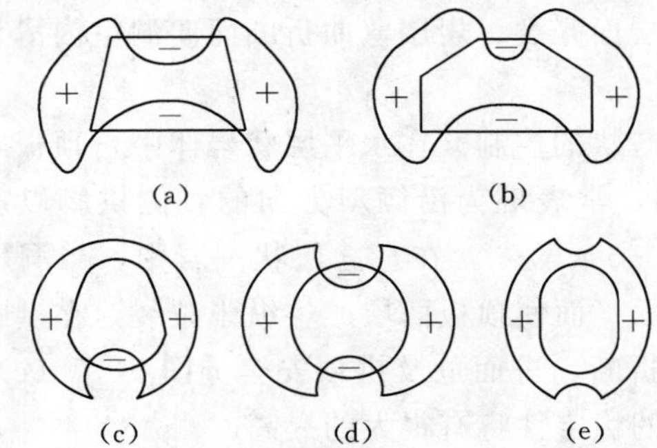

图 9-3　不同断面形状洞室周边应力分布示意图

“+”—压应力；“−”—拉应力

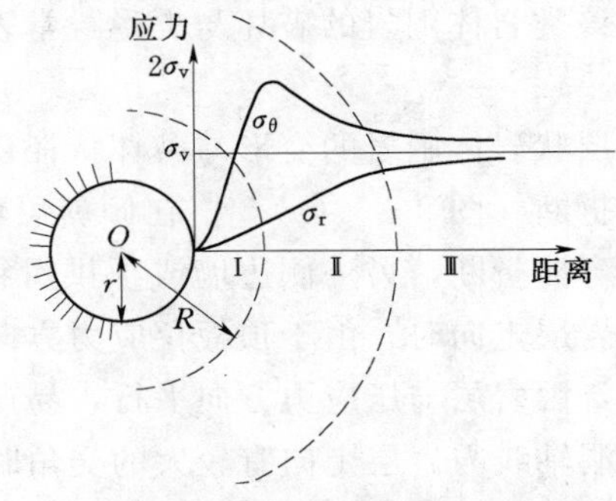

图 9-4　围岩松动圈和承载圈

Ⅰ—松动圈；Ⅱ—承载圈；Ⅲ—原始应力区

松动圈形成的过程中，原来洞室周边集中的高应力逐渐向松动圈外转移，形成新的应力升高区。该区岩体被挤压紧密，宛如一圈天然加固的岩体，故称承载圈。

应当指出，如果岩体非常软弱或处于塑性状态，则洞室开挖后，由于塑性松动圈的不断扩展，自然承载圈很难形成。在这种情况下，岩体始终处于不稳定状态，开挖洞室十分困难。如果岩体坚硬完整，则洞室围岩始终处于弹性状态，围岩稳定，不形成松动圈。

在生产实践中，确定洞室围岩松动圈的范围是非常重要的。因为松动圈一旦形成，围岩就会坍塌或向洞内产生大量的塑性变形，要维持围岩稳定就要进行支撑或衬砌。

三、围岩的变形破坏特征

洞室开挖后，地下形成了自由空间，原来处于挤压状态的围岩，由于解除束缚而向洞室空间发生松胀变形，这种变形超过了围岩本身所能承受的能力，便发生破坏，从母岩中分离、脱落，形成坍塌、滑动及岩爆等破坏。

围岩变形和破坏失稳的形式，除与岩体内的初始应力状态及洞形有关处，主要取决于围岩的岩性和结构特征。

1. 完整结构岩体

坚硬完整岩体的强度高、稳定性好，其变形和破坏可根据弹性理论计算。该类岩体在高地应力区，洞室开挖后可能产生岩爆现象。

岩爆是指在地下开挖过程中，围岩突然以爆炸形式表现出来的破坏现象。岩爆的产生需要具备两方面的条件：高储能体的存在，且其应力接近于岩体强度是岩爆产生的内因，某附加荷载的触发则是其产生的外因。就内因来看，具有储能能力的高强度、结构完整的脆性岩体是围岩内的高储能体，岩爆往往也就发生在这些部位。从外因看主要有两个方面：一是机械开挖、爆破以及围岩局部破裂所造成的弹性振荡；二是开挖的迅速推进或累进性破坏所引起的应力突然向某些部位的集中。

在地下开挖的实际进程中，如果在围岩的某些部位形成了高储能体，且其应力已接近于岩体的强度时，则上述一些因素所引起的应力急剧变化，即使其量级很小，也可使高储能体内的应力迅速超载，从而使其发生剧烈的脆性破坏，突然释放的弹性能一部分消耗于破碎岩石，其余部分则转化为动能，将岩片抛出。

2. 层状结构岩体

该类岩体围岩的破坏与失稳，常表现为因层面张裂、岩层弯曲折断而向洞室内滑移或塌落。

层状岩体围岩的变形与破坏特征还受岩层产状的控制。在水平层状岩体中，顶板容易下沉折断［图 9－5（a）］。在倾斜层状围岩中，常表现为沿倾斜方向的一侧拱脚以上岩体的弯曲折断，另一侧边墙或顶拱滑移［图 9－5（b）］。在直立层状围岩中，当洞轴线平行岩层走向时，由于顶板拉应力方向垂直层面，而使顶板面层产生纵张拉裂，在拱脚或边墙，因岩层与压应力方向平行，易产生弯曲折断，进而危及拱顶安全［图 9－5（c）］。但当洞轴线与岩层走向有较大的交角时，围岩的稳定性将有很大的提高。

3. 块断结构岩体

块断结构围岩的变形与破坏，主要表现为沿结构面的滑移掉块。例如，美国摩洛波音

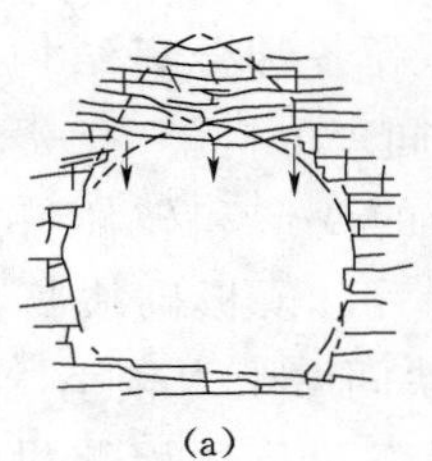
(a)

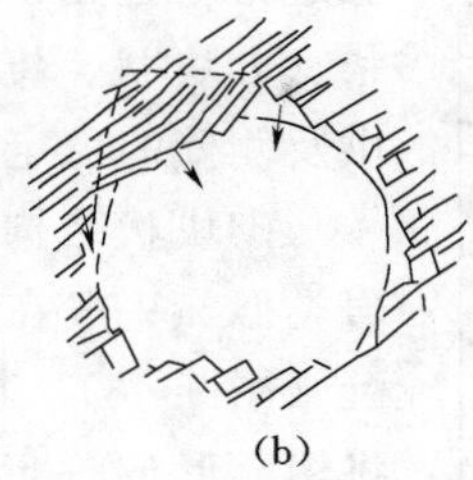
(b)

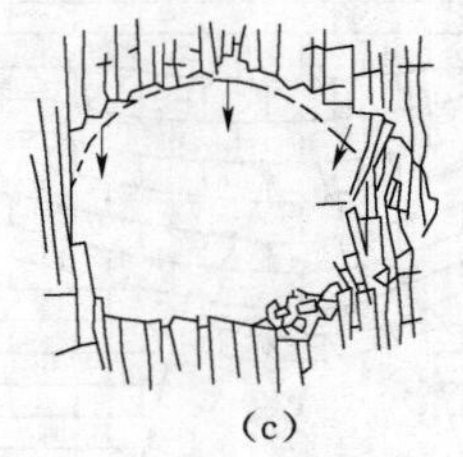
(c)

图 9-5 层状围岩变形与破坏特征

(a) 水平层状围岩；(b) 倾斜层状围岩；(c) 直立层状围岩

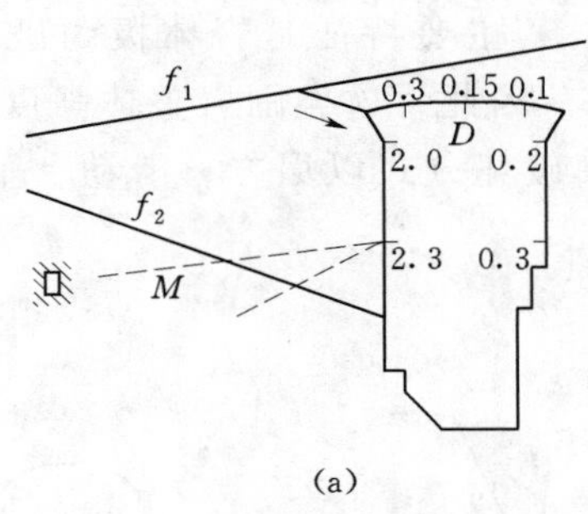

(a)

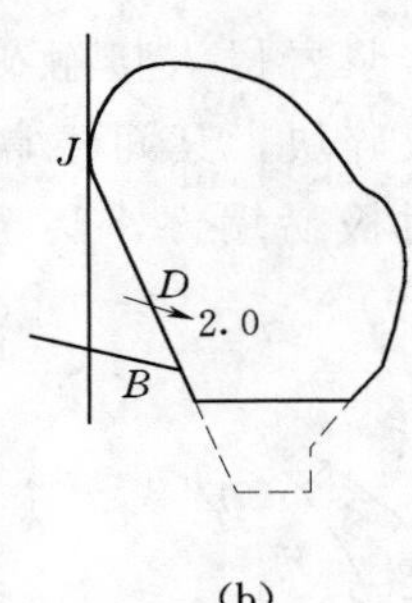

(b)

图 9-6 块断结构围岩中不稳定契形体变形

(a) 摩洛波音特水电站地下厂房；(b) 内华达Ⅱ号实验洞

f—剪切理错动带；B—层面；D—位移（单位：in）

特（Morrowpoint）地下电站厂房，由两条小断层组合而成的楔形体发生向洞内的滑移，位移量最大约达 5.8cm，构成对厂房稳定性的极大威胁［图 9-6（a）］。美国内华达（Nevada）Ⅱ号实验洞。在边墙上由层面和节理交切构成的滑移体，向洞内位移最大达 5.6cm［图 9-6（b）］。国内也有很多类似的例子。

4. 碎裂结构岩体

碎裂岩体的结构特征比较复杂，有不规则块状的、砌块状的和破碎状的几种类型。

不规则块状结构围岩的稳定性，取决于岩块分离体的形状、结构面性质及岩块间咬合的程度，其变形和破坏主要表现为大块岩石冒落或滑落。

当节理切割的岩块分离体出露于拱顶时，尖棱朝下的楔形体［图 9-7（b）］较尖棱朝上者［图 9-7（a）］稳定。若上述楔形岩块出露于侧壁时［图 9-7（c）、（d）］，其

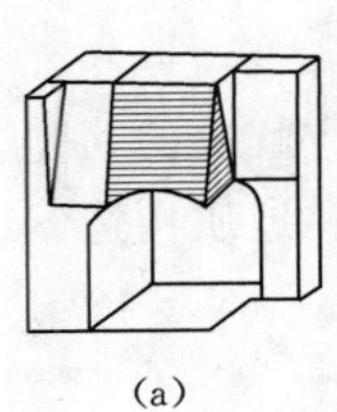
(a)

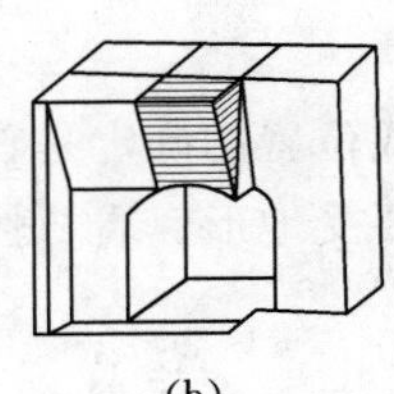
(b)

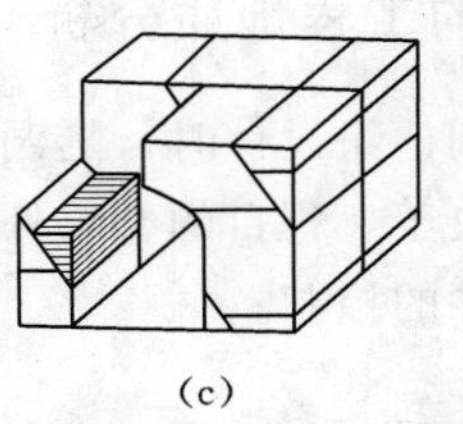
(c)

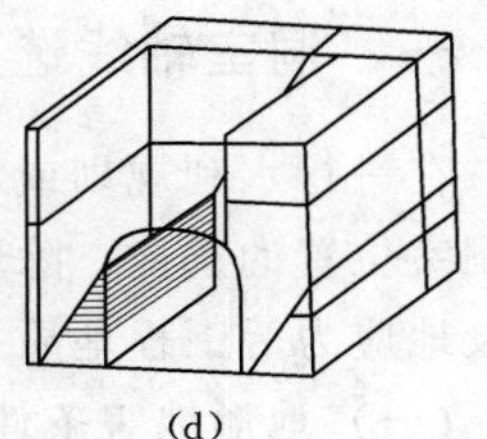
(d)

图 9-7 分离岩块在洞顶及侧壁出露的情况

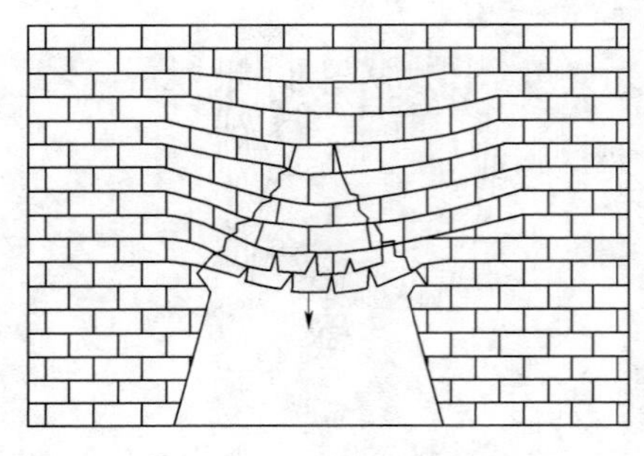

图 9-8　砌块状围岩的顶板松弛下沉

稳定与上述情况相反。如节理切割的岩石呈棱柱状、方块状、锥形体等各种分离结构体时，其顶拱及侧壁的稳定性可同理分析。

砌块状结构围岩的变形和破坏特征与层状围岩类似。一般在开挖后，顶板砌块将发生松弛下沉（图 9-8）。如砌块间摩阻力较小，则顶板岩块将塌落形成梯形或近三角形的塌落拱。破碎状围岩的破坏与失稳和散体结构围岩类似。

5. 散体结构岩体

散体结构围岩主要为断层破碎带、剧烈风化带及泥化夹层、岩浆岩侵入接触破碎带等，其主要特征是岩体极为破碎，常呈片状、碎屑状、颗粒状及碎块，其间经常大量夹泥。因此，这类围岩整体强度低，极易变形，在有地下水参与时极易塌方，甚至冒顶。其破坏方式以塌方、滑动、塑性挤入等形式表现出来（图 9-9）。

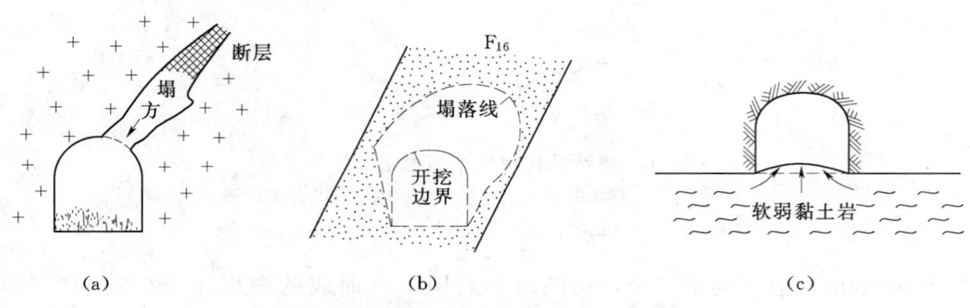

图 9-9　散体结构围岩变形破坏形式

应该指出，上述各类围岩的变形与破坏都是逐次发展的，有的是从边墙开始危及拱顶；有的是从顶拱开始向边墙发展。一般除坚硬完整岩体不至于产生大规模的破坏外，对其他各类岩体的变形和破坏均应进行及时的处理。否则，其变形与破坏可以发展到很大的规模，造成严重的后果。

第二节　地下洞室规划、设计中的有关问题

一、洞室轴线选择的工程地质分析

在进行水利规划或水利枢纽设计时，隧洞选线或位置的确定是首先应解决的问题。地下洞室位置的选择，除取决于工程目的要求外，主要受地形、岩石性质、地质构造、地下水及地应力等工程地质条件的控制。

（一）地形地貌条件

隧洞选线时应注意利用地形，方便施工，在山区开凿隧洞一般只有进口和出口两个工

作面，如洞线长则工期将延长，影响效益。为此在选线时，应充分利用沟谷地形，多开施工导洞，或分段开挖以增加工作面，如图 9-10 所示。其中Ⅰ—Ⅰ′隧洞线穿越山脊，除进出口两头有工作面外，可沿沟谷打水平施工导洞以增加工作面；Ⅱ—Ⅱ′隧洞线穿越沟谷上部，可利用竖井作施工导洞；Ⅲ—Ⅲ′隧洞线穿越沟谷下部，隧洞出现明段，可分段施工，但如是有压隧洞，就需要在明段用压力管道进行连接。

水工隧洞的选线，应尽量采取直线，避免或减少曲线和弯道。如采用曲线布置，根据现行规范要求，洞线转弯角度应大于 60°，曲率半径不小于 5 倍洞径。

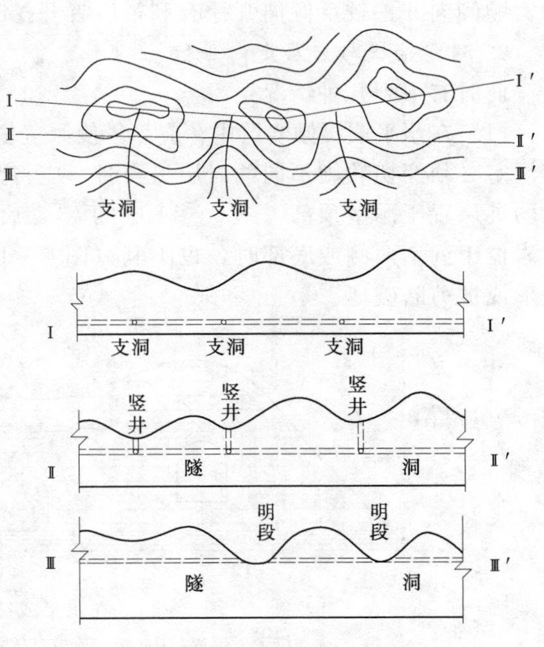

图 9-10 隧洞选线

（二）地层与岩性条件

地层与岩性条件的好坏直接影响隧洞的稳定性，在洞线选择时，应分析隧洞沿线地层的分布和各种岩石的工程性质。对于坚硬岩石，如火成岩中的花岗岩、闪长岩、辉长岩、辉绿岩、玢岩、安山岩、玄武岩、流纹岩；变质岩中的片麻岩、石英岩、硅质大理岩等，这些岩石岩质坚硬，工程性质一般较好。但对某些软弱的火成岩及变质岩，如凝灰岩、片岩、千枚岩、泥质板岩等，隧洞施工中易造成塌方、变形。沉积岩总体不如火成岩和变质岩，但其中坚硬的石灰岩，胶结良好的砂岩、砾岩等，工程性质一般也较好，但岩质软弱的沉积岩，如泥质、炭质页岩、泥灰岩、黏土岩、斑脱岩、石膏、盐岩、煤层以及胶结不良的砂砾岩等，则强度低，易风化或膨胀变形，对隧洞围岩稳定性极为不利。

一般在坚硬岩石中开挖隧洞时，由于围岩稳定，所以日进尺快、造价便宜。在软弱岩层和松散岩层中掘进，则顶板容易坍塌、侧壁和底板容易产生鼓胀变形，为了维持稳定，常需要支护或衬砌后才能继续掘进，因此日进尺慢、造价也高。所以，在地下洞室选线时，必须重视岩层性质的调查研究，尽量避开不良的围岩，使洞身置于坚硬完整的岩层中。

（三）地质构造条件

地质构造条件对洞室围岩稳定有重要的影响。一般在进行隧洞选线时，应尽量使轴线与构造线方向相垂直或成大角度相交。尽量避开大的断层破碎带或呈小角度相交。下面分述岩层产状、断层等对洞室位置选择的影响。

1. 洞室轴线与岩层走向垂直

在这种情况下，洞室沿线虽然可能遇到较多的岩层组合，甚至还会穿越褶皱轴部，但洞室围岩稳定性较好，特别是对大型地下洞室的高边墙稳定有利。当洞轴线垂直岩层走向时，顺倾向开挖较反倾向开挖有利，后者开挖时虽然容易，但易产生滑块现象。

2. 洞室轴线与岩层走向平行

此时有下列几种情况：

（1）在水平或缓倾岩层中，应尽量使洞室位于厚层均质坚硬岩层中（图 9－11 中的 a）。若洞室必须穿切软硬不同的岩层组合时，应将坚硬岩层作为顶板，尽量避免将软弱岩层或软弱夹层置于洞室顶部（图 9－11 中的 b），后者易于造成顶板悬垂或坍塌。软弱夹层或软岩位于洞室两侧或底部时，也不利（图 9－11 中的 c），此时容易引起边墙或底板鼓胀变形或被剪断破坏。

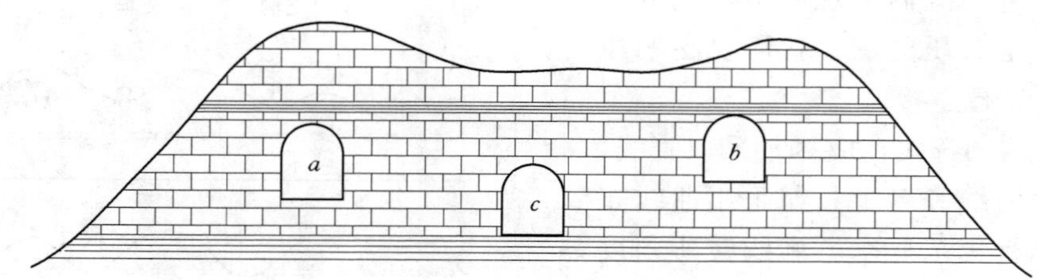

图 9－11　在水平或缓倾岩层中的隧洞

a—位于坚硬岩层中；b—顶板有软弱夹层；c—地板为软弱黏土岩

（2）在倾斜岩层中开挖隧洞容易产生偏压，图 9－12 中的 a 所示的洞身通过软硬相间的倾斜岩层，在软弱岩层部位将产生较大的偏压。图 9－12 中的 b 所示的洞身通过部位有软弱夹层也会产生偏压。因此，在倾斜岩层地区，最好将洞室置于坚硬完整的均一岩层中，如图 9－12 中的 c 所示。

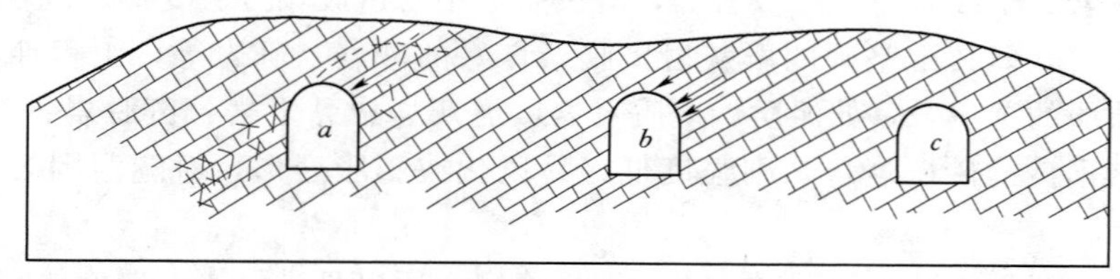

图 9－12　倾斜岩层中隧洞的偏压

a—破碎岩层造成的偏压；b—软弱夹层造成的偏压；c—坚硬岩层

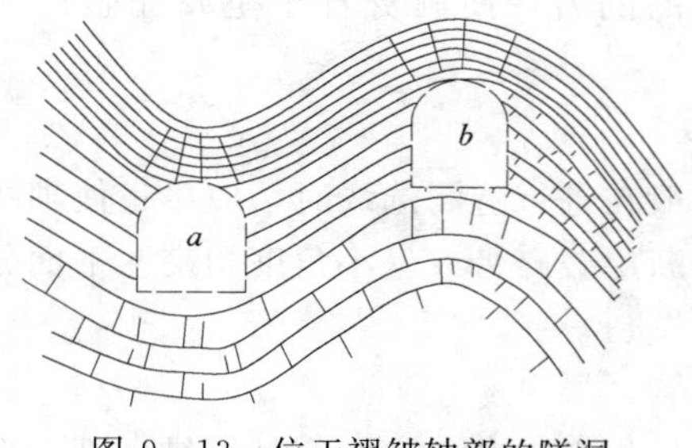

图 9－13　位于褶皱轴部的隧洞

a—向斜；b—背斜

（3）当洞室通过直立岩层时稳定性一般较好。

3. 褶皱的影响

洞室要尽可能地避免沿褶皱的轴部布设，因为褶皱轴部纵张裂隙发育，岩体完整性差，而且向斜轴部还容易集水，给施工造成困难。与向斜比较而言，背斜轴部的稳定性较好，背斜岩层自然成拱，纵张裂隙切割的岩块尖顶朝下，不易坍塌破坏（图 9－13 中的 b），向斜相反，其轴部所切成的锥形尖顶朝上（图 9－13 中的 a），洞室开挖后洞顶易于松脱掉块。对于那些具有形态复杂褶皱的地区，如倒转褶皱、平卧褶皱、倾伏褶皱等地区，则应根据上述原则进行具体分析，这些地区一般反映地质构造运动比较强烈，岩体比较破碎，故隧洞选线时应特别注意。

4. 断层的影响

断层带岩石破碎且多数夹泥，极易产生塌方甚至冒顶，在有地下水参与下，这种破坏更加严重。而且隧洞所遇断裂破碎带宽度越大，其走向与洞轴线交角越小，在洞内出露面积也越大，对围岩的稳定性影响就越大。因此，在隧洞选线时，应尽量避免通过大的断层破碎带，或洞轴线尽量与断层带呈大角度相交。

（四）水文地质条件

隧洞施工中地下涌水带来的危害，已屡见不鲜。地下水对洞室的不良影响主要有以下几个方面：以静水压力的形式作用于洞室衬砌；在动水压力作用下，某些松散或破碎岩层中易产生机械潜蚀等渗透变形；使黏土质岩石软化，强度降低；石膏、岩盐及某些以蒙脱石主的黏土岩类，在地下水作用下将产生剧烈的溶解或膨胀；大量的突然涌水将造成人身伤亡和停工事故。

因此，在洞室位置选择时，应尽量将洞室置于非含水岩层中。对易透水的岩层和构造，特别是喀斯特地区，应密切注意其分布规律和发育程度，并结合隧洞设计高程，分析评价地下水涌水的可能性和涌水量。此外，还应注意对地下水水质资料的分析，对 pH 值小于 7 的酸性地下水，应分析水中侵蚀性 CO_2 和硫酸盐侵蚀性对混凝土衬砌的影响。

二、洞室设计中有关参数的确定方法

在地下洞室设计中，如何确定山岩压力、围岩的承载能力及外水压力等数值，是涉及洞室稳定及如何进行支撑衬砌的重要问题。下面仅从工程地质的角度，对其选择进行简要评述。

（一）山岩压力

隧洞开挖后，岩体内部的地应力，由原来的相对平衡状态，发展成应力重新分布，并由此而引起隧洞周围的岩体产生变形甚至破坏。这种由于围岩变形、破坏所形成的松动岩体，施加于隧洞衬砌上的压力称为山岩压力，也称围岩压力或岩石压力。它与地应力不同，地应力是隧洞围岩的内部应力，而山岩压力是施加于隧洞衬砌上的外力。对坚硬完整的岩体，隧洞开挖后，其强度能适应地应力的变化，隧洞不需要支护即能保持稳定，此时就不存在山岩压力。但当围岩软弱破碎、不能适应地应力重新分布时，将产生塑性变形和松动破坏，此时就形成了山岩压力。因此山岩压力的大小是隧洞设计临时性支护及长期性衬砌的一项重要地质依据。

围岩压力不仅与围岩地质因素和洞室断面形状有关，还与岩体的天然应力状态、衬砌或支护的性能以及施工方法和速度有关。所以，确定围岩压力的大小和方向，是一个极为复杂的问题。工程中按其计算方法的理论依据，有的将围岩视为松散介质，确立了平衡拱理论的计算方法；有的将围岩视为弹、塑性体，确立了相应的计算方法；有的将围岩视为具有一定结构面的地质体，确立了岩体结构计算方法。但到目前为止，围岩压力的计算问题还没有得到圆满解决。下面主要介绍水利工程地质中常用的几种方法。

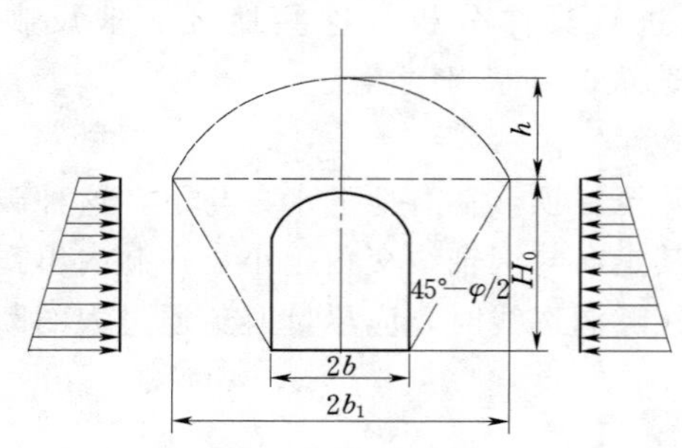

图 9-14　散粒体围岩塌落拱示意图

1. 松散体理论（普氏 f_k 法）

松散体理论计算方法的前提是将围岩视为被节理切割而失去内部连接的散粒体，按塌落拱理论计算山岩压力，如普罗托季亚科诺夫（M. M. Пртодбяконов）理论和太沙基（K. Terzaghi）理论等。

普氏理论认为塌落拱为抛物线形，所谓塌落拱是洞室开挖后由于顶部失去支撑而塌落成的一个拱形（图 9-14），有时也称平衡拱或压力拱。塌落拱内岩体的重量就是垂直的山岩压力。因此，洞顶的山岩压力为

$$p=\frac{4}{3}\gamma bh \tag{9-7}$$

式中　p——洞顶垂直山岩压力，kN/m；

γ——岩石容重，kN/m³；

b——隧洞跨度之半，m；

h——塌落拱高度，m。

塌落拱高度的计算公式为

$$h=\frac{b}{f_k} \tag{9-8}$$

式（9-8）中 f_k 为岩石的坚固系数，又称普氏系数。对于黏性土，$f_k=\tan\varphi+C/\sigma$；对于砂类土，$f_k=\tan\varphi$；对于岩石，$f_k=R_\omega/10$。其中，C 为土体的黏聚力，kPa；φ 为土体的内摩擦角，(°)；σ 为洞顶土层的自重应力，kPa；R_ω 为岩石的湿抗压强度，MPa。

可见，只要求得 f_k 值，就可利用上述公式计算塌落拱高度和垂直山岩压力。

普氏理论有一定优点，它将塌落体的重量视为山岩压力，很直观，易理解，也有理论依据。但由于岩体并不是散粒体，洞顶塌落也并不总是拱形，所以用普氏理论计算山岩压力是有缺陷的，对于坚硬完整的岩体所得结果一般偏大。由于该法计算简单，经修正后仍可在生产中应用。根据我国的经验，仍沿用原来的压力拱公式，但综合考虑岩性、岩石的风化情况、节理裂隙的切割程度及地下水的活动等多种因素，对原有的普氏系数进行修正，即 $f_k=\alpha R_\omega/10$，然后再根据 f_k 值对塌落拱高度进行修正。修正方法如下：

(1) 按岩体风化及结构面发育程度，确定修正系数 α，见表 9-1。

表 9-1　　按岩体风化及断裂发育程度确定 α 值

岩体特征	微风化岩体	弱风化岩体	裂隙发育	断裂发育	大断层
α 值	0.5～0.6	0.4～0.5	0.3～0.4	0.2～0.3	0.1

(2) 按裂隙率确定修正系数 α，见表 9-2。

(3) 按岩石单轴抗压强度确定 f_k 值，见表 9-3。

表 9-2 按裂隙率确定 α 值

裂隙率/%	0	<2	2~5	5~10	10~20	>20
α 值	1.0	0.9	0.8	0.7	0.6	0.5

表 9-3 按岩石单轴抗压强度确定 f_k 值

岩石单轴抗压强度/MPa	>70	30~70	<30
f_k 值计算式	$R_\omega/15$	$R_\omega/10$	$R_\omega/6 \sim R_\omega/8$

(4) 按经验确定 f_k 值后，乘以不同的安全系数 k 对塌落拱高度进行修正，见表9-4。

表 9-4 塌落拱高度的修正

f_k 值	安全系数 k	塌落拱高度 h
>4	0	0
3~4	1	$1.6b+0.03H$
2~3	1.5	$0.38b+0.08H$
1~2	2~2.5	$b+0.41H$
0.6	3	$2.5b+1.44H$

2. 岩体结构法

这种方法是在地质调查和勘探资料分析的基础上，根据软弱结构面的发育规律及其组合关系，确定分离体的形状，再用极限平衡体原理计算山岩压力。

分离体的形状在隧洞工程中经常出现的有柱状、楔形及锥形 3 种类型，如图 9-15 所示。现以方形隧洞为例说明岩体结构法计算山岩压力的过程。设有平行隧洞方向的两组结构面①—①及②—②，其倾向与隧洞斜交形成了 4 块分离体，如图 9-16 所示。隧洞开挖后分离体△abc 位于洞顶，ab 及 ac 为切割面，bc 为临空面，这种情况最易形成洞顶塌方。此时山岩压力 P_1 在不考虑 ab 及

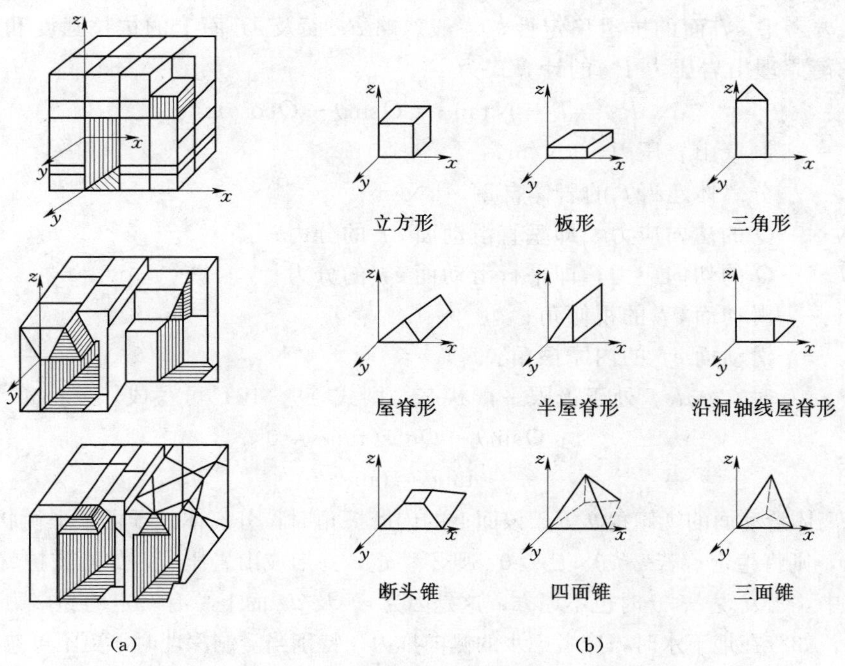

图 9-15 隧洞围岩三种常见分离体

(a) 立体图；(b) 坐标图

ac 面上的抗拉强度时，就是分离体$\triangle abc$ 的自重 Q，即

$$P_1 = \frac{1}{2} HB\gamma = Q \tag{9-9}$$

式中 P_1——洞顶山岩压力，kN/m；

H——分离体高度，m；

B——分离体宽度，m；

γ——岩体容重，kN/m^3。

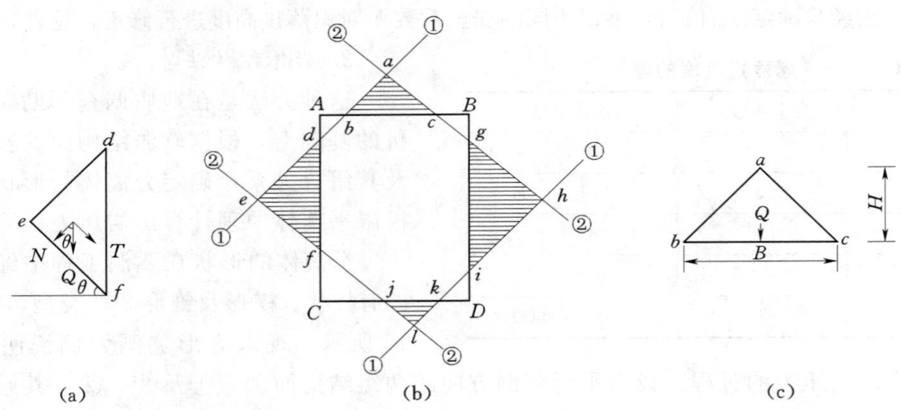

图 9-16 岩体结构法计算山岩压力示意图

分离体$\triangle def$ 位于洞壁左侧，df 为临空面，de 为切割面，ef 为滑动面。计算山岩压力时主要考虑 ef 面的抗滑稳定性，一般忽略 de 面及 ef 面上的抗拉强度和黏聚力，根据极限平衡原理山岩压力 P_2 的计算式为

$$P_2 = T - N\tan\varphi = Q\sin\theta - Q\cos\theta\tan\varphi \tag{9-10}$$

式中 P_2——洞壁山岩压力，kN/m；

Q——分离体$\triangle def$ 的岩体自重，kN/m；

N——Q 的法向应力，即垂直滑动面 ef 的分力；

T——Q 的切向应力，即平行滑动面 ef 的分力；

θ——滑动面 ef 的视倾角；

φ——滑动面 ef 的内摩擦角。

在 $P_2=0$ 时，$\triangle def$ 处于极限平衡状态，则式（9-10）可写成

$$Q\sin\theta - Q\cos\theta\tan\varphi = 0$$

即

$$\tan\theta = \tan\varphi \tag{9-11}$$

当分离体滑动面的视倾角 θ 等于该面上的内摩擦角时，分离体处于极限平衡状态。若 $\varphi>\theta$、$P_2<0$，则将稳定；若 $\varphi<\theta$、$P_2>0$，则不稳定，并形成山岩压力，如不支护就将塌方。但实际工作中，常发现 $\varphi<\theta$ 时也不塌方，这是因为 ef 及 de 面上总有一定的黏聚力 C 或抗拉强度。此外，如存在地下水时，应考虑水的侧向推力，特别当隧洞深埋时，更不可忽视。

分离体$\triangle ghi$ 与$\triangle def$ 情况是相同的，而$\triangle jkl$ 分离体位于洞底，一般不会形成山岩压力。

若结构面为三组或三组以上，并互相交错切割，则可组成形式多样的分离体，但计算原理与上述相同，只是计算岩体自重的体积形状复杂化而已。现已有“赤平投影”及“实体比例投影”等做图法，可以简化立体三角的计算过程，需用时可参考有关专著。

（二）围岩抗力

1. 围岩抗力系数的概念

水利水电工程中的隧洞大部分是有压隧洞，隧洞的内水压力通过衬砌传递到围岩上，这时围岩将产生反作用的抗力，称为围岩抗力，又称岩体抗力。它的大小决定着围岩的承载力和衬砌设计的类型和厚度。围岩抗力大的围岩可以承受大部分内水压力，减小衬砌厚度。如云南以礼河水电站的高压隧洞通过坚硬的玄武岩，围岩可承受 11.5～12.0MN/m^2 的内水压力，约为设计内水压力的 83%～86%，这样就可降低工程造价。因此研究围岩抗力具有重要的实际意义，围岩抗力是水工隧洞设计中的重要地质参数之一。

围岩抗力与围岩的性质、断面形状和尺寸、衬砌和围岩接触的紧密程度等因素有关，常用围岩抗力系数 K 表示，根据文克尔（Winkler）的假定，围岩抗力系数为

$$K=\frac{p_{内}}{y} \tag{9-12}$$

式中　$p_{内}$——内水压力，MN/m^2；

　　y——隧洞围岩的径向变形，m。

由式（9－12）可知，岩体抗力系数 K 是指隧洞围岩产生一个单位变形所需要的内水压力值，其单位为 MN/（m^2·m）。假设围岩是理想的弹性体，圆形隧洞 K 值与岩体弹性模量之间的关系为

$$K=\frac{E}{(1+\mu)R} \tag{9-13}$$

式中　E——围岩的弹性模量或变形模量，10^5Pa；

　　μ——岩体的泊松比；

　　R——圆形隧洞半径，cm。

从式（9－13）可知，K 值与隧洞半径的大小有关，半径越大，K 值越小。在工程上为了便于比较，常采用隧洞半径为 100cm 时的抗力系数作为单位抗力系数，用 K_0 表示，即

$$K_0=K\frac{R}{100} \tag{9-14}$$

2. 围岩抗力系数的确定方法

确定围岩抗力系数或单位抗力系数的方法，一般有直接测定法、间接测定计算法和工程地质类比法 3 种。直接测定法是在已开挖的隧洞中，或选择有代表性的典型地段进行现场试验。内水压力的加压方法，常用双筒橡皮囊法、堵塞水压法、扁千斤顶法等。

双筒橡皮囊法是在岩体中挖一个直径大于 1m 的圆形试坑，坑的深度大于直径的 1.5 倍，围岩厚度要求大于直径的 3 倍。在坑内安装环形橡皮囊，其一侧紧靠坑壁，另一侧紧贴圆形钢架，用水泵加压于橡皮囊，使其充水受压，周壁扩张，迫使四周岩体变形，变形值可用测微计（0.001mm）直接读数，如图 9－17（a）所示。

堵塞水压法是在选定的试验段两端或一端将试洞堵死，在洞内安装变形测量计，如图

9-17（b）所示，然后向洞内压入高压水，直接测定变形值。

间接测量计算法是在测定出岩石的弹性模量 E 和泊松比 μ 值后，根据弹性理论公式计算为

$$K_0=\alpha\frac{E}{(1+\mu)\times 100} \tag{9-15}$$

$$K_0=\alpha\frac{E}{(1+\mu+\ln\frac{R_1}{R})\times 100} \tag{9-16}$$

式中　R_1——隧洞围岩弹性变形区半径，cm；

R——隧洞半径，cm；据工程经验，对于坚硬完整的岩体，$R_1/R=3$，而软弱破碎岩体 $R_1/R=30\sim300$；

α——修正系数，室内试验 $\alpha=1/2\sim1/3$，野外试验 $\alpha=1$。

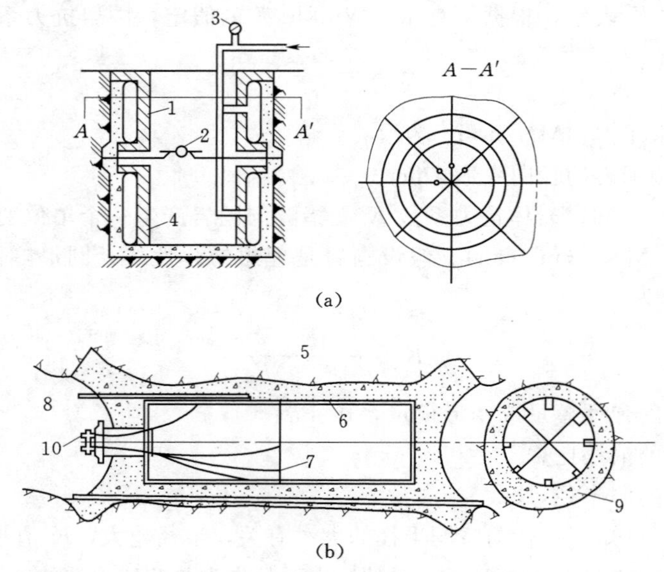

图 9-17　岩体的抗力系数 K_0 的测定方法

（a）双筒橡皮囊法；（b）堵塞水压法

1—金属筒；2—测微计；3—水压表；4—橡皮囊；5—衬砌；6—橡皮套；7—测微计；8—孔门；9—伸缩缝；10—排气孔

工程类比法或经验数据法，是在设计隧洞围岩的工程地质性质与已建成隧洞的地质情况对比分析的基础上，直接引用的 K_0 或 K 值。在初步设计阶段或一般中小型水利水电工程可采用此法。

第三节　围岩工程地质分类

围岩分类是在对地下工程岩体的工程地质特性进行综合分析、概括及评价的基础上，将围岩分为工程性质不同的若干类别。分类的实质是广义的工程地质类比，是对相当多地

下工程的设计、施工与运行经验的总结。由于围岩介质是非常复杂的，目前还没有恰当的数学、力学计算方法解决其平衡稳定问题，所以用围岩分类的方法对围岩的整体稳定程度进行判断，并指导开挖与系统支护设计是普遍应用的方法。

围岩分类的基本步骤：

（1）对围岩的岩体质量进行评价分类，主要考虑影响围岩质量的围岩的完整性、坚固性和含水透水性三方面的因素，其中，岩体的完整性是最重要的因素。

（2）考虑工程因素，如洞室的轴向、断面形状与尺寸，及其与结构面产状的关系等，以及围岩强度应力比和地下水对碎裂与散体结构岩体的作用等，进行围岩稳定性评价。

（3）根据测试及类比，建议供设计参考使用的地质参数、山岩压力或围岩应力计算的理论方法。

（4）工程地质、岩石力学、设计及施工人员结合，确定各类围岩的开挖、支护准则。

地下洞室围岩分类据分类指标，大体上有下列几种：①单一的综合性指标分类，如据岩体的弹性波速度（V_p）、岩石质量指标（RQD）、岩石的坚固性系数（f_k）等进行分类；②多因素定性和定量的指标相结合，用于围岩分级，如我国的 GB 50218—2014《工程岩体分级标准》、GB 50086—2015《岩土锚杆与喷射混凝土支护技术规范》中的围岩分级、我国的铁路隧道围岩分级等；③多因素组合的复合指标分类，即按岩体质量复合指标定量评分的分类，其中，在国际上较为通用的是以巴顿（Barton）岩体质量 Q 系统分类为代表的综合乘积法分类和以比尼奥斯基（Bieniawski）地质力学分类（RMR 分类）为代表的和差计分法分类，在我国则以 GB 50287—2016《水力发电工程地质勘察规范》中附录 P 给出的围岩工程地质分类为代表，这类分类方法是当前围岩分类的发展方向。

下面介绍 GB 50287—2016《水力发电工程地质勘察规范》中附录 P 给出的围岩工程地质分类。

GB 50287—2016《水力发电工程地质勘察规范》提出的围岩工程地质分类，是以“六五”国家科技攻关项目 15-2-1“水电站大型地下洞室围岩稳定和支护的研究与实践”中的一个子项“水电地下工程围岩分类”的研究成果为基础，同时参考了国内外一些主要的隧洞围岩分类方法和我国鲁布革、天生桥、彭水、小浪底、水丰等十几个大型水利水电工程的实际分类编制的。该分类方法已在我国水电行业中广泛应用。《水电地下工程围岩分类》的研究工作收集了国内外 74 种围岩分类，调查分析了水电、铁路、矿山等 40 余个工程近 500 个塌方实例，重点根据国内外 10 余种围岩分类方法，选用简易测试技术（弹性波、点荷载、回弹值等）和定性、定量相结合的多因素综合评分方法，对围岩失稳和围岩分类进行了深入的研究，提出了“水电地下工程围岩分类”方法基本方案，经过 35 个工程反馈应用，进行了多次修改，并配合有限元计算，确定支护参数的选择，研究了各类围岩主要物理力学经验参数。该分类的特点是根据水电勘察、设计、施工不同阶段的深度要求，适用于可行研究阶段的初步分类和初步设计与技施设计阶段的详细分类，可用于确定锚喷支护设计参数及各类围岩主要物理力学参数等。

围岩工程地质分类以控制围岩稳定的岩石强度、岩体完整性系数、结构面状态、地下水和主要结构面产状五项因素的和差为基本依据，围岩强度应力比为限定判据，按表 9-5 进行分类。围岩强度应力比 S 可根据下式求得

$$S=\frac{R_b K_V}{\sigma_m} \tag{9-17}$$

式中　R_b——岩石饱和单轴抗压强度，MPa；

K_V——岩体完整性系数；

σ_m——围岩的最大主应力，MPa。

各因素的评分按表9-6～表9-10所列标准确定。该分类不适用于埋深小于两倍洞径或跨度、膨胀土、黄土等特殊土层和喀斯特洞穴发育地段的地下洞室。规范要求对大跨度地下洞室的围岩分类应采用本规范规定的“围岩工程地质分类”和GB 50218—2014《工程岩体分级标准》等国家标准综合评定。对国际合作的工程还可采用国际通用的围岩分类方法对比使用。

表9-5　**围岩工程地质分类**

围岩类别	围岩稳定性	围岩总评分 T	围岩强度应力比 S	支护类型
Ⅰ	稳定。围岩可长期稳定，一般无不稳定块体	$T>85$	$S>4$	不支护或局部锚杆或喷薄层混凝土。大跨度时，喷混凝土、系统锚杆加钢筋网
Ⅱ	基本稳定。围岩整体稳定，不会产生塑性变形，局部可能产生掉块	$85\geqslant T>65$	$S>4$	
Ⅲ	局部稳定性差。围岩强度不足，局部会产生塑性变形，不支护可能产生塌方或变形破坏。完整的较软岩，可能暂时稳定	$65\geqslant T>45$	$S>2$	喷混凝土、系统锚杆加钢筋网。跨度为20～25m时，并浇筑混凝土衬砌
Ⅳ	不稳定。围岩自稳时间很短，规模较大的各种变形和破坏都可能发生	$45\geqslant T>25$	$S>2$	喷混凝土、系统锚杆加钢筋网，并浇筑混凝土衬砌
Ⅴ	极不稳定。围岩不能自稳，变形破坏严重	$T\leqslant 25$		

注　Ⅱ、Ⅲ、Ⅳ类围岩，当其强度应力比小于本表规定时，围岩类别宜相应降低一级。

表9-6　**岩石强度评分**

岩质类型	硬质岩		软质岩	
	坚硬岩	中硬岩	较软岩	软岩
饱和单轴抗压强度 R_b/MPa	$R_b>60$	$60\geqslant R_b>30$	$30\geqslant R_b>15$	$15\geqslant R_b>5$
岩石强度评分 A	30～20	20～10	10～5	5～0

注　1. 当岩石饱和单轴抗压强度大于100MPa时，岩石强度的评分为30。

2. 当岩体完整程度与结构面状态评分之和小于5时，岩石强度评分大于20的，按20评分。

表9-7　**岩体完整程度评分**

岩体完整程度		完整	较完整	完整性差	较破碎	破碎
岩体完整性系数 K_V		$K_V>0.75$	$0.75\geqslant K_V>0.55$	$0.55\geqslant K_V>0.35$	$0.35\geqslant K_V>0.15$	$K_V\leqslant 0.15$
岩体完整性评分 B	硬质岩	40～30	30～22	22～14	14～6	<6
	软质岩	25～19	19～14	14～9	9～4	<4

注　1. 当 $60\text{MPa}\geqslant R_b>30\text{MPa}$，岩体完整程度与结构面状态评分之和大于65时，按65评分。

2. 当 $30\text{MPa}\geqslant R_b>15\text{MPa}$，岩体完整程度与结构面状态评分之和大于55时，按55评分。

3. 当 $15\text{MPa}\geqslant R_b>5\text{MPa}$，岩体完整程度与结构面状态评分之和大于40时，按40评分。

4. 当 $R_b\leqslant 5\text{MPa}$，属特软岩，岩体完整程度与结构面状态，不参加评分。

表 9-8　　结构面状态评分

结构面状态	张开度 W/mm	闭合 $W<0.5$		微张 $0.5\leqslant W<5.0$									张开 $W\geqslant 5.0$	
	充填物	—		无充填			岩屑			泥质			岩屑	泥质
	起伏粗糙状况	起伏粗糙	平直光滑	起伏粗糙	起伏光滑或平直粗糙	平直光滑	起伏粗糙	起伏光滑或平直粗糙	平直光滑	起伏粗糙	起伏光滑或平直粗糙	平直光滑	—	—
结构面状态评分 C	硬质岩	27	21	24	21	15	21	17	12	15	12	9	12	6
	较软岩	27	21	24	21	15	21	17	12	15	12	9	12	6
	软岩	18	14	17	14	8	14	11	8	10	8	6	8	4

注　1. 结构面的延伸长度小于 3m 时，硬质岩、较软岩的结构面状态评分另加 3 分，软岩加 2 分；结构面延伸长度大于 10m 时，硬质岩、较软岩减 3 分，软岩减 2 分。
2. 当结构面张开度大于 10mm，无充填时，结构面状态的评分为零。

表 9-9　　地下水评分

活动状态			干燥到渗水滴水	线状流水	涌水
水量 q/[L/(min·10m) 洞长] 或压力水头 H/m			$q\leqslant 25$ 或 $H\leqslant 10$	$25<q\leqslant 125$ 或 $10<H\leqslant 100$	$q>125$ 或 $H>100$
基本因素评分 T'	$T'>85$	地下水评分 D	0	0～−2	−2～−6
	$85\geqslant T'>65$		0～−2	−2～−6	−6～−10
	$65\geqslant T'>45$		−2～−6	−6～−10	−10～−14
	$45\geqslant T'>25$		−6～−10	−10～−14	−14～−18
	$T'\leqslant 25$		−10～−14	−14～−18	−18～−20

注　基本因素评分 T' 是前述岩石强度评分 A、岩体完整性评分 B 和结构面状态评分 C 的和。

表 9-10　　主要结构面产状评分

结构面走向与洞轴线夹角		90°～60°				60°～30°				<30°			
结构面倾角		>70°	70°～45°	45°～20°	<20°	>70°	70°～45°	45°～20°	<20°	>70°	70°～45°	45°～20°	<20°
结构面产状评分 E	洞顶	0	−2	−5	−10	−2	−5	−10	−12	−5	−10	−12	−12
	边墙	−2	−5	−2	0	−5	−10	−2	0	−10	−12	−5	0

注　按岩体完整程度分级为完整性差、较破碎和破碎的围岩不进行主要结构面产状评分的修正。

第四节　保障洞室围岩稳定的措施

保障围岩稳定性的途径有两个：一是保护围岩原有的稳定性，使之不至于降低；二是赋予岩体一定的强度，使其稳定性有所增高。前者主要是采用合理的施工和支护衬砌方案，后者主要是加固围岩。

一、合理施工

围岩稳定程度不同，应选择不同的施工方法。施工所遵循的原则：一是尽可能先挖断面尺寸较小的导洞；二是开挖后及时支撑或衬砌。这样可缩小围岩松动范围，或限制围岩早期松动；或把围岩松动限制在最小范围。针对不同稳定程度的围岩，已有不少施工方案。归纳起来，可分为3类。

1. 分部开挖，分部衬砌，逐步扩大断面

若围岩不太稳定，顶围易塌。可先在洞室最大断面的上部先挖导洞并支撑［图9-18（a）］，达到要求的轮廓后，做好顶拱衬砌。然后在顶拱衬砌保护下扩大断面，最后做侧墙衬砌。这便是上导洞开挖、先拱后墙的开挖方案。为减少施工干扰和加速运输，也可用上下导洞开挖、先拱后墙的施工方法［图9-18（b）］。

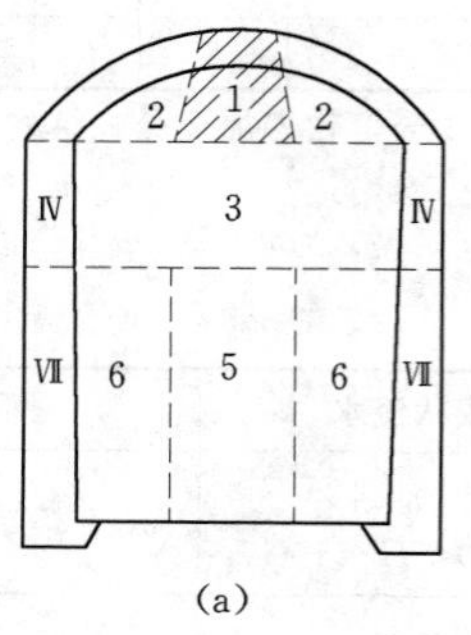

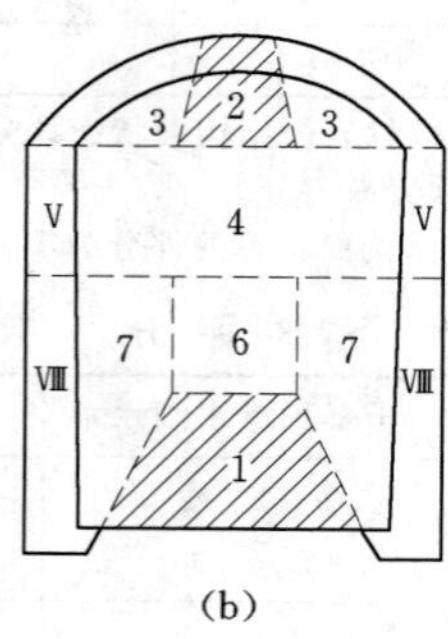

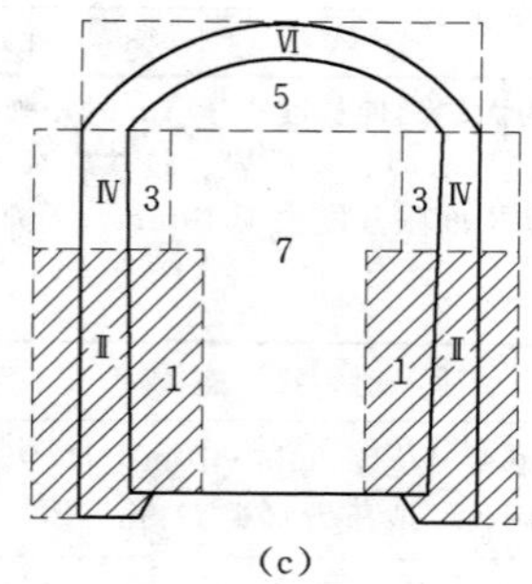

图9-18　部分开挖、逐扩断面示意图

（a）上导洞先拱后墙；（b）上下导洞先拱后墙；（c）侧导洞先拱后墙

1，2，3，…—开挖顺序　Ⅳ，Ⅴ，…—衬砌顺序

若围岩很不稳定，顶围塌落，侧围易滑，可先在设计断面的侧部开挖导洞［图9-18（c）］，由下向上逐段衬护，到一定高程，再挖顶部导洞，做好顶拱衬砌，最后挖除残留岩体。这便是侧导洞开挖、先墙后拱的施工方法，或称为核心支撑法。

2. 导洞全面开挖，连续衬砌

若围岩较稳定，可采用导洞全面开挖、连续衬砌的办法施工。或上下双导洞全面开挖，或下导洞全面开挖，或中央导洞全面开挖，将整个断面挖成后，再由边墙到顶拱一次衬砌。这样，施工速度快，衬砌质量高。

3. 全断面开挖

若围岩稳定，可全断面一次开挖。此法施工速度快，出渣方便。小尺寸隧洞常用这种方法。

二、施工监控、信息反馈和超前预报

根据国内外隧洞及地下洞室建筑的经验和教训，隧洞施工中不仅应做好地质编录工作，而且应协助设计及施工人员做好施工监控和信息反馈工作。所谓施工监控和信息反馈，就是在施工过程中及时发现地质问题，并根据新测试的地质数据（信息指标），验证原设计方案是否符合当地的地质条件，如不符合则应修改设计，并采取有效的施工措施解决出现的工程地质问题。在隧洞施工监控工作中应注意以下几点：

（1）在开挖过程中观测围岩的变形量、变形速率及加速度，以判别围岩的稳定性，预报险情。

(2) 确定围岩松动圈范围，找出不稳定的部位，提出支护及补强措施，这需要及时做好地质记录及编绘工作、岩体物理力学性质的试验工作，以及声波量测工作等，为设计及施工提供可靠的地质参数或信息指标。

(3) 监控量测工作应紧跟施工工作面进行，并注意尽量减少与施工的干扰。

(4) 超前预报是当代隧洞施工中的重要环节，对保证安全、合理施工，往往起着决定性的作用。一般应由有经验的地质工程师担任此工作。施工工程师应尊重并听从地质工程师的建议和要求，特别是在地质条件比较复杂的地区，尤为如此。

三、支撑、衬砌与支护

支撑是在开挖过程中，为防止围岩塌方而进行的临时性措施，过去通常采用木支撑、钢支撑及混凝土预制构件支撑等。近年来，国内外多采用锚杆支护，锚杆能把松动岩块与稳固岩体牢固地联在一起，是一种“悬吊式”支护形式，它与一般支撑不同点在于：利用牢固的围岩支护松动的围岩，同时加强了松动岩体本身的整体性和坚固性，可缩小开挖断面，节省大量支撑材料。

衬砌是维护隧洞围岩稳定的永久性结构，用以承受山岩压力和内、外水压力。衬砌厚度往往取决于岩石的性质，如对于坚硬类岩石一般要求20～30cm即可，特别坚固或裂隙稀少的岩石甚至可不加衬砌，中等坚硬岩石一般40～50cm，软弱岩石及松散土层则要求50～150cm或更厚的混凝土衬砌。

喷射混凝土（或水泥砂浆）衬砌是近代隧洞施工的新型支护方法，它往往与锚杆（或钢拱架及钢丝网）结合起来使用，即喷锚结构。与常规的支衬方法相比，它具有开挖断面小、节省支衬材料、岩体稳定性好、施工速度快等优点。

喷锚支衬方法是1948—1965年发展起来的，由奥地利岩石力学专家腊布希维兹(Rabcewicz，L. V.)首先命名为“新奥地利隧洞施工法”(New Austrian Tunnelling Method)，简称“新奥法”(NATM)。这种方法既适合于坚硬岩石，也适合于软弱岩石，特别适合于破碎、变质、易变形的施工困难段，因此得到广泛应用。当然，“新奥法”的全部内容不仅局限在支衬工作方面，还应用于整个施工过程的机械化和自动化监测等方面。这种方法将取代过去的静力拱山岩压力的原则，即用“岩石支护岩石”的新概念提高隧洞的施工进程和经济效益。根据我国水工隧洞及地下水电站施工经验，与常规的模板浇注混凝土衬砌相比，它可节约水泥1/3～1/2，节省劳动力和投资1/2以上，而且几乎不用木材，可缩短工期1/2～2/3。

四、固结灌浆

在裂隙严重切割的岩体中和极不稳定的第四纪松散堆积物中开挖洞室，常需要加固以增大围岩稳定性，降低其渗水性。最常用的加固方法就是水泥灌浆，其次还有沥青灌浆、水玻璃（硅酸性）灌浆及冻结法等。通过这种方法，可在围岩中大体形成一圆柱形或球形的固结层。

第十章　水库的工程地质分析

中国幅员辽阔、江河纵横，流域面积超出 $1000km^2$ 的大江河有 1500 多条。全国多年平均河川径流量为 2.7×10^4 亿 m^3，水能理论蕴藏量为 6.76 亿 kW，可能开发的水能资源为 3.78 亿 kW。

新中国成立至今，已建近 10 万座水利水电工程，其中，大型者达数百座，总库容数千亿 m^3；水闸近 3 万座；各类堤防 20 多万 km；水电装机总容量数千万 kW。这些工程发挥了显著的防洪、灌溉、发电、城乡供水、养殖、航运等综合经济效益与社会效益。当前长江三峡、黄河小浪底、万家寨引黄入晋等大型水利水电工程的兴建，标志着中国水利水电建设已跨入一个新的历史时期。

中国水利水电建设十分重视大江大河的流域规划，工程开发强调发挥其最大综合效益，执行以大型为骨干，中小型相结合的方针。迄今所建的大中型水库的大坝，各类混凝土坝占 75%以上，而大部分中小型水库仍以土石坝为主。

中国水利水电工程地质就是在这些工程的广泛实践中发展起来的。它不仅在理论上已自成体系，而且在应用先进勘察手段和方法方面也日益完备。

由于水库的兴建，改变了水库周围地区的水文地质条件，因此常引起一些地质问题，见表 10－1。

表 10－1　　水库的主要工程地质问题

水库类型	工程地质问题		工程实例
峡谷水库	渗漏	岩溶	水槽子、六甲、拨贡
		单薄分水岭哑口	
		玄武岩大孔隙	镜泊湖
	浸没	居民点	三门峡沙溪口
		矿区	桃山
		古迹	刘家峡炳灵寺
		盆地农田	万家寨、官厅
	坍岸	基岩	
		近坝库区滑坡	刘家峡、乌江渡
		松散层	
		岩溶坍陷	龙羊峡
	水库	诱发地震	新丰江、丹江口、参窝、湖南镇
	淤积	泥石流	岷江上游
		黄土流	三门峡、盐锅峡
	污染	放射性元素污染	丹江口
		有害矿产污染	新安江

续表

水库类型	工程地质问题		工程实例
低山平原水库	浸没	平原农田盐渍化，地下水上升沼泽化	金堤河、东平湖、官厅
		库尾翘高形成拦门砂坝	三门峡
	坍岸渗漏	黄土库岸	三门峡
		砂砾层	东平湖

第一节 水 库 渗 漏

水库渗漏包括暂时渗漏和永久渗漏。暂时渗漏只发生在水库蓄水初期，库水不漏出库外，仅饱和库水位以下岩土的孔隙、裂隙和空洞，水量损失是暂时的。永久渗漏是库水通过分水岭向邻谷或洼地，以及经库盆底部向远处低洼排水区渗漏。例如云南水槽子水库，向远离水库 15km，比水库低 1000m 的金沙江边的龙潭沟排泄。所谓水库渗漏，通常指的就是这种永久性漏水。

一、水库渗漏的地质条件

水库渗漏受库区地形、岩性、地质构造和水文地质条件所控制。在分析渗漏时，不能只强调某一方面而忽视别的因素，必须全面考虑，综合判断，否则不可能得出正确结论。

(一) 地形

在库岸透水地段，分水岭越单薄，邻谷或洼地下切越深，则库水向外漏失的可能性就越大。若邻谷或洼地底部高程比水库正常蓄水位高，库水就不会向邻谷渗透（图 10－1）。

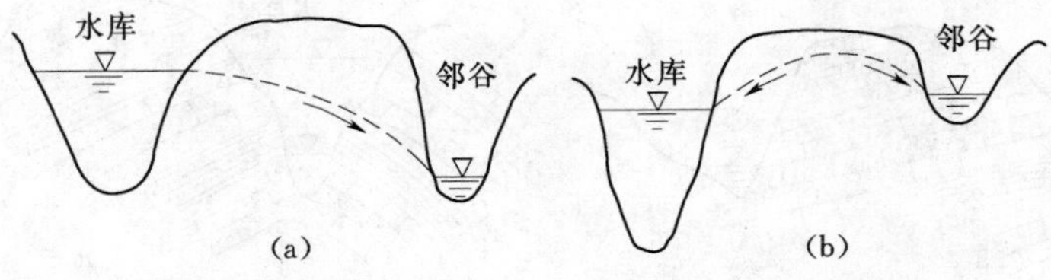

图 10－1 邻谷高程与水库渗漏的关系

(a) 库水位高于邻谷水位；(b) 库水位低于邻谷水位

平原地区河谷切割较浅，库水透过库岸地带向低处渗漏是不容易的。但河曲地段的河间地带较为单薄，应予注意。尤其是古河道，从库内通向库外更不能忽视（图 10－2）。例如十三陵水库，右岸有一条古河道沟通库内外，当水库蓄水到一定高程时，库水就沿古河道向外大量漏失。

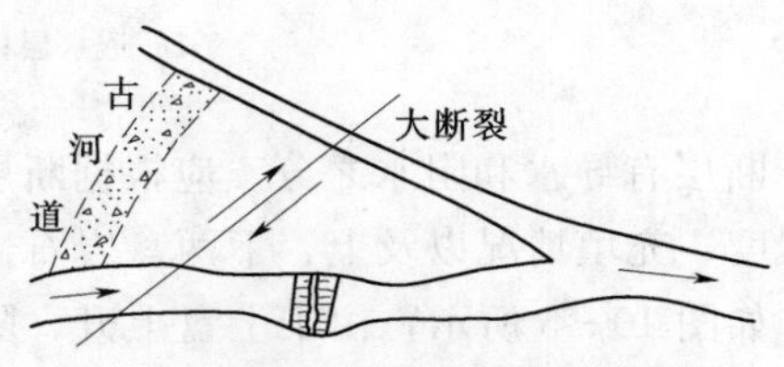

图 10－2 库水沿古河道向外渗漏

(二) 岩性和地质构造

当渗漏通道的一端在库水位以下出露，另一端穿过分水岭到达邻谷或洼地，且高程低

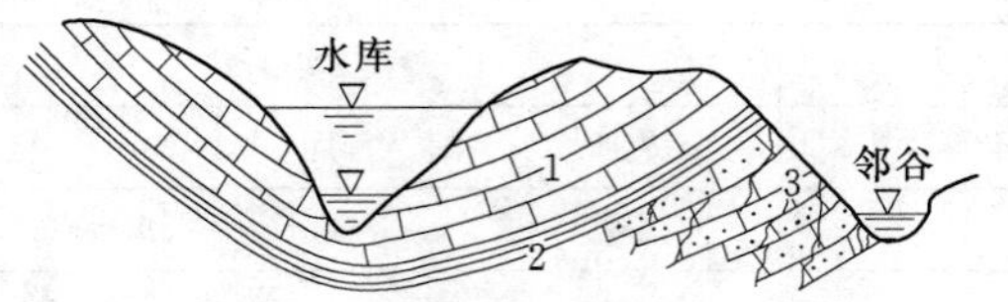

图 10-3　有隔水层阻水的向斜构造
1—透水层；2—隔水层；3—弱透水层

于库水位时，则库水可能沿该通道漏向库外。在第四纪松散岩层分布区，能构成库区渗漏通道的，主要是不同成因类型的卵砾土和砂土。非可溶岩的透水性一般较弱，水库漏水的可能性小，但存在有贯通库内外的古风化壳、多气孔构造的岩浆岩、结构松散的砂砾岩、不整合面、彼此串联的裂隙密集带时，库水向外漏失就比较明显。在岩溶地区，库水外漏直接受岩溶通道的影响。岩溶通道主要有3种类型。

（1）大型集中渗漏带。通过溶洞、暗河、落水洞等外漏。

（2）中型溶蚀断裂带。被溶蚀而扩大空隙的断层和较大的溶隙，该带也会形成集中渗漏，但其规模较大型的小。

（3）小型溶隙溶孔带。岩溶化程度较弱，其渗漏形式类似于非可溶岩，渗漏规模较中型的小，多为面状或带状形式渗漏。

库区为纵向河谷或横向河谷时，应注意沿地层倾向或走向向邻谷或洼地渗漏的可能性。处于向斜河谷的水库，若隔水层将整个水库包围起来，即使库内有强透水岩层分布，库水也不会向外漏出（图 10-3）。若无隔水层阻挡，或隔水层遭到破坏，且与邻谷或洼地相通，则库水可能漏出库外。水库为背斜河谷时，若透水岩层倾角较小，且被邻谷或洼地切割出露，库水有可能沿透水层向外渗漏［图 10-4（a）］。但当透水岩层倾角较大，并不在邻谷或洼地中出露时，库水不会向外漏失［图 10-4（b）］。

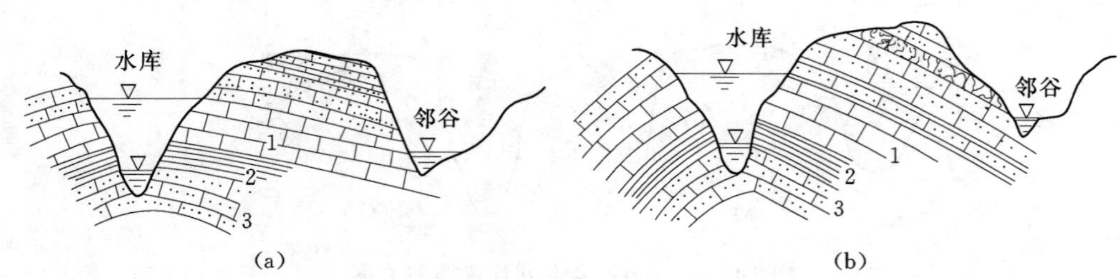

图 10-4　透水岩层倾角不一的背斜构造
（a）库水可能外漏；（b）库水不会外漏
1—透水层；2—隔水层；3—弱透水层

断层有导水和阻水之分。应根据断层的性质、破碎程度、充填情况以及上、下两盘岩石性质作具体分析。如图 10-5 所示，由于上盘上升，隔水层阻挡了下盘透水层，使库水难于向外漏失。

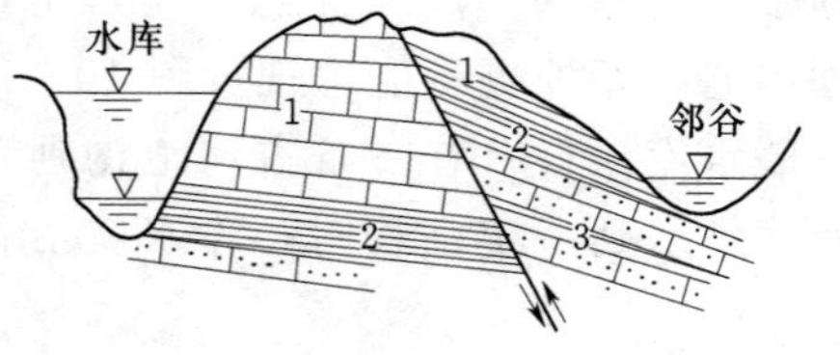

图 10-5　阻止库水渗漏的断层
1—透水层；2—隔水层；3—弱透水层

（三）水文地质条件

当水库具备可能引起渗漏的地形、岩性、地质构造条件后，库水不一定就会漏失，这时还要结合水文地质条件进行分析，才能确定渗漏是否存在。例如新安江水库，地处中低山峡谷地带，库区为石炭纪二叠纪石灰岩，地质构造条件复杂。经勘探发现，石灰岩中地下水分水岭的高程大大高于水库正常蓄水位。尽管石灰岩中岩溶比较发育，但库水不会漏向邻谷。

当分水岭地带的地下水为潜水时，根据地下水分水岭与水库正常蓄水位的关系，可以判断库水是否向库外渗漏。

(1) 水库蓄水前，地下水分水岭高于水库正常蓄水位时，库水不会渗漏［图 10-6 (a)］。例如那岸水电站，建库前河水位为 180m，水库蓄水位为 227m，而库岸泉水出露高程最低也有 230m，因此，水库运行十余年未发生漏水问题。

(2) 水库蓄水前，若地下水分水岭稍低于水库正常蓄水位，且水库正常蓄水位以下没有强烈渗漏通道存在，蓄水时由于库水的顶托作用，地下水分水岭随之升高，并高于库水位，库水也不会产生渗漏［图 10-6 (b)］。

(3) 水库蓄水前，地下水分水岭低于水库正常蓄水位，水库蓄水后，由于库岸岩石透水性强，地下水分水岭逐渐消失，库水向外渗漏［图10-6 (c)］。

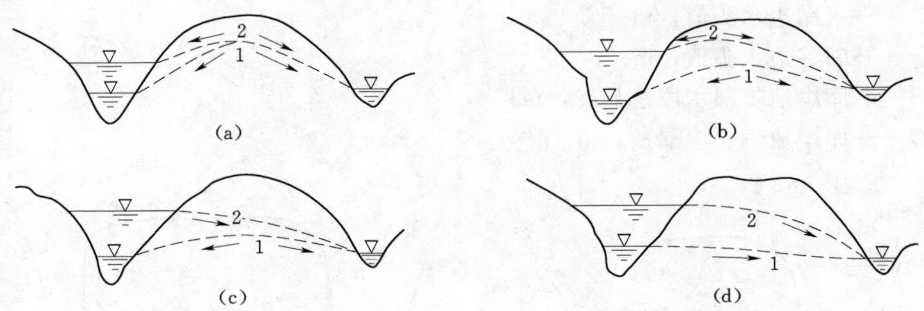

图 10-6 分水岭地带水库渗漏示意图

(a)、(b) 蓄水后分水岭存在库水不漏；(c) 蓄水后分水岭消失库水外漏；(d) 蓄水前后库水均向外渗漏

1—水库蓄水前地下水分水岭；2—水库蓄水后地下水分水岭

(4) 水库蓄水前原河水向邻谷或洼地渗漏，蓄水后则越发加剧其渗漏［图 10-6 (d)］。例如云南水槽子水库，建库前河水就通过层间裂隙向那姑盆地渗漏，水库蓄水后，水位增高，水压力加大，渗漏量也随之加剧，使那姑盆地东北部一带到处冒水，以致造成部分民房倒塌，农作物浸水受害。

当分水岭地带有承压水存在时，应对承压水进行具体分析。只要承压含水层穿过分水岭，其两端分别在库区和邻谷、洼地出露，且其出露高程低于水库正常蓄水位，则库水就会沿承压含水层漏向邻谷。水库蓄水前库岸有上升泉时，只要泉水出露高程超过水库正常蓄水位，库水就不会沿承压层漏失。

二、库区渗漏量计算

库区或坝区渗漏量计算的精确度，取决于边界条件的分析、参数的确定和计算方法的选择。其渗漏量值，是选择坝址、采取防渗及排水措施的重要依据。计算库区渗漏量的公式因地而异，这里仅列举几种常见类型予以说明。

(一) 库岸地带隔水层水平时

1. 透水性均一的渗漏量（图 10-7、图 10-8）

潜水
$$q=K\frac{h_1+h_2}{2}\frac{h_1-h_2}{L} \tag{10-1}$$

承压水
$$q=KM\frac{H_1-H_2}{L} \tag{10-2}$$

$$Q=qB \tag{10-3}$$

式中　q——库岸地带单宽渗漏量，$m^3/(d\cdot m)$；

K——库岸地带岩、土的渗透系数，m/d；

h_1——水库水位，m；

h_2——邻谷水位，m；

L——库岸地带过水部分的平均厚度，m；

M——承压含水层厚度，m；

H_1——水库边水头值，m；

H_2——邻谷边水头值，m；

B——库岸地带漏水段总长度，m；

Q——库岸地带总渗漏量，m^3/d。

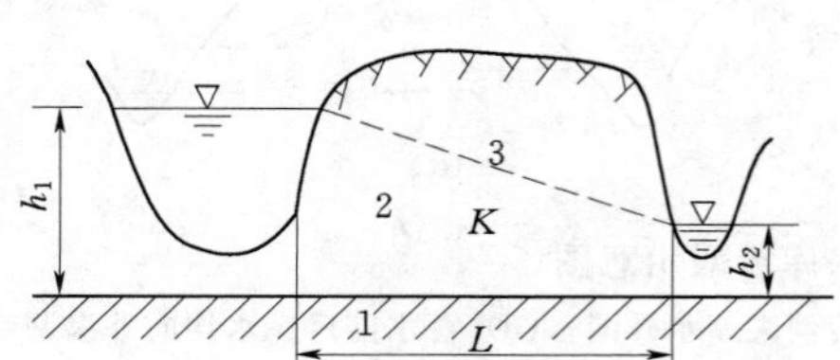

图 10-7　单层潜水渗漏计算剖面
1—隔水层；2—含水层；3—潜水位线

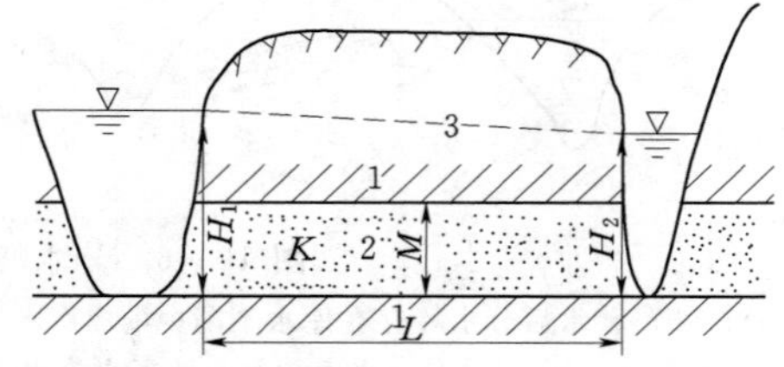

图 10-8　单层承压水渗漏计算剖面
1—隔水层；2—含水层；3—承压水位线

2. 有坡积层的渗漏量（图 10-9）

$$q=K_v\frac{h_1+h_2}{2}\frac{h_1-h_2}{L_1+L+L_2} \tag{10-4}$$

$$K_v=\frac{L_1+L+L_2}{\frac{L_1}{K_1}+\frac{L}{K}+\frac{L_2}{K_2}} \tag{10-5}$$

式中　L_1、L_2——库岸地带水库一侧和邻谷一侧坡积层过水部分厚度，m；

K_1、K_2——库岸地带水库一侧和邻谷一侧坡积层的渗透系数，m/d；

K_v——平均渗透系数，m/d；

L——坡积层之间岩、土体厚度，m；

其他符号意义同前。

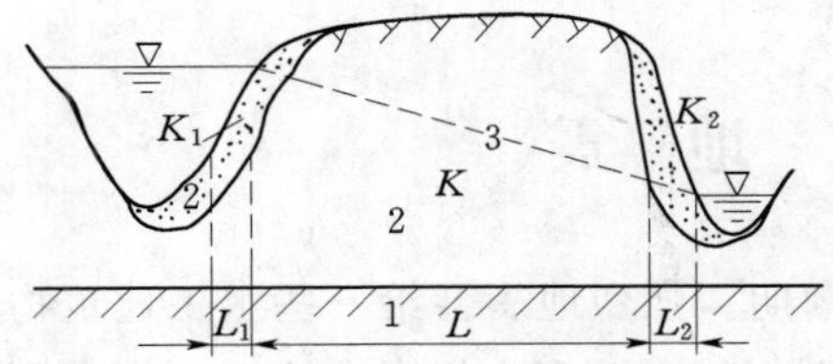

图 10-9 有坡积层的渗漏计算剖面

1—隔水层；2—含水层；3—潜水位线

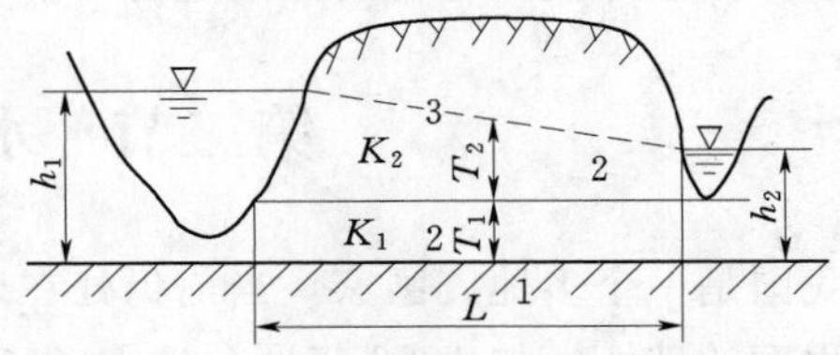

图 10-10 两层透水层的渗漏计算剖面

1—隔水层；2—含水层；3—水位线

3. 有两层透水层的渗漏量（图 10-10）

$$q = K_P \frac{h_1 - h_2}{L}(T_1 + T_2) \tag{10-6}$$

$$K_P = \frac{K_1 T_1 + K_2 T_2}{T_1 + T_2} \tag{10-7}$$

$$T_2 = \frac{h_1 - T_1}{2} + \frac{h_2 - T_1}{2} \tag{10-8}$$

式中 T_1——下层透水层的厚度，m；

T_2——上层透水层过水部分平均厚度，m；

K_1、K_2——上、下透水层的渗透系数，m/d；

K_P——平均渗透系数，m/d；

其他符号意义同前。

（二）库岸地带隔水层倾斜透水性均一的渗漏量（图 10-11）

$$q = K \frac{h_1 + h_2}{2} \frac{H_1 - H_2}{L} \tag{10-9}$$

式中 H_1、H_2——水库与邻谷的水位，m；

h_1、h_2——水库与邻谷岸边潜水含水层厚度，m；

其他符号意义同前。

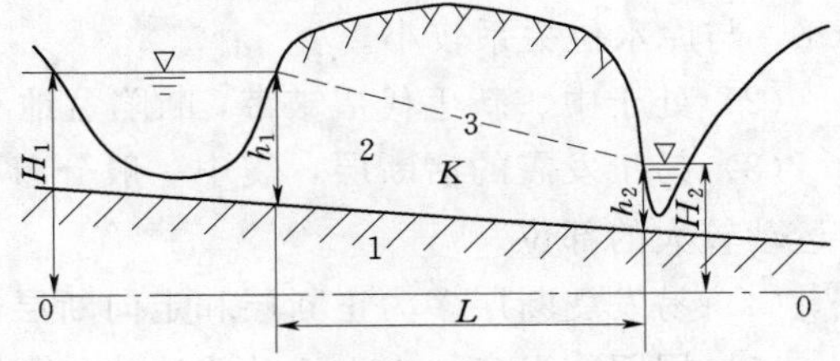

图 10-11 隔水层倾斜时的渗漏计算剖面

1—隔水层；2—含水层；3—潜水位线

（三）例题

潜水含水层由石灰岩组成，其渗透系数为 12m/d，隔水层水平，其高程为 30m，库水位为 130m，邻谷水位为 120m，其间相距 4000m。试求 6000m 长的库岸内由水库流向邻谷的渗漏量。

解：先用式（10-1）求 q：

因 $$h_1 = 130 - 30 = 100(\text{m}),\quad h_2 = 120 - 30 = 90(\text{m})$$

故 $$q = 12\,\frac{100 + 90}{2} \times \frac{100 - 90}{4000} = 2.85[\text{m}^2/(\text{d}\cdot\text{m})]$$

再用式（13-3）求 Q：

$$Q = qB = 2.85 \times 6000 = 17100(\text{m}^3/\text{d})$$

答：由水库流向邻谷的渗漏量为 17100m^3/d。

第二节　水　库　地　震

我国是一个多地震国家，当前仍处在地震高潮期。强烈地震会给一些水工建筑物造成不同程度的破坏。如 1966 年邢台地震、1975 年海城地震、1976 年唐山地震，都有不少堤坝、水闸等受到严重震灾。

此外，由于高水头大水库的兴建，巨大的水体往往改变了地下水的运动方向，破坏了地壳的平衡，加剧了地震的活动性，水库诱发地震将影响建筑物的安全。20 世纪 60 年代广东新丰江水库诱发了 6.1 级地震，震中烈度为Ⅷ度，使右岸坝段顶部出现长达 82m 的水平裂缝，左岸坝段同一高程也有规模小些的不连续裂缝。到 70 年代又陆续出现湖北省丹江口水库、辽宁省参窝水库等水库地震。

一、水库地震发生的条件

目前对水库地震的机制有不同的观点，对水库地震发生条件的认识也不完全一致，大体上认为有 3 个方面的原因。

1. 地质构造条件

(1) 易发震地区多数处于性脆、裂隙多、易向深部渗漏的灰岩地区，以及易发生膨胀、水化的岩体内。岩溶发育区的震型为坍陷坐落的波形，且震级小于 4 级，震源不到 1km，与库水位关系较小。

(2) 处于中、新生代褶皱带，断陷盆地和新构造活动明显的特殊部位，容易发震。

(3) 易于发震的活断层，震中一般分布在断层弧形拐点、交叉部位及断陷盆地垂直差异运动较大的部位。

(4) 易发震断层多为正断层和走向断层，倾角大于 45°，发震多在正断层下盘。

(5) 周围有温泉、火山活动或地热异常区，建库后易形成新的异常。

2. 水库蓄水

水的诱发作用与水库蓄水有明显的依赖关系，水位高时，活动性强，水位猛涨时，更常发生，且滞后现象明显，近则一月，长则几年。

(1) 库水的静水压力使岩体变形。

(2) 库水作用在深部剪切面上，促使极限平衡状态改变，造成岩体滑动。

(3) 孔隙水压力增大，有效摩阻力降低。

(4) 深部岩体软化作用加剧，岩体强度降低。

(5) 亲水性矿物膨胀。

(6) 下渗吸热产生汽化，造成局部地热异常，热能积聚。

3. 地震强度特点

(1) 震源浅、烈度高。震源深度大多在 4～10km，少数达到 20km，相应的震中烈度较高。3 级地震时，烈度可达Ⅴ～Ⅵ度，面波发育。

(2) 震级小。一般都为小震、有感地震，破坏性小。个别最大震级达 6.5 级，发生在高坝水库，属应力型，延时较长，造成工程局部破坏。

（3）延续时间。一般序列为前震多，余震延时长短不一，最长可达30多年，短的仅几个月，主震大都不明显。岩溶区一般延时1～2年。

（4）震源体小、影响范围小。震中多分布在水库周围。

（5）活动方式。有小群震逐步释放和应力集中释放两种，与震中附近介质性状相关。

另一种观点认为，水库地震与新构造活动关系不大，世界上很多高坝水库都修建在新构造及地震活动区，没有诱发水库地震，个别水库在蓄水后地震活动减弱。

另外水库水位高低与地震强度不成正比关系，水库地震较大时，水库水位也不是最高。这些现象也是客观存在的，说明还要深入地进行研究工作。

二、水库地震评价方法

目前水库地震的评价方法尚未成熟，倾向于将新构造活动性与发震可能统一分析的评价方法。一般原则如下：

（1）危险区。库坝区有发震断层通过，小震活动频繁，蓄水后，可能引起地震断裂，造成山崩、滑坡、涌浪漫坝或堵塞水库，破坏水工建筑物。

（2）不利的地区。库区附近有发震断裂通过，即使发震，对建筑物不致造成威胁，有松散土分布的地基可能产生液化、变形，但震害较轻。

（3）相对稳定的地区。库坝区无发震断层、地基坚实、透水性弱、基本烈度低，水库蓄水不会发生地震。

建筑物设计时基本烈度由地震部门正式提出，作为工程设防的依据。国家建委规定没有专门论证不得任意提高设防烈度。同时可参考水工建筑物抗震规范。

根据部分工程实例，水库地震的判定标志主要有以下几个：

（1）坝高大于100m，库容大于10亿m^3。

（2）库坝区有新构造断裂带。

（3）库坝区为中、新生代断陷盆地或其边缘，升降明显。

（4）深部存在重力梯度异常或磁异常。

（5）岩体深部张裂隙发育，透水性强。

（6）库坝区有温泉。

（7）库坝区历史上曾有地震发生。

第三节　水　库　浸　没

水库蓄水后，引起库岸周围一定范围内地下水位抬升（壅高），当壅高后的地下水位接近或超出地面时，除了地表水体形成淹没及移民损失外，还可能导致农田沼泽化、土地盐碱化、建筑物地基（房屋、桥梁、铁路、公路）饱水恶化、地下工程和矿坑充水等不良后果，称此为浸没。

一、水库浸没的地质条件分析

产生水库浸没问题的条件及其影响因素是多方面的、复杂的，主要是库岸的地形地貌、岩土性质、地质构造、水文地质条件。其次与水文气象、水库的运行管理，以及某些人为活动有关。

1. 地形地貌条件

(1) 当地面高程低于或略高于水库正常蓄水位的盆地型水库边缘与山前洪积扇直接相接的地段、平原型水库的坝下游、顺河坝的地段，尤其是围堤式水库围堤的外侧地段，由于周围地势低缓，土层毛细性较强，地下水埋藏较浅，水库周边地带较最易产生浸没，且其影响范围往往很大。地面越是宽阔低平，则浸没范围越大（图10-12）。

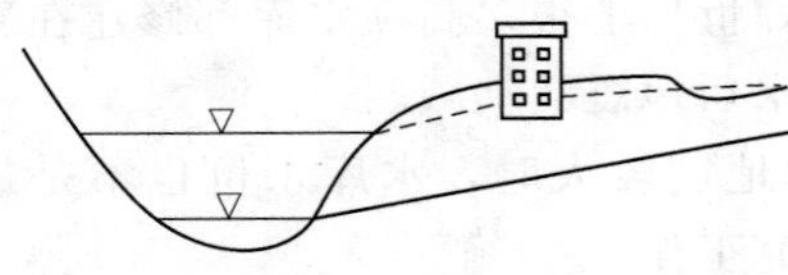

图 10-12　库岸地带浸没示意图

若研究地段与库岸之间有经常性水流沟谷，其水位相当于或高于水库正常蓄水位，则这种地段地下水位不受水库水位抬升的影响，不会产生浸没。

(2) 由于山区两岸地面标高一般比库水位高得多，库岸地形坡度大，岩石透水性较小，地下水埋藏较深，因而基岩山区水库除个别低洼谷地及近库岸第四系分布区可能产生浸没外，一般不可能产生大面积的库周浸没。

2. 岩性条件

若库岸由相对不透水岩土体组成，或研究地段与库岸之间有连续完整的相对不透水层阻隔，则不致产生浸没（图 10-13）。而具有一定透水性，且亲水性毛细性较强的细粒土、砂类土，尤其是膨胀土、湿陷性黄土容易产生浸没。

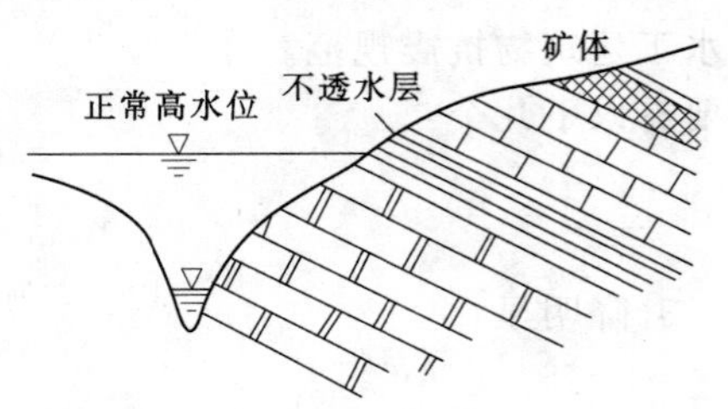

图 10-13　不透水层阻隔库水渗入

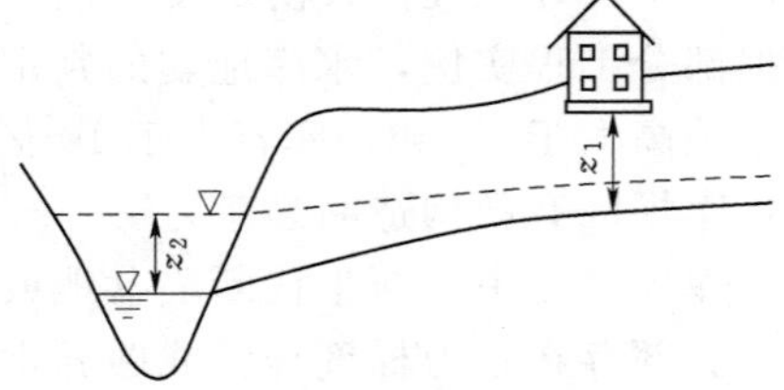

图 10-14　地下水埋深较大地区

3. 水文地质条件

若水库蓄水前被研究地段地下水埋藏较深，地下水位与建筑物基底或植物根系的距离远大于水库水位升高值，且排泄条件良好时，则不会产生浸没，如图 10-14 所示；若水库蓄水前研究地区的地下水在水库边岸的露头已经高于水库正常蓄水位，也不会产生浸没；若蓄水前地下水埋藏较浅，地下水排泄不畅，蓄水后地下水壅高，地下水补给量大于排泄量的库岸地段、封闭或半封闭的洼地、沼泽的边缘地带，易产生浸没。

二、水库浸没问题的研究

对水库浸没问题的研究，大体遵循以下步骤。

(1) 在水库区工程地质测绘基础上，针对可能浸没地段，选择代表性剖面进行勘探和试验，了解地质结构，各岩（土）层的性质、厚度、渗透系数、含盐量、给水度、毛管水饱和带高度，地下水类型、水位、水质及补给量等。

(2) 通过计算、类比或模型试验提出地下水壅高值。

(3) 会同有关单位调查并确定农田和工业建筑物的地下水临界深度。

(4) 做出与水库正常蓄水位、持续时间较长的水位相对应的浸没范围和浸没程度预测图。由于地质条件复杂性，地下水壅高值的计算结果与实际情况往往有出入，在确定浸没范围时，要留有安全裕度。

(5) 选择典型地段，从水库蓄水时起即进行浸没范围地下水水位的长期观测，蓄水后，按已发生的浸没情况，根据当年最高蓄水位和持续时间，预测第二年浸没变化，以便及时采取措施，尽量减少浸没损失。

三、水库浸没带的预测

在水库规划或初步设计阶段，要求对可能产生浸没的地带进行详细的调查，预测浸没带范围，并研究防止浸没的方案和措施。

当预测地段和库岸带的隔水层近于水平，为均质潜水含水层无入渗补给，且地下水补给水库河谷时，可根据达西公式导出地下水壅高值 z_1 (m) 的计算公式（图 10-15）：

$$z_1=\sqrt{h_1^2-h_2^2+(h_2+z_2)^2}-h_1 \tag{10-10}$$

式中 h_1——水库边岸 m 点蓄水前地下水位，m，由钻孔测得；

h_2——水库蓄水前河水位，m；上游地区应加上库尾水位超高值；

z_2——水库正常蓄水位与河水位高差，m。

根据地下水壅高值 z_1，研究地段壅高前地下水位埋深 h_0，可确定地下水位埋深 h ($h=h_0-z_1$)。如果研究地段预测的地下水位的埋深 h 小于当地地下水位临界埋深 h_{cr} 时，即 $h\leqslant h_{cr}$ 时则可产生浸没；$h>h_{cr}$，不产生浸没。产生浸没的地下水埋藏深度称为地下水临界深度（即浸没标准水深）。农作物的浸没标准是农作物根系深度（一般不超过 0.5m）加根系下土的毛细管水饱和带高度，并考虑地下水的矿化度、灌排水措施等，与当地农业部门共同研究确定；建筑物一般土体地基的 h_{cr} 应大于或等于基础埋深加基础下土的毛细管水饱和带高度。在湿陷性黄土地区，回水水位不应高于建筑物地基土的有效持力层。

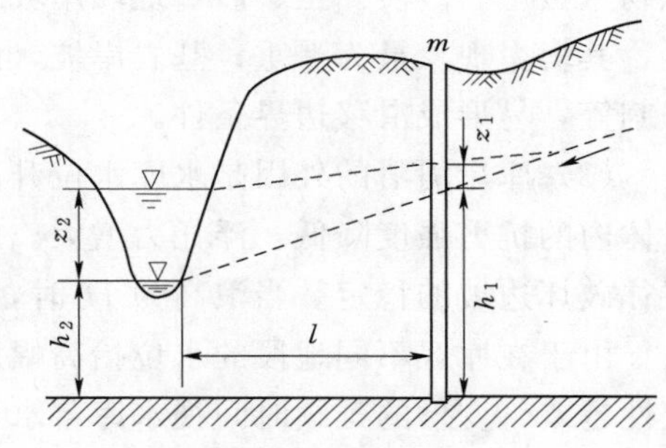

图 10-15 库岸潜水壅水计算示意图

四、浸没防治措施

对可能产生浸没的地段，根据分析计算及长期观测成果，视被浸没对象的重要性，采取必要的防护措施。浸没防治应从三方面予以考虑：一是降低浸没库岸段的地下水位，这是防治浸没的有效措施，对重要建筑物区，可以采用设置防渗体或布设排渗和疏干工程等措施降低地下水位；二是采取工程措施，可以考虑适当降低正常高水位；三是考虑被浸没对象，例如可否调整农作物种类、改进耕作方式和改变建筑设计等农业措施。此外还有灌溉、排水工程措施相结合的综合防治方法。城镇工矿的可能浸没，主要采取防渗堵截或疏干排水等工程措施予以防护；农田可根据水、土、盐条件，采取工程与农业措施相结合的治理方案。

第四节　库　岸　稳　定

水库蓄水后或在蓄水过程中，破坏了河谷岸坡的自然平衡条件，引起岸坡形状及稳定性变化，可能会造成坍岸。坍岸会引起下列问题：

（1）近坝库区的大规模坍塌和滑坡，将产生冲击大坝的波浪，直接影响坝体安全。

（2）危机河岸主要城镇及工矿企业等建筑物的安全。

（3）坍塌物质造成大量固体径流，使水库迅速淤积，失去效益。

一、水库坍滑因素

（1）地形条件。山区和平原河流，水库坍岸所造成的影响有很大的差异。低平的平原岸坡因有植物覆盖，坡度近似于水库天然冲刷坡的坡度，所以很少有坍岸发生。而山区坍滑是很普遍的，尤其当紧靠水库的正常蓄水位以下边坡较陡，并且有大量松散物质或岩体结构面组合的不稳定体时，崩塌滑坡问题更加严重，特别是在水库蓄水初期。

（2）水库岸坡的地层岩性及地质构造条件，是影响坍滑的内因。各种岩土边坡具有不同的抗剪强度和抗冲刷能力，它们决定着最终坍滑的范围、作用强度和坍塌类型。松散沉积物（黄土、砂质黏土、砂）地段岸坡地下水作用和水库波浪冲刷作用，使岸坡的坡度很缓，其坍岸现象最为严重；基岩岸坡，由于前缘临空，有时两侧冲沟深切、后缘又有断裂切割等，易形成滑移边界条件。

（3）库岸坍滑的外因是水库水位升高，水文地质条件改变，岩土物理力学性质恶化，岩体内的抗剪强度降低，浮托力增大。此外，岸坡受水流冲刷、波浪对岸边的冲蚀作用也往往破坏边坡的稳定。当浪高为 H 时，动水压 $p=1.5H$。

由于在库区不同地段的水位抬高幅度是不一致的，越靠坝前，抬高幅度越大，岸坡稳定性越差。变形的延续时间视水库蓄水运行方式，以及岩体透水饱和时间等情况而异。有些是水库运行一段时间后突然发生变形，有些则为蠕变，需综合各种地质条件观测分析或进行模拟实验。

原处于极限稳定或接近于极限稳定的水库库岸边坡，特别是那些由松散土石构成的边坡或风化的松软破碎岩质边坡，往往在水库骤变时，由于岩体中排水不畅，形成滞后动水压作用，促使滑坡的产生，其变形往往是突发性的。

二、水库坍滑的类型

根据已有工程归纳出的水库坍滑类型见表 10－2。

总的来看，水库坍滑有两种类型：第一种是由于水库蓄水而产生整体性滑坡，一般规模较大，可危及建筑物的稳定，并将危及下游安全；第二种为松散堆积物由于蓄水和风浪影响而引起坍岸，给库岸居民、农田及工程设施带来危害。

三、水库塌岸带的预测

水库塌岸带宽度和破坏范围的预测，直接关系水库移民数量、新居民点的建设和库岸防护工程的兴建。目前，我国对河北官厅水库、河南三门峡水库等的黄土库岸和黄土质库岸进行了比较准确的塌岸预测工作，取得了较系统的观测资料，可供参考。对于基岩库岸，则应根据遥感资料及地面地质测绘工作，确定可能塌岸带的地点和范围。

表 10-2 坍滑类型

类型		坍滑特征	规模及方式	工程
松散层	黄土坍岸	黄土浸水湿陷，坡脚失去稳定	层层坍落范围大	三门峡
	崩坡积层	基岩界面倾向河床，上有松软带，水浸后各层透水性不一，孔隙压力增大，排水慢，坡脚冲淘，基岩面以上或黏土夹层以上能维持稳定	范围大	凤滩
	湖相沉积	库岸陡峻，岩层松散，平缓层面有细颗粒夹层	范围大	龙羊峡
	古滑坡复活	水库水位渗入滑动面，降低摩擦系数	突发性	黄龙滩
基岩	顺层滑坡	千枚岩、页岩、层面倾向河床 15°～35°，有易滑动的软弱夹层	规模较大	刘家峡
	切层滑坡	断裂发育的岩体中，有组合成倾向河床的不利结构体	大小不一	瓦依昂
	断层破碎带坍滑	岩体破碎，水库蓄水后强度降低不能维持原状	局部	费尔泽
	古滑坡复活	山坡较陡水库水渗入滑动面后，已稳定的老滑坡复活	较大	碧口、宝珠寺
	蠕动带	卸荷带软弱岩体裂隙张开，岩层变位，蓄水后不能维持原来稳定	变形缓慢规模小	安康

第十一章　环境地质系统

环境保护与经济发展是关系人类生存的决定性因素。1992 年 6 月在里约热内卢召开的联合国环境与发展大会各国首脑会议，充分表明环境恶化已成为全球性战略问题。在这一全球性和多学科重大综合问题上，工程地质学和工程地质学家应站在发展与环境协调的前沿，协调人类和自然的关系。

自然环境通常是指环绕人类社会的自然界，包括作为生产资料和劳动对象的各种自然条件。它是人类生存、社会发展的自然基础。自然环境是在漫长的历史演化中形成的，主要是由岩石圈、水圈、大气圈和生物圈等组成的有机整体，并处于不断地变化之中。各圈层之间相互作用、相互制约。自然环境中的任意部分的变化都将导致其他部分的变化，即自然环境的整体变化。岩石圈中与人类社会发展有特殊的、紧密的联系，与水圈、大气圈、生物圈有密切作用的地球表层即为地质环境。它是人类工程活动的直接对象，也是人类栖息的场所。

随着人类社会技术力量的指数增长，城市化的日益加剧，人类活动的范围和强度都呈现了前所未有的变化。人类活动大大加速了自然环境的演化，也干扰了自然环境的自然演化。人类活动对自然环境所造成的后果，一是造成环境污染，二是加剧了自然灾害。

人类要生存，社会要发展，就必须拥有一个能与人类长期维持和谐的自然环境，应使自然环境的演化有利于恢复，维持人类社会与自然环境和谐的关系。这就要求人类从时空整体性把握自然环境的变化规律和演变趋势，从长远的、整体系统的角度处理自己与自然环境的关系，调整并控制人类活动对自然环境的改变作用，真正实现人类社会发展与自然环境演化的协调一致。

第一节　地　面　沉　降

一、概述

地面沉降是指地壳表面在自然营力和人类活动的作用下所造成大面积的、区域性的沉降运动。不同城市和工业区的地面沉降可能有不同的原因，但绝大多数是由于汲取地下水引起的，其面积一般达 100km^2 以上。其特点是发展比较缓慢，无仪器观测难以感觉。地面沉降一旦发生，即使除去导致地面沉降的因素，也不能完全复原。地面沉降已经成为我国及其他许多国家的城市和工业区的严重公害。表 11－1 是国内外一些城市地面沉降的主要情况。

地面沉降对城市及工业建筑区的主要危害如下：

（1）沿海沿江城市由于地面下沉，湖水或江水越过堤岸，迫使海堤或江堤不断加高。

(2) 地面积水，尤其是雨水和暴雨之后的地面积水，严重影响正常的生产、生活和交通。

表 11-1　　一些城市地面沉降主要情况

城市名	沉积物	压密层深度范围 /m	最大沉降速率 /(mm/年)	最大沉降量 /m	沉降区面积 /km²
上海	冲积、湖积、滨海	3～300	98	2.63	121
天津	滨海		262	2.16	135
台北	冲积、浅海	10～240		1.90	235
太原	冲积		207	1.23	254
常州	冲积		90	0.22	200
湛江	冲积	30～200		0.11	140
墨西哥城	湖积、冲积	0～50	420	9.0	225
东京	冲积、浅海	0～400	270	4.6	2420
大阪	冲积、湖积	0～400		2.88	630

注　摘自《工程地质手册》。

(3) 引起地下管道坡度改变，影响雨水、废水、污水的排放功能，严重时可完全丧失功能，不得不重建。

(4) 造成建筑物倾倒，桩产生负摩擦力，井管相对上升而高出地面。

(5) 桥墩下沉，桥下净空减小，影响船只通行，以及引起码头、仓库地坪下沉等。

地面沉降的发生一般需具备两个条件：第一，该城市或工业区的供水水源以汲取地下水为主，超量开采使水位（水头）逐年下降，形成既深又大的降落漏斗；第二，地层以松软沉积物为主，具有较高的压缩性。图 11-1 及图 11-2 清楚说明了地面沉降与地下水开采及地下水位下降有着密切的关系。

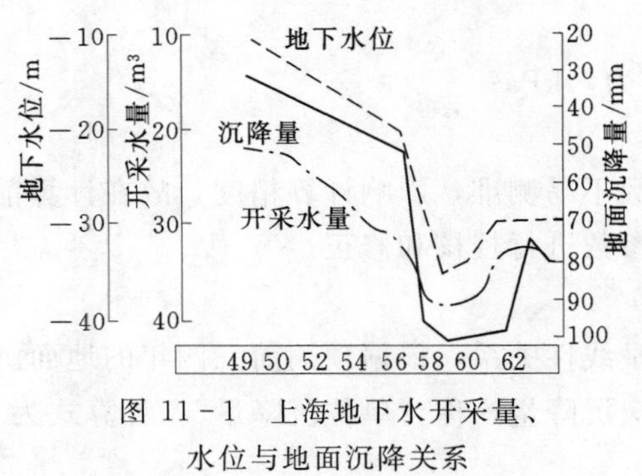

图 11-1　上海地下水开采量、水位与地面沉降关系（摘自《中国工程地质学》）

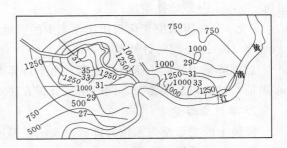

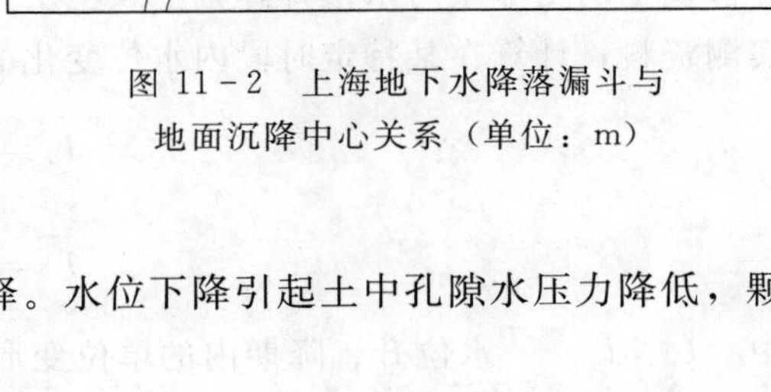

图 11-2　上海地下水降落漏斗与地面沉降中心关系（单位：m）

地面沉降的机理可用有效应力原理来解释。水位下降引起土中孔隙水压力降低，颗粒间的有效应力增加。在抽水前

$$\sigma' = \sigma - u_w \tag{11-1}$$

式中 σ——总压力；

σ'——抽水前有效压力；

u_w——抽水前的孔隙水压力。

抽水后，水头下降 u_f，孔隙水压力随之下降，水对土的浮托力减少，下降了的 u_f 即转化为有效压力增量，使土体压密，此时

$$\sigma' = \sigma - u_w + u_f \tag{11-2}$$

二、地面沉降的预测

对地面沉降的工程地质评价主要是预测沉降量及其发展趋势。预测前首先应查明该地区的工程地质和水文地质条件，划分压缩层和含水层，通过固结试验、渗透试验等取得土的压缩性指标、渗透性指标及其他有关土性参数，并详细调查历年汲取地下水的水量、水位及地面标高的变化情况，掌握动态观测资料。

预测地面沉降可用下列方法。

1. 分层总和法

本法可计算因抽水使地下水位下降造成的地面沉降及因回灌水位上升而造成的地面回弹。对黏性土和粉土

$$S_\infty = \frac{a_v}{1+e_0}\Delta pH$$

对砂土

$$S_\infty = \frac{\Delta pH}{E}$$

式中 S_∞——土的最终压缩量或回弹量，m；

a_v——土的压缩系数或回弹系数，kPa^{-1}；

E——砂的变形模量或弹性模量，kPa；

e_0——原始孔隙比；

Δp——因水位变化而作用在土上的有效应力，kPa；

H——土层的计算厚度，m。

总沉降量为各层土压缩量之和。由于计算参数不易测准，影响计算精度，故在计算前必须精心试验，选准参数，同时用反分析方法对参数进行校核和修正。

2. 单位变形量法

假设土的变形量与水位升降幅度及土层厚度呈线性关系，根据预测前三四年的地面沉降实测资料，计算在某特定时段内水位变化的相应沉降量，称“单位沉降量”。计算式为

$$I_s = \frac{\Delta S_s}{\Delta h_s}$$

$$I_c = \frac{\Delta S_c}{\Delta h_c}$$

式中 I_s、I_c——水位升、降期内的单位变形量，mm/m；

Δh_s、Δh_c——计算期内水位的升、降幅度，m；

ΔS_s、ΔS_c——相应于该水位变化幅度的土的变形量，mm。

将单位变形量除以土层厚度 H 得“比单位变形量”。以 I'_s 及 I'_c 分别表示水位升、降期的比单位变形量为

$$I'_s=\frac{I_s}{H},\quad I'_c=\frac{I_c}{H}$$

在已知预测期水位升、降幅度及土层厚度的条件下，预期沉降量 S_s（mm）及预期回弹量 S_c（mm）为

$$\left.\begin{aligned}S_s=I_s\Delta h_s=I'_s\Delta h_s H\\ S_c=I_c\Delta h_c=I'_c\Delta h_c H\end{aligned}\right\}$$

3. 沉降与时间关系

通常按太沙基一维固结理论计算，公式为

$$S_t=S_\infty U$$

$$U=1-\frac{8}{\pi}\left[e^{-N}+\frac{1}{g}e^{-9N}+\frac{1}{25}e^{-25N}+\cdots\right]$$

$$N=\frac{\pi^2 C_v}{4H^2}t$$

式中　S_t——预测某时间 t 的变形量，mm；

U——固结度，以小数表示；

N——时间因素；

C_v——固结系数；

H——土层厚度，mm；双面排水时取 $H/2$。

三、地面沉降的防治

由于地面沉降的主要原因是超量汲取地下水，故防治地面沉降的根本措施是科学合理地开采地下水，加强对水资源的管理和保护，防止超量开采。对尚未发生严重地面沉降的地区，可采取以下措施：

(1) 加强对地面沉降的监测和试验研究，预测地面沉降量及发展过程。

(2) 结合水资源的计算和评价，研究地下水的合理开采方案；防止因超采地下水而加剧地面沉降。

(3) 避免在可能发生严重地面沉降的地段建设重要工程。在进行房屋、道路、管道、堤坝、水井等工程的规划设计时，预先估计地面沉降的因素。

在已经发生比较严重地面沉降的地区，可采取下列措施：

(1) 压缩地下水开采量，减小水位降深，必要时暂时停止地下水的开采。如天津市1976年后禁止在400m深度内建新井，限制对第Ⅱ含水层的开采，从而降低了地面沉降速率。大直沽1975年沉降194mm/年，至1979年减为99mm/年。

(2) 调整地下水的开采层次，从主要开采浅层地下水转向主要开采深层地下水。

（3）向含水层进行人工回灌，并严格控制回灌水的水质标准，防止污染含水层。如上海市 1965 年开始人工回灌，全年回灌 200 万 m^3，至 1980 年水位上升了 30m，控制了地面沉降。

为了做好地面沉降的防治工作，一定要搞好规划，精心设计、精心施工，并设置区域性的观测网，对开采量、水位及地面标高进行长期的系统监测。

第二节　地　面　裂　缝

一、地面裂缝概述

我国自 20 世纪 70 年代初期起，先后在一些地区发生了地裂缝问题，如西安、大同、兰州等城市都发生过不同形式的地裂缝，给城市建设、水利规划、设计等带来严重影响，甚至威胁人民的生命和安全。

西安市区有 7 条显现的地裂缝、3 条隐藏的地裂缝，是 1959 年首次发现的，并在继续发展，范围达 110km^2。7 条地裂缝大体平行展布，总体走向 NE70°，长度分别为 7km、9km、7.2km、1.7km、0.8km、6.2km 及 1.5km。如图 11-3 所示。

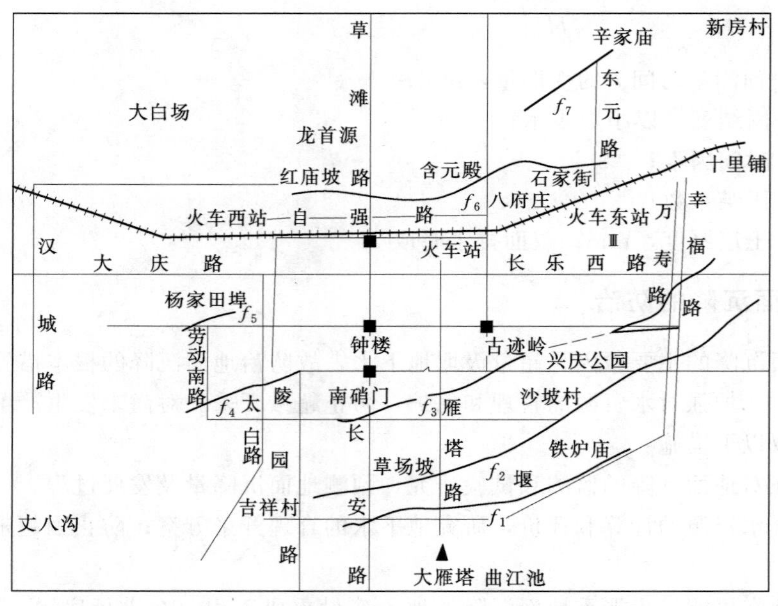

图 11-3　西安地区裂缝分布（摘自《中国工程地质学》）

二、形态与成因

西安地裂缝一般由 1 条裂缝组成，局部地段由 1 条主裂缝及 1～3 条次裂缝组成。主裂缝很长，一般连续分布，不具雁行状排列。据探槽观测，主裂缝延深最浅者 2.0～6.3m，最深者 7 条均未见底，其中辛家庙地裂缝挖至 18m 未见底、地裂缝带宽度每条平均1.1～3.1m，最大宽度1.5～6.4m（6.4m为南郊地裂缝）。主裂缝形态浅部一般垂直，上宽下窄，深部以陡倾角向南倾斜，倾角约75°，呈正断层状，并错断黄土中的古土壤层。

西安地裂缝两侧具有明显的差异沉降，南盘相对下降，北盘相对上升。据观测，南郊地裂缝1981年5月—1985年5月，年平均差异沉降为15.4mm/年，最大为27.2mm/年；边家村地裂缝平均差异沉降为31.16mm/年，各条地裂缝之间、同一条地裂缝各段之间，速率很不一致。探槽观测发现，第一古土壤层被错断，南郊地裂缝最大错距1.8m，秦川中学最大4m，全新世地层错距较小，更新世地层错距较大。除垂直运动外，还有水平张裂和微量的扭转。

对西安地裂缝的成因有不同的解释：从地裂缝的走向、形态看，与临潼—西安断裂一致，似与地质构造活动有关，但由于近期无强震活动，显然与地震无关。近期大量抽汲地下水，造成地下水位下降，与地裂缝快速发展在时间上的吻合，似与抽汲地下水有关，但地下水降落漏斗平面上为弧形，而地裂缝为直线，又不相吻合。因此，单纯的构造成因或抽汲地下水成因都是不全面的。现在学术界倾向于复合成因，即基底地质构造缓慢的差异沉降（蠕动），将上部土层"拉松"，地下水位下降和地面沉降加速了地层的压密，造成不均匀沉降，使地裂缝发生和发展。构造活动是地裂缝发生的基础，抽汲地下水是地裂缝发生和发展的直接诱因。

三、工程地质评价

当地裂缝穿过墙体时，在墙上产生一组张性裂缝。地裂缝垂直穿过建筑物时，变形带的宽度一般小于3m；与建筑物斜交时，变形带较宽，一般大于3m。地裂缝所经之处，无论何种工程，如房屋、混凝土路面、钢质及混凝土管道等，均遭破坏，在西安已有500多处。地裂缝上的建筑物建成后，少则1年，多则3～5年，必将开裂。目前尚无抵抗地裂缝的工程措施，只能避让。

根据以上分析，吴嘉毅、廖燕鸿提出了地裂缝及其两侧进行工程建设的具体建议，见表11-2。

表11-2　地裂缝带建设容许距离

分带	与主裂缝距离/m		许建筑物
	上盘	下盘	
主变形带	0～5	0～3	临时建筑，简易仓库
弱变形带	5～10	3～8	四层及四层以下住宅、办公楼、小型场房，必须设防
微变形带	10～20	8～15	高24m以内的民用建筑，跨度18m以内的单层场房，必须设防
无影响带	＞20	＞15	各类建筑物

第三节　地　面　塌　陷

我国可溶岩分布面积占国土面积的1/3以上，是世界上岩溶最发育的国家之一。据不完全统计，在全国22个省（自治区、直辖市）中，共发生岩溶塌陷1400例以上，塌陷坑总数超过4万个。已有岩溶塌陷的70%是人类活动所诱发，主要原因有过量开采地下水、拦蓄地表水、岩土工程施工、工程爆破等。岩溶塌陷灾害形成条件包括：①成灾地区的地质条件：岩溶发育特征、第四系土层结构，地貌特征、地下水动力特征及地表水入渗；②岩溶塌陷成灾条件取决于土地利用和有关的受灾体类型。如1988年河北省秦皇岛市柳江水源地，由于超量开采岩溶水，造成地面塌陷面积达34万m^2，出现塌坑286个，直径0.5～5m，深2～5m，最大直径12m，深7.8m，并同时出现地裂缝，交织在一起，使部分耕地破坏，房屋开裂。又如1988年湖北武昌市陆家街发生地面塌陷，使附近工厂、学校房屋陷落、破坏，造成停产、停课。

我国岩溶塌陷灾害以广西、贵州、湖南、江西、四川、云南、湖北等省（自治区）为最多，全国可分为4个大区，即：西部高原、台地、盆地岩溶区；东北山地、平原、辽东半岛丘陵岩溶区；华北山地、高原及黄淮海平原岩溶区；云贵高原丘陵、盆地、平原岩溶区。

全球岩溶地面塌陷分布比较广泛。除中国外，在美国、南非、法国、英国、俄罗斯、波兰、捷克、南斯拉夫、比利时、土耳其、加拿大以及以色列等国都有岩溶塌陷危害。它已引起国际社会普遍关注，20世纪70年代以来召开过多次有关的国际会议。

国外在岩溶塌陷研究方面主要关注以下几个方面：

（1）岩溶塌陷发育条件的勘测技术。

（2）岩溶塌陷发育过程及机理研究。

（3）岩溶塌陷基础数据库建设。

（4）岩溶塌陷危险性顶测与风险评估。

（5）岩溶塌陷预测预警。

（6）岩溶塌陷对环境的影响。

（7）岩溶塌陷灾害保险。

第四节 海水入侵

海水入侵主要是滨海地带由于过量抽汲地下水，使海水从地下向大陆入侵，在含水层中海水越过分界线，取代淡水，造成水质恶化（盐化），如图11-4所示。

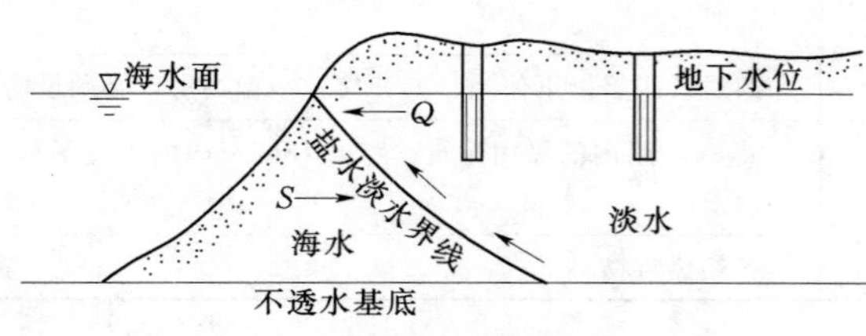

图11-4 滨海地带海水入侵示意图

海水入侵问题，在我国已屡见不鲜。如山东半岛、辽东半岛、辽西走廊、杭州湾等地，已发生过多起海水入侵事件。

山东半岛，如莱州湾附近的龙口、掖县、寿光一带，已发生多次因抽取地下水（海水入侵盐化水）灌溉而造成的大片农作物枯萎事件，有的地方颗粒无收。又如青岛附近的崂山县，1965年沿海滨打机井27眼抽取地下水，到1966年就发现海边200m处水井水质变咸，10年后井水位由2m降到8m，结果海水向内陆推进了

500m，使全部水井报废。

辽东半岛大连市自来水厂，位于基岩地区，断层、裂隙很发育，大量抽取地下水，也导致海水入侵，造成水厂不能使用。

辽西走廊大小凌河冲积洪积扇地区，工农业用水加大，集中抽取地下水，也发现地下水漏斗及海水入侵。又如秦皇岛、北戴河、山海关地区，20世纪80年代以来，由于发展旅游事业，大量开采地下水，也使海水入侵，水质恶化，有的地方稻田枯死。这些问题已引起我国政府及生产、科研部门的广泛重视，并已着手调查、研究，布置地下水长期观测孔，进行水位、水质监测，有的地区还采用计算机建立水质模型，进行水情水质预报，加以防治。在国外，如日本、美国，海水入侵问题也很严重，对于已被污染地区，有的地区修建地下防渗墙，切断海水入侵途径，但造价昂贵，一般多使用在基岩海滨或海岸以下有隔水底板的条件的地区。

我国海水入侵主要发生在沿海9个省市，其中以山东、辽宁最为严重，入侵总面积已超过2000km^2。海水入侵多从最初的点状入侵逐步发展为面状入侵，海水与淡水之间有广阔的过渡带（混合带）。受地质条件制约，有面状入侵、指状入侵、脉状入侵和树枝状入侵等多种入侵方式。总的说来，海水入侵虽然得到一定控制，但形势依然严峻。为了加强防治入侵，今后需要加强以下几方面的研究：

（1）海水入侵的定量研究。对过渡带的咸淡水混溶模型的研究要进一步加强。目前的模拟条件相对很简单，许多实际条件反映不出来，需要建立更符合实际的海水入侵模型。

（2）要加强海水入侵过程中伴随发生的一系列物理过程、化学过程和生物过程，及过程中的物质循环的研究。

（3）应以防为主，加强超前的预报工作，建立预警预报系统。

（4）加强海水入侵监测方法和监测手段的研究。

（5）加强控制技术与方法的研究。

第五节 地下水污染

随着环境污染和地下水开发强度的加剧，地下水污染已成为城市和工业区的一个严重问题。据我国40个城市的调查，其中10个污染较严重的城市，有7个以地下水为主要供水水源，水中普遍析出多种工业排放的有害物质及生活污染物质，工业“三废”物质超标30%以上，每个城市超标面积超过100km^2。受中等污染的城市有20个，其中9个以地下水为主要供水水源，井中有害物质超标率达14%～15%，生活污染物质超标35%～38%，超标面积一般在100km^2以下。

一、地下水污染的原因

1. 工业污染

由于工业的废气、废水、废渣及矿井水经过透水地层大量渗入地下，造成地下水污染。如北京的某石油化工企业，每天排放的污水中含有汞、铬、砷、苯酚及氰化物等有毒有害物质，有的超标几十倍甚至100倍以上，严重影响着人民的生命及健康；又如陕西某工厂，排放含硼量高达 52mg/L 的废水，渗入地下，造成 200 亩耕地不长庄稼。

2. 农业污染

农业污染主要是引污水灌溉造成的。此外，大量使用的农药及化肥也是重要污染源，如杀虫剂中的有机氯类较难溶于水，在土壤中滞留时间较长，又如滴滴涕（DDT）使用 8 年后，土壤中仍可残留 50%，化肥也可造成地下水的 $N-NO_3$ 增高，造成硝酸盐污染。

3. 生物污染

人民生活及牲畜饲养所排放的水，在适当的条件下会造成病毒及细菌污染。如秦皇岛市有一眼深井（270m）打在石灰岩的岩溶水中，水量充沛，但水中大肠杆菌超标，曾引起居民大量腹泻。据调查，井的上游，正是农民集中的饲养耕畜之地。水质污染，不言而喻。

4. 放射性污染

放射性污染主要是放射性物质外泄，或放射性物质废渣、废液未加保护处理所造成的。在核电站及核武器生产地区，应特别注意放射性物质的扩散和污染。

二、地下水污染防治措施

（1）为预防固体废物对地下水的污染，应设置符合卫生标准的垃圾埋坑，将垃圾压实盖土填入坑中。坑底设防渗层，并通过暗沟、井将渗透液收集处理。

（2）为预防城市污水及工业废水对地下水的污染，应按规定建设污水处理厂，达到标准后再排放。在污水或废水容易流失的地段设防渗帷幕或建造深井，排放有毒污水。

（3）按国家标准建立水源卫生保护带，进行严格的水源保护。

第六节 洪水灾害

洪水灾害，原属水利、水文、气象等部门研究的问题。然而洪水灾害所带来的前因、后果，往往与地质、地貌、土地利用、人类建造工程和各种经济活动密切相关，每年所造成的损失也是相当巨大的。如印度的统计资料表明，近 30 年来洪水破坏的土地约 4000 万 hm^2，损失 46 亿卢比以上，平均每年约 500 万人口受到洪水灾害。印度政府在 1985—1990 年计划投资 95 亿卢比用以修建堤防、大坝、排水渠道等工程，以保护环境。我国的洪水灾害也是经常发生的，如 1975 年 8 月的洪水使河南省 50 多个县受灾，京广铁路中断，为此，水利电力部曾要求全国大江大河的水利工程，提高防洪标准，很多水库加大了防洪库容，为此大坝加高，溢洪道改建、扩建工程增多。又如 1991 年我国的淮河、太湖流域连降暴雨，形成洪涝灾害，损失很大。据统计两个流域农田受灾面积达 8579 万亩（约占总耕地面积的 41%），倒塌房屋 214 万间，有数万家工矿企业进水、受淹，造成停产；水利、交通、电力、通信等基础设施，以及学校、医院等遭到严重毁坏，直接经济损失达 411 亿元以上。这次水灾破坏了生产秩序和社会安定，损失是严重的，教训是深刻的。

以上事例说明：水利不仅是农业的命脉，工业的先行；而且也是国民经济的基础。水利是治国安邦的大事，水利这个基础搞不好，大江大河治理不好，经济建设和社会的安定、发展就没有保障；水利上不去，经济建设搞得越多，遇到洪水，损失也越大。因此，我们必须从人口、经济、环境协调发展的战略高度，重新认识水利建设的重要性。经济越发展、人口越增加，对水利和环境事业的要求也越高。

第七节　固　体　垃　圾

随着城市和工业建设的发展，固体垃圾已经成为重要的环境问题。发达国家每人年产垃圾 3.5t。我国北京年产垃圾 160 万 t，近郊有 5000 个垃圾堆场，占地约 900 亩；上海每天产生垃圾 1.1 万～1.5 万 t，绝大部分在市郊存放。未经无害化处理的垃圾，不仅大量占用土地，而且严重污染环境，产生恶臭，孳生病源，并通过雨水、渗出水、地下水扩散，成为严重公害。

无害化处理垃圾的方法有掩埋、焚化及堆肥等。以我国的国情，今后相当长时间内，仍将以掩埋为主。垃圾掩埋场的场址，宜选在人烟稀少、交通便利之处，避开农牧业区，并应具有适宜的地质和水文地质环境。其主要条件如下：

(1) 地形坡度不宜过大，避免设在不稳定的滑运区，不应设在河川行水区和有洪水的平原区。

(2) 应避开断层带。如无法避开，则应在查明断层的位置、产状、透水性的基础上，采取防治措施。

(3) 尽量远离水源，尤应避免位于取水口的上游和水源的补给区，确保水源不受污染。

(4) 上覆土层要有一定的承载力且不透水，并有可作为掩埋的覆土材料。

(5) 避免选在人口密集区的上区，避免设在稀有动植物的栖息地。

因此在选址时，应对场地及其附近进行自然、人文和经济调查，尤其是地质与水文地质调查；在掩埋场设计和施工前应进行勘察；使用期间应进行长期的系统的环境监测。

垃圾掩埋场地按地点的不同，分为山谷掩埋、陆上掩埋、海岸掩埋和填海掩埋 4 种，各有不同的设计要求，目前以前两者为主。

垃圾掩埋场的岩土工程设计内容包括不透水底层设计、土堤设计、场周边坡设计、封闭处理及监测等。

为了防止垃圾渗出水对地下水的污染，掩埋坑底部需铺设柔性的塑料隔水薄膜，厚度为 2.5mm。薄膜下利用原土做 30cm 厚的垫层，薄膜上覆 50cm 厚的砂土，做保护层（图 11－5）。为了有效地收集和排出渗出水和雨水，需设置排水系统，掩埋场周边一般筑土堤或挡土墙，将污染物质固定在一定的范围内，土堤上一般要有植被和绿化，以美化环境，土堤的断面和材料应作专门的设计。掩埋场周边的山坡如不稳定，可设置锚杆、土钉、刚性或柔性挡土结构，并采取适当的排水措施，确保山坡稳定。掩埋完成后，面上应覆土，并在其上绿化，以保护环境。

长期的系统的环境监测是掩埋场设计的重要组成部分，监测内容包括掩埋场沉降、渗出水的水量、水质，附近地下水污染情况等。

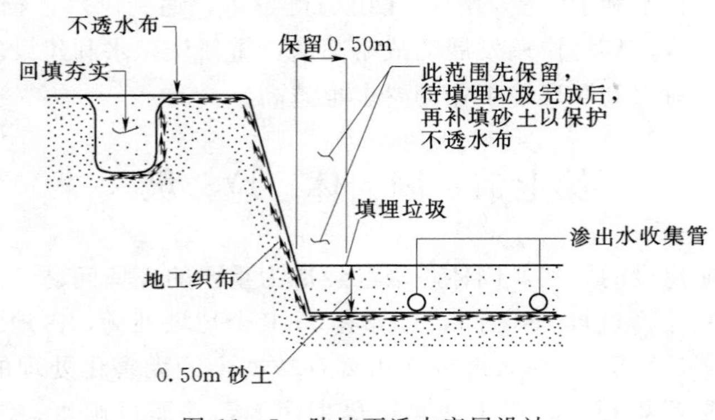

图 11-5　陡坡不透水底层设计

第八节　人类活动导致重金属元素的富集

重金属是个有潜在危害的化学物质，其特殊威胁在于它不能被微生物分解而可以被生物体所富集。这样使某些重金属转为毒性更大的金属——有机化合物。这里主要讨论汞、镉、铅、铬及类金属砷等生物毒性显著的重金属元素的富集及其对人体的影响。它们具有下列共同特征：

(1) 重金属是构成地壳的元素，分布广泛但含量均低于0.1%，通过岩石风化、火山喷发、大气降尘、水流冲刷和生物摄取等迁移循环，使重金属元素遍布土壤、大气、水体与生物体中。

(2) 广泛应用于人类生产与生活各方面，所以在环境中存在多种金属污染源。采矿场、冶炼厂是主要污染源，通过废气、废水和废渣向环境中排入，在局部地区造成严重污染。

(3) 重金属大多属周期表中过渡性元素，其价态不同，活性和毒性效应也不同，在水体中扩散范围很有限，但它们存在二次污染问题。

(4) 重金属的污染特点在于：①在天然水中只要有微量浓度即可产生毒性效应；②微生物不仅不能降解重金属，相反可在微生物作用下转化为毒性更强的金属有机化合物，产生更大毒性；③生物体从环境中摄取重金属，可经过生物链的放大作用逐级在较高级生物体内成千百倍地富集起来；④重金属可通过多种途径（食物、饮水、呼吸、皮肤接触等）进入人体，与蛋白质和酶作用后积蓄于人体某些器官中，造成慢性积累性中毒。

第九节　人类活动对土壤环境的影响

土壤处于大气圈、岩石圈、水圈和生物圈之间的过渡地带，是联系有机界和无机界的中心环节，是地球表面人类赖以生存的地方。土壤由土壤矿物质（原生矿物和次生矿物）和土壤有机质（两者占土壤总量的90%～95%）、土壤水分及其可溶物（合称土壤溶液）

和土壤空气三部分组成，三者相互联系、制约，成为一个有机整体，构成土壤肥力的物质基础。土壤不同于风化、土化的岩石，因为它含有氮素，具备绿色植物生长所必需的肥力条件。土地是一个综合性概念，是包括气候、地貌、岩石、土壤、动植物等组成的自然综合体。人类活动对土壤环境的影响，主要表现为如下几方面。

一、人口增长与土壤、土地资源的矛盾

在地球表面，陆地仅占 1/3，总面积约 1.35 亿 km^2，但有一半土地不能供人利用，其中 16%为终年积雪、4%为冻土区、20%为沙漠、16%为陡坡土地。现在人类已耕种的土地仅占陆地面积的 8%，放牧地占 15%。世界上土地面积有限，可耕地面积更有限。因此人类人口不能盲目增长。按目前每 41 年世界人口增长一倍的速度计算，1980 年为 44 亿，到 2021 年为 88 亿，2062 年为 176 亿，到 2103 年则为 352 亿……700 年后世界人口可达千万亿的天文数字，到那时，即使地球上全部土地包括山脉、沙漠都利用，平均每人只占地 0.3m^2，根本没有供耕种的土地了！另一方面，能供人类食用的植物与动物仅能养活 80 亿人。因此地球上不可能容纳无限多的人口，必须控制人口的无限增长，做到优生、优育、计划生育。

二、人类活动对土壤、土地的破坏

（一）土壤侵蚀

土壤侵蚀指在风或流水作用下，土壤被侵蚀、搬运和堆积的整个过程。这种自然侵蚀相对比较缓慢，但当人类严重破坏了坡地上的植被后，地表土壤破坏和土地物质的移动、流失就会扩大加速。

风蚀指在土壤缺失植被、土质松软、土层干燥的地区，在风速达 4～5m/s 的风沙作用下，会出现原有土壤被吹蚀，尘沙向远处蔓延的情形。其结果不仅毁坏土壤，而且出现风蚀洼地，被吹远的土壤被重新堆积而掩埋河道、湖泊和农田，给人类带来危害。滥垦草原可引起土壤风蚀。美国在 20 世纪 30 年代、俄罗斯在 60 年代都发生过著名的“黑风事件”。美国中部大草原大部分地区放牧比农作更合适，但人们在多雨年份超出安全限度一再扩大农场和牛群，当周期性重现干旱年份就出现了灾难。1934 年 5 月 11 日，整个美国东海岸好像被大雾笼罩，这是被横贯大陆的气流通过风蚀作用从美国中部大草原所带来 3.5 亿 t 肥沃表土所形成的“雾”，风过后把堪萨斯和科罗拉多东部耕地表土刮去一层。

由于人类不合理的农业措施而发生的盐渍化称为次生盐渍化。次生盐渍化是干旱地区土地资源利用中的重要问题之一。6000 年前，在最早的人类文明发源地之一底格里斯河与幼发拉底河平原（即美索不达米亚，现伊拉克），人们已把河水引到农田，在沙漠里栽培了许多作物，这是世界上最古老的灌溉区。但历史悠久的灌溉行为却彻底破坏了土壤，至今没有复原。当土壤中的水分蒸发或被植物利用，水中所含少量溶解盐并不蒸发，余下的水分含盐量不断增高，并下渗到地下水中，在缺少排水条件的情况下该区地下水位开始升高，逐渐在地表留下一层盐。千百年湿润与干燥的反复使地面留下一层又厚又白的盐壳，致使许多土地完全不适宜经营农业。现在伊拉克南部广大地区的古老农田就这样由于

没有排水条件的不合理灌溉而有20%～30%的土地被毁坏。

（二）土地沙漠化

世界各大洲约有1/3以上土地处于干旱地区，大部分为各类荒漠，其中主要为沙漠，许多沙漠都是当地不利气候条件加上人类活动，尤其是破坏当地植被的活动而形成的。印度塔尔沙漠就是在当地特殊气候下，由于人们破坏了植被而形成的。陕北毛乌素沙漠至少在唐朝还是水草丰盛的地区，后来才就地起沙成为沙漠。新疆塔克拉玛干大沙漠的内部及周围，曾分布过很多绿洲，而现在都被沙所覆盖。

沙漠化指由于植被破坏，地面失去覆盖，在干旱气候区强风作用下就地起沙的现象；也是指由固定沙丘变成半固定沙丘，再变成流动沙丘的现象；还指流动沙丘向外围扩展前进的现象。干旱和半干旱草原的沙漠化可能是滥垦草原或过度放牧造成的。由于不合理的垦殖、放牧，加之气候变化，全世界沙漠化土地的面积正以惊人的速度增长着，每年至少有1000km^2土地变成沙漠，给许多国家和地区的农牧业和人民生活带来严重威胁。撒哈拉沙漠南部边缘约65万km^2，适合农业或集中放牧的土地已消失在沙漠中，目前世界上沙漠及沙漠化土地面积约4.56×10^3万km^2，占地球上土地面积的35%，威胁到15%的人口、100多个国家与地区。我国北方沙漠化土地约33万km^2，影响到12个省（自治区）、212个县（旗），近3500万人口，威胁到将近6.7万km^2的草原与耕地。我国每年因土地沙漠化至少要损失45亿元以上。由于高强度利用土地，破坏了原有脆弱的生态平衡，使原非沙漠地区出现类沙漠的景观。如过度农垦、过度放牧、过度樵伐、水资源利用不当和工业交通建设破坏了植被将引起沙漠化。如内蒙古东部科尔沁草原，以流动沙丘及半流动沙丘为主的严重沙漠化土地和强烈发展中的沙漠化土地已从20世纪60年代初期占该盟土地总面积的14.3%扩大到70年代中期的50.2%。察哈尔草原的沙漠化土地也从60年代初的2%扩大到70年代末期的12%。

第十节 人类活动对大气环境的影响

自然界局部的物质能量转换和人类所从事的各种生产和生活活动向大气排放各种污染物质，当污染物的浓度超过大气自净能力时改变着大气圈中某些原有成分，致使大气质量恶化，影响原来有利的生态平衡体系，严重威胁着人体健康和正常工农业生产，并对建筑物和设备财产造成损坏，这就是大气污染。

人是靠空气生存的。如果空气中混进有毒害的物质，则毒物随空气不断被吸入肺部，通过血液而遍布全身，对人体健康直接产生危害。大气污染对人体的影响，不仅时间长而且范围广。

一、大气污染物的主要来源

大气污染有的是自然的，如风吹的灰尘，火山喷发所产生的气体和灰粒，以及花粉等，它们构成了空气的背景污染。除火山喷出的气体和灰粒有极大危害外，一般粉尘不损害空气质量。人为来源的污染物主要有三种类型：

（1）工业污染物。包括矿物燃料燃烧排放的污染物；生产过程中排放的有各种有害气体，如炼焦厂向大气排放的 H_2S、酚、苯、烃类等有毒害物质，各类化工厂向大气排放的具有刺激性、腐蚀性、异味性或恶臭的有机和无机气体，化纤厂排放的 H_2S、氨、二磷化碳、甲醇、丙酮等，以及生产过程中排放的各类矿物和金属粉尘。另外农田中飞散的农药，也可进入大气成为大气污染物（图 11-6）。

（2）交通汽车排气。发达国家汽车排气已构成大气污染的主要污染源。据统计 1979 年全世界有汽车 2 亿辆，1 年内排出一氧化碳近 0.2Gt，铅 0.4Mt，美国每年由汽车排出一氧化碳 66Mt，碳氢化合物 12Mt。日本每年由汽车排放的一氧化碳 10Mt，碳氢化合物 200Mt。

（3）家庭生活炉灶排气。这类污染物分布广，排气量大，排放高度低，危害性不容忽视。

图 11-6　工厂排污使海滩变成了铁黄色

二、主要大气污染物

大气污染物质可分为一次污染物和二次污染物。一次污染物直接从各类污染源排出，比较重要的有碳氢化合物、一氧化碳（CO）、氮氧化物（NO_x）、硫氧化物（SO_x）和微粒物质等 5 种。这些污染物排放到大气中之后，与正常大气成分相混合，在一定条件下会发生各种物理和化学变化，并可能生成一些新的污染物质即二次污染物。常见的有臭氧、过氧化乙酰、硝酸酯（PAN）、硫酸及硫酸盐气溶胶、硝酸及硝酸盐气溶胶等。

（1）一氧化碳。一氧化碳是城市大气中数量最多的污染物，大多是由汽车排放的，在城市不同地段、不同时间其浓度变化不一。

（2）氮氧化物。主要是一氧化氮（NO）与二氧化氮（NO_2），大部分来自矿物燃料的燃烧过程，也有来自生产或使用硝酸的工厂排放的尾气。NO 对人体无害，但它转化成 NO_2 后则具腐蚀性和生理刺激作用。NO_2 的主要危害为：毁坏棉花、尼龙等织物，破坏染料，腐蚀镍、青铜材料；损害植物使其减产；引起急性呼吸道疾病。

（3）碳氢化合物。主要来源于不完全的燃烧和有机化合物的蒸发，它能导致生成有害的光化学烟雾。

（4）硫氧化物。主要来自固定源燃料的燃烧，其中80%是煤的燃烧结果。全世界每年排入大气中的SO_2大约有0.15Gt，SO_2腐蚀性较大，可损坏材料；影响植物生长，降低其产量；刺激人的呼吸系统，并有致癌作用。

（5）微粒。微粒是空气中分散的液态或固态物质微粒，包括气溶胶、烟、尘雾和炭烟等。其危害主要有：遮挡阳光，使气温降低或形成冷凝核心，使云雾和雨水增多，影响气候；使可见度降低，交通不便，航空与汽车事故增加；令可见度差，致使照明耗电增加；对呼吸系统危害特别大；如有铅微粒排入空气，则引起铅中毒，危害更大。PM2.5就是一种微粒，是指空气中直径不大于2.5μm的颗粒物，也称入肺颗粒物。其在地球大气中含量很少，但有重要影响，它含有大量的有毒物质，在大气中停留的时间长，输送距离远，因而对人类健康和大气环境质量的影响大。

三、大气污染的危害及其控制

工业革命引起矿物能源的广泛使用和人口的高度集中，结果加剧了环境的污染。目前以大城市的问题最为严重，加之气象情况难以掌握，以致空气污染常导致重大事故的发生。甚至可以进一步影响整个地球的气候，影响生态平衡并威胁人类的生存。

第十一节　地球化学场与人类健康

由于地球物质分布的不均匀性，在一些地区会形成某些元素的富集或缺失。元素的迁移扩散就会形成一定的地球化学场，地球化学场包括了元素的正负异常，一些地方病的形成就是与某种元素的富集或缺失有关（表11-3）。元素的运移规律除了和元素的化学性质有关外，还和地形地貌、岩石的性质、地下水的流向等多种地质因素相关。

表11-3　几种常见的地方病与元素的关系

地方病	症　状	相　关　元　素
骨痛病	人体丧失吸收磷和钙的能力	镉中毒
矮人病	慢性骨关节病变	钙和锶元素的缺乏
克山病	心肌损伤引起血液循环障碍	可能与硒元素缺乏有关
甲状腺功能亢进	甲状腺肿大	碘缺乏
氟地方病	有氟缺乏病变和氟中毒病变	氟中毒或缺失

人体中还有许多微量元素，对人体的生理机能和新陈代谢起到非常重要的作用。根据区域地质情况，通过对岩石地球化学特征的认识，及时地补充一些微量元素，或对饮用水源进行处理，可以促进人体健康和有针对性地地行地方病的防治工作。

第十二节　依法保护地质环境及国际合作防灾减灾

一、依法保护地质环境

1989年12月26日我国正式颁布了《中华人民共和国环境保护法》，为我国在新形势下加强环境管理、保护与改善环境提供了有力的法律依据。1999年3月2日国土资源部又发布了《地质灾害防治管理办法》，为我国地质灾害防治工作提供了法律保障。

环境保护是实施可持续发展战略的重要内容，也是推动先进生产力发展的一个重要因素。保护环境实质上就是保护生产力。环境意识和环境质量如何是衡量一个国家和民族文明程度的重要标准。中国政府历来重视环境保护，中国坚持把环境保护作为一项基本国策。我们要加大对全社会增强环境意识的宣传力度，转变观念，坚持可持 续发展。对广大人民群众要大力开展“保护环境就是保护你自己”的教育；对企业法人要开展实施清洁生产，变污染治理成本外部化为内部化的工业绿色文明教育；对各级领导要加强环境保护就是保护生产力的教育，克服决策中急功近利的短期行为和盲目性。

我国从中央到地方，根据基本国情和本地实际，制定了保护地质环境的政策，并投入了大量人力、物力，积极做好防治地质灾害的基础工作。全国地质环境监测网已成为国家六大公益性监测网之一。“地质灾害预报工程”“西北地区地下水特别计划”，以及地质生态环境调查，为地质环境保护提供了基础资料和技术支持。党中央提出，对矿产资源要坚持“在保护中开发，在开发中保护”的总原则，在全国范围实行最严格的资源管理制度。对地质灾害防治要认真贯彻执行“以防为主，防治结合”的方针，采取更加有力的措施提高抵御和防范地质灾害的能力，最大限度降低地质灾害的损失。

二、国际合作防灾减灾

环境祸患，地质灾害，不是哪一个国家、地区的局部问题，而是涉及全球的世界性问题。因此也要求世界各国的政府、科学家联合起来共同来研究、对待当前的环境与地质灾害问题。目前全球普遍存在的十大环境隐患是：

（1）土壤遭到破坏。全球110个国家可耕地的肥沃程度在降低，非洲、亚洲和拉丁美洲由于森林植被面积减少，耕地过分开发，牧场过度放牧，土壤剥蚀情况极其严重。

（2）空气受污染。由于亚洲、拉丁美洲经济高速发展的部分地区也受到酸雨侵害，空气污染打乱生态系统正常运转，气候反常变化，房屋加速损坏。

（3）淡水受到威胁。发展中国家80％～90％的疾病和1/3以上死亡者都与受细菌感染或受化学污染的水有关，而且淡水资源十分缺乏，许多人挣扎在缺水的艰苦环境下。

（4）气候变化与能源浪费。温室效应严重威胁整个人类，气温变暖，海平面将升高，对农业和生态系统也带来严重影响。

（5）森林面积减少。过去数百年中温带地区的国家失去了大部分森林，近几十年来热带地区的国家森林面积减少情况也较严重。

（6）生物品种减少。由于城市化农业发展，森林减少和环境污染，导致数以千计的物种灭绝。

（7）化学污染。工业带来的数百万种化合物存在于大气、土壤、水、植物、动物和人体中，甚至北极的冰盖也受到了污染。

（8）混乱的城市化。第三世界数以百万计的农民聚集在大城市的贫民窟中，使大城市生活条件进一步恶化。

（9）海洋过度开发和沿海地带受污染。由于过度捕捞，海洋渔业资源正在不断减少。

（10）极地出现臭氧层空洞。每年春天，在地球的北极上空会形成臭氧层空洞，北极臭氧层损失 20%～30%，南极的臭氧层损失达 50%以上。

对于以上这些全球性的环境祸患，必须依靠国际合作，团结世界各国科学家在各国政府支持下共同努力才能获得逐步解决。

第十二章 数字地球简介

第一节 信息时代与数字地球

现在人类正迈步进入信息时代，以互联网为基础的网络经济和网络化生存等信息化的浪潮正以迅猛的势态席卷全球。信息和信息技术已经成为推动社会经济发展的驱动力。1995 年 2 月西方七国集团在比利时布鲁塞尔召开了信息技术部长会，通过了建立信息社会的原则并确定了“全球信息社会”的构想和方向。1996 年 5 月联合国在南非的约翰内斯堡召开了“联合国建设信息社会和发展大会部长级国际会议”，会上讨论了建设全球化和互联网与万维网计划及其在资源与环境管理中的应用等。2000 年 7 月 22 日西方八国（七国加俄罗斯）发表了《全球信息社会冲绳宪章》（以下简称《宪章》）。该《宪章》强调，信息通信技术是创造 21 世纪最强劲的动力之一。《宪章》呼吁所有的人消除国际性信息、知识差距；在持续刺激竞争、提高生产效率、促进经济增长、创造就业方面，信息技术具有极大的潜力；消除国内和国家间的信息差距，在各种课题中具有决定性的重要意义。解决这个课题，应该考虑到发展中国家多样性的条件和需求。国际金融机构要制定和实施有关计划，为解决发展中国家的需求，要促进政策、法规的健全，改善网络接入条件，增加上网人数，降低网络使用费，培养人才，鼓励电子商务等。八国首脑一致同意成立一个信息技术工作组，研究发展信息技术的各种问题和对策，并向下一次首脑会议报告进程。

我国对于信息社会建设也是非常重视的。早在 1994 年，我国就成立了以邹家华为首由 15 个部委参加的“国民经济信息化联席会议”，协调全国的信息化工作。1997 年，国务院在深圳召开了“全国信息工作会议”，制定全国信息化规划。从那时起，我国正式进入了工业社会到信息社会的过渡时期。

四个现代化，哪一个也离不开信息化。其中科学技术的现代化更是离不开信息化。信息化一般包括数字化、网络化和智能化全部过程在内，而数字化是基础。若要运用计算机处理和在网上传输都要首先数字化，而数字化是网络化和智能化的基础。所以人们把数字化与信息化等同了起来。数字化已经渗入地球科学各个领域，尤其在科学领域内，已引起广泛重视，如气象、海洋中的数值预报，环境及地学中的数值模拟等。

数字地球产生之前，在理论上、方法上及应用实践等方面，已经有了充分的准备。首先美国 Earth System Sciences Committee NASA Advisory Council 组织了 180 位科学家，于 1988 年出版了 *Earth System Science—A Closer View* 的著作。1990—1997 年间，由 30 多所大学又提出了“Geographic Information Science”，同时，由遥感技术、地理信息系统技术和全球定位系统等组成的地理观测系统日趋完善。全球研究项目遍及各个领域，全球观测数据积累丰富，而且世界性的综合与专业数据库系统也已经处于运行状态，数据共享技术也得到了很大的发展，要求利用上述条件推动社会经济发展的呼声也越来越高。

在此基础上，1998 年 1 月，美国副总统 Al. Gore 正式提出了“数字地球——21 世纪对我们星球的理解”并很快得到了全球范围的响应。美国建设数字地球任务由美国国家航空航天局（NASA）主持，计划在 2005 年完成，加拿大正在筹建之中，澳大利亚计划在 2001 年建成，日本从 1999 年下半年起，成立了多个有关数字地球的学术组织，欧洲也正在积极准备之中。

中国对于数字地球十分重视，国家发展和改革委员会、科技部、国土资源部、中国科学院、教育部等机构，都成立了相应组织，制订了开展数字地球的工作计划，现在正在落实和执行之中。

第二节　数字地球的基本概念

一、数字地球的基本概念

数字地球（Digital Earth）是由美国副总统 Al. Gore 于 1998 年 1 月在加州科学会堂的“Open GIS”年会上的报告中正式提出来的。

数字地球是指以地理坐标（即经纬网）为依据的，具有多分辨率的、海量数据的和能多维表达（显示）的虚拟地球技术系统。详细一点地说，数字地球是指以地球整体或局部为对象，以地理坐标为依据的，多种分辨率的，多种类型的，海量的，过去和现在的，有关资源、环境、社会、经济的，可以进行多种整合的，并能用多媒体多维进行表达的，包括数字化、网络化和智能化等全部信息化过程在内的虚拟地球技术系统，或地球信息化技术系统。简单地说，数字地球就是指信息化的地球，或指电脑虚拟地球技术系统。从地理信息系统技术角度讲，“数字地球”就是对地球在时间尺度基础上的各大地球系统模型的虚拟表达和操作。这些地球系统模型包括实体地球（从地心到地壳）、海洋（包括其他大型水体）、大气（特别是对流层）、电离层（空间气象）、生物圈（包括人类）、低温层（特别是极地地区）等。

时间尺度表示的地球系统操作概念模型如图 12－1 所示。

二、数字地球的作用和意义

“数字地球”这个学术名词虽然是由 Al. Gore 首先提出来的，但这是一种“以地理坐标整合有关地球的各种数据”的思想。

数字地球既是一个技术系统，又是一个学科领域，但目前更倾向于属于技术系统。它具有以下的特点：

（1）数字地球技术系统是遥感（RS）、全球定位系统（GPS）、地理信息系统（GIS）、互联网-万维网、多媒体-超媒体、多维（如五维）表达及仿真-虚拟等技术的高度综合与升华，是当代科学技术发展的制高点。

（2）数字地球技术系统为地球科学的知识创新和可能的理论突破，提供了科学实验条件。它为信息科学技术的创新提供了试验基地。数字地球是世界上最大的、最开放的、没有围墙的实验室和最大的、最开放的和没有校园的大学。

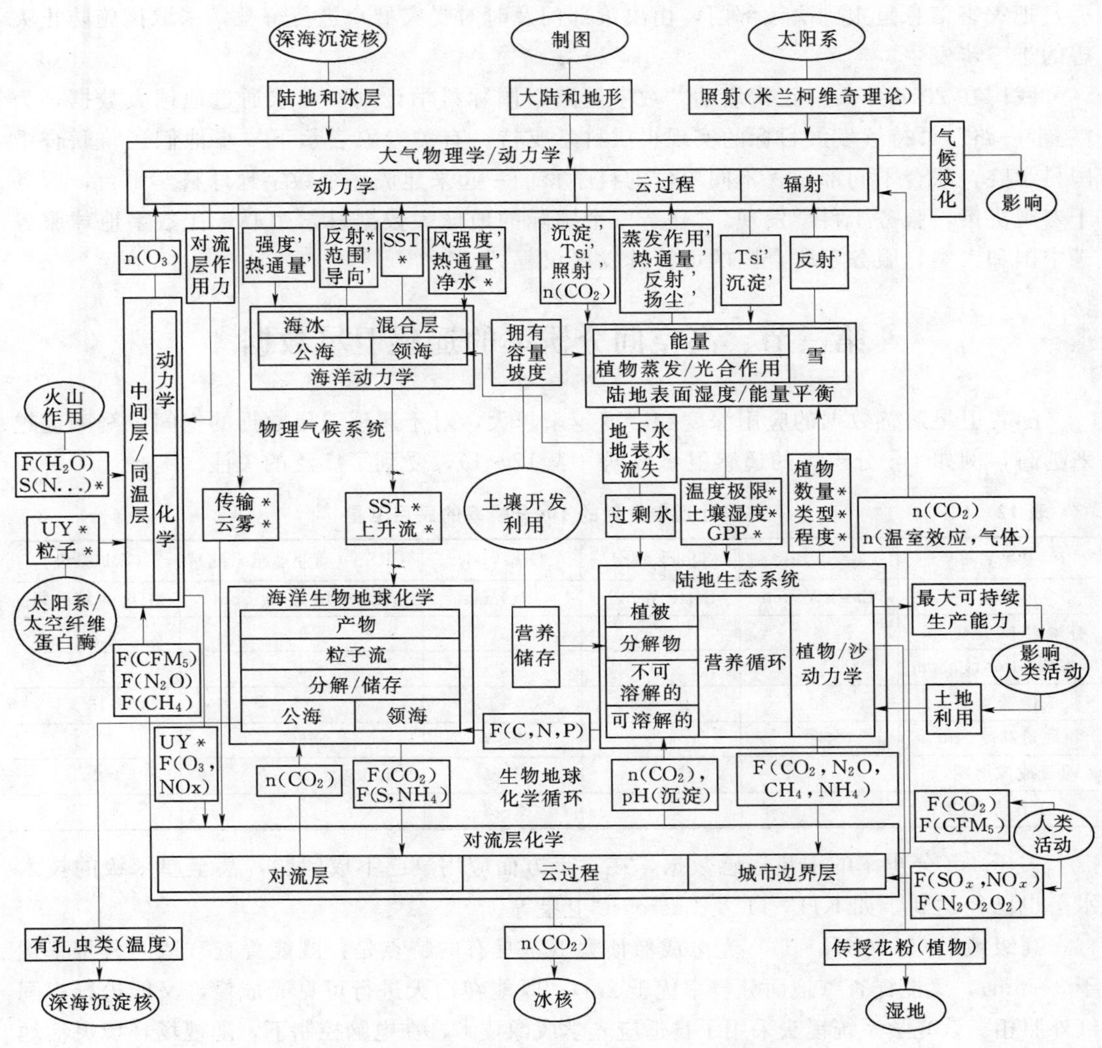

图 12-1　时间尺度表示的地球系统操作概念模型

'—时间尺度几小时到几天；*—时间尺度几个月到几个季节；F—通量（流）；n—浓缩

（3）数字地球技术系统不仅能扩大产业的规模，而且还能形成新的产业（如虚拟旅游等），改变人类的生产和生活方式，促进社会经济跨越发展。

（4）数字地球技术系统是继信息高速公路之后的，又一重要的信息基础设施。它不仅考虑了“路”，而且还考虑了路上跑的“车”和车中载的“货”。数字地球是“路、车、货”三位一体的地学信息高速公路。据资料表明，带有空间坐标的信息，约占总信息量的75％以上。所以数字地球技术系统将成为信息基础设施的主要组成部分。

（5）数字地球是美国继“星球大战”之后的又一个全球性战略目标。1m 分辨率的、高时间频率的卫星遥感技术和 1m 分辨率（1：10000）的世界地图，对全球起到了监控作用。

数字地球全球性的灾害监测中发挥着巨大的作用，在监测、预测、分析这些灾害现象后，把灾害信息呈报到决策部门，由决策部门及时对受灾群众进行解救，采取措施防止灾害的进一步发生。

我国在 2016 年 5 月正式启动“数字丝路”国际科学计划，力求通过地球大数据，为“一带一路”可持续发展目标的实现提供科学支持。有关专家表示下一步他们还将联合中国科学院，联合不同部门、不同单位的科学家们一起来建成一个数字地球科学平台，服务于宏观决策，服务于科学发现。“建造一个国际的地球大数据科学中心，让数字地球服务于中国和人类，服务于联合国的可持续发展议程。”

第三节　高空间分辨率的遥感卫星数据

随着卫星遥感数据的应用深度和广度越来越大，对于遥感卫星数据的空间分辨率也越来越高，例如 1m 分辨率的遥感卫星数据（表 12-1），受到了广泛的关注。

表 12-1　　美国计划中发射的 1m 分辨率的民用卫星

卫星名称		Early Bird	Quick Bird	Orb View	CRSS（商业遥感系统）	GDE 系统
公司		Earth Watch	Earth Warch	Orb Image	Space Imaging Com	GDE 系统公司
分辨率（地面）	全色/m	3	1	1	1	1
	多波段/m	15	4	4	4	4
成像带宽/km		30	10～20	4～15	11	15
轨道高度/km		470	470	460～700	680	700
重复成像周期/周		2	2	2～3	3	2
工作寿命/a		5	5	3～5	5	5

关于 1m 分辨率的卫星遥感数据，在军事方面应用早已不成问题，甚至厘米级的技术水平也已经达到，如 KH-11 及 Lacrosse 卫星等。

高级锁眼-11（KH-11）光电成像侦察卫星具有的特点是：既能普查（地面分辨率优于 3～5m)，又能详查（地面分辨率优于 2m)；既能在白天进行可见光成像，又能进行夜间红外照相。该光学系统镜头采用了自适应光学成像技术，在电脑控制下，随视场环境灵活地改变主透镜表面曲率，从而有效地补偿大气层造成的畸变影响，使地面分辨率达到 0.1m。红外成像系统能在光线不足或全黑的条件下拍摄地面目标和发现热源。它还具有极强的、机动的变轨能力，轨道高度在 280～1000km 间随时可以调整，卫星所获得的数字图像数据用“跟踪与数据中继卫星”，实时传到贝尔沃堡地面站，10min 内可将结果传给用户。

长曲棍雷达成像侦察卫星（Lacrosse）具有的特点是：载有极高地面分辨率的、0.3～1m 的合成孔径雷达成像仪，能克服云、雾、雨、雪和黑夜的障碍，实现全天候成像。它不仅能发现地面的任何车辆、船只、桥梁及各种设施，而且对地下有一定的穿透能力，能穿透森林的覆盖，在干沙和干土条件下穿透深度达数十米，甚至可达 100m。该卫星自重 15t，轨道高度 680km，一颗卫星每天对同一地点可成像一次。

在 1m 分辨率的卫星影像上，地面的资源、环境、社会与经济的主要内容都清晰可见，具有较广泛的用途。

1m 分辨率的卫星影像，如果是全球覆盖，其数据量之大可能不止 1000G 字节。如果每天重复一次，或者哪怕是若干天重复一次，它的数据亦可称为“海量”。如果再加上要求快速处理，那难度就更大了。因此，美国正在开发超级计算机来解决这个难题。其他国家没有“超级计算机”怎么办？能否用多台普通计算机进行平行处理的方法来替代超级计算机，或开发一些其他技术来处理？这是需要攻关的难题。

第四节　遥 感 小 卫 星

对于数字地球的数据获取来说，小卫星将成为十分重要的工具之一。小卫星应该成为数字地球计划的组成部分。因为发射小卫星具有以下优点：费用低、周期短，有利于进行新的传感和新的应用实验。一个小的国家，甚至一所学校，乃至学生做的实验都可发射一颗小卫星，因此人们把当今时代称为“小卫星世纪”（the micro - sat era）。小卫星将成为数字地球数据获取的主要手段。

20 世纪 80 年代以来，以美国为主的对地观测（EOS）计划是最为综合和全面的一项全球性研究计划。计划中的一系列大型综合卫星平台，如 TERRA、AQUA、AURA 等也集中体现了当前发展的最新技术（NASA，1999），一些国际上的重要大型卫星平台见图 12 - 2（a）。

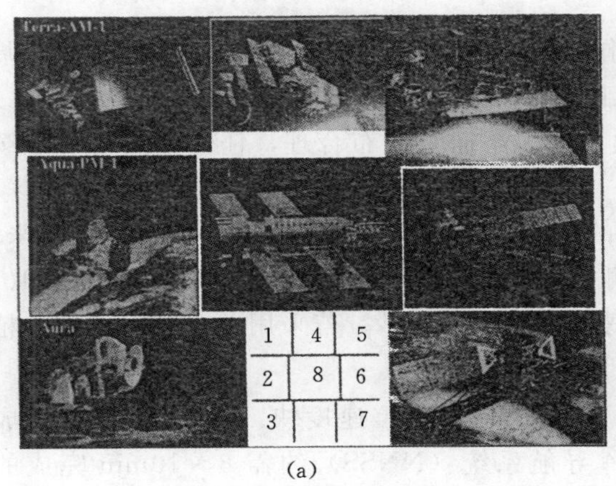

(a)

(b)

图 12 - 2　当前运行的重要卫星平台

(a) 大卫星平台：1—TERRA（AM - 1）卫星；2—AQUA（PM - 1）卫星；3—AURA 卫星；4—法国 SPOT 卫星；5—欧空局 ENVISAT 卫星；6—日本 ALOS 卫星；7—加拿大雷达卫星；8—美国“大鸟”军事侦察卫星；
(b) 一些小卫星平台：1—GeoEye 卫星；2—IKONOS 卫星；3—QuickBird 卫星；4—WoddView 卫星；5—WofidView 卫星；6—以色列的 TecSat

在人们关注发展大型平台，实施较全面而综合的对地观测的同时，一种专业性强，目标明确的小卫星、微小卫星得以兴起和发展。这种以“好、快、省”为特征的小卫星系统受到许多国家的欢迎。美、英、法、以色列、西班牙、意大利、新加坡、马来西亚、泰国、韩国以及中国台湾等许多国家和地区都在小卫星发展方面有很好的贡献。美国的“快鸟”卫星、IKONOS 卫星、OrBView 系列卫星和 WorldView 卫星也均属小卫星之列。泰国计划于 2007 年底发射由法国研制的 THEOS 卫星，其最高空间分辨率达到 2m。一些典型小卫星如图 12-2 (b) 所示。

关于小卫星，至今还没有统一的定义，但是目前大多数人同意 Prof. Swiding 关于卫星级别的划分（表 12-2）。

表 12-2 卫星级别划分

卫 星	星体重量/kg	费用/美元	卫 星	星体重量/kg	费用/美元
大型星	>1000	1亿	微型星	10～100	200万～300万
中型星	500～1000	5000万～1亿	纳米星	≤10	<100万
小型星	100～500	500万～2000万			

我国也十分重视小卫星研究，早在几年前就筹备发射自己的小卫星。清华大学与英国 Surrey 大学协作，于 2000 年 7 月发射"清华 1 号"小卫星成功，该卫星用于卫星通信和遥感（分辨率为 50m）；清华大学还准备发射"清华 2 号"，遥感传感器的分辨率计划为 1.8m。哈尔滨工业大学、中国科学院上海冶金研究所和空间中心也都准备发射自己的小卫星。美国 JPL 计划发射 1kg 重的超微卫星，并拟发射一百颗这样的科学实验卫星。

第五节 全球定位系统（GPS）

全球定位系统（GPS）计划，包括美国国防部的 GPS（共 18 颗工作卫星）；欧空局的 NAVSAT；俄国的 GLONASS（共 13 颗卫星）。全球定位系统（GPS）的特点是：

（1）全球无缝连续覆盖。GPS 卫星数量较多，而且分布合理，任何地点均可连续同步观测到 4 颗卫星。

（2）高精度。可以连续提供动态目标的三维位置、三维速度和时间信息。一般来说，利用 C/A 码广播星历目前单点定位精度可达 5～10m，静态相对定位精度可达 1×10^{6}～0.1×10^{6}，测速精度为 0.1m/s，测时的精度约为数十纳秒。若采用差分分析方法，精度可达厘米级。

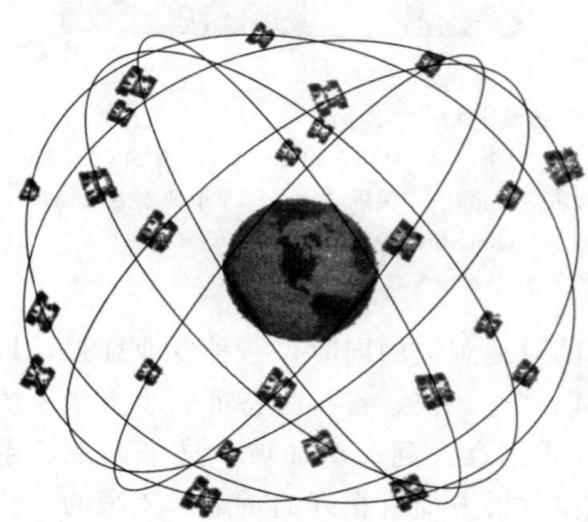

图 12-3 由 24 颗卫星构成的全球卫星定位系统

（3）实时定位速度快。在 1s 内便可完成海军导航系统（NNSS）约需 8～10min 完成的测位任务。

（4）抗干扰性能好，保密性强。美国 GPS 于 1994 年就全面进入正式运行，并开始服务。该系统由 21 个卫星组成，分别占 6 个轨道平面运行，还有 3 个处于热备份状态，总计 24 个，如图 12-3 所示。GPS 卫星的核心是一个高质量的振荡器，它产生两个相关的波，即 L 频段的 L1（1.575，42GHz）和 L2（1.227，6GHz）。这些信息包括 C/A 码（只在 L 上）和 P 码，或复合成 Y 码（在 L1 和 L2 上都有），在播发的载于 L 上的信息，可以使用户在任何时刻获得

GPS卫星的近似位置（广播星历）和GPS卫星在GPS时间框架中播发上述讯号的时间，GPS用户就可以由此确定自己的位置。

第六节 数字地球应用

对于地球科学来说，数字地球技术为地球科学开创了前所未有的科学实验的条件，为过去认为不可能进行的时间和空间跨度太大、结构太复杂的地球系统过程实验成为可能，为地球科学的知识创新和理论研究提供了试验基地，为地球科学的发展提供了强大的动力。

数字地球虽然是最近才提出来的，但数字地球的思想和技术却已酝酿了很长时间，现已经成功地进行了“龙卷风”“海气交换”“天体运行”“圣安得利斯断层地震”“恐龙生态环境”“毛孔虫生态环境”“洛杉矶城市改造”与“拉斯维加斯城市改造”等的计算机仿真和虚拟实验，取得了相当大的成功。另外，科幻艺术片“侏罗纪公园”和“天地大碰撞”等也有一定的科学参考价值。计算机虚拟实验技术，不仅在制造业、建筑业及培训驾驶员等方面成绩突出，而且在生物实验、人体解剖学等方面都发挥了很好的作用。

数字地球为地球系统开创的科学实验条件，不仅可对未来的事件或过程进行实验，而且还可以对已经发生过的系统过程进行反演实验，两者都是提供知识创新和理论研究的试验基地。对于数字地球提供的反演实验来说，也是前所未有的。

经济社会的全球化与资源环境的全球化已成为大趋势。数字地球为经济社会的可持续发展和构建和谐社会提供了必要条件。数字地球不仅可以为灾害天气过程，如洪涝、干旱及其他灾害进行监测和预报，还可以对全球的农作物的播种面积、长势进行监测与产量的估计，对草场、森林资源进行监测及评估，对全球的荒漠化的动态变化进行监测和预测，甚至还可以对由于气候变暖引起的海平面变化、植被带的迁移、农作物带的变化进行监测和预测，为社会经济的可持续发展与构建和谐社会战略目标服务（图12-4）。

在科学实验方面，利用数字地球技术，可以做你想要做的，虽然不能说是一切，但可能是大部分的实验，包括物理学的或生物学方面的虚拟实验。如工程实验，特别是水工实验和风洞实验等，现在都可以运用计算机进行虚拟实验。又如不同植物生长模型的计算软件的开发，使得区域或城市的生态设计、农业试验田的计算机虚拟等成为可能。

智能大楼或大厦，以及由许多智能大楼（厦）组成的智能小区，已经不是新鲜的事了，在日本和美国也都有这样的示范区。美国计划着手建设50～60个数字化城市，将全部城市基础设施、功能设施和服务设施全部数字化，为城市规划、改造及生态设计等的实验创造了科学条件。另外，新加坡也将建设成数字化的城市。

数字地球，即信息化的地球，不仅是国家信息化的重要组成部分，而且为地球科学开创了前所未有的科学实验条件，并为地球科学的知识创新和理论研究提供了科学实验基地。

数字地球的研究对象是带有地理坐标的空间信息，而空间信息约占总信息量的80%。除了资源、环境具有明显的分布坐标以外，经济和社会也应具有空间分布特征，如电子商务、电子金融、电子社会似乎可以与数字地球没有关系，其实这种观点是不全面的。例

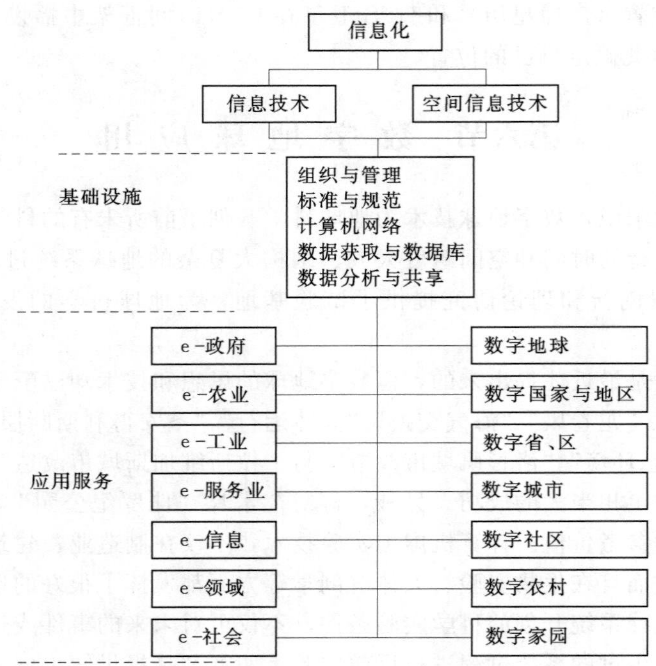

图 12-4　数字地球与相关领域之间的关系

数字地球—全球及地区的环境、资源、灾害的调查、监测、评估、预测；数字国家与地区—国家、地区的资源、环境、经济社会的客观调查、监测、评估、预测；数字省、区—省，区的资源、环境、宏观经济、社会调查、监测、评估、预测；数字城市—信息带动工业化，带动 e-政府、e-工业、e-服务业、e-信息、e-领域、e-社会、城市规划、城市基础设施建设与管理，城市基本功能建设与管理；数字社区—以提高市民的工作效率与效益及市民的生活质量为主要目标；数字农村—以信息化能带动农民的生产产业化和提高教育、医疗水平和生活质量为目标；数字家园—以提高市民的生活质量，方便和丰富生活内容为主要目标；e-政府—以信息化改造管理与服务方式提高工作效率，包括十金工程；e-农业（一产）—以信息化提高农业、林业、牧业、渔业、养殖业的生产水平、加速产业化；e-工业（二产）—以信息化提高制造业、石化业、电力工业、钢铁、轻纺业的生产效率和效益；e-服务业（三产）—以信息化改造金融、商业及交通运输、物流业等，提高管理水平与效益：e-信息（四产）—以信息化提高信息、数据、通信、计算机的硬件、软件业的水平与效益；e-领域—以信息化带动测绘、气象、水文、海洋、环境、地矿、土地等部门的发展和水平提高：e-社会—以信息化带动教育、科技、医卫、社保等事业的发展和水平提高

如，人们可以通过网络选择厂家或商场及其需购的货物，但厂家、商场给多个客户送货时，就应该充分利用数字地球技术系统。同样，电子金融、电子社会也不能离开数字地球技术。任何数据或信息必须具备 3 个要素，即属性、时间和空间。缺少其中的任何一个要素，都不是完善的数据或信息，如缺少空间位置的数据可能会失去它的意义。

一、数字国土

数字国土的研究包括基本理论和方法、国土数据库、数据更新、国土管理、国土模型和国土演化等。

中国的国土从陆地到海洋，从地下到空中，范围大，影响远。数据类型包括国土法规、国土规划、国土利用、区域地质、海洋地质、地球物理、地球化学、工程地质、水文地质、环境地质、矿产资源、潮汐海流、产权产籍等，尤以 1：1000 地籍图、1：10000

土地利用图、1∶40000海图和1∶250000地质图、矿产图及其属性特别重要。

国土数据库包括空间数据图层、数字、影像、文档和其他多媒体数据；需要开展国土资源数据总体规划，数据库设计；建设国土资源空间数据库、元数据库、数据仓库，开展数据挖掘和知识发现。

数据更新与国土动态监测密切联系，包括斑（地）块数据更新和总量数据更新。

国土管理的职能范围包括国土规划、耕地保护、地籍管理、矿产开发管理、矿产资源管理、地质勘探管理、地质环境管理、法规监察、战略决策 、政务办公、综合管理、统计分析等，研究他们的功能实现，配置系统、子系统和模块。

研究国土规划、耕地保护，矿产开发的机制和数据，开发国土规划模型、耕地保护模型、可持续发展模型、经济发展模型、社会稳定模型等；提出国家经济和社会发展重大决策的供选方案。

数字地球有时间坐标系。国土演化模型反映国土随时间的变化、虚拟国土变化及其经济发展和社会动态。

国土规划是国家规划的基础和重要组成部分。实际上，80%以上的信息具有空间属性；随着数字地球和数字国土的建设，信息系统将在经济发展和社会稳定中发挥重要作用。

数字国土是以数字地球科学与技术为主的创新体系，有许多基础研究和工作要做，尤其在数据结构、坐标系统、基础功能、总体框架、数据存储、更新、管理和网络协同等方面。

坐标系统应以地球中心为坐标原点，包括空间三维坐标、时间、属性、逻辑等多维坐标系的定义、设计、布设和控制等。数据结构设计反映上述坐标系统，又便于查询检索和数据处理。研究并开发符合上述定义的基础功能平台，支持数据录入、处理、查询检索和输出。全面开展国土资源数据总体规划，进行国土资源数据库的概要设计和详细设计。

国土资源卫星进行对地观测，卫星影像除包括中分辨率卫星影像外，还应该包括高分辨率卫星影像和连续观测的卫星影像。国土资源卫星地面站接收卫星信息，建设准实时监测系统。在此基础上，进行发布指令给卫星，控制卫星轨道和姿态，使卫星在预定时间完成预定地区的遥感任务。利用人类大脑和认知的研究成果，加速遥感影像判读智能化的进程。

二、数字海洋

海洋覆盖了地球表面的71%，是全球生命支持系统的一个基本组成部分，也是资源的宝库、环境的重要调节器。人类社会的发展，必然会越来越多地依赖海洋。因此，数字海洋是数字地球的十分重要的组成部分。

21世纪是人类开发利用海洋的时代，中国作为一个发展中的大国，在21世纪初便提出数字海洋的发展战略，对于有效维护国家海洋权益，合理开发利用海洋资源，切实保护海洋生态环境，实现海洋资源、环境的可持续利用和海洋事业的协调发展具有重要的意义。

当代海洋学在各个分支领域的迅猛发展以及它们之间的有机交叉与渗透为数字海洋的

形成奠定了坚实的科学基础。这些学科包括海洋地质学、物理海洋学、海洋化学、海洋生物学、水产科学和海洋工程等。另外，与海洋相关的一系列热点问题，例如海洋国土的划界与权益、南极周边海域的归属，El Nino事件的形成机制及其对全球气候的影响、非再生海洋资源的勘探与开发等，也迫切需要实现数字海洋的构想。

空间遥感技术的广泛应用是20世纪后期海洋科学取得重大进展的关键之一。这一信息获取技术方面的突破，为海洋的观测、研究与开发揭开了崭新的一页。众所周知，卫星遥感具有大面积、同步连续观测及高分辨率和可重复性等优点，微波传感器还具有全天候的特点，这些都是传统的浮标和船只观测手段所无法比拟的。除此之外，卫星数据的另一个重要特点是高精度量化，并与计算机系统完全兼容。从这个意义上讲，每一台海洋卫星传感器就像太空中的一台“数码相机”，成为数字海洋系统的一只“千里眼”。

20世纪60年代，第一部海洋遥感专著的出版标志着空间海洋学的诞生。1978年，美国连续发射了3颗用于海洋观测的卫星——Seasat-A、Tiros-N和Nimbus-7，形成了卫星海洋学历史上的第一次高潮。迄今为止，国际上已先后发射了十多个系列的数十颗可用于海洋观测的卫星。90年代以来，以Sea WIFS、TOPEX/Poseidon、ERS-1，2和Radarsat等为代表的系列海洋卫星从数量到传感器的综合探测能力都有了飞速发展，海洋卫星遥感的重点明显地由实验型转向业务化，并开始进入社会生活的各个方面，从而形成其发展史上的第二次高潮。

三、数字城市

数字城市，又叫信息城市，或叫信息港、数码港，还有称为智能城市等，但数字城市更为大家所接受。

城市是社会经济的中心，国内生产总值（GDP）的80%以上集中在城市。在发达国家中，80%左右的人口集中在城市，我国也提出了农村城镇化的倡议，城市化已成为当前的大趋势。

数字城市不仅是信息社会的主要组成部分，而且也是数字地球技术系统的集中表现。数字城市可以从不同角度来理解，但城市数据库、城市信息系统则是其最主要的部分。Al Gore综合了很多教授、专家、企业家及政府管理人员的意见，于1998年9月提出了“数字化舒适社区建设”，即“数字城市”建设的倡议。实际上约在5年前，在一些发达国家中已经开始建设“智能大厦（楼）”“智能家庭（数字家庭）”“智能小区”和“智能城市”（数字城市）的实验。所谓的智能大厦，就是利用先进的仪器设备与计算机系统来控制和管理大厦的供热/水、空调、照明、防火、安全、多媒体、音响、通信等部分，使其协调、合理地工作。推而广之，智能小区、智能城市等是更加复杂的智能管理系统。新加坡首先提出了建设“智能城市”或“智能国家”（数字新加坡）的设想，并正在积极地进行之中。美国和日本等已经分别建成了若干个“智能化（数字化）的生活小区”的示范区。

三维数字小区是三维数码城市建设的一个特例，它的应用对象是房地产开发商和市民购房、物业管理公司。在面向房地产开发商和市民购房的应用方面，可通过三维虚拟大屏幕系统，开发具有三维虚拟现实漫游数字模型、户型属性查询、样板房、售房价格参考、楼盘位置，水电、煤气、交通状况等功能，并可提供购房者网上相关浏览咨询功能。在面向物业管理公司的应用中，可以开发具有三维管线显示、查询，小区设施管理、小区安防工程设计、小区收费等功能为一体的综合三维管理系统（图 12－5、图 12－6）。

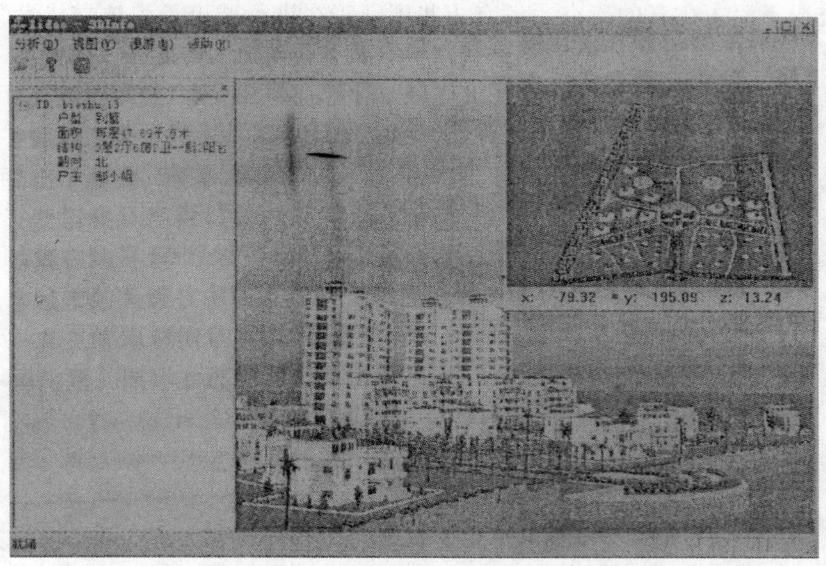

图 12－5　武汉某数字小区三维查询系统（真实三维景观）

图 12－6　银川市某小区的虚拟景观

数字城市的关键技术除了和数字地球相同外，还应侧重强调以下几点：

（1）真三维地理信息系统（3D－GIS）研究。现在普遍认为 3D－GIS 是数字城市首先要解决的问题。国际上已经专门成立了 3D－GIS 研究组织，主要为城市研究服务。德国的 Rostock、Stuttgart 大学等研究机构，在 3D－GIS 方面已经做了很多工作，并建立了模拟系统，对一些城市进行了研究。

(2) 仿真-虚拟技术，或虚拟地理信息系统（VR－GIS）技术已成为公认的数字城市的关键技术。1995 年 Liggetti 等运用 VR－GIS 技术制成了大比例尺城市模型，1997 年 Dodge 等运用 VR－GIS 技术对城市环境设计和规划进行了研究，同时还对土地污染、大气污染进行了深入仿真的研究。还有一些国家正在进行城市行为仿真技术研究等。

(3) 数字城市的信息模型与体系结构研究。如城市建筑设施、交通设施、能源设施、通信设施、服务设施、文化设施和行政管理设施的信息模型及体系结构（包括逻辑及运行）和信息组织与管理研究。

(4) 数字城市的运行管理技术。通信网络系统及其管理、数据组织及数据转换、决策模型管理、城市信息安全保障机制研究。

(5) 数字城市的功能系统。数字城市的功能系统包括数据交换中心、公用信息平台、专业信息平台等的研究。

数字城市或信息城市或智能城市是指将城市的部分或大部分的基础设施、功能设施数字化，建立数据库，并用计算机高速通信网络相连接，实现网络化管理和调控，并具有高度自动化、智能化的技术系统。

三维虚拟城市，也称赛博城市（Cyber City），是数字城市建设的基础三维地理模型。它的建设，提供了整个城市的三维真实景观漫游场景，并可为城市景观设计、三维数字规划审批、城市灯光效果设计、虚拟城市道路交通导航、城市基础设施以及管理系统的三维查询、城市建筑日照分析、通视分析、视域分析等提供诸多的专业化、大众化三维地理信息服务。图 12－7、图 12－8 给出的是这些应用的一部分。

图 12－7　银川市北京路的虚拟景观

图 12－8　银川市北京路上待审批建筑（根据建筑设计效果图建模）

城市通过信息化后，能够充分和高效地利用信息，使信息快速流动，不仅提高了对城市的管理效率，而且能大幅度提高生产和贸易效益，扩大生产规模，增加财富收入，提高服务质量，促进社会经济发展。

数字城市交通网络化后，还可以节约市中心宝贵的土地资源，减少市中心或商业区的交通拥挤，“让网络去跑腿”，既节省了经费，也加快了速度，减少了雇员，降低了成本，避免交通堵塞，节约了汽油，减少了污染。

未来的数字城市，还将是一个生态城市，具有蓝天、白云、森林、鲜花、清水和分布合理的现代化的建筑群与高速公路网。它既具有高效的、信息化的工作环境，又有舒适、方便、安全的现代化的生活环境。在数字城市中，人们可以高效、有序地工作，过着舒适安宁的生活。

四、虚拟学校

虚拟学校，又称远程教育、网络空间学校、网上学校，是指运用 Internet - Web 进行交互式教育过程的多媒体计算机网络系统。它是世界上最开放的、最大的、没有校园的学校。很多国家对于远程教育非常重视，欧洲还专门成立了远程教育大学协会，除了组织一些名牌大学的教授进行讲课外，还专门成立了“开放性大学”，专门从事远程教育。法国的远程教育大学联盟是由法国高等教育和科研部创办的，其中有 27 所大学和一些其他机构参加了这项任务，约有 3.6 万名学生。如今，由于 Internet - Web 的普及，并能连接千家万户，网上授课的方式受到更大的欢迎，几乎所有的人文科学和自然科学的课程都能进行，而且是多媒体的和双向的，即交互的，师生之间即使远隔万里，也能进行讨论和质疑并能进行网上辅导。这种虚拟学校的工作，由“欧洲学习中心”负责，欧洲共有 50 个这样的中心，其中法国就有 4 个。在美国由远程教育协会负责这项工作。

目前，已有许多“远程教育/TV 教育”“卫星教育”，与其相应的有“教育 TV 台”。在我国开设“电视大学”已经有 5 年以上的历史。但虚拟学校是与传统意义上的学校完全不同的崭新的概念。学生只需坐在家中，就可以得到全世界最好的老师的授课与指导，尤其是最先进的教具和影像化的教育方法，有助于学生对课程的理解。未来的学生可以和宇航员一起畅游太空，和潜水员一起到海底探险；也可以无需通过“时间隧道”到几百年前的历史时期或数亿年前的地质历史中去领略恐龙的生态环境等。这使得学生能获得深刻而又全面的知识，不仅对地球科学，包括地质、地理、天文、海洋、气象、环境、旅游专业有帮助，而且对历史、物理、信息科学专业也是有帮助的。美国 NSF 主持了 Global School House Project，在 Internet 上建成了第一所开放的 Internet 小学，并正在筹备“全球学校网”。

虚拟学校是基于以 Internet 为基础的、以 WebGIS 为核心的数字地球的教育，和已有的传统学校相比，其具有如下的特色：

(1) 远程教育/TV 教育要受“TV 教育站”的限制，而且不能“双向”。数字地球技术系统可以与家家户户相连接。只要有 PC 计算机或 TV 加上辅助装置，就可以在家接受教育，如加上话筒就可以“双向”互动，有问有答，而且费用也不高。

(2) 由于数字地球技术系统能够显示多维、空间性很强的动态对象，有利于学生对教学内容的理解。

(3) 可以进行远程的仿真与虚拟实验，包括对存在的对象或虚幻的对象进行实验；可以从内向外、从外向内进行观测；可以进行操作，而且符合物理的、力学的和生物学的规则，有身临其境的感觉。

(4) 可以选择最好的教师，最先进的教具与教学设备进行教学，能产生最佳的效果。

(5) 普及性好，教学效果好，节省人力、物力、财力和时间，减少交通拥挤。

虚拟学校是在以因特网（万维网）为基础的赛博空间中建立的交互式距离教育与学习

系统，这改变了传统的办学、办校方式，没有现实的学校地理位置和空间。

五、数字农业

数字农业（Digital Agriculture），又叫信息农业（Information Agriculture）或智能农业（Intelligence Agriculture）、精细农业（Precision Agriculture，Precision Farming 或 Farming in inch）和虚拟空间农业（Cyberfarm），是指运用数字地球技术，包括多种分辨率的遥感技术（NOAAAVHRR，1m 分辨率的卫星遥感）、遥测技术（气温、土壤温度等遥测技术）、GPS 技术、计算机网络技术、地理信息系统（GIS）技术等信息技术，土壤快速分析、自动滴灌与喷灌技术及自动耕作与收获技术、保存技术，定位到中、小尺度的农田，在微观尺度上直接与农业生产活动与生产管理相结合的高新技术系统。简单地说，数字农业就是把数字地球技术与现代农业技术相结合的综合的农业生产管理技术系统。数字农业是农业现代化、集约化的必由之路。

数字农业既不同于日本等国在 50—60 年代的“农业园艺化”，也不同于发达国家在 60—70 年代提出的“生态农业”和“绿色革命”，也不同于以色列的“农业工厂化”。它是以大田耕作为基础，以先进高技术为支撑的集约化和信息化的农业技术系统。它是指从耕地、播种、灌溉、施肥、中耕、田间管理、植物保护、产量预测到收获、保存、管理的全部过程实现数字化、网络化和智能化，全部应用遥感、遥测、遥控、计算机等先进技术，以实现农业生产的信息驱动，科学经营、知识管理、合理作业、促进农业增产的高技术系统。

随着微电子技术的迅速发展和实用化，推动了农业机械装备的机电一体化、智能化控制技术、农田信息智能化采集与处理技术的迅猛发展，加上生物工程、作物栽培、种子与肥料、病虫害监测与预测、作物栽培模拟与仿真，以及虚拟技术在农业生产中的应用，形成了智能农业装备、自动监控技术与系统优化决策支持技术系统，提高了农业产量和促进了农业的进步，同时为“数字农业”或“精细农业”的发展打下扎实的基础。

数字农业主要包括以下几个方面的内容。

1. 基础数据库建设（数字化）

（1）基础地理数据：主要包括 1∶5000～1∶10000 数字地形数据、自然水系、人工灌溉系统、道路、村庄、农业机械站、仓库，及土地利用与土地覆盖等状况数据。

（2）土地与土壤数据：主要包括以 10m×10m 即 $100m^2$ 单位的土壤厚度、土壤成分与质地、土壤肥力（氮、磷、钾及有机养分的含量），以及每年施肥的种类与数量等数据。

（3）气候要素数据：历年以周为单位的平均温度、降水量、风向、风速、空间温度、冰雹、最高温度、最低温度，以及其他农业气候要素的数据。

（4）历年的农作物病、虫害资料以及防治措施与效果数据。

（5）历年（5 年来）种植农作物的种类、管理方法，以及其产量记录数据。

（6）历年（5 年来）农业管理措施及其效果评估，包括灌溉、施展中耕等。

2. 监测系统建设（遥感、遥测及网络化）

（1）遥感卫星技术，包括多种分辨率，从 NOAA 的 1km 分辨率的遥感技术，航空及其他遥感技术对土地、土壤，以及农作物的耕作与长势进行定期的监测，监测的频率根据需要和经济条件而定。

(2) 运用各种传感术对土壤的温度、湿度等进行监测，传感所得数据用网络进行传输。

3. 预测、预报系统建设（智能化）

(1) 天气灾害预报：根据NOAA资料，及当地气象台站的预报，进行分析对比，针对当地情况进行预报。

(2) 病虫害监测及预测：根据农作物病、虫害的历史发生时间，进行严密监测，再根据病虫害的实际情况，结合天气趋势及其他环境条件进行预报。

(3) 农作物产量预测：根据作物品种、长势及前三年内的产量与管理状况进行产量预测。一般需进行三次：第一次，出苗前及半个月；第二次，在开花前；第三次，成熟前半个月。以第三次预测为准。

4. 遥控系统建设（网络化、智能化）

(1) 农业机械遥控系统：在GIS与GPS的协助下，特地为农业耕作目的服务的农业机械遥控系统，按编制好的规定程序进行操作，以完成各种农业活动，包括翻耕、播种、施肥、收割、烤干和入库的全部任务。

(2) 农业自动灌溉、喷药遥控系统：农田的喷灌和滴灌系统都是自动化、智能化的。根据土壤湿度及农作物生长不同阶段的需求情况进行自动灌溉，所需水量也是自动控制的。

5. 农业调控与指挥系统（网络化、智能化）

(1) 农业辅助决策补充：包括根据土地、土壤、气候状况的分析结果，提出农作物品种的选择、肥料的选择与配方、农药的选择与配方，确保土壤不污染的措施选择等。

(2) 农业调控系统：根据辅助决策方案，最后由农业技术人员作出决策，在自动调控系统的协助下完成各种农业操作过程。

数字农业是建立在现代农业理论与知识的基础上，运用数字地球技术系统对农业过程全面，或部分实现智能化，以达到增产和节约的目的。

总之，数字地球概念的提出，为我们展示了地球科学未来的光辉前景。

第十三章　工程地质及水文地质勘察

第一节　地质勘察工作的目的及任务

一、工程地质勘察的目的及任务

工程地质勘察的任务总的说来就是为工程建筑的规划、设计、施工和使用提供地质资料和依据，解决有关的地质问题，以便使建筑物与地质环境相互适应，既保证工程的稳定安全、经济合理、运行正常，又尽可能避免因工程的兴建而恶化地质环境、引起地质灾害，达到合理利用和保护地质环境的目的。

建筑物与地质环境之间存在着相互作用关系。寻找良好的地质环境以适应建筑物的需要，是工程地质勘察一直在追求的目标；而建筑物的修建与使用也成为一个新的因素，促使地质环境发生改变，预测其改变的性质与程度，是否会给人类带来灾害，也成为工程地质勘察的重要任务。

工程地质勘察工作一般可划分为规划、可行性研究、初步设计 3 个勘察阶段。各勘察阶段的工作应循序渐进，逐步深入，并与各设计阶段相适应。

(一) 规划勘察

规划勘察的目的是为工程选点提供初步的工程地质资料和地质依据。该阶段的主要勘察任务为：搜集、整编区域地质、地形地貌和地震资料；了解工程建设地点的基本地质条件和主要工程地质问题；分析工程建设的可能性；了解各规划方案所需天然建筑材料概况，进行建筑材料的普查。水利水电工程在规划勘察阶段的勘察内容主要包括：河流或河段的地形地貌、地层岩性、地质构造、地震、物理地质现象和水文地质条件；库区地质条件及有关渗漏、浸没、坍岸和淤积物来源；以及坝区和引水线路的地貌、地层、岩性、构造、地震烈度、物理地质现象和水文地质条件。

(二) 可行性研究勘察

可行性研究勘察是在河流或河段规划选定方案的基础上进行的勘察。其目的是为选定坝址、基本坝型、引水线路和枢纽布置方案进行地质论证，并提供工程地质资料。该阶段勘察的主要任务是区域构造稳定性研究，并对工程场地的构造稳定性和地震危险性作出评价；调查并评价水库区主要工程地质问题，调查坝址引水线路和其他主要建筑物场地工程地质条件，并初步评价有关主要工程地质问题；以及天然建筑材料初查。勘察的主要任务是：查明区域地质概况，尤其是区域性大断裂、活动断裂和地震活动性；查明库区地质概况，重点是水库渗漏、浸没、库岸稳定和发生水库诱发地震的可能性等工程地质问题的初步评价；查明和比较坝址的工程地质条件以及软弱夹层、构造断裂、岩体风化程度分带和风化深度、边坡稳定性、岩土的工程地质性质、可溶岩地区渗漏问题等；比较引水线路和厂址的工程地质条件，选定线路工程地质分段等。

（三）初步设计勘察

初步设计勘察，是在可行性研究阶段选定的坝址和建筑场地上进行的勘察。其目的是查明水库区及建筑物地区的工程地质条件，为选定坝型、枢纽布置进行地质论证，并为建筑物设计提供地质资料。该阶段勘察的主要任务是查明水库区专门性水文地质、工程地质问题和预测蓄水后变化；查明建筑物区工程地质条件并进行评价，为选定各建筑物的轴线和地基处理方案提供地质资料与建议；查明导流工程的工程地质条件；天然建筑材料详查；地下水动态观测和岩土体位移监测。该阶段主要勘察内容包括：水库区地质条件，水库渗漏，水库浸没、库岸稳定和水库诱发地震的形成条件及预测发生情况（范围、大小）等；坝、闸址主要地质条件，与选定坝型、坝轴线、枢纽有关的工程地质条件，坝基岩体工程地质分类，工程地质问题及评价和处理建议；引水隧洞工程地质条件分段特征，围岩工程地质分类，主要工程地质问题评价及处理建议。

二、水文地质勘察的目的及任务

水文地质勘察是研究水文地质条件的主要手段。水文地质勘察的目的是为了查明地下水的形成、分布规律，并在此基础上对地下水资源做出水量与水质评价，从而为国民经济建设提供水文地质依据。由于各项国民经济建设所要求解决的水文地质问题是各不相同的，例如小范围的城市工矿企业供水水源地的水文地质勘察、大面积的农田供水水文地质勘察、地下热水田的水文地质勘察等，它们都有各自需要解决的水文地质问题。所以这些专门的水文地质勘察的目的还要根据不同的工程建设需要来决定。从事任何水文地质勘察工作，都应该有明确的目的性。水文地质勘察工作的任务，就是运用各种不同的测绘、勘探、实验、观测方法，经过一定的勘察程序查明基本的水文地质条件和解决专门性的水文地质问题。例如，对农田供水的水文地质勘察任务来讲，除了查明地下水的形成、分布规律和补给、径流、排泄这些基本的水文地质条件外，还应着重对地下水资源数量能否满足灌溉需水量要求做出定量的评价，并进行灌溉水质评价和开采技术条件的论证，为经济合理地开发利用地下水提供所需的水文地质资料。水文地质勘察通常按普查、详查和开采3个阶段进行。水文地质勘察阶段的划分和主要工作内容见表13-1。

表13-1　　水文地质勘察阶段的划分

工作内容＼勘察阶段	普查阶段	详查阶段	开采阶段
水文地质测绘	比例尺 1∶100000～1∶200000	比例尺 1∶25000～1∶50000	比例尺 大于1∶25000
水文地质物探	以航空物探成果为主，地面物探在局部重点地区进行，以点为主，点线结合	以进行详细的地面物探为主，线网结合；并配合钻探和试验进行专门性物探工作	以井下物探为主，并结合勘探工作进行专门性物探模拟试验
水文地质钻探	钻探工作为单孔和控制性的基准钻，了解不同深度的含水层	以勘探线网为主，勘探深度以开采层位为主	充分利用开采井孔资料进行综合研究

续表

勘察阶段 / 工作内容	普查阶段	详查阶段	开采阶段
水文地质试验	单孔抽水为主，进行必要的多孔抽水试验	抽水孔数在基岩地区占钻孔总数80%以上；岩性变化不大的松散地层抽水孔占30%～50%；变化较大的松散地层占50%～80%；要进行必要的群孔、分层和干扰抽水试验	除进行群孔、干扰抽水试验外，选择典型地段进行人工回灌试验
水文地质参数测定及地下水资源评价	根据经验数据，搜集资料和部分实测资料，估算地下水资源	大部分为实测参数，初步评价地下水资源	全部实测并根据开采井的水量和水位资料，进行水文地质参数计算与地下水资源评价
地下水动态长期观测	以访问为主，实测枯水期地下水动态	布置长期观测网，观测时间要求不少于1个水文年，并进行简易入渗观测	布置长期观测网，观测时间要求不少于3个水文年，进行地下水动态预报
实验室工作	以水质简易分析为主，进行部分岩样、土样鉴定和孢粉分析	水质简易分析及部分全分析，并进行少量岩石水理性质测定	除水质分析外，进行岩样、土样水理性质测定

（一）普查阶段勘察

普查阶段是一项区域性小比例尺带有战略意义的工作。普查阶段一般不要求解决专门性的水文地质问题，其主要任务是查明区域的水文地质条件，如各类含水层的赋存条件与分布规律，地下水的水质、水量以及地下水的补给、径流、排泄等条件。在普查阶段通常进行1∶200000比例尺的水文地质测绘工作，在一些严重缺水或工农业集中发展的地区也可采用1∶100000的比例尺。比例尺的选择应根据工程建设要求的深度和水文地质条件的复杂程度来确定。

（二）详查阶段勘察

详查阶段的工作一般是在水文地质普查的基础上进行。在这个阶段工作中要求解决专门性的水文地质问题，为各种国民经济建设部门提供所需的水文地质依据。例如城市工矿企业供水、农田供水、土壤改良或矿山开采等。详查的面积除了农田供水外，一般都比较小，采取的比例尺精度通常是1∶50000～1∶25000。详查的任务除查明基本的水文地质条件外，还要求对含水层的水文地质参数、地下水动态变化规律、各类供水水质标准以及开采井的数量与布局，提出切实可靠的数据，并应预测出将来开采后可能出现的水文地质问题。

（三）开采阶段勘察

开采阶段的水文地质勘察工作是根据开采过程中出现的水文地质问题确定具体任务。这些水文地质问题，有的是因在开采前从未进行过水文地质的勘察工作而必然要发生的；有的则是虽然经过正式的水文地质勘察工作，但是由于勘察精度不够高，提出的数据不可靠，甚至是做出了错误的勘察结论所造成的；有的则是不可能准确预测的一些问题。在供水水文地质工作中，由于井距不合理导致水井间严重干扰，地下水降落漏斗的不断扩展及由此引起的地面沉降、水量枯竭、水质恶化等，都属于开采阶段应该解决的水文地质问题。开采阶段的水文地质勘察工作比例尺大于1∶25000。由于它大都带有研究的性质，所以不一定开展更小比例尺精度的全面勘察工作，而是应该针对出现的问题做具体的分析，然后采取不同的勘察方法加以解决。

第二节　勘察的基本手段和方法

工程地质及水文地质勘察工作中，常用的勘察手段和方法有测绘、勘探、试验和长期观测等。

一、地质测绘

（一）工程地质测绘

1. 工程地质测绘的目的和任务

工程地质测绘是工程地质勘察中最重要、最基本的勘察方法。它是运用地质学的理论和方法，通过野外调查和综合研究勘察区的地貌、地层岩性、地质构造、物理地质现象、水文地质条件等，并将它们填绘在适当比例尺的地形图上，为下一步布置勘探、试验及长期观测工作打下基础。

2. 工程地质测绘的范围和精度

工程地质测绘的范围，一方面取决于建筑物类型、规模和设计阶段，一方面取决于区域工程地质条件的复杂程度和研究程度。通常，建筑规模大，并处在建筑物规划和设计的开始阶段，且工程地质条件复杂而研究程度又较差的地区，其工程地质测绘的范围就应大一些。

工程地质测绘的比例尺主要取决于不同的设计阶段。在同一设计阶段内，比例尺的选择又取决于建筑物的类型、规模和工程地质条件的复杂程度。工程地质测绘的比例尺可分为小比例尺（1∶100000～1∶50000）测绘、中比例尺（1∶25000～1∶10000）测绘和大比例尺（1∶5000～1∶1000）测绘。

工程地质测绘使用的地形图必须是符合精度要求的同等或大于工程地质测绘比例尺的地形图。图件的精度和详细程度，应与地质测绘比例尺相适应。在图上，大于2mm的地质现象应尽量反映，宽度不足2mm的重要工程地质单元，如软弱夹层、断层等，要扩大比例尺表示，并注示其实际数据。地质界线误差，一般不超过相应比例尺图上的2mm。

（二）水文地质测绘

1. 水文地质测绘的目的及任务

水文地质测绘是水文地质勘察工作的基础与先行工作，是认识和掌握区域地质构造、地貌、水文地质条件的重要调查研究方法。水文地质测绘的目的在于通过对地质、地貌、第四纪地质、新构造运动，地下水点的调查和填绘水文地质图等，查明勘察区内地下水形成与分布的基本规律，在此基础上作出初步的开发利用远景评价，并对区内存在的环境水文地质问题等提出防治措施进行论证。水文地质测绘还将进一步为水文地质勘探、实验和观测工作提供设计依据。因此，水文地质测绘的基本任务应是查明以下各项：

（1）与地下水形成有关的区域水文、气象因素。

（2）区域地质、地貌及第四纪地质特征。

(3) 地下水的补给、径流、排泄条件。

(4) 含水层的埋藏条件及其分布。

最后，结合其他工作对地下水资源及其开采条件进行初步评价，为工农业生产建设部门合理开发利用地下水资源提供完整的水文地质资料。水文地质测绘的主要工作步骤，包括准备工作、野外工作及内业整编3个方面。测绘工作结束时，应提出相应的地质图、地貌图、第四纪地质图、综合水文地质图、地下水水化学图与有关的剖面图，以及水文、气象图表和文字报告。

2. 水文地质测绘的精度

通过水文地质测绘所取得的成果，主要反映在各种图件上，因此，测绘的精度要求，主要通过图幅的比例尺大小来反映的。不同比例尺填图的精确度，取决于地层划分的详细程度和地质界线描绘的精度，以及对地区的地质、水文地质现象的研究和阐明的详细、准确程度。

根据不同比例尺的精度要求，在单位面积内观测点及观测路线长度见表13-2。一般在1∶50000地形图上每隔1～2cm布置一条观测线，每隔0.5～1cm应有一个观测点，条件简单者可以放宽1倍。观测点的布置应尽量利用天然露头。当天然露头不足时，可布置少量的勘探点，并选取少量的试样进行实验。

表13-2　　水文地质测绘的观测点数和观测路线长度

测绘比例尺	地质观测点数/（个/km^2）		水文地质观测点数/（个/km^2）	观测路线长度/（km/km^2）
	松散岩层地区	基岩地区		
1∶100000	0.10～0.30	0.25～0.75	0.10～0.25	0.50～1.00
1∶50000	0.30～0.60	0.75～2.00	0.20～0.60	1.00～2.00
1∶25000	0.60～1.80	1.50～3.00	1.00～2.50	2.50～4.00
1∶10000	1.80～3.60	3.00～8.00	2.50～7.50	4.00～6.00
1∶5000	3.60～7.20	6.00～16.00	5.00～15.00	6.00～12.00

注　1. 同时进行地质和水文地质测绘时，表中地质观测点数应乘以2.5；复核性水文地质测绘时，观测点数为规定数的40%～50%。

2. 水文地质条件简单时采用小值，复杂时采用大值，条件中等时采用中间值。

为了达到所规定的精度要求，一般在野外测绘填图中，采用比例尺较提交成果图件比例尺大一级的地形图作为填图底图，例如：当进行1∶50000比例尺测绘时，常采用1∶25000比例尺的地形图作为外业填图底图。外业填图完成后，再缩制成1∶50000比例尺图件作为正式资料提交。

二、工程地质与水文地质勘探

勘探工作是工程地质勘察的重要工作方法之一。对任何工程地质条件及工程地质问题，从地表到地下的研究，从定性到定量的评价，都离不开勘探工作。工程地质勘探包括物探、钻探、坑探等。这里重点介绍勘探工作在工程地质勘察中的特点和适用条件。

（一）物探工作

岩层有不同的物理性质，如导电性、弹性、磁性、放射性和密度等。利用专门仪器测定岩层物理参数，通过分析地球物理场的异常特征，再结合地质资料，便可了解地下深处地质体的情况。工程地质勘察中常用的是电法勘探和弹性波勘探。

电法勘探是利用仪器测定人工或天然电场中岩土导电性的差异来识别地下地质情况的一组物探方法。电法勘探以岩石的电学性质为基础，不同岩石电性差异的大小、相同岩石的孔隙大小以及富水程度的强弱等，对电法勘探结果都会产生影响。这就要求配合一定数量的试坑或钻孔进行校验，才能较准确地判别资料的可靠性。电法勘探受地形条件限制较大，要求工作范围内地形起伏差小，所以在平原和河谷区使用较普遍。

弹性波勘探包括地震勘探、声波和超声波探测。它是用人工激发震动，研究弹性波在地质体中的传播规律，以判断地下情况和岩体的特性和状态。地震勘探是用人工震源（爆破或锤击）在岩体中产生弹性波，可探测大范围内覆盖层厚度和基岩起伏，探查含水层，追索古河道位置，查寻断层破碎带，测定风化层厚度和岩土的弹性参数等。用声波法可探测小范围岩体，如对地下洞室围岩进行分类、测定围岩松动圈、检查混凝土和帷幕灌浆质量、划分岩体风化带和钻孔地层剖面等。

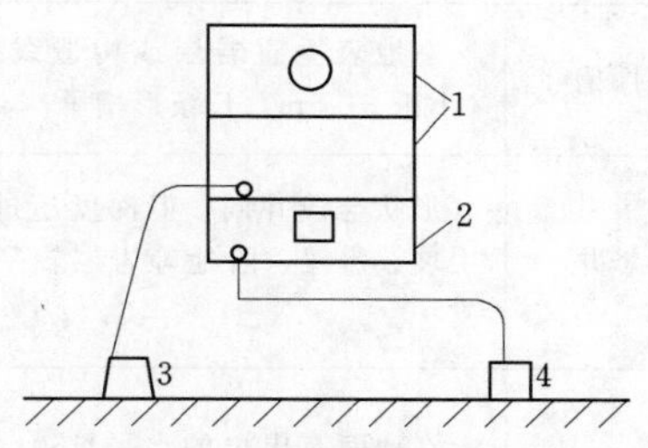

图 13-1　声波探测装置图
1—发射机；2—接收机；3—发射换能器；4—接收换能器

声波通常由声波仪（图 13-1）产生。声波仪由发射系统和接收系统两部分组成。发射系统包括发射机和发射换能器。接收系统由接收机、接收换能器和用于数据记录和处理用的微机组成。接收换能器接收岩体中传来的声波后转换成电信号送到接收机，经放大后在终端以波形和数字形式直接显示声波在岩体中的传播时间 t，据发射和接收换能器之间的距离 l，计算出岩体波速 v（$v=l/t$），包括纵波速度 v_p 和横波速度 v_s。

（二）钻探工作

钻探是利用一定的设备和工具，在人力或动力的带动下旋转切割或冲击凿碎岩石，形成一个直径较小而深度较大的圆形钻孔。通过取出岩心可直观地确定地层岩性、地质构造、岩体风化特征等。从钻孔中取出岩样、水样可进行室内试验，利用钻孔可进行工程地质、水文地质及灌浆试验、长期观测工作以及地应力测量等。

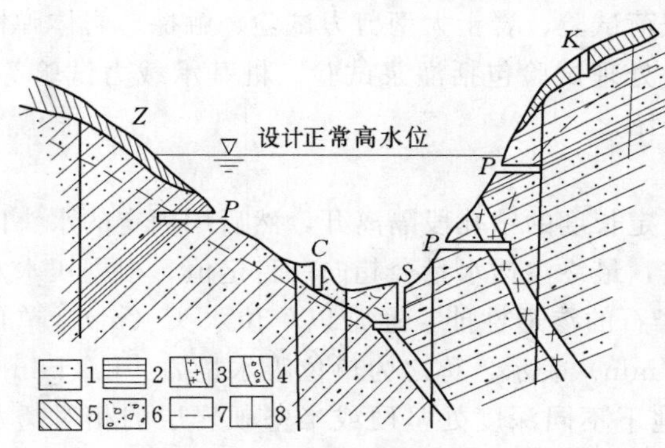

图 13-2　某坝址区勘探布置图
1—砂岩；2—页岩；3—花岗岩脉；4—断层带；5—坡积层；6—冲积层；7—风化层界线；8—钻孔；P—平洞；S—竖井；K—探井；Z—探槽；C—浅井

与物探相比，钻探的优点是可以在各种环境下进行，能直接观察岩心和取样，勘探精度高。与坑探比，勘探深度大、不受地下水限制、钻进速度快。

（三）坑探工作

坑探是用人工或机械掘进的方式来探明地表以下浅部的工程地质条件，主要包括探坑、探槽、浅井、斜井、竖井、平洞等（图 13-2）。坑探的特点是使用工具简单，技术要求不高，运用广泛，揭露的面积较大，可直接观察地质现象，不受限制地采取原状结构式样，并可用来做现场大型实验。但勘探深度受到一定限制，且成本高，周期长。

水利水电工程勘探中常用的勘探类型、特点及用途见表13-3。

表13-3　　常见的勘探类型、特点及用途

类　型	特　　点	用　　途
探坑	深度小于3m的小坑，形状不定	局部剥除地表覆土，揭露基岩
浅井	从地表向下垂直，断面呈圆形或方形，深度5～10m	确定覆盖层及风化层的岩性及厚度，取原状样，载荷试验，渗水试验
探槽	在地表垂直岩层或构造线挖掘成深度不大的（小于3～5m）长条形槽子	追索构造线、断层、探查残积坡积层，风化岩石的厚度和岩性，了解坝接头处的地质情况
竖井	形状与浅井同，但深度超过10m，一般在平缓山坡、漫滩、阶地等岩层较平缓的地方，有时需支护	了解覆盖层厚度及性质，构造线、岩石破碎情况、岩溶、滑坡等，岩层倾角较缓时效果较好
平洞	在地面有出口的水平坑道，深度较大，适用于较陡的基岩边坡	调查斜坡地质构造，对查明地层岩性、软弱夹层、破碎带、卸荷裂隙、风化岩层时效果较好，还可取样或做原位试验

三、工程地质和水文地质野外试验

野外试验在工程地质和水文地质勘察中是一项经常进行的重要勘察方法，是获得工程地质水文地质问题定量评价、工程设计、施工和认识区域水文地质条件评价地下水资源所需参数的主要手段。

工程地质水文地质勘察中常用的野外试验有3大类：①水文地质试验包括钻孔压水试验、抽水试验、渗水试验、岩溶连通试验、回灌试验、地下水流向和实际流速测定试验等；②岩土力学性质及地基强度试验包括载荷试验、岩土大型剪力试验、触探、岩体弹性模量测定、地基土动力参数测定等；③地基处理试验包括灌浆试验、桩基承载力试验等。下面对其中几种主要的试验项目作一简要介绍。

（一）钻孔压水试验

钻孔压水试验是用专门的止水设备把一定长度的钻孔段隔离开，然后用固定的水头向该段钻孔压水，水就从孔壁裂隙向周围渗透，最终渗透水量会趋向一稳定值。根据压水水头、试段长度和渗入水量，便可确定裂隙岩石的渗透性能，通常以单位水头（m）、单位长度（m）试段和单位时间内的吸水量（L/min）表示，称之为单位吸水量ω［L/(min·m·m)］。通过压水试验，可定性地了解地下不同深度处坚硬或半坚硬岩层的相对透水性和裂隙发育的相对程度，为评价岩层的完整性和透水程度、论证水工建筑物地基和库区岩层的透水情况、制定防渗与基础处理方案，提供必需的基本资料。

（二）抽水试验

抽水试验利用一定的抽水设备在钻孔、各类井以及某些流量较大的上升泉、深潭式的

地下暗河、截潜流工程和方塘等上进行，用以测定含水层的水文地质参数，从而判断地下水运动性质，了解地下水与地表水以及不同含水层之间的水力联系。根据水文地质勘察工作的目的和水文地质条件的差异，抽水试验可以分为试验抽水与正式抽水、单孔抽水与多孔抽水、完整井抽水与非完整井抽水、分层抽水与混合抽水、稳定流抽水与非稳定流抽水等不同类型。

（三）岩土力学性质试验

1. 岩体力学性质试验

（1）岩体变形试验。岩体变形试验可分为承压板法试验、水压洞室试验、狭缝试验以及钻孔变形试验等。它们的基本原理相同。承压板法一般是在预先挖好的平洞中进行，用千斤顶施压，通过有足够刚性的承压板将压力传递到岩体上，测量岩体变形，按弹性理论计算岩体变形。

（2）岩体抗剪试验。岩体抗剪试验可分为3类：岩体本身的抗剪强度试验、岩体沿软弱结构面的抗剪强度试验和混凝土与岩体胶结面的抗剪强度试验。一般在平洞内用两个千斤顶平推法进行。在制备好的试件上，利用垂直千斤顶对试样施加一定的垂直荷载，然后通过另一个水平千斤顶逐级施加水平推力，根据试样面积计算出作用于剪切面上的法向应力和剪应力，绘制各法向应力下的剪应力与剪切位移关系曲线。根据绘制的曲线确定各阶段特征点剪应力。绘制各阶段的剪应力与法向应力关系曲线，确定相应的抗剪强度参数。

（3）岩体抗压试验。岩石抗压强度通常在室内压力机上进行，将边长各为5cm的立方体（或更大些）或直径与高均为5cm的圆柱体（或更大些）岩石试件加压至破坏，破坏时的荷载与试件的面积比即是岩石的抗压强度。

2. 土体载荷试验

土体载荷试验是用于确定地基土体容许承载力、测定地基土体变形模量、研究地基土体变形范围及应力分布情况的试验，是一种现场模拟试验。在较不均匀和较软弱地基的工程地质勘察中应用较多，尤其在大型工业与民用建筑的勘察中，与土的室内试验相配合，可取得评价地基稳定性比较可靠的结论。

四、长期观测

长期观测工作在工程地质水文地质勘察中是一项很重要的工作。有些动力地质现象及地质营力随时间推移将不断发生明显变化，尤其在工程活动影响下的某些因素和现象将发生显著变化，影响工程的安全、稳定和正常运用。这时仅靠工程地质测绘、勘探、试验等工作，还不能准确预测和判断各种动力地质作用的规律性及其对工程使用年限内的影响，这就需要进行长期观测工作。长期观测的主要任务是检验测绘、勘探对工程地质和水文地质条件评价的正确性，查明动力地质作用及其影响因素随时间的变化规律，准确预测工程地质问题，为防止不良地质作用所采取的措施提供可靠的工程地质依据，检查为防治不良地质作用而采取的处理措施的效果。

有关水利水电工程在运转期间工程地质及水文地质需要长期观测的内容，见表13-4。

表 13-4　长期观测项目和内容

序号	观测项目	观测内容
1	主要建筑物（坝、闸）地基岩（土）体变形、沉陷和稳定观测	①沉陷量；②水平位移；③坝基应力；④扬压力和渗透压力；⑤岩（土）性质变化（泥化或软化）
2	渗透和渗透变形观测	①观测钻孔（坝基及两岸地区）测压管水位；②主要入渗点、溢出点和渗漏通道；③渗透流量和流速；④水质、水温和渗出水流中携出物质的成分和含量；⑤管涌
3	溢流坝、溢洪道和泄洪洞下游岩（土）体冲刷情况观测	重复地形测量和地形分析
4	岸边稳定性观测	①位移；②边坡岩（土）体裂隙；③地下水位；④重复摄影
5	地震及现代构造活动情况观测	①地震；②地应力；③岩体变形或断层相对位移；④地形变形
6	水库分水岭地段渗漏情况观测	①地下水水位、水质；②水库入渗点、溢出点的变化和渗透流量
7	库岸及水库下游浸没观测和翌年发展情况观测	各种浸没现象，如沼泽化、盐碱化、黄土湿陷等
8	坍岸情况观测和翌年坍岸情况预测	观测断面的重复地形测量（水下和水上）
9	隧洞和地下建筑物地段工程地质、水文地质观测	①山岩压力；②地下水位及外水压力；③洞壁岩体变形
10	地下水动态	①地下水水位；②地下水温；③地下水化学成分；④涌水量
11	其他有意义的工程水文地质作用发展情况观测	

第三节　天然建筑材料的勘察

一、天然建筑材料勘察的基本原则

天然建筑材料勘察的基本原则如下：

（1）先进行大面积的普查，大致确定几个产地，再综合比较，从中选出最优产地，并进一步确定其可采储量。

（2）材料产地的分布要先上游、后下游。施工条件允许的情况下，应尽量利用水库区将被淹没的产地。要最大限度地减少或者避免占用农田并应尽量利用现有交通路线。

（3）对砂砾料产地，应先水上、后水下进行调查。水下勘探深度，应据施工条件而定；无条件水下开采，可只作水上勘探。石料应考虑露天开采，尽量避免地下开采。

（4）在工程部位附近选用料场，应慎重；上游产地，当坝基覆盖层很厚、铅直防渗深度不能达到基岩或隔水层时，不要破坏库内坝址附近的天然铺盖；下游产地距坝址不应小于300～500m。坝端产地开采，要保证不影响绕坝渗漏和边坡的稳定。在保证质量的前提下，应尽量利用施工中输水道、溢洪道等开挖的弃料。

(5) 各种建筑材料的质量要符合设计要求，而且要有足够储量。

二、天然建筑材料的质量要求

(一) 块石料的质量要求

块石料常用于堆石坝、砌石坝或护坡砌面等，应是坚硬的、抗冻性强的新鲜岩石，抗风化或抗侵蚀能力较高的致密块状或厚层状岩石。软弱的、多孔的、风化的岩石不宜采用。不应含有或仅有极少量的黄铁矿及石膏等有害矿物，换算成 SO_3 的硫酸盐及硫化物含量应小于1%。堆石坝用的块石形状没有严格要求，但要尽可能达到最大堆砌密度，最大块石直径与最小块石直径比例不超过2。作砌石坝用的块石则要形状规则。石料技术指标，可参考表13-5及表13-6。

表13-5　堆石和砌石坝用石料质量技术指标

项目名称	技术指标	备　注
极限抗压强度	经冻融25次后大于 $50N/cm^2$	选用岩石要比重大，能抵抗环境水的侵蚀作用，避免采用孔状和球状组织的岩石
软化系数	>0.85	
冻融损失	<1%	
饱和系数	<0.8	
硫酸盐及硫化物含量	换算成 SO_3<1%	

表13-6　护坡用石料质量技术指标

项目名称	技术指标	备　注
容　重	$>2.2t/m^3$	不含有黏土质夹层及黄铁矿
吸水量	<0.6%	
硬　度	>6	
极限抗压强度	经冻融25次后大于 $50N/cm^2$	

(二) 砾石料及砂料的质量要求

1. 混凝土骨料用的砾石及砂

卵砾石或碎石是混凝土的粗骨料，其颗粒形状影响水泥和石料的胶结及混凝土强度。浑圆、扁平或狭长的都会降低混凝土强度，尖角且表面粗糙的则可增加强度。碎石作粗骨料最好，但其孔隙度及总表面积大于卵砾石，用水泥较多。为节省水泥用量，要求砾石料的孔隙体积很小，则砾石应是混粒的。通常用由80mm、40mm、20mm、5mm组成的一套标准筛测定，以符合一定的级配要求。其他技术指标可参考表13-7。

砂是混凝土的细骨料，其颗粒形状对混凝土强度影响也很大。有棱角的山砂、较浑圆的河砂好，但山砂杂质较多，需淘洗，故采用较纯净的河砂反而有利。细砂总表面大，包围这种砂粒所有表面需水泥多。粗砂总表面积较细砂小，但砂子过粗易使混凝土拌合物析出过多水分，影响混凝土的和易性。故搅拌混凝土的砂，宜用混粒砂。其质量技术指标见表13-8。

表 13-7　　　　混凝土粗骨料质量指标

项　目	指　标	备　注	项　目	指　标	备　注
表观密度	>2.6g/cm³		含泥量	<1%	
堆积密度	>1.6g/cm³		碱活性骨料含量		有碱活性骨料时，应做专门试验论证
空隙率	<4.5%				
吸水率	<2.5% 抗寒性混凝土：<1.5%		硫酸盐及硫化物含量（换算成 SO_3）	<0.5%	
冻融损失率	<10%		有机质含量	浅于标准色	
针片状颗粒含量	<15%		粒度模数	宜采用 6.25～8.30	
软弱颗粒含量	<5%		轻物质含量	不允许存在	

表 13-8　　　　细骨料（砂）的质量指标

项目名称	技　术　指　标	项目名称	技　术　指　标
容　重	>1.55t/m³	硫化物及硫酸盐含量换算成 SO_3	<1%
比　重	2.62～2.66	有机质含量	浅于标准色（浅黄色）
含泥量	<3.5%（不得含黏土团块）	可溶盐含量	<1%
孔隙度	<40%	膨　胀	≥5%
云母含量	<1%～3%	粒度模数	>2

2. 反滤层用的砾石及砂

反滤层作用是预防潜蚀。它必须能顺利排水以降低孔隙水压力，还要阻止细颗粒通过反滤层的孔隙被渗水携走。

三、天然建筑材料的勘探与试验

勘探工作以前，通过普查已初步选定了天然建筑材料产地，对产地的地形、地质和水文地质条件以及各种用料数量都要有初步了解。产地勘探时，为便于编制图件和计算储量，勘探网一般应呈方形或矩形；为减少勘探工作量，勘探点布置尽量利用天然露头及天然剖面。

（一）砂砾料产地勘探与试验

水上部分以坑探为主，水下部分用钻探；条件具备的，可坑探和钻探相结合。勘探深度可根据施工设备而定。有水下开采设备的，勘探深度应达施工机械有效开采深度以下1m；若只能水上开采，则勘探深度至水上最大可能开挖的深度。勘探网的布置，应按不同勘察阶段，根据产地地层成因和有效层分布条件，采取不同间距的勘探网。土坝坝壳砂砾料的勘探间距可适当放宽。

砂、砾石试样采取，应先将表土剥去，垂直层面方向均匀取样。水下开采，则水上水下应分别取样。

（二）土料产地勘探与试验

土料产地勘探以坑探为主，适当配合一定数量的钻探，以便进行野外试验及取样室内试验。勘探深度：钻探应钻至施工时最大可能开采深度，或至地下水位以下 0.5m，试坑为 3～5m 或至地下水位。勘探网布置：按不同勘探阶段，可根据产地地形条件和地层成因的不同，布设勘探网。

四、天然建筑材料的储量

普查勘探之后，应根据所得资料进行储量计算，以获得与勘察阶段相适应的天然建筑材料储量，作为设计的依据。

储量计算的精度和数量要求随勘察阶段的不同而不同。普查阶段，储量由估计而得，但其误差应不超过产地实际储量的 40%～50%，应为实际需要量的 3 倍以上。初查阶段误差不超过 40%，储量应为实际需要量的 2.5～3.0 倍。详查阶段，误差不超过 15%，储量应大于实际需要：土料为 1.5～2.0 倍，混凝土用砂砾料为 2.0～2.5 倍，石料为 2.0～3.0 倍。

储量计算主要有算术平均、平行断面、三角形及等值线等计算方法。算术平均法，在地形平坦、地层平缓、厚度变化不大时采用，以产地的可用面积乘以各坑孔有效层的平均厚度。平行断面法，当地层倾斜时采用，可先分别计算各勘探剖面上的有效层面积，然后逐个计算相邻两平行剖面间有效层体积（即以两平行剖面上有效层面积平均值，乘以两剖面间距），将各分段储量相加，即为产地总储量。三角形法，当地形、地层产状和厚度变化均很大时采用，可先在平面上将勘探点连成三角形，先计算各三角形内有效层体积，然后相加即可得土有效层的总储量。等值线法，当勘探坑孔的数量很多、足以精准地画出有效层的等厚线时采用。用等值层的面积乘以相应的有效层厚度，即可逐层相加求出储量。该法精度高，但绘制等值线复杂，且须用求积仪计算大量面积。勘探坑孔减少，该法精度显著降低。

五、天然建筑材料的开采、运输条件

研究开采条件时，首先考虑开采层厚度（有效层）与应剥离层的厚度之比。一般认为，两者之比大于 4∶1，开采该建筑材料在经济上是合理的。有效层的厚度最好不小于 3m，过薄时不宜开采，不经济。有效层中的夹层和质量不均，对开采也不利。根据具体条件，一般以地下水位以上开采为主，水下开采较困难。开采石料时，应特别着重研究其裂隙性。岩石被裂隙分割程度影响其强度和用途，裂隙的产状也在不同程度上决定着开采方向和方法。开采时斜坡稳定条件，也是影响开采工作的重要因素。

开采方案应考虑当地的运输条件、设备能力和技术水平等。比较运输条件时，首先应考虑采、运距离。太远，运输工作量大，距离近固然好，但不能影响和危及工程安全，同时要考虑到施工方便，因此，距离要适当。对水工建筑物来说，一般要求在大坝上下游 300～500m 范围内，最好不取土。运输方式也是应该考虑的因素，如有无运输干线，能否采用溜索或缆车、浮运等。运输线路纵坡太陡，或通往工程施工场地爬坡，对运输不利。几个建筑材料供应产地布局合适，便可同时从几个方向运向施工现场，可扩大工作面，缩短时间，加快施工进度。

此外，从环境保护的角度出发，天然建筑材料的开采，应当尽可能少地破坏环境的美观和尽量保护文物古迹的安全。

第十四章　遥感技术在工程地质测绘中的应用

工程地质测绘是工程地质工作中最重要、最基本、走在前面的勘察方法。它是运用地质、工程地质理论对与工程建设有关的各种地质现象进行详细观察和描述，以查明拟定建筑区内工程地质条件的空间分布和它们之间的内在联系，并按测绘比例尺的要求将它们正确地绘制在地形底图上，配合工程地质勘探、试验等所取得的资料编制成工程地质图，作为工程地质勘察的重要成果，供规划、设计和施工部门使用。

随着计算机技术和现代空间技术的发展，遥感技术在多学科领域的应用迅速兴起并卓有成效，这为工程地质测绘增添了高效的技术手段。遥感技术具有客观、宏观和直观性，信息丰富，以其反复成像且不受天时、地势及人为因素的制约等优势。

第一节　应　用　原　理

遥感图像（航片和卫片）翰实、集中地反映了大范围的地层岩性、地质构造、地貌形态和物理地质现象等，详加判释研究能够很快给人一个全局的认识，与测绘工程相配合，可以起到减小测绘工作量和提高测绘精度和速度的作用。尤其是在人烟稀少、通行不便、测绘工作难于进行的偏远山区，充分利用航片和卫片判释更具有特殊的意义。目前，我国在工程地质测绘中应用航片和卫片判释已取得明显效果和不少经验，随着遥感技术的发展和计算机处理图像技术的进步，遥感图像在工程地质中的应用将会更加广泛。

一、解译原理

卫片、航片或陆地摄影像片都是按一定比例尺缩小了的自然景观的综合影像图。各种不同的地质体或地质现象由于有不同的产状、结构、物理化学性质，并受到内外营力的不同形式和程度的改造，而形成各式各样的自然景观，这些自然景观虽然都是表观现象，却都包含有一定的地质内容。而这些自然景观的直接映像就是像片上的色调、形态特征各具特点的影像，因此影像中也就包含着丰富的地质信息。能区分出不同地质或地质现象间地质信息的差别，就能在图上区别出地质体或地质现象。所以，带有地质信息的各种影像特征也就是解译标志。能直接反映出地质体或地质现象的影像特征为直接解译标志，如色调、形状、型式、结构、阴影和它们的相关体等；不能直接反映而能间接分析出地质体或地质现象的影像特征则为间接解译标志。作为直接影像的像片能客观、全面和比较准确地反映出地表的自然综合景观，所以不但可以直接解译地质体和地质现象，其真实性和准确性也远优于地形图。卫片的视野极其广阔，解译宏观构造（如大断裂构造的格局）有不可比拟的优越性；航片可以进行立体观察，实感性强，便于从具体而微小的立体影像中发现各种地质现象之间、地质体和地形间的内在联系，所以有利于进行综合解译。有良好控制的陆地摄影像片上点的误差不超过 2cm，用它进行基坑编录或以它作底图测制良好露头的详细地质图，可以直接反映出岩体的结构细节。

卫片和航片的解译大同小异，与航片或陆地摄像片填绘地质图基本原理相同。卫片比例尺小（一般为 1∶1000000），因而反映地质体和地质现象的细部特征的信息量不如航片，更不如陆地摄像片，但卫片是多波段的，所以影像色调的信息量大大多于其他像片。从“透视”信息特征方面来看，卫片更大大优于其他像片。也可以认为卫片为全景，航片为近景，而陆地摄影则是特写镜头，各有其特点也各有其特殊用途。

二、遥感的类型

根据遥感的运载工具（遥感平台）可分为：航空遥感，它是在大气层中用飞机等作运载工具的遥感，又称机载遥感；航天（星载）遥感，指在地球高空或太阳系内各行星之间，用人造星、飞船等作运载工具的遥感。

根据电磁辐射的来源又可分为：被动式遥感，它是利用遥感仪器（传感器）直接接收、记录目标物反射太阳的或者目标物本身发射电磁波的遥感，目标物反射的电磁波以可见光为主；主动式遥感，是用仪器主动地向被测物发射一定频率的电磁波，然后接收，记录被测物反射回波的遥感，如侧视雷达像片成像。

三、解译标志

两类基本的解译标志是色调特征信息和形态特征信息。目视解译以后者为主，电子仪器解译则以前者为主。

色调特征信息：色调是由于地质体反射、吸收和透射太阳辐射电磁波中的可见光部分所造成的。不同地质体或地质现象吸收、反射和透射能力不同，所以在黑白照片上就表现为深浅不同的灰阶（一般为 10 级），在彩色像片上就表现为不同的颜色。在黑白片上，凡是本色为深色或黑色的地质体，其影像色调也是暗色或黑色，如基性岩、超基性岩；凡是本色为浅色或白色的地质体，其影像色调也是浅色或白色的，如酸性岩、石灰岩、大理岩、石英岩、石膏等，在多波段扫描像片上为浅色。水与植被在四波段（蓝绿光波段）为浅色，在七波段（近红外光波段）则为深色调。

许多地质体之间的色差很小，所以影像上颜色或色差也小，单凭肉眼有时难于区别，但用电子计算机可以将色彩划分为 13000 种，可以将灰阶区分为 256 级。

形态特征信息：各种地质体往往由于本来颜色不同，或其内部有各具特征的地形起伏变化，而反射电磁波的能量不同，在影像上显现出地质体的外形和内部结构特征，这些就是形态信息特征，可以有以下几个方面。

（1）形状。即地质体的外貌特征，在航片上容易解译出来的有火山锥、冲积扇、沙丘、阶地、滑坡、泥石流等。又如抗风化强的砂岩、砾岩，多成崎岖地形；而抗风化弱的页岩、粉砂岩，多成平缓地形，它们在像片上也各有不同形态。

（2）型式。指地质体的空间展布格局以及不同的地质体或地形要素的空间组合型态，例如断层多组合为平行直线的型态、褶曲反映为不同色调的地质体组合为弯曲线型，岩脉系统则呈平线型或放射性线型。在卫片上大断层多呈单线型。水系的组合型式也能反映地质体的构造，如均质块状岩层或水平岩层上的树枝状水系，受两组主导断裂控制的格子状水系，火山锥下的放射状水系，穹窿构造的环状水系，等等。

（3）结构。按山体规模大小和水系的疏密依次可以划分出粗、中、细结构粗结构者多为坚硬抗风化岩石，如砾岩、石英岩、粗粒花岗岩分布区，中结构者则为砂岩，细结构者为页岩、细粒花岗岩分布区。

（4）相关体。一些地质现象往往和另一些地质现象相伴，判别出其中之一的影像就可以指出另一种现象也存在，如泉水或湖泊呈线状排列可以指出有断层的存在，火山锥附近必有熔岩流等。

（5）阴影。不同的物体在阳光下有不同的阴影。有影就有立体效应，利于露头区的构造解译。活动断层在地面总形成一定高度的线性延伸的断层崖，利用这类断崖的阴影就可以一目了然地解译出活断层。

第二节　应　用　实　例

利用遥感图像可以解决或帮助了解测绘地区的工程地质条件（表 14－1）。在小比例尺的工程地质测绘中，铁路新线的选择利用航片和卫片既能清楚地了解地形条件，又能结合地质判释，室内进行初步比选非常方便。草测阶段比定测阶段效果更好。在水利水电工程的规划选点阶段，这一方法的效果也很突出，断层的分布及其活动性在图像上有所显

表 14－1　　遥感在工程地质测绘中的应用

工程地质测绘内容		遥感类型				
		航空摄影	航空雷达	航空红外线	航天航空多波段	航天摄影
1. 地形、地貌	（1）主要类型地形地貌划分	1	1	3	1	1
	（2）确定地形地貌成因类型	2	2	3	2	2
	（3）地形地貌形态相对时代	1	3	2	2	2
	（4）地形地貌与地质构造关系	2	2	1	2	2
2. 地质构造	（1）新构造活动	1	2	3	2	2
	（2）区域构造位置	2	1	3	1	1
	（3）大型构造地段、区域断裂、环状构造	2	1	2	1	1
	（4）构造与断裂关系总体情况	2	1	2	1	1
	（5）一般断裂及形态	1	2	2	3	3
	（6）断裂移动方向及幅度	2	3	3	3	3
	（7）重要断裂发展的主要阶段	3	3	3	3	0
	（8）断裂中岩脉的充填	3	3	3	3	3
	（9）褶皱的形态	1	3	0	2	2
	（10）褶皱与断裂成因	3	3	3	3	3
	（11）断裂对岩浆、矿床和矿点的控制	3	3	3	3	3

续表

工程地质测绘内容		遥感类型				
		航空摄影	航空雷达	航空红外线	航天航空多波段	航天摄影
3. 地层、建造、岩性	（1）地层的展布、厚度	2	3	3	3	3
	（2）地层及下伏和上覆岩层的关系分析	3	3	0	3	3
	（3）划分标志层与含矿层	2	3	3	3	3
	（4）第四纪沉积物划分	2	3	3	3	3
	（5）侵入体的形态	2	3	3	3	3
	（6）侵入体的内部结构	2	3	3	3	3
	（7）划分个别的火山岩相	2	3	3	3	3
	（8）火山喷发中心及与构造的关系	3	3	2	3	3
	（9）概略岩相图、古地貌、古火山图	3	3	0	3	3
4. 水文地质	（1）含水层的分布特征	3	3	3	3	0
	（2）含水层的富水性	3	3	3	3	0

注 表中0表示一般不采用遥感方法；1表示主要用遥感方法来解决；2表示利用遥感方法取得资料；3表示解决任务中要参与遥感资料。

示，并能发现一些隐伏断层，结合断层的年龄测试成果，可以解决深大断裂的活动性，从而为论证区域稳定性提供较为可靠的依据，有利于坝段的选择。雅砻江二滩水电站曾利用这种方法对西昌、攀枝花地区深断裂系统进行分析，为研究区域地壳稳定性提供了基础资料。

像片判释可以比较准确地确定地质构造，尤其是地形切割比较强烈，露头良好，中小型地貌发育的情况下，构造判释较容易。水平岩层显露的轮廓线与地形轮廓线相似，呈现花瓣状纹理，水系常呈放射状，色调多为深浅相间的环带形。倾斜岩层的地表露头线服从“V”字形法则，其尖端越尖倾角越平缓。背斜两翼分水岭上岩层“V”字形尖端相对；向斜两翼分水岭上岩层“V”字形尖端相背。倒转背斜两翼“V”字形尖端指向同一方向。断层是明显的，表现为线状分布，沿线出现三角面、垭口、断层沟槽，串珠状的洼地、山脊错位等，并常有一系列泉水出露。区域性大断裂还出现山地与平原截然相接的现象。利用红外扫描图像可以比较容易地判释出显著的大断层，并能发现隐伏大断裂。因为断层破碎带的孔隙和含水情况与两侧完整岩体是不同的，所以在图像上显示出不同的色调，表现出线性特征。

岩层判释效果较差，因为判释标志不稳定。在三大岩类中，沉积岩的判释效果稍佳，岩浆岩次之，变质岩最难判释。侵入岩呈单一均匀色调，花岗岩色浅，基性岩色深。侵入岩在像片上呈现团块状或条带状纹理，水系多为树枝状或放射状。沉积岩因具层理，在像片上呈现条带状花纹、砾岩、砂岩多形成陡坡，色调较暗。石灰岩、白云岩常呈陡峻山崖及岩溶地貌，色浅。石英岩、大理岩也是浅色调，不易风化，常形成高山峻岭，并常形成陡壁。片岩在像片上常呈梳状地形，是受剥蚀造成的。片麻岩像岩浆岩，像片上多呈块状，有时看到受片麻构造控制的沟谷发育。松散上密实程度和含水情况不同，在像片上的表现不同。

地下水判释主要靠红外扫描图像。这种图像对浅层地下水的存在具有一定的"透视"能力，含水丰富的土在白天的图像上显示为冷异常，呈黑色；在夜间和凌晨的图像上则显示热异常，呈白色。借此可以判释浅层地下水的存在，泉水露头或地下水溢出带也能得到清楚显示。例如酒泉地区红外扫描图像，在上述方面取得很好的效果。狭长地带的冷异常是古河道和构造破碎带。草皮和灌木的热辐射特性也可以间接指示浅层地下水的存在。在干旱区，植物覆盖常在浅层地下水地段发育。河西花海子盆地红柳丛发育，地下水埋深24m，图像上反映为暗色调。利用遥感图像能有效识别控制水资源形成分布的地质、地貌、土壤、植被等条件的地理地质单元，即水文下垫面，而同一类型下垫面对水资源具有相似的控制作用，可以用基本相同的数学模型和计算参数来计算地下水资源，因此利用遥感图像的丰富信息解译、编制反映水文及水文地质条件的水文下垫面图，可以用来评价地下水资源。

像片判释用于物理地质现象的研究和动态观测也有较好的效果。在像片上滑坡的形态是很清楚的，滑坡周界呈现为深色环，陡立的圈椅状后壁色调较深，区域研究可以看出滑坡分布的规律，发现主要控制因素。还可根据滑坡形态的保留情况、色调和水系等判释滑坡稳定性。处于稳定状态的老滑坡呈深色调较均匀，两侧沟深切，形成双沟同源。处于稳定或暂时稳定的新滑坡呈均匀的灰色或浅灰色色调，沿周界有较明显的色差。刚发生的仍在活动的滑坡呈现灰白色、白色色调相间"色斑"，地形破碎起伏不平，周界棱角清晰，裂缝可见。

泥石流的分布、规模以及形成过程也可通过像片判释加以研究。通过像片判释了解泥石流的分区界限和形成区岩屑泥土的堆聚情况，提供铁路选线的参考。

像片判释对沙丘的分布范围、规模、成因类型及发展过程和趋势的研究效果特别显著，可用于铁路选线和制定工程防护措施。

值得注意的是，遥感解译必须与实地观察互相配合、互相印证，才能较好地发挥作用。

主要参考文献

[1] 长春地质学院．矿产地质基础（上册）[M]．北京：地质出版社，1979.
[2] 左建，孔庆编．地质地貌学 [M]．4版．北京：中国水利水电出版社，2019.
[3] 成都地质学院．动力地质学原理 [M]．北京：地质出版社，1978.
[4] 朱济祥，崔冠英．水利工程地质 [M]．5版．北京：中国水利水电出版社，2016.
[5] 陈南祥．工程地质及水文地质 [M]．3版．北京：中国水利水电出版社，2007.
[6] 北京大学地质系地质力学专业．地质力学教程 [M]．北京：地质出版社，1978.
[7] 李斌．公路工程地质 [M]．2版．北京：人民交通出版社，1985.
[8] 齐丽云．工程地质 [M]．北京：人民交通出版社，1985.
[9] 宋春青．地质学基础 [M]．4版．北京：高等教育出版社，2005.
[10] 武汉地质学院．普通地质学 [M]．北京：地质出版社，1978.
[11] 梁成华．地质与地貌学 [M]．北京：中国农业出版社，2002.
[12] 胡厚田．土木工程地质 [M]．北京：高等教育出版社，2001.
[13] 张咸恭，等．中国工程地质学 [M]．北京：科学技术出版社，2000.
[14] 胡广韬，杨文元．工程地质学 [M]．北京：地质出版社，1984.
[15] 张宝政，陈奇．地质学原理 [M]．北京：地质出版社，1983.
[16] 左建，郭成久，温庆博，等．水利工程地质学原理 [M]．3版．北京：中国水利水电出版社，2013.
[17] 袁开先．水文地质学 [M]．北京：水利电力出版社，1987.
[18] 李正根．水文地质学 [M]．北京：地质出版社，1980.
[19] 全达人．地下水利用 [M]．3版．北京：中国水利水电出版社，1996.
[20] 麻效祯．地下水开发利用 [M]．北京：中国水利水电出版社，1999.
[21] 王民，等．水文学与供水水文地质学 [M]．北京：中国建筑工业出版社，1996.
[22] 武汉水利电力大学．水工建筑物（上册）[M]．北京：中国水利水电出版社，1997.
[23] 孔思丽．工程地质学 [M]．重庆：重庆大学出版社，2001.
[24] 陈希哲．土力学地基基础 [M]．北京：清华大学出版社，1990.
[25] 长江三峡大江截流编委会．长江三峡截流工程 [M]．北京：中国水利水电出版社，1999.
[26] 崔学文．小浪底国际工程建设 [M]．北京：中国水利水电出版社，1998.
[27] 王学鲁．黄河万家寨水利枢纽 [M]．北京：中国水利水电出版社，2002.
[28] 王世夏．水工设计理论和方法 [M]．北京：中国水利水电出版社，2000.
[29] 徐干成，等．地下工程支护结构 [M]．北京：中国水利水电出版社，2002.
[30] 孙文怀．工程地质与岩石力学 [M]．北京：中央广播大学出版社，2002.
[31] 左建，温庆博．工程地质及水文地质学 [M]．3版．北京：中国水利水电出版社，2013.
[32] 吴泰然，等．普通地质学 [M]．北京：北京大学出版社，2003.
[33] 杨景春．地貌学原理 [M]．北京：北京大学出版社，2005.